河南省“十四五”普通高等教育规划教材

新工科应用型人才培养机电类专业系列教材

现代控制理论

（第二版）

主　编　张　果

副主编　张丽娟　赵艳花

武　超

主　审　刘跃敏

西安电子科技大学出版社

内 容 简 介

本书为工科院校自动化及其相关专业的专业必修课程教材，内容包括现代控制理论中最基础的内容——状态空间分析法。

全书共7章，按照建模—分析—设计的思路，介绍了现代控制理论的基本问题。其中，第1章介绍了控制理论的发展过程和现代控制理论的主要内容；第2章和第3章分别介绍了状态空间表达式和状态方程的解；第4章和第5章分别分析了系统的能控性、能观性和稳定性；第6章介绍了系统综合设计方法；第7章简单介绍了最优控制的基本理论。

为配合教学和自学，读者可以扫描封面上的二维码查看相关资源，也可以登录爱课程网在线观看与本书配套的河南省精品在线课程资源(包括讲课视频、电子课件、习题等资源)。资源提取网址为：https://www.icourse163.org/course/LIT-1465595161。

本书可供自动化、智能科学与技术和其他相关专业师生选用。

图书在版编目(CIP)数据

现代控制理论/张果主编. —2版.—西安：西安电子科技大学出版社，2023.5(2024.1重印)
ISBN 978-7-5606-6825-3

Ⅰ.①现…　Ⅱ.①张…　Ⅲ.①现代控制理论—高等学校—教材　Ⅳ.①O231

中国国家版本馆CIP数据核字(2023)第045651号

策　　划　李惠萍
责任编辑　阎　彬
出版发行　西安电子科技大学出版社(西安市太白南路2号)
电　　话　(029)88202421　88201467　　邮　　编　710071
网　　址　www.xduph.com　　电子邮箱　xdupfxb001@163.com
经　　销　新华书店
印　　刷　陕西天意印务有限责任公司
版　　次　2023年5月第2版　2024年1月第2次印刷
开　　本　787毫米×1092毫米　1/16　印张 14
字　　数　329千字
定　　价　36.00元
ISBN 978-7-5606-6825-3/O
XDUP 7127002-2
如有印装问题可调换

前　　言

《现代控制理论》(第一版)自出版以来，收到了教师和学生的许多反馈，大家提出了许多宝贵意见，对书中的不足之处给出了中肯的批评和指正，在此表示衷心的感谢。为了适应我国高等教育改革发展的要求和社会经济发展对人才的不同需求，我们适时更新教学内容，从拓宽专业口径和注重培养学生解决复杂工程问题的能力出发，在保持第一版特色的基础上对教材进行了修订。本版教材中强调对基本概念的建立和理解，注重理论与实际相结合，尽量简化繁琐的理论推导，力求做到深入浅出、理论严谨，帮助读者更好地掌握本书的主要内容和知识点，培养读者的科学思维方法和创新能力，使读者具备在实际工作中分析问题和解决问题的能力。

本书对现代控制理论的核心基础——状态空间分析法的基本概念和分析方法作了简要的介绍。为了简单明了地表述现代控制理论的基本概念，本书仅以线性定常系统作为讨论对象，对概念进行了简明扼要的说明，主要突出了理论的实际应用；增加了例题，将抽象叙述具体化。读者在阅读本书之前，需要具有线性代数、矩阵论和经典控制理论的相关知识。

全书共分 7 章，以线性定常系统的建模—分析—设计为主线，重点介绍了现代控制理论的基本问题。第 1 章介绍了现代控制理论的发展过程及研究对象、方法；第 2 章介绍了线性控制系统的状态空间描述；第 3 章介绍了控制系统状态方程的解；第 4 章介绍了线性控制系统的能控性和能观性；第 5 章介绍了控制系统的稳定性分析；第 6 章介绍了线性控制系统的状态空间综合；第 7 章简单介绍了最优控制系统。本书既有基本理论的讲解，又辅以相当的实例，同时提供了相应的 MATLAB 函数和调用格式，便于读者自学。各章末均有小结，可帮助读者总结提高。

本书由洛阳理工学院张果教授任主编，洛阳理工学院张丽娟副教授、赵艳花副教授、武超教授任副主编。参加编写的还有洛阳理工学院宋丽君、陈朝辉和张娟梅。其中武超编写了第 1 章并参与了第 4 章和第 5 章的编写；赵艳花编写了第 2 章；宋丽君编写第 3 章；陈朝辉编写了第 4 章；张娟梅编写了第 5 章；张丽娟编写了第 6 章；张果编写了第 7 章并完成全书的统稿及审定工作。宋丽君和张丽娟对全书的 MATLAB 程序进行了编程验证。

本书由河南科技大学刘跃敏教授主审，在此表示诚挚的感谢。

洛阳理工学院陈文清教授、蒋建虎教授仔细审阅了书稿并提出了宝贵的修改意见，在此表示衷心感谢。

在本书编写过程中，我们参考了许多院校老师编写的教科书和习题集，也得到了洛阳理工学院很多同志的大力帮助。在此，谨向关心并为本书出版付出辛勤劳动的所有同志表示深深的谢意。

由于编者水平有限，书中难免存在不妥之处，恳请各位读者、同行不吝指正，以便进一步完善。

张 果

2023 年 1 月

目　录

第 1 章　绪论 …… 1

1.1　控制理论的发展过程 …… 1

1.1.1　控制理论的发展阶段 …… 2

1.1.2　经典控制理论与现代控制理论的关系 …… 4

1.2　现代控制理论的主要内容 …… 4

1.2.1　现代控制理论的主要分支 …… 4

1.2.2　现代控制理论的应用现状 …… 6

1.2.3　本书的内容和特点 …… 6

本章小结 …… 7

习题 …… 8

第 2 章　线性控制系统的状态空间描述 …… 9

2.1　状态空间表达式 …… 9

2.1.1　状态空间的基本概念 …… 9

2.1.2　状态空间表达式 …… 10

2.1.3　状态空间表达式的模拟结构图 …… 13

2.1.4　实例分析 …… 14

2.2　状态空间表达式的建立 …… 15

2.2.1　根据系统机理建立状态空间表达式 …… 15

2.2.2　由微分方程或传递函数建立状态空间表达式 …… 18

2.2.3　由方框图建立状态空间表达式 …… 27

2.3　状态向量的线性变换(坐标变换) …… 29

2.3.1　状态空间表达式的线性变换 …… 30

2.3.2　线性变换的性质 …… 31

2.3.3　约当标准型 …… 32

2.4　状态空间表达式与传递函数矩阵 …… 38

2.4.1　单输入-单输出系统 …… 38

2.4.2　多输入-多输出系统 …… 39

2.4.3　传递函数矩阵的不变性 …… 40

2.4.4　组合系统的传递函数矩阵 …… 41

2.5　离散时间系统的状态空间表达式 …… 43

2.5.1　差分方程化为状态空间表达式 …… 44

2.5.2　离散系统的传递函数矩阵 …… 45

2.6　基于 MATLAB 方法的系统状态空间描述 …… 45

2.6.1 状态空间模型的建立 …… 45
2.6.2 系统状态空间表达式与传递函数矩阵的变换 …… 47
2.6.3 系统状态空间表达式的线性变换 …… 48
2.6.4 约当标准型的变换 …… 49
2.6.5 组合系统的实现 …… 51
本章小结 …… 52
习题 …… 53
第3章 控制系统状态方程的解 …… 55
3.1 线性定常连续系统齐次状态方程的解 …… 55
3.1.1 齐次状态方程解的定义 …… 55
3.1.2 状态转移矩阵 …… 56
3.1.3 状态转移矩阵的计算 …… 59
3.2 线性定常连续系统非齐次状态方程的解 …… 63
3.2.1 非齐次状态方程的解 …… 63
3.2.2 拉氏变换法求解 …… 65
3.3 线性定常离散系统状态方程的解 …… 66
3.3.1 线性连续系统的时间离散化 …… 66
3.3.2 离散系统状态空间方程的解 …… 68
3.4 基于MATLAB求解系统状态方程 …… 71
3.4.1 状态转移矩阵的计算 …… 71
3.4.2 线性系统状态方程的解 …… 72
3.4.3 线性系统的响应 …… 73
本章小结 …… 74
习题 …… 75
第4章 线性控制系统的能控性和能观性 …… 77
4.1 线性定常连续系统的能控性 …… 77
4.1.1 能控性定义 …… 77
4.1.2 能控性判据 …… 78
4.1.3 能控标准型 …… 84
4.1.4 输出能控性 …… 87
4.2 线性定常连续系统的能观性 …… 88
4.2.1 能观性定义 …… 88
4.2.2 能观性判据 …… 88
4.2.3 能观标准型 …… 93
4.3 线性定常离散系统的能控性与能观性 …… 96
4.3.1 离散系统的能控性 …… 96
4.3.2 离散系统的能观性 …… 98
4.4 对偶原理 …… 99
4.4.1 对偶系统 …… 99
4.4.2 对偶原理 …… 101

4.5 线性定常系统的结构分解 …… 102
4.5.1 能控性结构分解 …… 102
4.5.2 能观性结构分解 …… 105
4.5.3 能控能观性结构分解 …… 108
4.6 线性定常系统的实现 …… 111
4.6.1 实现问题的基本概念 …… 112
4.6.2 能控型实现和能观型实现 …… 112
4.6.3 最小实现 …… 117
4.7 传递函数中零极点对消与能控性、能观性的关系 …… 122
4.8 基于 MATLAB 分析系统的能控性和能观性 …… 125
4.8.1 系统的能控性和能观性分析 …… 125
4.8.2 系统的能控标准型和能观标准型 …… 126
4.8.3 系统的结构分解 …… 127
本章小结 …… 129
习题 …… 131
第 5 章 控制系统的稳定性分析 …… 134
5.1 李雅普诺夫关于稳定性的定义 …… 134
5.1.1 系统的平衡状态 …… 134
5.1.2 李雅普诺夫稳定性定义 …… 135
5.2 李雅普诺夫第一法 …… 138
5.2.1 线性系统的稳定判据 …… 138
5.2.2 非线性系统的稳定性 …… 139
5.3 李雅普诺夫第二法 …… 140
5.3.1 预备知识 …… 141
5.3.2 几个稳定性判据 …… 144
5.3.3 关于李雅普诺夫函数的讨论 …… 148
5.4 李雅普诺夫方法在线性定常系统中的应用 …… 148
5.4.1 线性定常连续系统渐近稳定判据 …… 148
5.4.2 线性定常离散系统渐近稳定判据 …… 151
5.5 MATLAB 在线性系统稳定性分析中的应用 …… 153
5.5.1 利用特征根判断系统稳定性 …… 153
5.5.2 利用李雅普诺夫第二法判断系统稳定性 …… 153
本章小结 …… 155
习题 …… 156
第 6 章 线性控制系统的状态空间综合 …… 158
6.1 线性反馈控制系统的基本结构 …… 158
6.1.1 状态反馈 …… 158
6.1.2 输出反馈 …… 159
6.1.3 输出到状态导数的反馈 …… 160
6.1.4 线性反馈的性质 …… 160

6.1.5 闭环系统的能控性和能观性 …… 161
6.2 极点配置 …… 163
6.2.1 状态反馈实现极点配置 …… 163
6.2.2 输出反馈实现极点配置 …… 167
6.2.3 从输出到状态导数的反馈实现极点配置 …… 168
6.3 系统解耦 …… 169
6.3.1 解耦的定义 …… 169
6.3.2 串联补偿器解耦 …… 170
6.3.3 状态反馈解耦 …… 171
6.4 状态观测器 …… 175
6.4.1 观测器的定义 …… 175
6.4.2 观测器的设计方法 …… 177
6.4.3 降维观测器 …… 178
6.5 基于状态观测器的状态反馈系统 …… 182
6.5.1 系统结构 …… 182
6.5.2 闭环系统的基本特性 …… 183
6.6 MATLAB 在系统综合中的应用 …… 186
6.6.1 MATLAB 实现极点配置 …… 186
6.6.2 状态观测器设计 …… 187
6.6.3 带有状态观测器的状态反馈闭环系统 …… 189
本章小结 …… 190
习题 …… 192
第 7 章 最优控制系统 …… 194
7.1 最优控制的一般概念 …… 194
7.1.1 最优控制问题 …… 194
7.1.2 最优控制的性能指标 …… 196
7.1.3 二次型性能指标的最优控制 …… 197
7.1.4 最优控制的研究方法 …… 199
7.2 线性定常连续系统的二次型最优控制 …… 199
7.2.1 线性定常连续系统的二次型最优控制问题描述 …… 199
7.2.2 线性定常连续自治系统的二次型最优控制 …… 200
7.2.3 线性定常连续系统二次型最优控制 …… 203
7.3 线性定常离散系统二次型最优控制 …… 206
7.3.1 线性定常离散自治系统的二次型最优控制 …… 206
7.3.2 线性定常离散系统的二次型最优控制 …… 208
7.4 基于 MATLAB 求解线性二次型最优控制问题 …… 209
本章小结 …… 213
习题 …… 215
参考文献 …… 216

第1章 绪 论

在科学技术的发展过程中，自动控制始终担负着重要的角色。在航空航天和国防工业中，自动控制在飞机的自动驾驶系统、宇宙飞船系统和导弹制导系统中发挥着特别重要的作用。在现代制造业和工业生产过程中，自动控制同样起着无法替代的作用。例如在传统工业中，对工业过程中的流量、压力和温度的控制均离不开自动控制技术。此外，在新型的机器人控制、城市交通控制和网络控制等方面，自动控制技术也发挥着重要的作用。随着科学技术的飞速发展，自动控制技术的应用也扩展到了很多非工程系统，如生物工程、医学工程和社会经济系统等。随着自动控制技术的飞速发展和广泛应用，自动控制技术不仅可以把人类从繁重单一的体力劳动和部分脑力劳动中解放出来，而且还可以完成许多仅靠人类自身无法完成的精密复杂工作；特别是在一些危险和特殊环境下，更是离不开自动化装置及自动控制技术。

1.1 控制理论的发展过程

控制理论的形成与发展来自于控制工程的实际需求，同时理论又反过来指导和促进控制技术的发展，因此学习控制理论不但要认识事物运动的规律，而且还要用之改造客观世界。

自动控制的某些思想可以追溯到久远的古代。公元前14世纪至公元前11世纪在中国、古埃及和古巴比伦出现了自动计时漏壶；公元前4世纪希腊的柏拉图(Platon)首先使用了“控制论”一词；公元前235年，我国发明了能够自动指示方向的指南车；1769年英国人瓦特(J. Watt)设计出离心式飞锤调速器，并应用于其发明的蒸汽机中，这是人类运用反馈原理来设计控制装置的最早实例之一，由此拉开了经典控制理论的序幕。不过瓦特这一发明装置容易产生振荡，在实际使用中如何才能平稳运行就需要理论的指导。1868年，英国数学家麦克斯韦(J. C. Maxwell)发表了论文《论调速器》，文中对蒸汽机调速系统的动态特性进行了分析，指出控制系统的动态方程可由相应的微分方程来描述，而且系统的稳定性与特征方程根的位置有关，并总结了简单的系统稳定性代数判据。对于线性系统，英国人劳斯(Routh)和德国人赫尔维茨(Hurwitz)分别于1875年和1895年提出了根据拉普拉斯(Laplace)变换，由代数方程来判断系统稳定性的劳斯-赫尔维茨判据。在此期间，俄国人李雅普诺夫(Lyapunov)在1892年发表博士论文《运动稳定性的一般问题》，提出了用李雅普诺夫函数来判断系统稳定性的方法，创造了动力学系统的一般稳定性理论。1948年美国著名科学家维纳(N. Wiener)发表名著《控制论》，推广了反馈的概念，系统论述了控制理论的一般原理和方法，为控制理论作为一门独立学科的发展奠定了基础。

控制理论和社会科学技术的发展密切相关，在近代得到了极为快速的发展。它不仅成功运用并渗透到工农业生产、科学技术、军事、生物医学、社会经济等诸多领域，而且发展成为一门内涵极为丰富的新兴学科。一般而言，控制理论的形成与发展分为下述三个阶段。

1.1.1 控制理论的发展阶段

1. 经典控制理论阶段

经典控制理论形成于20世纪30年代初到50年代末，研究的对象主要是单输入-单输出的线性定常系统，以传递函数为基础，以反馈理论控制为主题；分析研究方法有时域分析法、根轨迹分析法和频域分析法。对于非线性系统的分析，在一定条件下采用线性化方法可以将其近似处理为线性系统，常用的分析法是相平面分析法和描述函数法。

经典控制理论的主要代表人物和标志性成果有：1932年美籍瑞典人奈奎斯特(H. Nyquist)提出了利用系统频率特性来分析系统的频域分析法。到了第二次世界大战时期，由于设计和建造飞机自动驾驶仪、雷达跟踪系统、火炮瞄准系统等军事装备的需要，自动控制理论更是得到了飞速的发展。1945年美国人伯德(H. W. Bode)发表了关于控制系统频域设计方法的经典著作《网络分析和反馈放大器设计》。1948年美国的伊文斯(W. R. Evans)提出了另一种图解分析法，即根轨迹分析法。奈奎斯特图、伯德图和根轨迹分析法不用求解微分方程就能分析系统的稳定性、动态品质和稳态性能，为分析和设计控制系统提供了工程上实用有力的工具。

经典控制理论主要面临下述两个方面的问题：

第一，经典控制理论应用范围有局限性。它主要适用于单输入-单输出的线性定常系统。实际中的大量工程系统都是多变量、具有动态耦合的多输入-多输出时变系统，尽管有了大量的研究工作试图克服这种局限性，但是经典控制理论仍难以处理一般的非线性系统或时变系统。

第二，经典控制理论采用试探法来设计系统，根据经验选用合适简单的、工程上易于实现的控制器，然后按照性能指标进行“试凑”。虽然这种设计方法具有实用性强的特点，但它往往依赖于设计人员的经验，不能从理论上给出最佳、系统化的设计方案。

2. 现代控制理论阶段

现代科学技术的迅速发展，特别是空间技术、导弹制导、数控技术和核能技术的发展，使得控制系统的结构变得更为复杂，它们往往是动态耦合的多输入-多输出非线性时变系统。同时，对控制性能的要求也在不断提高，在很多情况下要求系统的某种特性具有最优特征，而且相对于控制环境的变化也要具有一定的适应能力。这些新的控制对象和控制要求是经典控制理论所无法处理和完成的。在20世纪50年代蓬勃发展的航天航空技术的推动下和飞速发展的计算机技术的支持下，控制理论在1960年前后有了重大的突破和创新，进入现代控制理论阶段。

现代控制理论以现代数学作为工具，数字计算机的发展为它提供了强有力的支持。现代控制理论研究的对象主要是多输入-多输出的时变系统，以状态空间方程作为数学模型。由于不需要经过变换，在时域中直接求解和分析，控制系统的要求和性能指标就变得非常直观。在设计方法上，现代控制理论以严密的理论为基础推导出满足一定性能指标的最优控制系统。

现代控制理论的主要代表人物和标志性成果有：1956 年，美国的数学家贝尔曼(R. R. Bellman)发表的《动态规划理论在控制过程中的应用》一文，提出了寻求最优控制的动态规划法。1960 年，美籍匈牙利人卡尔曼(K. E. Kalman)发表了《控制系统的一般理论》，系统地引入了状态空间法，提出了能控性、能观性、最优调节器和卡尔曼滤波等概念。1961 年，俄国数学家庞特里亚金(Pontryagin)发表了《最优过程的数学理论》一文，提出了关于系统最优轨道的极大值原理，开创了在状态和控制都存在约束的条件下，利用不连续控制函数研究最优轨迹的方法，还揭示了该方法与变分法之间的联系，使得最优控制得到了飞速发展。这些重要的进展和成果构成了现代控制理论的基础。

这一时期，在现代控制理论的推动下，出现了许多可喜的科技成就。1957 年，苏联先后发射了洲际导弹和世界上第一颗人造地球卫星；1962 年，美国研制出了工业机器人产品，同年苏联连续发射两艘“东方号”飞船，首次实现在太空编队飞行；1966 年，苏联发射“月球 9 号”探测器，首次在月球表面成功着陆；1969 年，美国“阿波罗 11 号”把宇航员阿姆斯特朗(N. A. Armstrong)送上月球。

应当看到，和经典控制理论一样，现代控制理论的分析、综合和设计都是建立在严格和精确的数学模型基础之上的。而由于被控对象的复杂性、不确定性和大规模化，控制环境的复杂性，控制任务的多目标和时变性，传统的基于精确数学模型的控制理论的局限性日益明显。

3. 智能控制理论阶段

20 世纪 60 年代以来，随着交叉学科的发展，控制系统的规模越来越大，结构越来越复杂，范围也扩展到了社会、经济及管理等其他非工程系统，原有的控制理论难以应对这些问题，于是智能控制理论应运而生。

智能控制是一种能更好地模仿人类智能(学习、推理等)，能适应控制环境的不断变换，能处理多种信息以减少不确定性，能以安全可靠的方式进行规划、生产和执行控制作用，获得系统全局最优性能指标的控制方法。智能控制理论的几个重要分支为专家控制理论、模糊控制理论、神经网络控制理论和学习控制理论等。

智能控制理论的主要代表人物和标志性成果有：1960 年，史密斯(F. M. Smith)提出采用性能识别器来学习最优控制方法的思想，用模式识别技术来解决复杂系统的控制问题；1965 年，费根鲍姆(Fegenbaum)研制出了第一个专家系统 DENDRAL，开创了专家系统的研究先河；1965 年，扎德(L. A. Zadeh)创立了模糊集合论，奠定了模糊控制的基础；1966 年，门德尔(J. M. Mendel)在空间飞行器的学习系统中应用了人工智能技术，并提出了人工智能控制论的概念；1968 年，傅京逊(K. S. Fu)和桑托斯(E. S. Saridis)等人提出了智能控制是人工智能与控制理论的交叉二元论，并创立了人-机交互式分级递阶智能控制的系统结构；1977 年，桑托斯在此基础上引入运筹学，提出了三元论的智能控制概念。

进入 21 世纪，随着经济和科学技术的迅速发展，控制理论与许多学科相互交叉、渗透融合的趋势进一步增强，控制理论的应用范围在不断扩大，控制理论在认识事物运动的客观规律和改造世界的过程中将得到进一步的发展和完善。

1.1.2 经典控制理论与现代控制理论的关系

1. 两种理论的区别

(1) 研究对象不同。一般来说，经典控制理论研究的对象只是单输入-单输出线性定常系统。现代控制理论则是适用于线性和非线性、定常和时变、多输入-多输出系统。相比于经典控制理论，现代控制理论的研究领域更为广泛。

(2) 数学工具不同。经典控制理论主要研究单变量的线性定常问题，即单变量的定常微(差)分方程，所以拉普拉斯变换是其主要数学工具。现代控制理论用于研究多变量系统，采用的数学工具主要是矩阵论和向量空间理论。

(3) 数学模型不同。经典控制理论中的数学模型是传递函数，以系统的输入-输出特性为研究依据，是对系统的一种不完全描述。现代控制理论的数学模型是状态空间表达式，引入了系统内部变量——状态变量，是对系统的一种完全描述。

(4) 分析方法及研究内容不同。经典控制理论常用的分析方法有时域分析法、频域分析法和根轨迹分析法，其研究内容主要有稳定性、准确性和快速性。现代控制理论的分析方法是时域分析法，其研究内容主要有稳定性、能控性和能观性。

(5) 控制器设计方法不同。经典控制理论的控制器即校正装置，是由能实现典型控制规律的调节器构成的，如超前校正、滞后校正等。现代控制理论主要通过极点配置的方法来实现控制器设计。

2. 两种理论的联系

现代控制理论是在经典控制理论的基础上发展起来的，虽然二者在数学工具、理论基础和研究方法上有本质的区别，但是对动态系统进行分析研究时，两种理论可以相互补充、相辅相成，而不是相互排斥的。特别是对于线性系统的研究，很多经典控制理论的方法已经应用到现代控制理论的研究中，如以传递函数矩阵为桥梁，很大程度上丰富了现代控制理论的研究内容。

现代控制理论本质上采用的仍是时域法，但它建立在状态空间基础上，以系统内部的状态空间方程为数学模型。应用状态空间法对系统进行分析，主要借助于计算机解出状态方程，根据状态解对系统进行评估。在系统设计方法上，采用现代控制理论可以设计出满足一定性能指标的最优控制系统。

经典控制理论是研究控制系统输出的分析与综合的理论，现代控制理论是研究控制系统状态分析与综合的理论。

1.2 现代控制理论的主要内容

1.2.1 现代控制理论的主要分支

随着社会生产力的不断发展以及控制理论应用范围的不断扩大，现代控制理论正在飞速发展。

现代控制理论包括以下几个主要分支。

1. 线性系统理论

线性系统理论是现代控制理论的基础，也是现代控制理论中理论最完善、技术较成熟、应用最广泛的部分。线性系统理论主要研究在外部作用下线性系统状态的变化规律，揭示系统内部结构、参数和性能之间的关系。

线性系统理论主要包括线性系统定量分析理论、线性系统定性分析理论和线性系统综合理论。线性系统定量分析理论主要是建立系统的状态空间表达式和求解系统状态方程，分析系统的响应和性能。线性系统定性分析理论主要是对系统基本结构特性的研究，即对系统的能控性、能观性和稳定性进行分析等。线性系统综合理论则是研究要使得系统性能达到期望的指标或某种意义上的最优化，应如何设计系统控制器及控制器的工程实现问题。

2. 建模及系统辨识

在现代控制理论中，对动态系统进行分析、综合和设计，需要先建立能反映系统各变量间关系的数学模型——状态空间表达式。如果不能用解析的方法建立模型，就需要用系统辨识的方法来建立模型。系统辨识是指通过系统的输入、输出数据来确定其模型。如果模型结构已知，只需要确定参数，就变成了参数估计问题。如果模型的结构和参数都需同时确定，就是系统辨识问题。

系统辨识理论不但广泛用于工业、农业、国防和交通等工程控制系统中，而且还应用于计量经济学、社会学、生理学、生物医学和生态学等领域。

3. 最优滤波理论

为了实现对随机系统的最优控制，首先需要求出系统状态的最优估计。最优估计理论也称为最优滤波理论。如何从被噪声污染的信号中重构出原信息，是现代控制理论的一个重要分支。最优滤波理论运用统计的方法，从被噪声信号污染的数据中获取原有用信号的最优估计值。与经典的维纳滤波理论不同，卡尔曼滤波理论和线性二次型（LQR）控制器设计采用状态空间法设计最优滤波器，克服了维纳滤波器的局限性，不但适用于非平稳过程，而且在很多领域中得到了广泛应用，成为现代控制理论的基石。

4. 控制系统的综合

如何形成系统的控制规律以达到预想的控制效果就是控制的综合。常见的控制规律有下述几种。

（1）最优控制。最优控制是指针对确定的被控对象和环境，在满足一定的约束条件下，寻找最优控制规律，使得给定的性能指标（目标函数）取得极值。最优控制的主要方法有极大值原理、动态规划以及各种广义梯度描述的优化算法等。

（2）自适应控制。自适应控制是指针对不确定的被控对象和环境，自动辨识系统的模型，并据此调整控制规律，以保持系统的最佳控制性能。自适应控制可分为模型参考自适应和自校正控制两种基本类型。

(3) 鲁棒控制。鲁棒控制就是使系统在一定的不确定情况下维持某些性能，其重点是系统的稳定性和可靠性。一般情况下，系统并不工作在最优状态，按照鲁棒控制理论设计，可使系统保持良好的性能而不受模型与信号中不确定因素的影响。

另外，针对不同的应用场合，还有多变量控制、随机控制、分布参数控制、离散事件控制以及混杂系统控制等。

1.2.2 现代控制理论的应用现状

现代控制理论的应用基础及环境是数字计算机及相应的计算技术。随着计算机技术的发展，现代控制理论才有了较为广阔的前景。目前，现代控制理论的应用已经涉及许多行业。

现代控制理论最典型的实验室应用就是倒立摆的控制，如采用经典控制理论来实现这种控制，很难达到理想的控制效果。

现代控制理论最成功的应用领域是空间工程。例如，用于飞机，包括航天飞机的数字飞行控制系统就是一种典型的应用。另外，现代控制理论在船舶自动驾驶仪中也有着很好的应用。在电力行业中，现代控制理论的一种成功应用就是电力生产管理控制。当水电、风电以及太阳能发电等供电电源受环境影响而不确定，且用电负荷也不确定时，如何用最小的代价来满足电力需求，就需要用现代控制理论来实现。现代控制理论在石油化工、钢铁、水泥等生产过程控制中也得到了一定的应用。这些都是需要对多变量进行控制的场合，许多工程实例都采用了多变量的自适应控制策略。

现代控制理论能够解决一些运用经典控制理论解决不了的问题，但是它也有一些局限性，因为现代控制理论和数学的关联度很强，对系统精确数学模型的依赖程度也比较高，因此在一些难以获取精确模型及模型不确定的场合，其应用效果也不理想，因此智能控制在这些方面得到了快速的发展。

1.2.3 本书的内容和特点

现代控制理论是自动化学科的重要理论基础，也是高等学校自动化类专业的一门核心基础理论课程。根据教学大纲的要求，本书重点介绍现代控制理论的一些最基本的内容和方法，为后续课程及日后深入学习其他相关内容打好基础。

本书包括以下知识点：

(1) 控制系统的数学模型——状态空间表达式，系统的线性变换；

(2) 状态方程的求解，状态转移矩阵的计算；

(3) 线性系统能控性和能观性的定义、判据和标准型、对偶系统、结构分解和最小实现；

(4) 控制系统的稳定性分析，李雅普诺夫稳定定义，李雅普诺夫第一和第二法；

(5) 线性系统的极点配置方法、状态观测器的定义和设计方法、分离原理；

(6) 最优控制的定义及计算；

(7) MATLAB 软件实现现代控制理论辅助分析和设计。

本书知识点如图 1.1 所示。

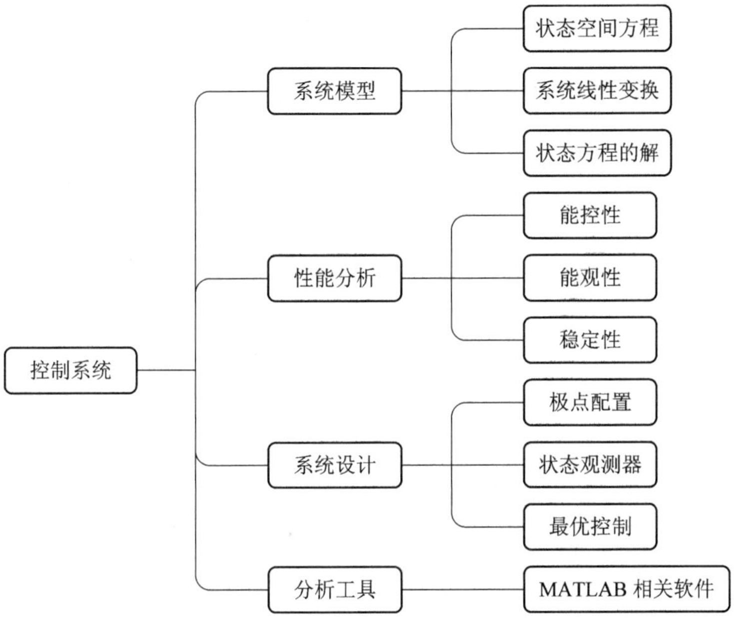

图 1.1　本书知识点

本书编写的宗旨是突出基础性、先进性和易读性。在不破坏理论的严谨性和系统性的前提下，不刻意追求定理证明中数学上的严谨性，而是突出物理概念，理论阐述力求严谨、实用和简练。

本书注重体系的基本结构，强调控制理论的基本概念、基本原理和基本方法。全书结构贯穿一条主线，即系统建模(状态空间表达式)—性能分析(能控性、能观性和稳定性)—系统设计(极点配置)—系统优化设计。

本书突出应用性和实践性，培养学生的分析和设计能力，在每一章都安排一节内容——利用 MATLAB 求解线性系统的分析和设计问题。

本章小结

本章介绍了控制理论的发展过程及现代控制理论的研究内容与现状。

控制理论的发展可分为三个部分，经典控制理论、现代控制理论和智能控制理论。其中经典控制理论和现代控制理论之间既有区别又有联系，主要区别是二者的数学模型不同，二者联系的纽带则是传递函数(矩阵)。

随着计算机科学技术的发展和高等数学理论的支撑，现代控制理论在 19 世纪 50 年代后得到了飞速发展，主要有线性系统理论、系统辨识、最优控制等。现代控制理论和现代控制技术具有广泛的应用前景和应用空间。

本章知识点如图 1.2 所示。

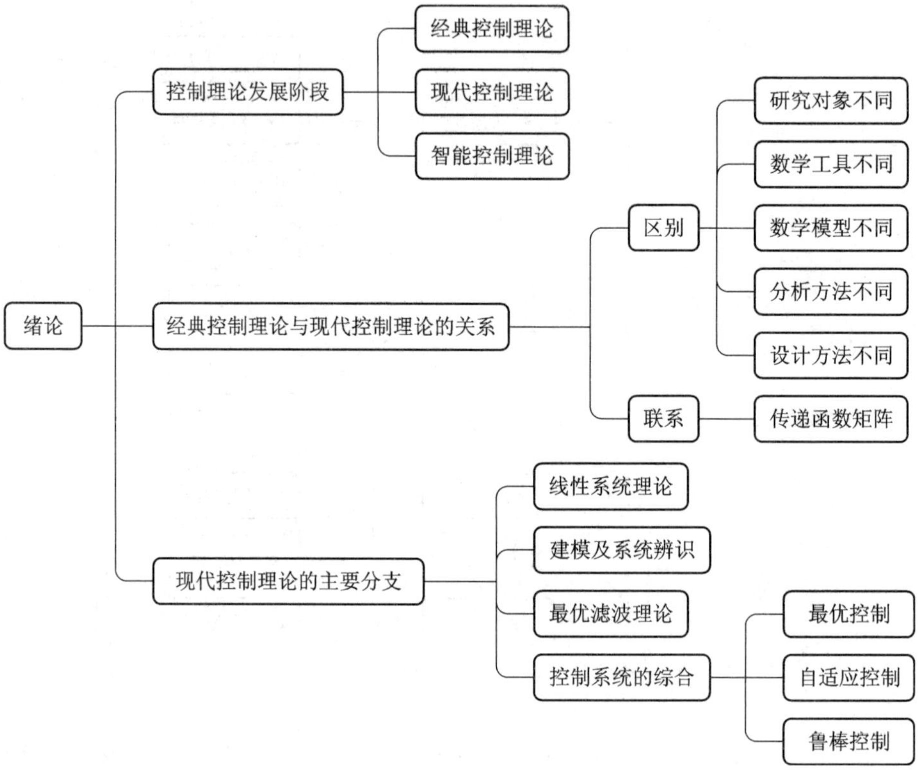

图 1.2　第 1 章知识点

习　题

1.1　经典控制理论和现代控制理论有什么区别和联系?

1.2　现代控制理论研究的内容主要有什么?

1.3　请列举出我国在控制理论发展各个阶段的杰出人物和成果。

1.4　当今社会，民用无人机走入了普通百姓家，在很多景区都可以看到无人机拍照等。但是无人机带来便利的同时也产生了不少安全隐患。根据《中华人民共和国治安管理处罚法》《中华人民共和国飞行基本规则》和《通用航空飞行管制条例》等法律法规，各地民用无人机等“低慢小”航空器安全管理通告纷纷出台。请查阅相关资料，写出对于无人机使用的看法。

第 2 章　线性控制系统的状态空间描述

在经典控制论中，用常微分方程或是传递函数作为数学模型来描述线性控制系统，把输出变量和输入变量直接联系起来，但是其对于系统的描述仅仅是外部描述，无法进行内部描述，这种描述是对系统的不完全描述。在现代控制理论中引入状态变量，采用的数学模型是状态空间表达式(状态空间方程)。系统的动态特性是用状态变量构成的一阶微分方程组来描述的，能够反映系统全部独立变量的变化，还能确定系统的全部内部运动状态，不再局限于输入变量、输出变量、误差变量，弥补了传递函数描述系统的不足，为提高系统的性能分析提供了有力的工具。

2.1　状态空间表达式

状态空间表达式(状态空间方程)是以状态、状态变量、状态向量、状态空间和状态方程等基本概念为基础建立起来的，因此首先要理解这些基本概念的含义。

2.1.1　状态空间的基本概念

1. 状态和状态变量

能够完整描述和唯一确定系统时域行为或运行过程中数目最小的一组独立的变量称为系统的状态，其中每个变量称为状态变量。如对平面而言，需要两个独立状态变量；对三维空间而言，则需要三个独立状态变量；n 维空间则需要 n 个独立状态变量。

一般来说，状态变量不一定是有实际物理意义或实际可测量的量，但是从工程实际的角度出发，可以选择有物理意义或可测量的量作为状态变量。

状态变量的特点如下：

(1) 独立性。状态变量之间线性独立，系统状态变量个数等于系统微分方程的阶数或是系统中独立储能元件的个数。

(2) 多样性。同一系统状态变量的选取并不唯一，理论上存在多种方案。

(3) 等价性。同一系统的两组不同的状态变量之间只差一个非奇异变化，可以相互转换。

需要注意的是：同一系统可以选取不同的状态变量，即系统状态变量的选取是非唯一的；同一系统状态变量的数目是相同的。

2. 状态向量

一个 n 阶系统，如果确定其运动状态，应有 n 个独立变量，即有 n 维状态变量，用 $x_1(t)$，$x_2(t)$，…，$x_n(t)$来表示。

以 n 个独立的状态变量作为向量 $\boldsymbol{x}(t)$的分量，则 $\boldsymbol{x}(t)$就称为状态向量，记作

$$\boldsymbol{x}(t)=\begin{bmatrix}x_1(t)\\x_2(t)\\\vdots\\x_n(t)\end{bmatrix},\quad \boldsymbol{x}^{\mathrm{T}}(t)=[x_1(t)\quad x_2(t)\quad\cdots\quad x_n(t)] \tag{2.1}$$

3. 状态空间

状态空间是以状态变量 $x_1(t)$，$x_2(t)$，…，$x_n(t)$为坐标轴所构成的 n 维空间。对于一个特定时刻 t，状态向量 $\boldsymbol{x}(t)$就是状态空间的一个点。系统的初始状态在状态空间中就是初始点。随着时间的推移，状态向量 $\boldsymbol{x}(t)$ 将在状态空间中描绘出一条轨迹，称为状态轨迹。

2.1.2 状态空间表达式

在现代控制理论中，线性系统的状态空间表达式是应用状态空间分析法对控制系统建立的一种数学模型，由状态方程和输出方程组合而成，构成一个系统完整的动态描述。在状态空间表达式中，状态方程表示状态变量与输入变量之间的关系，输出方程表示状态变量与输出变量的关系。

1. 状态方程和输出方程

设系统的输入(控制)向量 $\boldsymbol{u}(t)$为 r 维变量 $u_1(t)$，$u_2(t)$，…，$u_r(t)$，记作

$$\boldsymbol{u}(t)=\begin{bmatrix}u_1(t)\\u_2(t)\\\vdots\\u_r(t)\end{bmatrix} \tag{2.2}$$

状态方程是描述系统的状态变量 $\boldsymbol{x}(t)$与输入变量 $\boldsymbol{u}(t)$之间关系的一阶微分方程组(连续时间系统)或一阶差分方程组(离散时间系统)。系统状态方程表示系统由输入变量 $\boldsymbol{u}(t)$引起系统状态变量 $\boldsymbol{x}(t)$的变化规律。

连续时间系统和离散时间系统状态方程的一般形式可分别表示为

$$\dot{\boldsymbol{x}}(t)=\boldsymbol{f}[\boldsymbol{x}(t),\boldsymbol{u}(t),t] \tag{2.3}$$

和

$$\boldsymbol{x}(k+1)=\boldsymbol{f}[\boldsymbol{x}(k),\ \boldsymbol{u}(k),\ k] \tag{2.4}$$

式中：$\boldsymbol{x}(t)$——连续时间系统的 n 维状态向量；

$\boldsymbol{x}(k)$——离散时间系统在 k 时刻的 n 维状态向量；

$\boldsymbol{u}(t)$——连续时间系统的 r 维输入向量；

$\boldsymbol{u}(k)$——离散时间系统在 k 时刻的 r 维输入向量；

$\boldsymbol{f}[\cdot]$——$\boldsymbol{n}$ 维向量函数，$\boldsymbol{f}[\cdot]=[f_1(\cdot),\ f_2(\cdot),\ \cdots,\ f_n(\cdot)]^{\mathrm{T}}$。

设系统的输出向量 $\boldsymbol{y}(t)$为 m 维变量 $y_1(t)$，$y_2(t)$，…，$y_m(t)$，记作

$$\boldsymbol{y}(t)=\begin{bmatrix}y_1(t)\\y_2(t)\\\vdots\\y_m(t)\end{bmatrix} \tag{2.5}$$

输出方程是描述系统的输出变量 $\boldsymbol{y}(t)$与状态变量 $\boldsymbol{x}(t)$、输入变量 $\boldsymbol{u}(t)$之间函数关系的

代数方程。

输出方程的一般形式为

$$\boldsymbol{y}(t)=\boldsymbol{g}[\boldsymbol{x}(t),\ \boldsymbol{u}(t),\ t] \tag{2.6}$$

和

$$\boldsymbol{y}(k)=\boldsymbol{g}[\boldsymbol{x}(k),\ \boldsymbol{u}(k),\ k] \tag{2.7}$$

式中：$\boldsymbol{y}(t)$——连续时间系统的 m 维输出向量；

$\boldsymbol{y}(k)$——离散时间系统在 k 时刻的 m 维输出向量；

$\boldsymbol{g}[\cdot]$——m 维向量函数，$\boldsymbol{g}[\cdot]=[g_1(\cdot),\ g_2(\cdot),\ \cdots,\ g_m(\cdot)]^{\mathrm{T}}$。

其余向量定义如上。

状态空间表达式由状态方程和输出方程组合而成，又称为动态方程，其一般形式为

$$\begin{cases}\dot{\boldsymbol{x}}(t)=\boldsymbol{f}[\boldsymbol{x}(t),\ \boldsymbol{u}(t),\ t]\\ \boldsymbol{y}(t)=\boldsymbol{g}[\boldsymbol{x}(t),\ \boldsymbol{u}(t),\ t]\end{cases} \tag{2.8}$$

或

$$\begin{cases}\boldsymbol{x}(k+1)=\boldsymbol{f}[\boldsymbol{x}(k),\ \boldsymbol{u}(k),\ k]\\ \boldsymbol{y}(k)=\boldsymbol{g}[\boldsymbol{x}(k),\ \boldsymbol{u}(k),\ k]\end{cases} \tag{2.9}$$

2. 系统的分类

下面讨论连续时间系统状态空间表达式的一般形式。离散时间系统状态空间表达式的一般形式与其类似，在以下的讨论中，如不作特殊说明，通常将连续时间系统简称为系统。

1）自治系统

在系统的状态空间表达式(2.8)中，函数 $\boldsymbol{f}(\cdot)$和 $\boldsymbol{g}(\cdot)$均不显含时间 t，该系统称为自治系统，其状态空间表达式的一般形式为

$$\begin{cases}\dot{\boldsymbol{x}}(t)=\boldsymbol{f}[\boldsymbol{x}(t),\ \boldsymbol{u}(t)]\\ \boldsymbol{y}(t)=\boldsymbol{g}[\boldsymbol{x}(t),\ \boldsymbol{u}(t)]\end{cases} \tag{2.10}$$

2）线性系统

如在状态空间表达式(2.10)中，$\boldsymbol{f}(\cdot)$和 $\boldsymbol{g}(\cdot)$均是线性函数，则称系统为线性系统。线性系统的状态方程是一阶线性微分(差分)方程组，输出方程是向量代数方程。

连续线性系统状态空间表达式的一般形式为

$$\begin{cases}\dot{\boldsymbol{x}}(t)=\boldsymbol{A}(t)\boldsymbol{x}(t)+\boldsymbol{B}(t)\boldsymbol{u}(t)\\ \boldsymbol{y}(t)=\boldsymbol{C}(t)\boldsymbol{x}(t)+\boldsymbol{D}(t)\boldsymbol{u}(t)\end{cases} \tag{2.11}$$

离散线性系统状态空间表达式的一般形式为

$$\begin{cases}\boldsymbol{x}(k+1)=\boldsymbol{A}(k)\boldsymbol{x}(k)+\boldsymbol{B}(k)\boldsymbol{u}(k)\\ \boldsymbol{y}(k)=\boldsymbol{C}(k)\boldsymbol{x}(k)+\boldsymbol{D}(k)\boldsymbol{u}(k)\end{cases} \tag{2.12}$$

式中：$\boldsymbol{A}(t)$、$\boldsymbol{A}(k)$——$n\times n$ 维系统矩阵；

$\boldsymbol{B}(t)$、$\boldsymbol{B}(k)$——$n\times r$ 维输入矩阵或控制矩阵；

$\boldsymbol{C}(t)$、$\boldsymbol{C}(k)$——$m\times n$ 维输出矩阵；

$\boldsymbol{D}(t)$、$\boldsymbol{D}(k)$——$m\times r$ 维直接传递函数矩阵。

3）线性定常系统

在线性系统中，如果矩阵 $\boldsymbol{A}(t)$、$\boldsymbol{B}(t)$、$\boldsymbol{C}(t)$、$\boldsymbol{D}(t)$或 $\boldsymbol{A}(k)$、$\boldsymbol{B}(k)$、$\boldsymbol{C}(k)$、$\boldsymbol{D}(k)$中各个

元素都是常数，则称为线性定常系统，否则称为线性时变系统。线性定常系统状态空间方程的一般形式为

$$\begin{cases}\dot{\boldsymbol{x}}(t)=\boldsymbol{A}\boldsymbol{x}(t)+\boldsymbol{B}\boldsymbol{u}(t)\\ \boldsymbol{y}(t)=\boldsymbol{C}\boldsymbol{x}(t)+\boldsymbol{D}\boldsymbol{u}(t)\end{cases} \tag{2.13}$$

或

$$\begin{cases}\boldsymbol{x}(k+1)=\boldsymbol{A}\boldsymbol{x}(k)+\boldsymbol{B}\boldsymbol{u}(k)\\ \boldsymbol{y}(k)=\boldsymbol{C}\boldsymbol{x}(k)+\boldsymbol{D}\boldsymbol{u}(k)\end{cases} \tag{2.14}$$

式中：

$\boldsymbol{x}=\begin{bmatrix}x_1\\ x_2\\ \vdots\\ x_n\end{bmatrix}$为 n 维状态向量；

$\boldsymbol{u}=\begin{bmatrix}u_1\\ u_2\\ \vdots\\ u_r\end{bmatrix}$为 r 维输入(控制)向量；

$\boldsymbol{y}=\begin{bmatrix}y_1\\ y_2\\ \vdots\\ y_m\end{bmatrix}$为 m 维输出向量；

$\boldsymbol{A}=\begin{bmatrix}a_{11} & a_{12} & \cdots & a_{1n}\\ a_{21} & a_{22} & \cdots & a_{2n}\\ \vdots & \vdots & & \vdots\\ a_{n1} & a_{n2} & \cdots & a_{nn}\end{bmatrix}$为 $n\times n$ 维系统矩阵，表示状态变量内部之间的关系；

$\boldsymbol{B}=\begin{bmatrix}b_{11} & b_{12} & \cdots & b_{1r}\\ b_{21} & b_{22} & \cdots & b_{2r}\\ \vdots & \vdots & & \vdots\\ b_{n1} & b_{n2} & \cdots & b_{nr}\end{bmatrix}$为 $n\times r$ 维输入矩阵，表示输入变量与状态变量之间的关系；

$\boldsymbol{C}=\begin{bmatrix}c_{11} & c_{12} & \cdots & c_{1n}\\ c_{21} & c_{22} & \cdots & c_{2n}\\ \vdots & \vdots & & \vdots\\ c_{m1} & c_{m2} & \cdots & c_{mn}\end{bmatrix}$为 $m\times n$ 维输出矩阵，表示状态变量与输出变量之间的关系；

$\boldsymbol{D}=\begin{bmatrix}d_{11} & d_{12} & \cdots & d_{1r}\\ d_{21} & d_{22} & \cdots & d_{2r}\\ \vdots & \vdots & & \vdots\\ d_{m1} & d_{m2} & \cdots & d_{mr}\end{bmatrix}$为 $m\times r$ 维直接传递函数矩阵，表示输入变量与输出变量之间的关系。

在现代控制理论中，研究的是状态变量与输入变量、状态变量与输出变量之间的关系，输入变量和输出变量经常无直接关系，因此直接传递函数矩阵 $\boldsymbol{D}=\boldsymbol{0}$。为书写方便，一般把系统(2.13)或系统(2.14)简记为 $\Sigma(\boldsymbol{A}, \boldsymbol{B}, \boldsymbol{C}, \boldsymbol{D})$。当 $\boldsymbol{D}=\boldsymbol{0}$ 时，简记为 $\Sigma(\boldsymbol{A}, \boldsymbol{B}, \boldsymbol{C})$。

3. 状态空间表达式的系统框图

与经典控制理论类似，连续时间系统的状态空间表达式也可以用图 2.1 所示的系统框图来表示，方框中的字母代表矩阵，每一个方框中的矩阵乘以输入向量即为该方框的输出向量。需要注意，在向量、矩阵的乘法运算中，顺序是不能颠倒的。和经典控制理论中的方框图相比，由于各个变量为向量，所以用空心线表示。

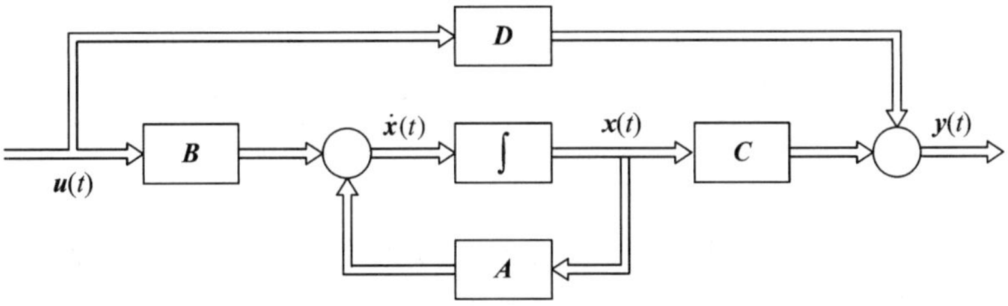

图 2.1　状态空间表达式的系统框图

从状态空间表达式和系统框图可以看出：状态空间表达式既表征了输入变量对系统内部状态变量的因果关系，也反映了内部状态变量对外部输出变量的影响；因此状态空间表达式是对系统的完全描述。

2.1.3　状态空间表达式的模拟结构图

在状态空间分析法中，常以状态变量图来表示系统各状态变量之间的关系。状态变量图为系统提供了一种图形表示，有助于加深对状态空间的理解。状态变量图又称为模拟结构图。

所谓模拟结构图是由比例器、积分器和比较器构成的图形。首先在适当的位置上画出积分器，积分器的数目等于状态变量个数，每个积分器的输出表示对应的状态变量并注明编号，然后根据状态方程和输出方程画出比较器和比例器，最后用直线把这些元件连接起来，并用箭头表示信号的传递关系。

比例器、积分器和比较器如图 2.2 所示。

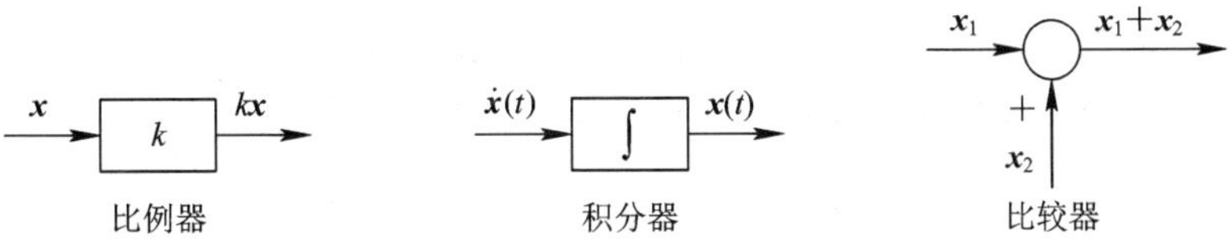

图 2.2　模拟结构图

绘制模拟结构图的步骤如下：

(1) 确定积分器个数，积分器数目等于状态变量的数目；

(2) 每个积分器的输出表示相应的某个状态变量；

(3) 根据状态方程和输出方程，画出比较器和比例器；

(4) 用箭头连接这些元件。

例 2.1 设一阶系统状态方程为 $\dot{x}(t)=ax(t)+bu(t)$，绘制其状态模拟结构图。

解 本系统有一个状态变量 $x(t)$ 和一个输入量 $u(t)$，所以系统是一个单变量的单输入系统，模拟结构图如图 2.3 所示。

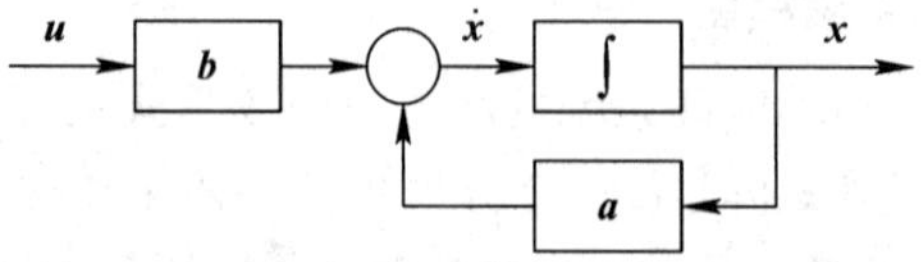

图 2.3 一阶系统模拟结构图

例 2.2 设系统的状态空间表达式如下，绘制其模拟结构图。

$$\begin{cases}\dot{\boldsymbol{x}}(t)=\begin{bmatrix}0 & 1 & 0\\ 0 & 0 & 1\\ -6 & -3 & -2\end{bmatrix}\boldsymbol{x}(t)+\begin{bmatrix}0\\0\\1\end{bmatrix}\boldsymbol{u}(t)\\ \boldsymbol{y}(t)=\begin{bmatrix}1 & 1 & 0\end{bmatrix}\boldsymbol{x}(t)\end{cases}$$

解 本系统有三个状态变量：$\boldsymbol{x}(t)=[\boldsymbol{x}_1(t)\quad \boldsymbol{x}_2(t)\quad \boldsymbol{x}_3(t)]^{\mathrm{T}}$、一个输入变量 $\boldsymbol{u}(t)$、一个输出变量 $\boldsymbol{y}(t)$，所以系统是一个三变量的单输入-单输出系统。系统模拟结构图如图 2.4 所示。

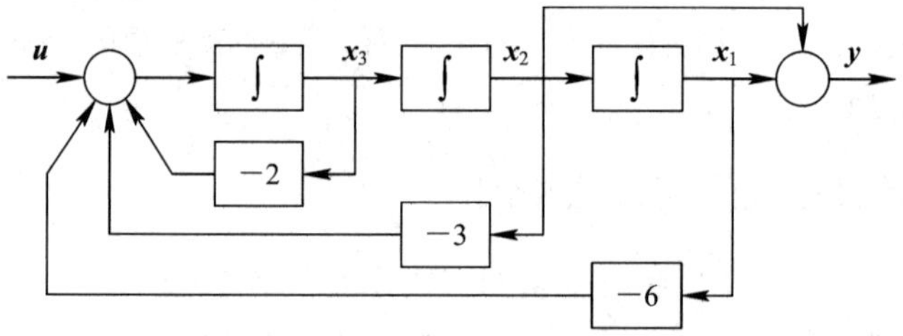

图 2.4 系统模拟结构图

2.1.4 实例分析

下面通过对 RLC 无源电路的分析来说明状态方程、输出方程的基本概念。

例 2.3 如图 2.5 所示的 RLC 无源电路，试写出系统的说明状态空间表达式。

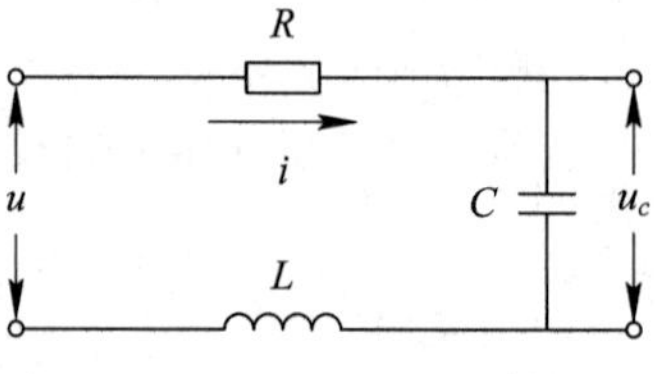

图 2.5 RLC 无源网络

分析 通过经典控制理论的学习，可知其运动方程为二阶微分方程，同时系统有两个独立储能元件，所以可知该系统有两个状态变量，但是注意状态变量的选择是非唯一的。这里选择 $\boldsymbol{x}(t)=\begin{bmatrix}x_1(t)\\x_2(t)\end{bmatrix}=\begin{bmatrix}u_c\\i\end{bmatrix}$ 为状态变量，$y(t)=u_c$ 为输出变量。

解 由希尔霍夫定理可知

$$\begin{cases}C\dfrac{\mathrm{d}u_c}{\mathrm{d}t}=i\\ L\dfrac{\mathrm{d}i}{\mathrm{d}t}+Ri+u_c=u\end{cases}\Rightarrow\begin{cases}\dot{u}_c=\dfrac{1}{C}i\\ \dot{i}=-\dfrac{1}{L}u_c-\dfrac{R}{L}i+\dfrac{1}{L}u\end{cases}$$

经过整理，可得到系统的状态空间表达式为

$$\begin{cases}\dot{\boldsymbol{x}}(t)=\boldsymbol{A}\boldsymbol{x}(t)+\boldsymbol{B}\boldsymbol{u}(t)\\ \boldsymbol{y}(t)=\boldsymbol{C}\boldsymbol{x}(t)\end{cases}$$

式中

$$\boldsymbol{A}=\begin{bmatrix}0 & \frac{1}{C}\\ -\frac{1}{L} & -\frac{R}{L}\end{bmatrix},\ \boldsymbol{B}=\begin{bmatrix}0\\ \frac{1}{L}\end{bmatrix},\ \boldsymbol{C}=\begin{bmatrix}1 & 0\end{bmatrix}$$

从经典控制理论的学习中，可以知道 RLC 无源电路的二阶微分方程为

$$\frac{\mathrm{d}^2u_c}{\mathrm{d}t^2}+\frac{R}{L}\frac{\mathrm{d}u_c}{\mathrm{d}t}+\frac{1}{LC}u_c=\frac{1}{LC}u$$

如果选择 u_c 和 $\dot{u}_c$ 作为状态变量，即 $\boldsymbol{x}(t)=\begin{bmatrix}x_1(t)\\ x_2(t)\end{bmatrix}=\begin{bmatrix}u_c\\ \dot{u}_c\end{bmatrix}$，$y=u_c$ 为输出变量，则一阶微分方程组为

$$\begin{cases}\dot{x}_1=x_2\\ \dot{x}_2=-\frac{1}{LC}x_1-\frac{R}{L}x_2+\frac{1}{LC}u\end{cases}$$

系统状态空间表达式为

$$\begin{cases}\dot{\boldsymbol{x}}(t)=\boldsymbol{A}\boldsymbol{x}(t)+\boldsymbol{B}\boldsymbol{u}(t)\\ \boldsymbol{y}(t)=\boldsymbol{C}\boldsymbol{x}(t)\end{cases}$$

式中

$$\boldsymbol{A}=\begin{bmatrix}0 & 1\\ -\frac{1}{LC} & -\frac{R}{L}\end{bmatrix},\ \boldsymbol{B}=\begin{bmatrix}0\\ \frac{1}{LC}\end{bmatrix},\ \boldsymbol{C}=\begin{bmatrix}1 & 0\end{bmatrix}$$

从上述分析可知：同一系统，状态变量选取不同，状态空间表达式也不相同。从理论上来讲，一个系统有多种状态变量的选取方法，即有多个状态空间表达式。

2.2 状态空间表达式的建立

用状态空间法分析系统时，首先要建立给定系统的状态空间表达式。状态空间表达式的建立比较复杂，常用的有三种途径，一是根据系统的物理或化学机理建立状态空间表达式；二是根据系统微分方程或传递函数建立状态空间表达式；三是根据系统方框图建立状态空间表达式。

2.2.1 根据系统机理建立状态空间表达式

常见的控制系统可分为电气、机械、机电、液压等系统，这些系统各遵循其相应的物理规律。当系统具体物理结构已知时，根据各种基本定律，如牛顿运动定律、基尔霍夫定律等，可直接建立系统的状态空间表达式。

由系统机理写状态空间表达式可归纳为以下几个步骤：

(1) 确定系统的输入变量、输出变量和状态变量；

(2) 根据变量应遵循的有关物理、化学定律，建立描述系统动态特性或运动规律的微分方程；

(3) 消除中间变量，把原始方程化为状态变量的一阶微分方程和输出方程；

(4) 将方程整理成状态空间表达式的标准形式。

下面通过 RLC 无源网络和质量、弹簧与阻尼组成的机械系统来建立系统的状态空间表达式，以了解实际系统的建模步骤及建模思想。

例 2.4 RLC 无源网络，如图 2.6 所示，建立其状态空间表达式。

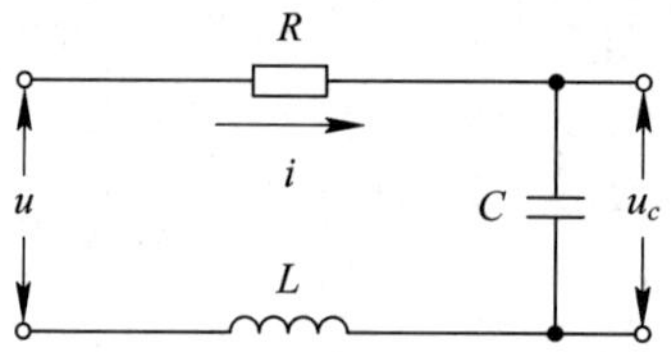

图 2.6 RLC 无源网络

分析 此系统有两个独立储能元件，应有两个状态变量。状态变量的选择是任意的。在上一节内容中，对于该系统，分别选取 $\begin{bmatrix} x_1(t) \\ x_2(t) \end{bmatrix} = \begin{bmatrix} u_c \\ i \end{bmatrix}$ 和 $\begin{bmatrix} x_1(t) \\ x_2(t) \end{bmatrix} = \begin{bmatrix} u_c \\ \dot{u}_c \end{bmatrix}$ 作为状态变量，分别给出了系统的状态空间表达式。

考虑系统状态变量的非唯一性，这里选取 $\begin{cases} x_1(t) = i \\ x_2(t) = \int i\mathrm{d}t \end{cases}$ 作为状态变量。

解 根据基尔霍夫定律可列写如下方程

$$L\frac{\mathrm{d}i}{\mathrm{d}t} + Ri + u_c = u$$

系统输出方程为

$$y(t) = u_c = \frac{1}{C}\int i\mathrm{d}t$$

则有

$$\begin{cases} \dot{x}_1(t) = \dfrac{\mathrm{d}i}{\mathrm{d}t} = -\dfrac{R}{L}x_1 - \dfrac{1}{LC}x_2 + \dfrac{1}{L}u \\ \dot{x}_2(t) = x_1 \\ y(t) = \dfrac{1}{C}x_2 \end{cases}$$

写成矩阵形式为

$$\begin{cases} \dot{\boldsymbol{x}}(t) = \begin{bmatrix} -\dfrac{R}{L} & -\dfrac{1}{LC} \\ 1 & 0 \end{bmatrix}\boldsymbol{x}(t) + \begin{bmatrix} \dfrac{1}{L} \\ 0 \end{bmatrix}\boldsymbol{u}(t) \\ \boldsymbol{y}(t) = \begin{bmatrix} 0 & \dfrac{1}{C} \end{bmatrix}\boldsymbol{x}(t) \end{cases}$$

结论：

(1) 状态变量选取具有非唯一性，但状态变量个数相同，且为系统的阶次；

(2) 状态变量具有独立性；

(3) 不同组状态变量之间可作等价变换，称为状态的线性变换。

例 2.5　对于如图 2.7 所示的电路系统，建立状态空间表达式。

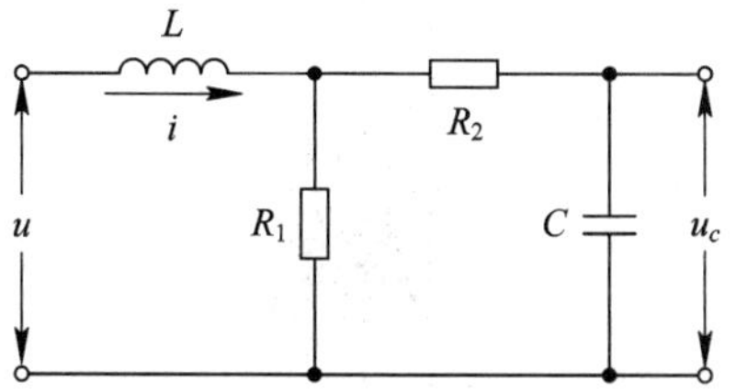

图 2.7 电路系统

解　由图已知，网络中有两个储能元件，所以系统有两个状态变量。

选取 $x_1(t)=i_l$ 和 $x_2(t)=u_c$ 作为状态变量。根据基尔霍夫定律可列写如下方程：

$$\begin{cases} i_l=\left(u-L\dfrac{\mathrm{d}i_l}{\mathrm{d}t}\right)\dfrac{1}{R_1}+C\dfrac{\mathrm{d}u_c}{\mathrm{d}t} \\ L\dfrac{\mathrm{d}i_l}{\mathrm{d}t}+u_c+C\dfrac{\mathrm{d}u_c}{\mathrm{d}t}R_2=u \end{cases}$$

系统输出方程为

$$y(t)=u_c=\frac{1}{C}\int i\mathrm{d}t$$

进一步整理得

$$\begin{cases} i_l=\left(u-L\dfrac{\mathrm{d}i_l}{\mathrm{d}t}\right)\dfrac{1}{R_1}+C\dfrac{\mathrm{d}u_c}{\mathrm{d}t} \\ L\dfrac{\mathrm{d}i_l}{\mathrm{d}t}+u_c+C\dfrac{\mathrm{d}u_c}{\mathrm{d}t}R_2=u \end{cases} \Rightarrow \begin{cases} \dfrac{\mathrm{d}i_l}{\mathrm{d}t}=-\dfrac{R_1R_2}{L(R_1+R_2)}i_l-\dfrac{R_1}{L(R_1+R_2)}u_c+\dfrac{1}{L}u \\ \dfrac{\mathrm{d}u_c}{\mathrm{d}t}=\dfrac{R_1}{C(R_1+R_2)}i_l-\dfrac{1}{C(R_1+R_2)}u_c \end{cases}$$

把状态变量代入并整理得

$$\begin{cases} \dot{x}_1(t)=-\dfrac{R_1R_2}{L(R_1+R_2)}x_1-\dfrac{R_1}{L(R_1+R_2)}x_2+\dfrac{1}{L}u \\ \dot{x}_2(t)=\dfrac{R_1}{C(R_1+R_2)}x_1-\dfrac{1}{C(R_1+R_2)}x_2 \\ y(t)=u_c=x_2 \end{cases}$$

写成矩阵的形式为

$$\begin{cases} \dot{\boldsymbol{x}}(t)=\begin{bmatrix} -\dfrac{R_1R_2}{L(R_1+R_2)} & -\dfrac{R_1}{L(R_1+R_2)} \\ \dfrac{R_1}{C(R_1+R_2)} & -\dfrac{1}{C(R_1+R_2)} \end{bmatrix}\boldsymbol{x}(t)+\begin{bmatrix} \dfrac{1}{L} \\ 0 \end{bmatrix}\boldsymbol{u}(t) \\ \boldsymbol{y}(t)=\begin{bmatrix} 0 & 1 \end{bmatrix}\boldsymbol{x}(t) \end{cases}$$

例 2.6 在图 2.8 所示的弹簧-阻尼-质量机械系统中，m 为质点的质量，k 为弹簧系数，f 为阻尼系数。在外力 $u(t)$ 作用下，建立系统的状态空间表达式。

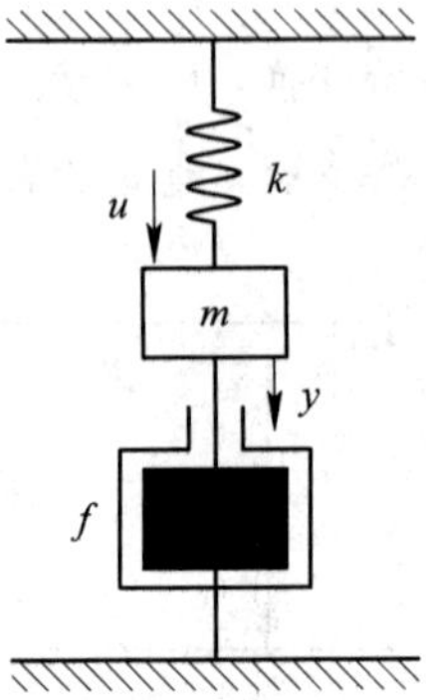

图 2.8 机械系统

解 在经典控制理论中对于这类机械系统有过分析，该系统是一个二阶系统，而且系统中有弹簧和阻尼两个储能元件，所以该系统有两个状态变量。

选取弹簧的伸长度 $y(t)$ 和质点的速度 $\dot{y}(t)$ 作为状态变量，即 $x_1(t)=y(t)$，$x_2(t)=\dot{y}(t)$，根据牛顿第二运动定律，对于质点有

$$m\ddot{y}(t)+f\dot{y}(t)+ky(t)=u(t)$$

把状态变量代入，得

$$\begin{cases}\dot{x}_1(t)=x_2\\ \dot{x}_2(t)=\ddot{y}=-\dfrac{k}{m}y-\dfrac{f}{m}\dot{y}+\dfrac{1}{m}u\\ y(t)=x_1\end{cases}$$

整理成矩阵形式有

$$\begin{cases}\dot{\boldsymbol{x}}(t)=\begin{bmatrix}0 & 1\\ -\dfrac{k}{m} & -\dfrac{f}{m}\end{bmatrix}\boldsymbol{x}(t)+\begin{bmatrix}0\\ \dfrac{1}{m}\end{bmatrix}\boldsymbol{u}(t)\\ \boldsymbol{y}(t)=\begin{bmatrix}1 & 0\end{bmatrix}\boldsymbol{x}(t)\end{cases}$$

2.2.2 由微分方程或传递函数建立状态空间表达式

在经典控制理论中，系统常用的数学模型是微分方程或传递函数。如何将其转化成状态空间表达式是现代控制理论中首先要解决的问题。由已知系统的传递函数或微分方程，建立系统状态空间表达式，称为系统的实现问题。由传递函数求取的状态空间表达式并不唯一，称为实现的非唯一性。这种非唯一性与系统状态变量选取的非唯一性有关。

由于零初始条件下，线性定常连续系统的微分方程和传递函数可以相互转换，所以以一种数学模型来讨论。

对于如下传递函数

$$W(s)=\frac{Y(s)}{U(s)}=\frac{b_m s^m+b_{m-1}s^{m-1}+\cdots+b_1 s+b_0}{s^n+a_{n-1}s^{n-1}+\cdots+a_1 s+a_0} \tag{2.15}$$

存在实现 $\Sigma(\boldsymbol{A}, \boldsymbol{B}, \boldsymbol{C}, \boldsymbol{D})$ 的条件：

当 $m<n$ 时，实现的形式是 $\Sigma(\boldsymbol{A}, \boldsymbol{B}, \boldsymbol{C})$；当 $n=m$ 时，实现的形式是 $\Sigma(\boldsymbol{A}, \boldsymbol{B}, \boldsymbol{C}, \boldsymbol{D})$，且 $\boldsymbol{D}=[b_m]$。

注： 尽管实现是非唯一的，但是只要原系统传递函数中分子和分母没有公因子，即不出现零极点相消的现象，则 n 阶系统必有 n 个独立变量。对于同一系统，系统状态变量的个数相同。

1. 微分方程中不包含输入导数项(传递函数中没有零点)的实现

微分方程中不包含输入信号导数项，一般情况下，系统的输入-输出关系可由 n 阶微分方程描述为

$$y^{(n)}+a_{n-1}y^{(n-1)}+a_{n-2}y^{(n-2)}+\cdots+a_2\ddot{y}+a_1\dot{y}+a_0 y=b_0 u \tag{2.16}$$

与微分方程的一般形式相对应的传递函数的形式为

$$W(s)=\frac{Y(s)}{U(s)}=\frac{b_0}{s^n+a_{n-1}s^{n-1}+\cdots+a_1 s+a_0} \tag{2.17}$$

式中，a_0，a_1，…，a_{n-1}，b_0 是由系统结构确定的常数，a_0，a_1，…，a_{n-1} 称为系统特征多项式的系数。

对于 n 阶系统，系统有 n 个状态变量。第一种状态变量的选取方法是，状态变量选取为输出变量及输出变量的各阶导数。

设状态变量为

$$\begin{cases} x_1=y \\ x_2=\dot{y} \\ \quad\vdots \\ x_n=y^{(n-1)} \end{cases} \tag{2.18}$$

则状态方程为

$$\begin{cases} \dot{x}_1=x_2 \\ \dot{x}_2=x_3 \\ \quad\vdots \\ \dot{x}_{n-1}=x_n \\ \dot{x}_n=-a_0x_1-a_1x_2-\cdots-a_{n-1}x_n+b_0u \end{cases} \tag{2.19}$$

输出方程为

$$y=x_1 \tag{2.20}$$

从而系统的状态空间表达式为

$$
\begin{cases}
\begin{bmatrix} \dot{x}_1 \\ \dot{x}_2 \\ \vdots \\ \dot{x}_{n-1} \\ \dot{x}_n \end{bmatrix} = \begin{bmatrix} 0 & 1 & 0 & \cdots & 0 \\ 0 & 0 & 1 & \cdots & 0 \\ \vdots & \vdots & \vdots & & \vdots \\ 0 & 0 & 0 & \cdots & 1 \\ -a_0 & -a_1 & -a_2 & \cdots & -a_{n-1} \end{bmatrix} \begin{bmatrix} x_1 \\ x_2 \\ \vdots \\ x_{n-1} \\ x_n \end{bmatrix} + \begin{bmatrix} 0 \\ 0 \\ 0 \\ \vdots \\ b_0 \end{bmatrix} \boldsymbol{u} \\
\boldsymbol{y} = [1 \quad 0 \quad 0 \quad \cdots \quad 1] \begin{bmatrix} x_1 \\ x_2 \\ \vdots \\ x_{n-1} \\ x_n \end{bmatrix}
\end{cases}
\tag{2.21}
$$

写成矩阵形式，则系统状态空间表达式的一般形式为

$$
\begin{cases}
\dot{\boldsymbol{x}}(t) = \boldsymbol{A}\boldsymbol{x}(t) + \boldsymbol{B}\boldsymbol{u}(t) \\
\boldsymbol{y}(t) = \boldsymbol{C}\boldsymbol{x}(t)
\end{cases}
\tag{2.22}
$$

其中

$$
\boldsymbol{A} = \begin{bmatrix} 0 & 1 & 0 & \cdots & 0 \\ 0 & 0 & 1 & \cdots & 0 \\ \vdots & \vdots & \vdots & & \vdots \\ 0 & 0 & 0 & \cdots & 1 \\ -a_0 & -a_1 & -a_2 & \cdots & -a_{n-1} \end{bmatrix}, \boldsymbol{B} = \begin{bmatrix} 0 \\ 0 \\ \vdots \\ 0 \\ b_0 \end{bmatrix} 0, \boldsymbol{C} = [1 \quad 0 \quad 0 \quad \cdots \quad 0]
$$

注意：上述表达式中，当系统矩阵 $\boldsymbol{A}$ 具有如上的形式时，称为友矩阵。满足上述形式的系统方程(2.22)其 $\Sigma(\boldsymbol{A}, \boldsymbol{B}, \boldsymbol{C})$ 是系统的一个能观标准型。

对于这类结构的系统，很方便画出相应的系统模拟结构图，如图 2.9 所示，这种结构是一种较易物理实现的结构。把 n 个积分器串联起来，每个积分器的输出都是相应的状态变量，输入是状态变量的导数。

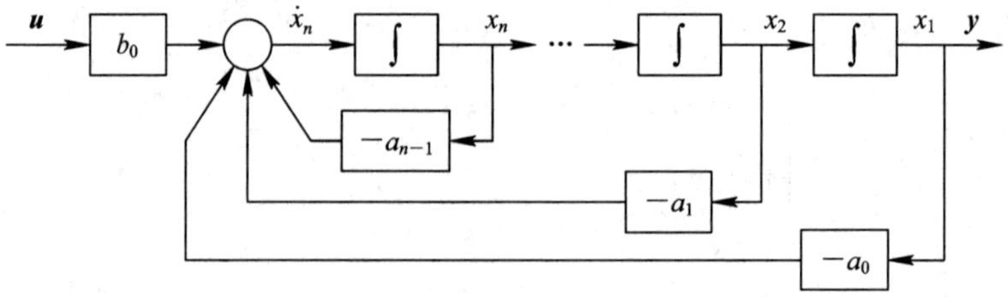

图 2.9 系统(2.22)模拟结构图

例 2.7 系统的微分方程为 $y^{(3)} + 4y^{(2)} + 6\dot{y} + 2y = 3u$，试列写出其状态方程表达式。

解 由于微分方程等价于传递函数

$$W(s)=\frac{3}{s^3+4s^2+6s+2}$$

可知系统特征多项式系数为

$$a_0=2,\ a_1=6,\ a_2=4,\ b_0=3$$

选取状态变量

$$\begin{cases}x_1=y\\x_2=\dot{y}\\x_3=\ddot{y}\end{cases}$$

对上式求导，并考虑原微分方程

$$\begin{cases}\dot{x}_1=x_2\\\dot{x}_2=x_3\\\dot{x}_3=-2x_1-6x_2-4x_3+3u\\y=x_1\end{cases}$$

则系统的状态空间表达式为

$$\begin{cases}\dot{\boldsymbol{x}}(t)=\begin{bmatrix}0&1&0\\0&0&1\\-2&-6&-4\end{bmatrix}\boldsymbol{x}(t)+\begin{bmatrix}0\\0\\3\end{bmatrix}\boldsymbol{u}(t)\\\boldsymbol{y}(t)=\begin{bmatrix}1&0&0\end{bmatrix}\boldsymbol{x}(t)\end{cases}$$

系统模拟结构图如图 2.10 所示。

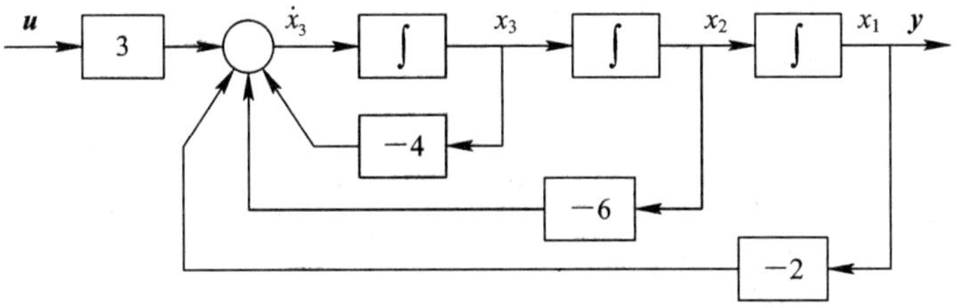

图 2.10　系统模拟结构图

第二种状态变量的选取方法是，状态变量选取为$\dfrac{y}{b_0}$及其各阶导数。

设状态变量为

$$\begin{cases}x_1=\dfrac{y}{b_0}\\x_2=\dfrac{\dot{y}}{b_0}\\\quad\vdots\\x_{n-1}=\dfrac{y^{(n-2)}}{b_0}\\x_n=\dfrac{y^{(n-1)}}{b_0}\end{cases}\tag{2.23}$$

则

$$\begin{cases}\dot{x}_1=x_2\\ \dot{x}_2=x_3\\ \quad\vdots\\ \dot{x}_{n-1}=x_n\\ \dot{x}_n=-a_0x_1-a_1x_2-\cdots-a_{n-1}x_n+u\end{cases} \tag{2.24}$$

输出方程为

$$y=b_0x_1 \tag{2.25}$$

系统状态空间表达式的一般形式为

$$\begin{cases}\dot{\boldsymbol{x}}(t)=\boldsymbol{Ax}(t)+\boldsymbol{Bu}(t)\\ \boldsymbol{y}(t)=\boldsymbol{Cx}(t)\end{cases} \tag{2.26}$$

其中

$$\boldsymbol{A}=\begin{bmatrix}0 & 1 & 0 & \cdots & 0\\ 0 & 0 & 1 & \cdots & 0\\ \vdots & \vdots & \vdots & & \vdots\\ 0 & 0 & 0 & \cdots & 1\\ -a_0 & -a_1 & -a_2 & \cdots & -a_{n-1}\end{bmatrix},\ \boldsymbol{B}=\begin{bmatrix}0\\0\\ \vdots\\0\\1\end{bmatrix},\ \boldsymbol{C}=[b_0\quad 0\quad 0\quad \cdots\quad 0]$$

和式(2.22)相比，两种结构形式中，系统矩阵相同且都是友矩阵。相比于式(2.22)的能观标准型，式(2.26)是一个能控标准型，其模拟结构图如图 2.11 所示。关于能控标准型和能观标准型在后续章节进行介绍。

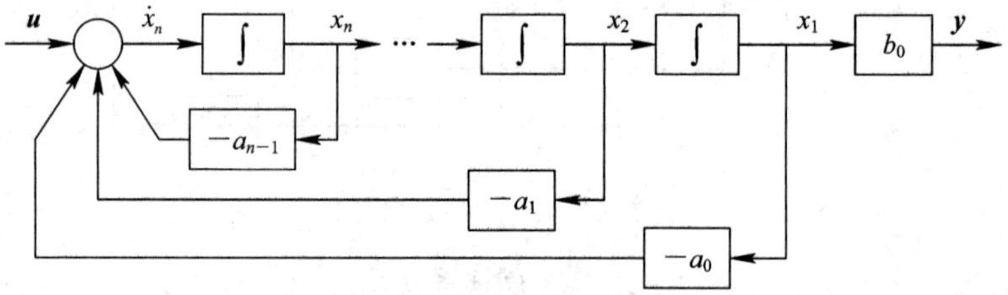

图 2.11 系统(2.26)模拟结构图

例 2.8 同样考虑例 2.7，列写出其状态方程表达式。

解 由题可知：$a_0=2$，$a_1=6$，$a_2=4$，$b_0=3$。

选取状态变量

$$\begin{cases}x_1=\dfrac{y}{3}\\ x_2=\dfrac{\dot{y}}{3}\\ x_3=\dfrac{\ddot{y}}{3}\end{cases}$$

对上式求导，并考虑原微分方程

$$\begin{cases}\dot{x}_1=x_2\\ \dot{x}_2=x_3\\ \dot{x}_3=-2x_1-6x_2-4x_3+u\\ y=3x_1\end{cases}$$

系统状态空间表达式为

$$\begin{cases}\dot{\boldsymbol{x}}(t)=\begin{bmatrix}0 & 1 & 0\\ 0 & 0 & 1\\ -2 & -6 & -4\end{bmatrix}\boldsymbol{x}(t)+\begin{bmatrix}0\\ 0\\ 1\end{bmatrix}\boldsymbol{u}(t)\\ \boldsymbol{y}(t)=\begin{bmatrix}3 & 0 & 0\end{bmatrix}\boldsymbol{x}(t)\end{cases}$$

由于状态变量选取的非唯一性，所以状态空间表达式也不唯一，同一系统的状态表达式之间是线性等价的。

2. 微分方程中包含输入导数项(传递函数中有零点)的实现

微分方程中含有输入变量的导数项，系统的输入-输出关系由 n 阶微分方程描述：

$$y^{(n)}+a_{n-1}y^{(n-1)}+a_{n-2}y^{(n-2)}+\cdots+a_1\dot{y}+a_0y=b_mu^{(m)}+b_{m-1}u^{(m-1)}+\cdots+b_1\dot{u}+b_0u \tag{2.27}$$

与此微分方程相对应的传递函数形式为

$$W(s)=\frac{Y(s)}{U(s)}=\frac{b_ms^m+b_{m-1}s^{m-1}+\cdots+b_1s+b_0}{s^n+a_{n-1}s^{n-1}+\cdots+a_1s+a_0} \tag{2.28}$$

考虑系统实现问题，输入变量导数项的阶数小于或等于系统的阶数，即 $m\leqslant n$。状态方程是关于状态变量的一阶微分方程组，在选取状态变量时，其原则为：使状态方程不含输入变量 $u(t)$的导数。

常用的选取状态变量的方法有以下两种。

(1) 能控标准型。考虑一般性，假设 $m=n$，对传递函数

$$W(s)=\frac{Y(s)}{U(s)}=\frac{b_ms^m+b_{m-1}s^{m-1}+\cdots+b_1s+b_0}{s^n+a_{n-1}s^{n-1}+\cdots+a_1s+a_0} \tag{2.29}$$

考虑等价变形

$$\begin{aligned}W(s)&=\frac{Y(s)}{U(s)}\\ &=b_n+\frac{(b_{n-1}-a_{n-1}b_n)s^{n-1}+\cdots+(b_1-a_1b_n)s+(b_0-a_0b_n)}{s^n+a_{n-1}s^{n-1}+\cdots+a_1s+a_0}\end{aligned} \tag{2.30}$$

选取中间变量

$$Y_1(s)=\frac{1}{s^n+a_{n-1}s^{n-1}+\cdots+a_1s+a_0}U(s) \tag{2.31}$$

可知

$$Y(s)=b_nU(s)+Y_1(s)[(b_{n-1}-a_{n-1}b_n)s^{n-1}+\cdots+(b_1-a_1b_n)s+(b_0-a_0b_n)] \tag{2.32}$$

对上式取拉普拉斯反变换得

$$y=b_nu+(b_{n-1}-a_{n-1}b_n)y_1^{(n-1)}+\cdots+(b_1-a_1b_n)\dot{y}_1+(b_0-a_0b_n)y_1 \tag{2.33}$$

和前面讲的方法相同，选取中间输出变量为 y_1，及其各阶导数为状态变量。

$$\begin{cases} x_1=y_1 \\ x_2=\dot{y}_1 \\ \quad\vdots \\ x_n=y_1^{(n-1)} \end{cases} \tag{2.34}$$

两边求导得

$$\begin{cases} \dot{x}_1=\dot{y}_1=x_2 \\ \dot{x}_2=\ddot{y}_1=x_3 \\ \quad\vdots \\ \dot{x}_{n-1}=y_1^{(n-1)}=x_n \\ \dot{x}_n=y_1^{(n)}=-a_0x_1-a_1x_2-\cdots-a_{n-1}x_n+u \end{cases} \tag{2.35}$$

状态方程为

$$\begin{cases} \dot{x}_1=x_2 \\ \dot{x}_2=x_3 \\ \quad\vdots \\ \dot{x}_{n-1}=x_n \\ \dot{x}_n=-a_0x_1-a_1x_2-\cdots-a_{n-1}x_n+u \end{cases} \tag{2.36}$$

输出方程为

$$y=(b_0-a_0b_n)x_1+(b_1-a_1b_n)x_2+\cdots(b_{n-1}-a_{n-1}b_n)x_n+b_nu \tag{2.37}$$

系统的状态空间表达式为

$$\begin{cases} \dot{\boldsymbol{x}}(t)=\begin{bmatrix} 0 & 1 & 0 & \cdots & 0 & 0 \\ 0 & 0 & 1 & \cdots & 0 & 0 \\ \vdots & \vdots & \vdots & & \vdots & \vdots \\ 0 & 0 & 0 & \cdots & 0 & 1 \\ -a_0 & -a_1 & -a_2 & \cdots & -a_{n-2} & -a_{n-1} \end{bmatrix}\boldsymbol{x}(t)+\begin{bmatrix} 0 \\ 0 \\ \vdots \\ 0 \\ 1 \end{bmatrix}\boldsymbol{u}(t) \\ \boldsymbol{y}(t)=[b_0-a_0b_n \quad b_1-a_1b_n \quad \cdots \quad b_{n-1}-a_{n-1}b_n]\boldsymbol{x}(t)+b_n\boldsymbol{u}(t) \end{cases} \tag{2.38}$$

这种方法建立的状态空间表达式是系统的一种能控标准型。

例 2.9 已知系统的微分方程为 $\dddot{y}+8\ddot{y}+9\dot{y}+14y=7\dot{u}+12u$，写出其状态方程表达式。

解 由微分方程表达式可知，输入变量的微分阶次小于输出变量的微分阶次，所以系统的状态空间表达式的形式为 $\Sigma(\boldsymbol{A},\boldsymbol{B},\boldsymbol{C})$。

由系统微分方程知

$$a_0=14,\ a_1=9,\ a_2=8,\ b_0=12,\ b_1=7$$

根据式(2.38)可知系统的状态空间表达式为

$$\begin{cases}\dot{\boldsymbol{x}}(t)=\begin{bmatrix}0 & 1 & 0\\ 0 & 0 & 1\\ -14 & -9 & -8\end{bmatrix}\boldsymbol{x}(t)+\begin{bmatrix}0\\0\\1\end{bmatrix}\boldsymbol{u}(t)\\ \boldsymbol{y}(t)=[12\quad 7\quad 0]\boldsymbol{x}(t)\end{cases}$$

例 2.10　已知系统的传递函数为 $G(s)=\dfrac{s^2+6s+8}{s^2+4s+3}$，写出系统的状态空间表达式。

解　从传递函数可知，分子的最高阶次和分母的最高阶次相同，所以系统的状态空间表达式的形式为 $\Sigma(\boldsymbol{A}, \boldsymbol{B}, \boldsymbol{C}, \boldsymbol{D})$。

其中

$$a_0=3,\ a_1=4,\ a_2=1,\ b_0=8,\ b_1=6,\ b_2=1$$

状态空间表达式为

$$\begin{cases}\dot{\boldsymbol{x}}(t)=\begin{bmatrix}0 & 1\\ -3 & -4\end{bmatrix}\boldsymbol{x}(t)+\begin{bmatrix}0\\1\end{bmatrix}\boldsymbol{u}(t)\\ \boldsymbol{y}(t)=[5\quad 2]\boldsymbol{x}(t)+\boldsymbol{u}(t)\end{cases}$$

(2) 能观标准型。考虑式(2.30)

$$W(s)=\frac{Y(s)}{U(s)}=b_n+\frac{(b_{n-1}-a_{n-1}b_n)s^{n-1}+\cdots+(b_1-a_1b_n)s+(b_0-a_0b_n)}{s^n+a_{n-1}s^{n-1}+\cdots+a_1s+a_0}$$

选取状态变量如下：

$$\begin{cases}x_1=y-\beta_n u\\ x_2=\dot{y}-\beta_n\dot{u}-\beta_{n-1}u\\ x_3=\ddot{y}-\beta_n\ddot{u}-\beta_{n-1}\dot{u}-\beta_{n-2}u\\ \quad\vdots\\ x_n=y^{(n-1)}-\beta_n u^{(n-1)}-\beta_{n-1}u^{(n-2)}-\cdots-\beta_2u'-\beta_1u\end{cases}\tag{2.39}$$

其中

$$\begin{cases}\beta_n=b_n\\ \beta_{n-1}=b_{n-1}-a_{n-1}\beta_n\\ \beta_{n-2}=b_{n-2}-a_{n-2}\beta_n-a_{n-3}\beta_{n-1}\\ \qquad\vdots\\ \beta_1=b_1-a_1\beta_n-\cdots-a_{n-1}\beta_2\\ \beta_0=b_0-a_0\beta_n-\cdots-a_{n-2}\beta_2-a_{n-1}\beta_1\end{cases}$$

写出状态方程

$$\begin{cases}\dot{x}_1=x_2+\beta_{n-1}u\\ \dot{x}_2=x_3+\beta_{n-2}u\\ \quad\vdots\\ \dot{x}_{n-1}=x_n+\beta_1u\\ \dot{x}_n=-a_0x_1-a_1x_2-\cdots-a_{n-2}x_{n-1}-a_{n-1}x_n+\beta_0u\end{cases}\tag{2.40}$$

输出方程为

$$y=x_1+\beta_n u \tag{2.41}$$

则状态空间表达式为

$$\begin{cases}\dot{\boldsymbol{x}}(t)=\begin{bmatrix}0 & 1 & 0 & \cdots & 0\\ 0 & 0 & 1 & \cdots & 0\\ \vdots & \vdots & \vdots & & \vdots\\ 0 & 0 & 0 & \cdots & 1\\ -a_0 & -a_1 & -a_2 & \cdots & -a_{n-1}\end{bmatrix}\boldsymbol{x}(t)+\begin{bmatrix}\beta_{n-1}\\ \beta_{n-2}\\ \vdots\\ \beta_1\\ \beta_0\end{bmatrix}\boldsymbol{u}(t)\\ \boldsymbol{y}(t)=[1\quad 0\quad 0\quad \cdots\quad 0]x(t)+\beta_n\boldsymbol{u}(t)\end{cases} \tag{2.42}$$

从上述分析可见，不论系统传递函数是否有零点(输入变量是否有导数项)，系统矩阵都是一样的，这说明系统矩阵反映的是系统内部变量之间的关系，只与系统本身有关，与输入变量无关。

例 2.11 考虑例 2.9，系统的微分方程为 $\dddot{y}+8\ddot{y}+9\dot{y}+14y=7\dot{u}+12u$，写出其状态方程表达式。

解 选取状态变量

$$\begin{cases}x_1=y-\beta_3 u\\ x_2=\dot{y}-\beta_3\dot{u}-\beta_2 u\\ x_3=\ddot{y}-\beta_3\ddot{u}-\beta_2\dot{u}-\beta_1 u\end{cases}$$

写出系统的状态方程和输出方程

$$\begin{cases}\dot{x}_1=\dot{y}-\beta_3\dot{u}=x_2+\beta_2 u\\ \dot{x}_2=\ddot{y}-\beta_3\ddot{u}-\beta_2\dot{u}=x_3+\beta_1 u\\ \dot{x}_3=-a_0x_1-a_1x_2-a_2x_3+\beta_0 u\\ y=x_1\end{cases}$$

计算系数得

$$\begin{cases}\beta_3=b_3=0\\ \beta_2=b_2-a_2\beta_3=0\\ \beta_1=b_1-a_1\beta_3-a_2\beta_2=7\\ \beta_0=b_0-a_0\beta_3-a_1\beta_2-a_2\beta_1=-44\end{cases}$$

则系统的状态空间表达式为

$$\begin{cases}\dot{\boldsymbol{x}}(t)=\begin{bmatrix}0 & 1 & 0\\ 0 & 0 & 1\\ -14 & -9 & -8\end{bmatrix}\boldsymbol{x}(t)+\begin{bmatrix}0\\ 7\\ -44\end{bmatrix}\boldsymbol{u}(t)\\ \boldsymbol{y}(t)=[1\quad 0\quad 0]\boldsymbol{x}(t)\end{cases}$$

3. 多输入-多输出系统微分方程的实现

例 2.12 考虑双输入-双输出的三阶系统的微分方程组

$$\begin{cases}\ddot{y}_1+a_1\dot{y}_1+a_2y_2=b_1u_1+b_2u_2\\ \dot{y}_2+a_3y_2+a_4y_1=b_3u_1+b_4u_2\end{cases}$$

写出系统的状态空间表达式。

解　选择状态变量

$$\begin{cases}x_1=y_1\\ x_2=\dot{y}_1\\ x_3=y_2\end{cases}$$

建立状态方程及输出方程

$$\begin{cases}\dot{x}_1=x_2\\ \dot{x}_2=-a_1x_2-a_2x_3+b_1u_1+b_2u_2\\ \dot{x}_3=-a_4x_1-a_3x_3+b_3u_1+b_4u_2\\ y_1=x_1\\ y_2=x_3\end{cases}$$

状态空间表达式为

$$\begin{cases}\begin{bmatrix}\dot{x}_1\\ \dot{x}_2\\ \dot{x}_3\end{bmatrix}=\begin{bmatrix}0 & 1 & 0\\ 0 & -a_1 & -a_2\\ -a_4 & 0 & -a_3\end{bmatrix}\begin{bmatrix}x_1\\ x_2\\ x_3\end{bmatrix}+\begin{bmatrix}0 & 0\\ b_1 & b_2\\ b_3 & b_4\end{bmatrix}\begin{bmatrix}u_1\\ u_2\end{bmatrix}\\ \begin{bmatrix}y_1\\ y_2\end{bmatrix}=\begin{bmatrix}1 & 0 & 0\\ 0 & 0 & 1\end{bmatrix}\begin{bmatrix}x_1\\ x_2\\ x_3\end{bmatrix}\end{cases}$$

2.2.3　由方框图建立状态空间表达式

在经典控制理论中，可以用方框图来表示系统信号传递的关系。在进行系统分析时，也可借助于方框图来建立状态空间表达式。在等效变换的基础上，将方框图中各环节等效为：比例环节、积分环节和一阶惯性环节。系统状态变量的个数就是积分环节和一阶惯性环节的数目和，每一个环节对应一个状态变量，根据方框图中各个信号之间的关系，可以写出状态方程和输出方程。

例 2.13　某控制系统方框图如图 2.12 所示，其中 $k_1=2$，$k_2=3$，$T_1=4$，$T_2=1$，求系统的状态空间表达式。

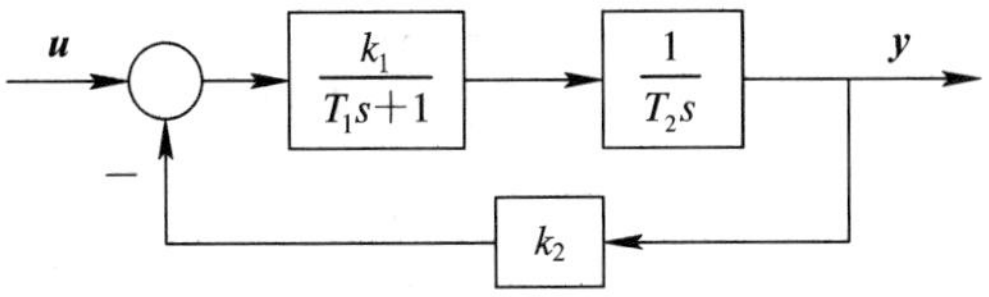

图 2.12　系统方框图

解 可以看出，在该系统中一共有三个环节：前向通道上的一阶惯性环节和积分环节，反馈通道上的比例环节。系统共有两个状态变量，分别选取积分环节和一阶惯性环节的输出为状态变量，如图 2.13 所示。

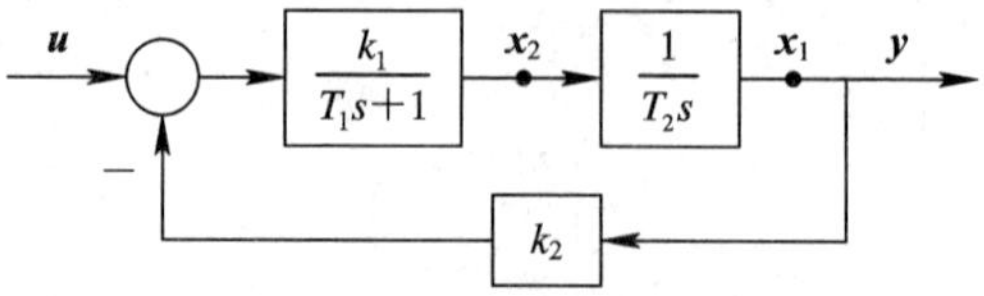

图 2.13 系统方框图

可列写如下方程

$$\begin{cases} x_1=\dfrac{1}{T_2 s}x_2 \\ (u-k_2x_1)\dfrac{k_1}{T_1s+1}=x_2 \end{cases} \Rightarrow \begin{cases} \dot{x}_1=\dfrac{1}{T_2}x_2=x_2 \\ \dot{x}_2=-\dfrac{1}{T_1}x_2+\dfrac{k_1}{T_1}(u-k_2x_1)=-\dfrac{3}{2}x_1-\dfrac{1}{4}x_2+\dfrac{1}{2}u \end{cases}$$

输出方程为

$$y=x_1$$

整理成矩阵的形式为

$$\begin{cases} \dot{\boldsymbol{x}}(t)=\begin{bmatrix} 0 & 1 \\ -\dfrac{3}{2} & -\dfrac{1}{4} \end{bmatrix}\boldsymbol{x}(t)+\begin{bmatrix} 0 \\ \dfrac{1}{2} \end{bmatrix}\boldsymbol{u}(t) \\ \boldsymbol{y}(t)=[1 \quad 0]\boldsymbol{x}(t) \end{cases}$$

例 2.14 系统的方框图如图 2.14 所示，试求系统的状态空间表达式。

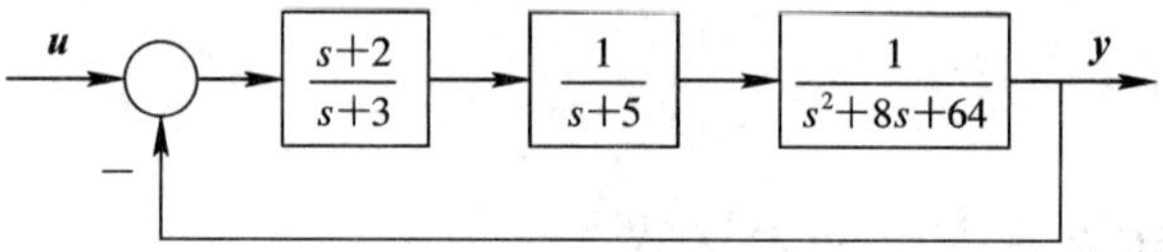

图 2.14 系统方框图

解 可以看出，系统前向通道上共有三个环节，其中$\dfrac{s+2}{s+3}$和$\dfrac{1}{s^2+8s+64}$不是典型环节，需要进行等价变形。

考虑带有零点的一阶惯性环节$\dfrac{s+2}{s+3}$，根据$\dfrac{s+z}{s+p}=1+\dfrac{z-p}{s+p}$，$\dfrac{s+2}{s+3}$可等价为$\dfrac{-1}{s+3}$和 1 的并联；$\dfrac{1}{s^2+8s+64}$则等价为$\dfrac{1}{s^2+8s}$和 8 的反馈，如图 2.15 所示。

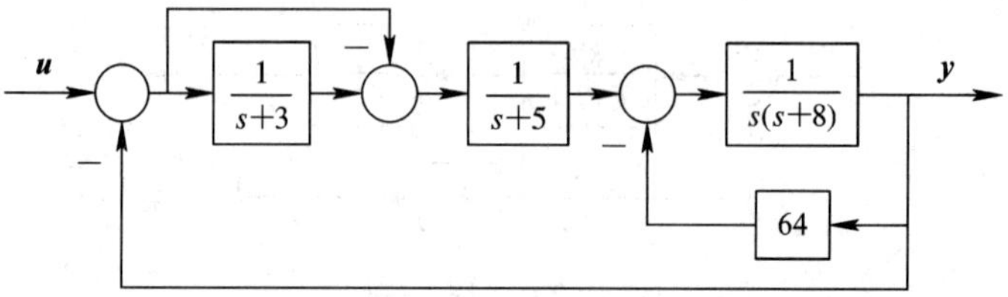

图 2.15 等效变换

进一步可等效为图 2.16 所示结构。

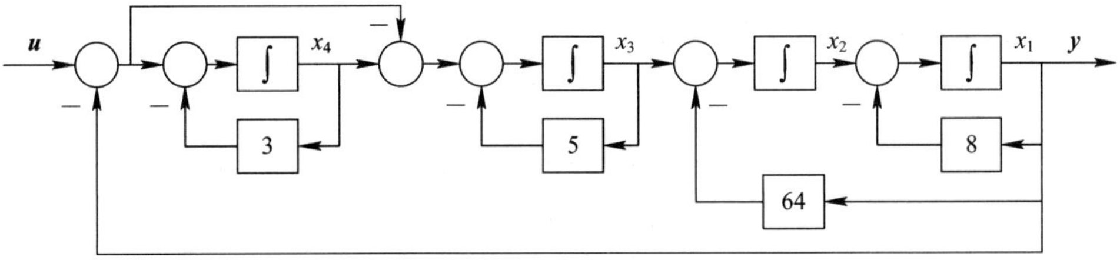

图 2.16　等效变换

从图 2.16 可知，系统有四个状态变量如下：

$$\begin{cases} x_1=\dfrac{1}{s+8}x_2 \\ x_2=\dfrac{1}{s}(x_3-64x_1) \\ x_3=\dfrac{1}{s+5}(u-x_1-x_4) \\ x_4=\dfrac{1}{s+3}(u-x_1) \end{cases}$$

写成一阶微分方程的形式为

$$\begin{cases} \dot{x}_1=-8x_1+x_2 \\ \dot{x}_2=-64x_1+x_3 \\ \dot{x}_3=-x_1-5x_3-x_4+u \\ x_4=-x_1-3x_4+u \end{cases}$$

输出方程为

$$y=x_1$$

整理成矩阵形式，则系统的状态空间表达式为

$$\begin{cases} \dot{\boldsymbol{x}}(t)=\begin{bmatrix} -8 & 1 & 0 & 0 \\ -64 & 0 & 1 & 0 \\ -1 & 0 & -5 & -1 \\ -1 & 0 & 0 & -3 \end{bmatrix}\boldsymbol{x}(t)+\begin{bmatrix} 0 \\ 0 \\ 1 \\ 1 \end{bmatrix}\boldsymbol{u}(t) \\ \boldsymbol{y}(t)=\begin{bmatrix} 1 & 0 & 0 & 0 \end{bmatrix}\boldsymbol{x}(t) \end{cases}$$

2.3　状态向量的线性变换(坐标变换)

由于状态变量的选取是非唯一的，对于同一系统而言，选择不同的状态变量，得到的状态空间表达式也不相同。由于它们都是同一个系统的状态空间描述，所以不同方程之间必然存在某种关系，实际上是向量的线性变换(或称坐标变换)。本节主要讨论线性定常系统状态变量之间的变换关系及空间方程的几种标准形式。

求线性变换的目的：将系统矩阵变成为标准型，便于求解状态方程，便于揭示系统特

性及进行分析和综合设计，且不会改变系统的性质。

2.3.1 状态空间表达式的线性变换

设系统状态空间表达式为

$$\begin{cases}\dot{\boldsymbol{x}}(t)=\boldsymbol{A}\boldsymbol{x}(t)+\boldsymbol{B}\boldsymbol{u}(t),\ \boldsymbol{x}(0)=\boldsymbol{x}_0\\ \boldsymbol{y}(t)=\boldsymbol{C}\boldsymbol{x}(t)+\boldsymbol{D}\boldsymbol{u}(t)\end{cases}\tag{2.43}$$

其中：$\boldsymbol{x}(t)$是 n 维状态向量，$\boldsymbol{u}(t)$是 r 维输入向量，$\boldsymbol{y}(t)$是 m 维输出向量；$\boldsymbol{A}$ 是$n\times n$ 维系统矩阵，$\boldsymbol{B}$ 是 $n\times r$ 维输入矩阵，$\boldsymbol{C}$ 是 $m\times n$ 维输出矩阵；$\boldsymbol{D}$ 是 $m\times r$ 维直接传递函数矩阵，$\boldsymbol{x}_0$ 是 $t=0$ 时刻的状态初始值。

假设矩阵 $\boldsymbol{T}$ 是任意一个 $n\times n$ 维非奇异矩阵，对原状态向量 $\boldsymbol{x}(t)$进行线性变换，得到另一个状态向量 $\boldsymbol{z}(t)$，设变换关系为

$$\boldsymbol{x}(t)=\boldsymbol{T}\boldsymbol{z}(t)\tag{2.44}$$

即

$$\boldsymbol{z}(t)=\boldsymbol{T}^{-1}\boldsymbol{x}(t)$$

将式(2.44)代入式(2.43)，得到新的状态空间表达式为

$$\begin{cases}\dot{\boldsymbol{z}}(t)=\boldsymbol{T}^{-1}\boldsymbol{A}\boldsymbol{T}\boldsymbol{z}(t)+\boldsymbol{T}^{-1}\boldsymbol{B}\boldsymbol{u}(t),\ \boldsymbol{z}(0)=\boldsymbol{T}^{-1}\boldsymbol{x}_0\\ \boldsymbol{y}(t)=\boldsymbol{C}\boldsymbol{T}\boldsymbol{z}(t)+\boldsymbol{D}\boldsymbol{u}(t)\end{cases}\tag{2.45}$$

需要说明的是，矩阵 $\boldsymbol{T}$ 是任意的非奇异变换矩阵，所以线性变换不是唯一的。

例 2.15 考虑系统状态空间表达式如下，试选取合适的线性变换矩阵，求其线性变换后的系统。

$$\begin{cases}\dot{\boldsymbol{x}}(t)=\begin{bmatrix}0 & -2\\ 1 & -3\end{bmatrix}\boldsymbol{x}(t)+\begin{bmatrix}2\\ 0\end{bmatrix}\boldsymbol{u}(t)\\ \boldsymbol{y}(t)=\begin{bmatrix}0 & 3\end{bmatrix}\boldsymbol{x}(t)\end{cases}$$

解 (1) 选取线性变换矩阵

$$\boldsymbol{T}=\begin{bmatrix}6 & 2\\ 2 & 0\end{bmatrix}$$

则

$$\boldsymbol{T}^{-1}=\frac{1}{2}\begin{bmatrix}0 & 1\\ 1 & -3\end{bmatrix}$$

状态变量变为

$$\boldsymbol{z}(t)=\begin{bmatrix}z_1\\ z_2\end{bmatrix}=\boldsymbol{T}^{-1}\boldsymbol{x}(t)=\frac{1}{2}\begin{bmatrix}0 & 1\\ 1 & -3\end{bmatrix}\begin{bmatrix}x_1\\ x_2\end{bmatrix}$$

则

$$z_1=\frac{1}{2}x_2,\ z_2=\frac{1}{2}x_1-\frac{3}{2}x_2$$

变换后的状态空间表达式为

$$\begin{cases}\dot{\boldsymbol{z}}(t)=\boldsymbol{T}^{-1}\boldsymbol{A}\boldsymbol{T}\boldsymbol{z}(t)+\boldsymbol{T}^{-1}\boldsymbol{B}\boldsymbol{u}(t)=\begin{bmatrix}0 & 1\\ -2 & -3\end{bmatrix}\boldsymbol{z}(t)+\begin{bmatrix}0\\ 1\end{bmatrix}\boldsymbol{u}(t)\\ \boldsymbol{y}(t)=\boldsymbol{C}\boldsymbol{T}\boldsymbol{z}(t)=\begin{bmatrix}6 & 0\end{bmatrix}\boldsymbol{z}(t)\end{cases}$$

（2）考虑线性变换的非唯一性，如选取线性变换矩阵：

$$\boldsymbol{P}=\begin{bmatrix}2 & 1\\1 & 1\end{bmatrix}$$

则

$$\boldsymbol{P}^{-1}=\begin{bmatrix}1 & -1\\-1 & 2\end{bmatrix}$$

状态变量变为

$$\boldsymbol{z}(t)=\begin{bmatrix}z_1\\z_2\end{bmatrix}=\boldsymbol{P}^{-1}\boldsymbol{x}(t)=\begin{bmatrix}1 & -1\\-1 & 2\end{bmatrix}\begin{bmatrix}x_1\\x_2\end{bmatrix}$$

则

$$z_1=x_1-x_2,\quad z_2=-x_1+2x_2$$

变换后的状态空间表达式为

$$\begin{cases}\dot{\boldsymbol{z}}(t)=\boldsymbol{P}^{-1}\boldsymbol{A}\boldsymbol{P}\boldsymbol{z}(t)+\boldsymbol{P}^{-1}\boldsymbol{B}\boldsymbol{u}(t)=\begin{bmatrix}-1 & 0\\0 & -2\end{bmatrix}\boldsymbol{z}(t)+\begin{bmatrix}2\\-2\end{bmatrix}\boldsymbol{u}(t)\\ \boldsymbol{y}(t)=\boldsymbol{C}\boldsymbol{P}\boldsymbol{z}(t)=[3\quad 3]\boldsymbol{z}(t)\end{cases}$$

2.3.2　线性变换的性质

1. 系统特征根

设系统

$$\begin{cases}\dot{\boldsymbol{x}}(t)=\boldsymbol{A}\boldsymbol{x}(t)+\boldsymbol{B}\boldsymbol{u}(t),\ \boldsymbol{x}(0)=\boldsymbol{x}_0\\ \boldsymbol{y}(t)=\boldsymbol{C}\boldsymbol{x}(t)+\boldsymbol{D}\boldsymbol{u}(t)\end{cases}\tag{2.46}$$

系统的特征根就是系统矩阵 $\boldsymbol{A}$ 的特征根，即特征方程

$$|\lambda\boldsymbol{I}-\boldsymbol{A}|=0\tag{2.47}$$

的根。一个 n 维系统一定有 n 个特征根 λ_i，$i=1, 2, \cdots, n$ 与之对应。实际物理系统中，$\boldsymbol{A}$ 为实常数方阵，系统的特征根为实数或共轭复数。

2. 系统特征向量

设 λ_i 是系统的一个特征根，如果存在一个 n 维非零向量 $\boldsymbol{P}_i$，满足

$$\boldsymbol{A}\boldsymbol{P}_i=\lambda_i\boldsymbol{P}_i\tag{2.48}$$

则称 $\boldsymbol{P}_i$ 为系统对应于特征根 λ_i 的特征向量。

例 2.16　试求矩阵 $\boldsymbol{A}$ 的特征向量。

$$\boldsymbol{A}=\begin{bmatrix}0 & 1\\-6 & -5\end{bmatrix}$$

解　矩阵 $\boldsymbol{A}$ 的特征方程为

$$|\lambda\boldsymbol{I}-\boldsymbol{A}|=\begin{vmatrix}\lambda & -1\\6 & \lambda+5\end{vmatrix}=\lambda^2+5\lambda+6=(\lambda+2)(\lambda+3)$$

即

$$\lambda_1=-2,\ \lambda_2=-3$$

对应于 λ_1 的特征向量 $\boldsymbol{P}_1$，设 $\boldsymbol{P}_1=\begin{bmatrix}p_{11}\\p_{21}\end{bmatrix}$，则有

$$\boldsymbol{A}\boldsymbol{P}_1=\lambda_1\boldsymbol{P}_1$$

$$\begin{bmatrix}0 & 1\\ -6 & -5\end{bmatrix}\begin{bmatrix}p_{11}\\ p_{21}\end{bmatrix}=-2\begin{bmatrix}p_{11}\\ p_{21}\end{bmatrix}$$

即

$$\boldsymbol{P}_1=\begin{bmatrix}1\\ -2\end{bmatrix}$$

同理，可以计算出对应于 λ_2 的特征向量$\boldsymbol{P}_2$，设$\boldsymbol{P}_2=\begin{bmatrix}p_{12}\\ p_{22}\end{bmatrix}$，由

$$\boldsymbol{A}\boldsymbol{P}_2=\lambda_2\boldsymbol{P}_2$$

$$\begin{bmatrix}0 & 1\\ -6 & -5\end{bmatrix}\begin{bmatrix}p_{12}\\ p_{22}\end{bmatrix}=-3\begin{bmatrix}p_{12}\\ p_{22}\end{bmatrix}$$

可得

$$\boldsymbol{P}_2=\begin{bmatrix}1\\ -3\end{bmatrix}$$

3. 特征根不变性

对于同一系统，经过线性变换后，得到

$$\begin{cases}\dot{\boldsymbol{z}}(t)=\boldsymbol{T}^{-1}\boldsymbol{A}\boldsymbol{T}\boldsymbol{z}(t)+\boldsymbol{T}^{-1}\boldsymbol{B}\boldsymbol{u}(t)\\ \boldsymbol{y}(t)=\boldsymbol{C}\boldsymbol{T}\boldsymbol{z}(t)+\boldsymbol{D}\boldsymbol{u}(t)\end{cases}\tag{2.49}$$

特征方程

$$|\lambda\boldsymbol{I}-\boldsymbol{T}^{-1}\boldsymbol{A}\boldsymbol{T}|=0\tag{2.50}$$

式(2.47)和式(2.50)虽然形式不同，但实际是相等的，即系统经过线性变换后其特征根不变。

证明

$$\begin{aligned}|\lambda\boldsymbol{I}-\boldsymbol{T}^{-1}\boldsymbol{A}\boldsymbol{T}|&=|\lambda\boldsymbol{T}^{-1}\boldsymbol{T}-\boldsymbol{T}^{-1}\boldsymbol{A}\boldsymbol{T}|\\&=|\boldsymbol{T}^{-1}\lambda\boldsymbol{T}-\boldsymbol{T}^{-1}\boldsymbol{A}\boldsymbol{T}|=|\boldsymbol{T}^{-1}(\lambda\boldsymbol{I}-\boldsymbol{A})\boldsymbol{T}|\\&=|\boldsymbol{T}^{-1}|\,|(\lambda\boldsymbol{I}-\boldsymbol{A})|\,|\boldsymbol{T}|=|\boldsymbol{T}^{-1}\boldsymbol{T}|\,|(\lambda\boldsymbol{I}-\boldsymbol{A})|\\&=|\lambda\boldsymbol{I}-\boldsymbol{A}|\end{aligned}$$

系统经过线性变换，其特征根不变，所以线性变换不会改变系统的本质特征。因此为了分析系统时的方便性，常通过线性变换把系统化为一定的标准型。

2.3.3 约当标准型

系统动态方程的标准型有多种形式，常用的有约当标准型、能控标准型和能观标准型等。在本小节，首先讨论转换成约当标准型的方法，其余的标准型将在后续章节中介绍。

1. 无重根的约当标准型(对角标准型)

设系统的状态空间表达式为

$$\begin{cases}\dot{\boldsymbol{x}}(t)=\boldsymbol{A}\boldsymbol{x}(t)+\boldsymbol{B}\boldsymbol{u}(t)\\ \boldsymbol{y}(t)=\boldsymbol{C}\boldsymbol{x}(t)\end{cases}\tag{2.51}$$

其中，$\boldsymbol{x}(t)$是 n 维状态向量，$\boldsymbol{u}(t)$是 r 维输入向量，$\boldsymbol{y}(t)$是 m 维输出向量；$\boldsymbol{A}$ 是 $n\times n$ 维系统矩阵，$\boldsymbol{B}$ 是 $n\times r$ 维输入矩阵，$\boldsymbol{C}$ 是 $m\times n$ 维输出矩阵。

若系统矩阵 $\boldsymbol{A}$ 有 n 个互不相同的特征根 λ_1，λ_2，…，λ_{n-1}，λ_n，且相应有 n 个不相同的特征向量 $\boldsymbol{P}_1$，$\boldsymbol{P}_2$，…，$\boldsymbol{P}_{n-1}$，$\boldsymbol{P}_n$，则矩阵 $\boldsymbol{A}$ 的特征矩阵为

$$\boldsymbol{P}=[\boldsymbol{P}_1\quad \boldsymbol{P}_2\quad \cdots\quad \boldsymbol{P}_n]=\begin{bmatrix} p_{11} & p_{12} & \cdots & p_{1n} \\ p_{21} & p_{22} & \cdots & p_{2n} \\ \vdots & \vdots & & \vdots \\ p_{n1} & p_{n2} & \cdots & p_{nn} \end{bmatrix}$$

如果选取由特征向量组成的特征矩阵 $\boldsymbol{P}$ 作为线性变换矩阵，可知：

$$\boldsymbol{\Lambda}=\boldsymbol{P}^{-1}\boldsymbol{A}\boldsymbol{P}=\begin{bmatrix} \lambda_1 & 0 & \cdots & 0 \\ 0 & \lambda_2 & \cdots & 0 \\ \vdots & \vdots & & \vdots \\ 0 & 0 & \cdots & \lambda_n \end{bmatrix}=\mathrm{diag}(\lambda_1,\ \lambda_2,\ \cdots,\ \lambda_n)$$

所以当系统有 n 个互不相同的特征根时，选取特征矩阵作为线性变换阵，就可以把系统转换为对角标准型

$$\begin{cases} \dot{\boldsymbol{x}}(t)=\boldsymbol{\Lambda}\boldsymbol{x}(t)+\boldsymbol{P}^{-1}\boldsymbol{B}\boldsymbol{u}(t) \\ \boldsymbol{y}(t)=\boldsymbol{C}\boldsymbol{P}\boldsymbol{x}(t) \end{cases} \tag{2.52}$$

例 2.17　试将系统 $\begin{cases} \dot{\boldsymbol{x}}(t)=\begin{bmatrix} 0 & 1 \\ -2 & -3 \end{bmatrix}\boldsymbol{x}(t)+\begin{bmatrix} 0 \\ 1 \end{bmatrix}\boldsymbol{u}(t) \\ \boldsymbol{y}(t)=[1\quad 1]\boldsymbol{x}(t) \end{cases}$ 化为对角标准型。

解　(1) 求系统特征根

$$|\lambda\boldsymbol{I}-\boldsymbol{A}|=\begin{vmatrix} \lambda & -1 \\ 2 & \lambda+3 \end{vmatrix}=(\lambda+2)(\lambda+1)=0$$

系统特征根为

$$\lambda_1=-2,\ \lambda_2=-1$$

(2) 求特征向量，已知特征向量满足

$$\boldsymbol{A}\boldsymbol{P}_i=\lambda_i\boldsymbol{P}_i\quad (i=1,2)$$

对 $\lambda_1=-2$，由 $(\boldsymbol{A}-\lambda_1\boldsymbol{I})\boldsymbol{P}_1=0$ 可得

$$\begin{bmatrix} 2 & 1 \\ -2 & -1 \end{bmatrix}\begin{bmatrix} p_{11} \\ p_{21} \end{bmatrix}=\begin{bmatrix} 0 \\ 0 \end{bmatrix}\Rightarrow 2p_{11}+p_{21}=0$$

则

$$\boldsymbol{P}_1=\begin{bmatrix} 1 \\ -2 \end{bmatrix}$$

对 $\lambda_2=-1$，由 $(\boldsymbol{A}-\lambda_2\boldsymbol{I})\boldsymbol{P}_2=0$ 可得

$$\begin{bmatrix} 1 & 1 \\ -2 & -2 \end{bmatrix}\begin{bmatrix} p_{12} \\ p_{22} \end{bmatrix}=\begin{bmatrix} 0 \\ 0 \end{bmatrix}\Rightarrow p_{12}+p_{22}=0$$

则

$$\boldsymbol{P}_2=\begin{bmatrix} 1 \\ -1 \end{bmatrix}$$

构造线性变换矩阵 $\boldsymbol{P}$

$$\boldsymbol{P}=[\boldsymbol{P}_1\quad \boldsymbol{P}_2]=\begin{bmatrix} 1 & 1 \\ -2 & -1 \end{bmatrix}$$

则
$$P^{-1}=\begin{bmatrix}-1 & -1\\ 2 & 1\end{bmatrix}$$

(3) 对角标准型为

$$\begin{cases}\dot{x}(t)=\Lambda x(t)+P^{-1}Bu(t)=\begin{bmatrix}-2 & 0\\ 0 & -1\end{bmatrix}x(t)+\begin{bmatrix}-1\\ 1\end{bmatrix}u(t)\\ y(t)=CPx(t)=\begin{bmatrix}-1 & 0\end{bmatrix}x(t)\end{cases}$$

例 2.18 试将系统$\begin{cases}\dot{x}(t)=\begin{bmatrix}2 & -1 & -1\\ 0 & -1 & 0\\ 0 & 2 & 1\end{bmatrix}x(t)+\begin{bmatrix}1\\ 2\\ 3\end{bmatrix}u(t)\\ y(t)=\begin{bmatrix}1 & 0 & 0\end{bmatrix}x(t)\end{cases}$化为对角标准型。

解 (1) 求系统特征根

$$|\lambda I-A|=\begin{vmatrix}\lambda-2 & 1 & 1\\ 0 & \lambda+1 & 0\\ 0 & -2 & \lambda-1\end{vmatrix}=(\lambda-2)(\lambda+1)(\lambda-1)=0$$

系统特征根为

$$\lambda_1=2,\quad \lambda_2=1,\quad \lambda_3=-1$$

(2) 求特征向量，已知特征向量满足

$$AP_i=\lambda_i P_i\quad (i=1, 2, 3)$$

对 $\lambda_1=2$，由 $(A-\lambda_1 I)P_1=0$ 可得

$$\begin{bmatrix}0 & 1 & 1\\ 0 & 3 & 0\\ 0 & -2 & 1\end{bmatrix}\begin{bmatrix}p_{11}\\ p_{21}\\ p_{31}\end{bmatrix}=\begin{bmatrix}0\\ 0\\ 0\end{bmatrix}\Rightarrow\begin{cases}p_{21}+p_{31}=0\\ 3p_{21}=0\\ -2p_{21}+p_{31}=0\end{cases}$$

选取 $p_{11}=1$，则

$$P_1=\begin{bmatrix}1\\ 0\\ 0\end{bmatrix}$$

对 $\lambda_2=1$，由 $(A-\lambda_2 I)P_2=0$ 可得

$$\begin{bmatrix}-1 & 1 & 1\\ 0 & 2 & 0\\ 0 & -2 & 0\end{bmatrix}\begin{bmatrix}p_{12}\\ p_{22}\\ p_{32}\end{bmatrix}=\begin{bmatrix}0\\ 0\\ 0\end{bmatrix}\Rightarrow\begin{cases}-p_{12}+p_{22}+p_{32}=0\\ p_{22}=0\\ p_{32}=0\end{cases}$$

选取 $p_{12}=1$，$p_{32}=1$，则

$$P_2=\begin{bmatrix}1\\ 0\\ 1\end{bmatrix}$$

对 $\lambda_3=-1$，由 $(A-\lambda_3 I)P_3=0$ 可得

$$\begin{bmatrix}-3 & 1 & 1\\ 0 & 0 & 0\\ 0 & -2 & -2\end{bmatrix}\begin{bmatrix}p_{13}\\ p_{23}\\ p_{33}\end{bmatrix}=\begin{bmatrix}0\\ 0\\ 0\end{bmatrix}\Rightarrow\begin{cases}-3p_{13}+p_{23}+p_{33}=0\\ \\ p_{23}+p_{33}=0\end{cases}$$

选取 $p_{23}=1$，$p_{33}=-1$，则

$$P_3=\begin{bmatrix}0\\1\\-1\end{bmatrix}$$

构造线性变换矩阵 $\boldsymbol{P}$

$$\boldsymbol{P}=[\boldsymbol{P}_1 \quad \boldsymbol{P}_2 \quad \boldsymbol{P}_3]=\begin{bmatrix}1 & 1 & 0\\0 & 0 & 1\\0 & 1 & -1\end{bmatrix}$$

则

$$\boldsymbol{P}^{-1}=\begin{bmatrix}1 & -1 & -1\\0 & 1 & 1\\0 & 1 & 0\end{bmatrix}$$

(3) 对角标准型为

$$\begin{cases}\dot{\boldsymbol{x}}(t)=\begin{bmatrix}2 & 0 & 0\\0 & 1 & 0\\0 & 0 & -1\end{bmatrix}\boldsymbol{x}(t)+\begin{bmatrix}-4\\5\\2\end{bmatrix}\boldsymbol{u}(t)\\ \boldsymbol{y}(t)=[1 \quad 1 \quad 0]\boldsymbol{x}(t)\end{cases}$$

下面给出一个化对角标准型的特例方法。

设矩阵 $\boldsymbol{A}$ 是一个具有 n 个不同特征根 λ_1，λ_2，…，λ_n 的 $n\times n$ 维矩阵，满足下面的形式：

$$\boldsymbol{A}=\begin{bmatrix}0 & 1 & \cdots & 0\\\vdots & \vdots & & \vdots\\0 & 0 & \cdots & 1\\-a_0 & -a_1 & \cdots & -a_{n-1}\end{bmatrix}$$

即矩阵 $\boldsymbol{A}$ 是友矩阵形式，则线性变换矩阵可选择为

$$\boldsymbol{T}=\begin{bmatrix}1 & 1 & \cdots & 1\\\lambda_1 & \lambda_2 & \cdots & \lambda_n\\\vdots & \vdots & & \vdots\\\lambda_1^{n-1} & \lambda_2^{n-1} & \cdots & \lambda_n^{n-1}\end{bmatrix} \tag{2.53}$$

这种线性变换矩阵称为范德蒙(Vandemone)矩阵，则有

$$\boldsymbol{T}^{-1}\boldsymbol{AT}=\begin{bmatrix}\lambda_1 & 0 & \cdots & 0\\0 & \lambda_2 & \cdots & 0\\\vdots & \vdots & & \vdots\\0 & 0 & \cdots & \lambda_n\end{bmatrix}$$

下面采用这种方法再来做例 2.17。

例 2.19　试将系统 $\begin{cases}\dot{\boldsymbol{x}}(t)=\begin{bmatrix}0 & 1\\-2 & -3\end{bmatrix}\boldsymbol{x}(t)+\begin{bmatrix}0\\1\end{bmatrix}\boldsymbol{u}(t)\\ \boldsymbol{y}(t)=[1 \quad 1]\boldsymbol{x}(t)\end{cases}$ 化为对角标准型。

解　在例 2.17 中已经求出系统的特征根为 $\lambda_1=-2$，$\lambda_2=-1$。又知，矩阵 $\boldsymbol{A}$ 是友矩

阵，则选取线性变换矩阵

$$T=\begin{bmatrix}1 & 1\\ \lambda_1 & \lambda_2\end{bmatrix}=\begin{bmatrix}1 & 1\\ -2 & -1\end{bmatrix}$$

则

$$T^{-1}=\begin{bmatrix}-1 & -1\\ 2 & 1\end{bmatrix}$$

对角标准型为

$$\begin{cases}\dot{x}(t)=\begin{bmatrix}-2 & 0\\ 0 & -1\end{bmatrix}x(t)+\begin{bmatrix}-1\\ 1\end{bmatrix}u(t)\\ y(t)=[-1 \quad 0]x(t)\end{cases}$$

2. 有重根的约当标准型

当矩阵 A 有重特征根时，一般情况下矩阵 A 线性独立的特征向量数小于它的阶数 n，则矩阵 A 不能化为对角标准型，可以化为带有约当块的对角标准型，即约当标准型。设 n 阶系统矩阵 A 的特征根中有 m 个重根 $\lambda_1=\lambda_2=\cdots=\lambda_m$ 和 $(n-m)$ 个互异单根 λ_{m+1}，λ_{m+2}，$\cdots$，λ_n，则经线性变换后的约当标准型为

$$J=P^{-1}AP=\left[\begin{array}{ccccc|ccc}\lambda_1 & 1 & \cdots & 0 & 0 & 0 & \cdots & 0\\ 0 & \lambda_1 & \cdots & 0 & 0 & 0 & \cdots & 0\\ \vdots & \vdots & & \vdots & \vdots & \vdots & & \vdots\\ 0 & 0 & \cdots & \lambda_1 & 1 & 0 & \cdots & 0\\ 0 & 0 & \cdots & 0 & \lambda_1 & 0 & \cdots & 0\\ \hline 0 & 0 & \cdots & 0 & 0 & \lambda_{m+1} & \cdots & 0\\ \vdots & \vdots & & \vdots & \vdots & \vdots & & \vdots\\ 0 & 0 & \cdots & 0 & 0 & 0 & \cdots & \lambda_n\end{array}\right]\begin{array}{l}\\ \\ \\ \\ m\text{ 个重特征根}\\ \\ \\ (n-m)\text{ 个互异特征根}\end{array}$$

线性变换矩阵同样是由特征向量构成的特征矩阵 P，则

$$P=[P_1 \quad P_2 \quad \cdots \quad P_{n-1} \quad P_n]$$

其中，P_1，$\cdots$，P_m 是由 m 个重特征根 λ_1 所对应的特征向量，P_{m+1}，$\cdots$，P_n 是由 $(n-m)$ 个互异的特征根 λ_{m+1}，λ_{m+2}，$\cdots$，λ_n 所对应的特征向量。

对于 $(n-m)$ 个互异的特征根 λ_{m+1}，λ_{m+2}，$\cdots$，λ_n 所对应的特征向量 P_{m+1}，$\cdots$，P_n，计算方法和前面所讲的一样。

对于 m 个重特征根 λ_1 所对应的特征向量 P_1，$\cdots$，P_m，根据下面公式进行计算

$$\begin{cases}(A-\lambda_1 I)P_1=0\\ (A-\lambda_1 I)P_2=P_1\\ \quad\vdots\\ (A-\lambda_1 I)P_m=P_{m-1}\end{cases} \tag{2.54}$$

这里 P_1 为 λ_1 所对应的特征向量。

例 2.20 试将系统 $\begin{cases}\dot{x}(t)=\begin{bmatrix}0 & 1 & 0\\ 0 & 0 & 1\\ 2 & 3 & 0\end{bmatrix}x(t)+\begin{bmatrix}0\\ 0\\ 1\end{bmatrix}u(t)\\ y(t)=[3 \quad 0 \quad 0]x(t)\end{cases}$ 化为约当标准型。

解　(1) 求系统特征根：

$$|\lambda \boldsymbol{I}-\boldsymbol{A}|=\begin{vmatrix}\lambda & -1 & 0\\ 0 & \lambda & -1\\ -2 & -3 & \lambda\end{vmatrix}=(\lambda+1)(\lambda+1)(\lambda-2)=0$$

则

$$\lambda_1=\lambda_2=-1,\quad \lambda_3=2$$

(2) 求特征向量。

对 $\lambda_1=-1$，由 $(\boldsymbol{A}-\lambda_1\boldsymbol{I})\boldsymbol{P}_1=0$ 可得

$$\begin{bmatrix}1 & 1 & 0\\ 0 & 1 & 1\\ 2 & 3 & 1\end{bmatrix}\begin{bmatrix}p_{11}\\ p_{21}\\ p_{31}\end{bmatrix}=0 \quad\Rightarrow\quad \begin{cases}p_{11}+p_{21}=0\\ p_{21}+p_{31}=0\\ 2p_{11}+3p_{21}+p_{31}=0\end{cases}$$

则

$$\boldsymbol{P}_1=\begin{bmatrix}1\\ -1\\ 1\end{bmatrix}$$

对 $\lambda_2=-1$，由 $(\boldsymbol{A}-\lambda_2\boldsymbol{I})\boldsymbol{P}_2=\boldsymbol{P}_1$ 可得

$$\begin{bmatrix}1 & 1 & 0\\ 0 & 1 & 1\\ 2 & 3 & 1\end{bmatrix}\begin{bmatrix}p_{12}\\ p_{22}\\ p_{32}\end{bmatrix}=\begin{bmatrix}1\\ -1\\ 1\end{bmatrix} \quad\Rightarrow\quad \begin{cases}p_{12}+p_{22}=1\\ p_{22}+p_{32}=-1\\ 2p_{12}+3p_{22}+p_{32}=1\end{cases}$$

则

$$\boldsymbol{P}_2=\begin{bmatrix}1\\ 0\\ -1\end{bmatrix}$$

对 $\lambda_3=2$，由 $(\boldsymbol{A}-\lambda_3\boldsymbol{I})\boldsymbol{P}_3=0$ 可得

$$\begin{bmatrix}-2 & 1 & 0\\ 0 & -2 & 1\\ 2 & 3 & -2\end{bmatrix}\begin{bmatrix}p_{13}\\ p_{23}\\ p_{33}\end{bmatrix}=0 \quad\Rightarrow\quad \begin{cases}-2p_{13}+p_{23}=0\\ -2p_{23}+p_{33}=0\\ 2p_{13}+3p_{23}-2p_{33}=0\end{cases}$$

则

$$\boldsymbol{P}_3=\begin{bmatrix}1\\ 2\\ 4\end{bmatrix}$$

(3) 构造线性变换矩阵 $\boldsymbol{P}$，则

$$\boldsymbol{P}=[\boldsymbol{P}_1\quad \boldsymbol{P}_2\quad \boldsymbol{P}_3]=\begin{bmatrix}1 & 1 & 1\\ -1 & 0 & 2\\ 1 & -1 & 4\end{bmatrix}$$

则

$$\boldsymbol{P}^{-1}=\frac{1}{9}\begin{bmatrix}2 & -5 & 2\\ 6 & 3 & -3\\ 1 & 2 & 1\end{bmatrix}$$

(4) 系统的约当标准型为

$$\begin{cases}\dot{\boldsymbol{x}}(t)=\boldsymbol{J}\boldsymbol{x}(t)+\boldsymbol{P}^{-1}\boldsymbol{B}u(t)=\begin{bmatrix}-1 & 1 & 0\\ 0 & -1 & 0\\ 0 & 0 & 2\end{bmatrix}\boldsymbol{x}(t)+\dfrac{1}{9}\begin{bmatrix}2\\ -3\\ 1\end{bmatrix}\boldsymbol{u}(t)\\ \boldsymbol{y}(t)=\boldsymbol{C}\boldsymbol{P}\boldsymbol{x}(t)=[3\quad 3\quad 3]\boldsymbol{x}(t)\end{cases}$$

2.4 状态空间表达式与传递函数矩阵

线性定常系统在经典控制理论中用传递函数来描述，在现代控制理论中可以用状态空间表达式描述。同一系统不同数学模型之间一定存在着联系。传递函数描述的是系统输入和输出之间的关系，是一种外部描述。状态空间表达式不仅可以描述输入、输出之间的关系，而且可以表达系统内部状态变量之间的关系，是一种内部描述，也就是完全描述。在2.2节中已经介绍了从传递函数建立状态空间表达式的问题，也就是系统实现的问题，而且也了解了系统实现的非唯一性。从状态空间表达式转换出系统传递函数矩阵则是一个唯一的过程。本节将讨论由状态空间表达式求取系统传递函数矩阵的问题。

定义 2.1 初始条件为零时，系统输出向量的拉氏变换与输入向量的拉氏变换之间的传递关系称为传递函数矩阵，简称传递矩阵。

2.4.1 单输入-单输出系统

设一个单输入-单输出线性定常系统的状态空间表达式为

$$\begin{cases}\dot{\boldsymbol{x}}(t)=\boldsymbol{A}\boldsymbol{x}(t)+\boldsymbol{B}\boldsymbol{u}(t)\\ \boldsymbol{y}(t)=\boldsymbol{C}\boldsymbol{x}(t)+d\boldsymbol{u}(t)\end{cases} \tag{2.55}$$

其中，$\boldsymbol{x}(t)$是 n 维状态向量，$\boldsymbol{u}(t)$和 $\boldsymbol{y}(t)$分别是 1 维单输入变量和 1 维单输出变量；$\boldsymbol{A}$ 是 $n\times n$ 维系统矩阵，$\boldsymbol{B}$ 和 $\boldsymbol{C}$ 分别为 $n\times 1$ 维输入矩阵和 $1\times n$ 维输出矩阵，d 为标量，一般为零。

当初始条件为零时，对式(2.55)进行拉氏变换有

$$\begin{cases}s\boldsymbol{X}(s)=\boldsymbol{A}\boldsymbol{X}(s)+\boldsymbol{B}\boldsymbol{U}(s)\\ \boldsymbol{Y}(s)=\boldsymbol{C}\boldsymbol{Y}(s)+d\boldsymbol{U}(s)\end{cases} \tag{2.56}$$

由上式可知，输入变量 $\boldsymbol{u}(t)$和状态变量 $\boldsymbol{x}(t)$之间的传递函数矩阵 $\boldsymbol{W}_{us}(s)$为

$$\boldsymbol{W}_{us}(s)=\frac{\boldsymbol{X}(s)}{\boldsymbol{U}(s)}=(s\boldsymbol{I}-\boldsymbol{A})^{-1}\boldsymbol{B} \tag{2.57}$$

注意$\boldsymbol{W}_{us}(s)$是一个 $n\times 1$ 维的矩阵。

传递函数矩阵为

$$\boldsymbol{W}(s)=\frac{\boldsymbol{Y}(s)}{\boldsymbol{U}(s)}=\boldsymbol{C}(s\boldsymbol{I}-\boldsymbol{A})^{-1}\boldsymbol{B}+d \tag{2.58}$$

单输入-单输出系统的传递函数 $\boldsymbol{W}(s)$是一个标量函数。

例 2.21 已知系统状态空间表达式如下，试求系统的传递函数矩阵。

$$\begin{cases}\dot{\boldsymbol{x}}(t)=\begin{bmatrix}1 & 0\\ 0 & -2\end{bmatrix}\boldsymbol{x}(t)+\begin{bmatrix}1\\ 1\end{bmatrix}\boldsymbol{u}(t)\\ \boldsymbol{y}(t)=\begin{bmatrix}1 & 0\end{bmatrix}\boldsymbol{x}(t)\end{cases}$$

解　已知

$$\boldsymbol{A}=\begin{bmatrix}1 & 0\\ 0 & -2\end{bmatrix},\ \boldsymbol{B}=\begin{bmatrix}1\\ 1\end{bmatrix},\ \boldsymbol{C}=\begin{bmatrix}1 & 0\end{bmatrix},\ d=0$$

则

$$(s\boldsymbol{I}-\boldsymbol{A})^{-1}=\begin{bmatrix}s-1 & 0\\ 0 & s+2\end{bmatrix}^{-1}=\begin{bmatrix}\dfrac{1}{s-1} & 0\\ 0 & \dfrac{1}{s+2}\end{bmatrix}$$

所以

$$\boldsymbol{W}(s)=\boldsymbol{C}(s\boldsymbol{I}-\boldsymbol{A})^{-1}\boldsymbol{B}+d=\begin{bmatrix}1 & 0\end{bmatrix}\begin{bmatrix}\dfrac{1}{s-1} & 0\\ 0 & \dfrac{1}{s+2}\end{bmatrix}\begin{bmatrix}1\\ 1\end{bmatrix}=\frac{1}{s-1}$$

2.4.2　多输入-多输出系统

设多输入-多输出线性定常系统的状态空间表达式为

$$\begin{cases}\dot{\boldsymbol{x}}(t)=\boldsymbol{A}\boldsymbol{x}(t)+\boldsymbol{B}\boldsymbol{u}(t)\\ \boldsymbol{y}(t)=\boldsymbol{C}\boldsymbol{x}(t)+\boldsymbol{D}\boldsymbol{u}(t)\end{cases}\tag{2.59}$$

其中，$\boldsymbol{x}(t)$是 n 维状态向量，$\boldsymbol{u}(t)$是 r 维输入向量，$\boldsymbol{y}(t)$是 m 维输出向量；$\boldsymbol{A}$ 是$n\times n$ 维系统矩阵，$\boldsymbol{B}$ 是 $n\times r$ 维输入矩阵，$\boldsymbol{C}$ 是 $m\times n$ 维输出矩阵，$\boldsymbol{D}$ 是 $m\times r$ 维直接传递矩阵。

同样，假设初始条件为零，对式(2.59)进行拉氏变换，得

$$\begin{cases}s\boldsymbol{X}(s)=\boldsymbol{A}\boldsymbol{X}(s)+\boldsymbol{B}\boldsymbol{U}(s)\\ \boldsymbol{Y}(s)=\boldsymbol{C}\boldsymbol{X}(s)+\boldsymbol{D}\boldsymbol{U}(s)\end{cases}\tag{2.60}$$

输入 $\boldsymbol{u}(t)$和状态 $\boldsymbol{x}(t)$之间的传递函数矩阵$\boldsymbol{W}_{us}(s)$为

$$\boldsymbol{W}_{us}(s)=\frac{\boldsymbol{X}(s)}{\boldsymbol{U}(s)}=(s\boldsymbol{I}-\boldsymbol{A})^{-1}\boldsymbol{B}\tag{2.61}$$

注意：$\boldsymbol{W}_{us}(s)$是一个 $n\times r$ 维的矩阵。

传递函数矩阵为

$$\boldsymbol{W}(s)=\frac{\boldsymbol{Y}(s)}{\boldsymbol{U}(s)}=(s\boldsymbol{I}-\boldsymbol{A})^{-1}\boldsymbol{B}+\boldsymbol{D}\tag{2.62}$$

$\boldsymbol{W}(s)$是一个 $m\times r$ 维的矩阵，即

$$\boldsymbol{W}(s)=\boldsymbol{C}(s\boldsymbol{I}-\boldsymbol{A})^{-1}\boldsymbol{B}+\boldsymbol{D}=\begin{bmatrix}W_{11}(s) & W_{12}(s) & \cdots & W_{1r}(s)\\ W_{21}(s) & W_{22}(s) & \cdots & W_{2r}(s)\\ \vdots & \vdots & & \vdots\\ W_{m1}(s) & W_{m2}(s) & \cdots & W_{mr}(s)\end{bmatrix}\tag{2.63}$$

其中，$W_{ij}(s)$表示第 i 个输出变量与第 j 个输入变量之间的传递函数。当 $i\neq j$ 时，表示不同标号的输入变量与输出变量有耦合关系，这就是多变量系统的特点。

同时式(2.63)可以表示为

$$\boldsymbol{W}(s)=\frac{1}{|s\boldsymbol{I}-\boldsymbol{A}|}\left[\boldsymbol{C}_{\mathrm{adj}}(s\boldsymbol{I}-\boldsymbol{A})\boldsymbol{B}+\boldsymbol{D}\,|s\boldsymbol{I}-\boldsymbol{A}|\right] \tag{2.64}$$

可以看出，$\boldsymbol{W}(s)$的分母就是系统矩阵 $\boldsymbol{A}$ 的特征多项式。

例 2.22 已知系统状态空间表达式如下，试求系统的传递函数矩阵。

$$\begin{cases}\dot{\boldsymbol{x}}(t)=\begin{bmatrix}0 & 1\\ 0 & -2\end{bmatrix}\boldsymbol{x}(t)+\begin{bmatrix}1 & 0\\ 0 & 1\end{bmatrix}\boldsymbol{u}(t)\\ \boldsymbol{y}(t)=\begin{bmatrix}1 & 0\\ 0 & 1\end{bmatrix}\boldsymbol{x}(t)\end{cases}$$

解 已知

$$\boldsymbol{A}=\begin{bmatrix}0 & 1\\ 0 & -2\end{bmatrix},\ \boldsymbol{B}=\begin{bmatrix}1 & 0\\ 0 & 1\end{bmatrix},\ \boldsymbol{C}=\begin{bmatrix}1 & 0\\ 0 & 1\end{bmatrix},\ \boldsymbol{D}=\boldsymbol{0}$$

可知

$$(s\boldsymbol{I}-\boldsymbol{A})^{-1}=\begin{bmatrix}s & -1\\ 0 & s+2\end{bmatrix}^{-1}=\begin{bmatrix}\dfrac{1}{s} & \dfrac{1}{s(s+2)}\\ 0 & \dfrac{1}{s+2}\end{bmatrix}$$

所以

$$\boldsymbol{W}(s)=(s\boldsymbol{I}-\boldsymbol{A})^{-1}\boldsymbol{B}+\boldsymbol{D}=\begin{bmatrix}1 & 0\\ 0 & 1\end{bmatrix}\begin{bmatrix}\dfrac{1}{s} & \dfrac{1}{s(s+2)}\\ 0 & \dfrac{1}{s+2}\end{bmatrix}\begin{bmatrix}1 & 0\\ 0 & 1\end{bmatrix}=\begin{bmatrix}\dfrac{1}{s} & \dfrac{1}{s(s+2)}\\ 0 & \dfrac{1}{s+2}\end{bmatrix}$$

2.4.3 传递函数矩阵的不变性

同一个系统通过线性变换可以得到不同的形式，但是系统的传递函数矩阵是相同的。传递函数矩阵描述的是系统输入与输出之间的关系，当系统变量选定时，这种描述关系是唯一确定的。

设系统状态空间表达式为式(2.59)，传递函数矩阵为式(2.62)。选取线性变换 $\boldsymbol{x}(t)=\boldsymbol{T}\boldsymbol{z}(t)$，则系统状态空间表达式(2.59)也可表达为

$$\begin{cases}\dot{\boldsymbol{z}}(t)=\boldsymbol{T}^{-1}\boldsymbol{A}\boldsymbol{T}\boldsymbol{z}(t)+\boldsymbol{T}^{-1}\boldsymbol{B}\boldsymbol{u}(t)\\ \boldsymbol{y}(t)=\boldsymbol{C}\boldsymbol{T}\boldsymbol{z}(t)+\boldsymbol{D}\boldsymbol{u}(t)\end{cases} \tag{2.65}$$

那么系统式(2.65)的传递函数矩阵为

$$\begin{aligned}\boldsymbol{W}(s)\big|_z&=\boldsymbol{C}\boldsymbol{T}(s\boldsymbol{I}-\boldsymbol{T}^{-1}\boldsymbol{A}\boldsymbol{T})^{-1}\boldsymbol{T}^{-1}\boldsymbol{B}+\boldsymbol{D}\\&=\boldsymbol{C}\left[\boldsymbol{T}(s\boldsymbol{I}-\boldsymbol{T}^{-1}\boldsymbol{A}\boldsymbol{T})\boldsymbol{T}^{-1}\right]^{-1}\boldsymbol{B}+\boldsymbol{D}\\&=\boldsymbol{C}\left[\boldsymbol{T}(s\boldsymbol{I})\boldsymbol{T}^{-1}-\boldsymbol{T}\boldsymbol{T}^{-1}\boldsymbol{A}\boldsymbol{T}\boldsymbol{T}^{-1}\right]^{-1}\boldsymbol{B}+\boldsymbol{D}\\&=\boldsymbol{C}(s\boldsymbol{I}-\boldsymbol{A})^{-1}\boldsymbol{B}+\boldsymbol{D}=\boldsymbol{W}(s)\end{aligned}$$

由上可知，系统经线性变换后，系统传递函数矩阵不变，即同一系统其传递函数矩阵是唯一的，这就是系统传递函数矩阵的不变性。

2.4.4 组合系统的传递函数矩阵

工程中较为复杂的系统，通常是由若干个子系统按某种方式连接而成的。这样的系统称为组合系统。组合系统形式很多，在大多数情况下，它们由并联、串联和反馈等连接方式构成。

下面以两个子系统 S_1 和 S_2 构成的组合系统为例进行介绍。

子系统 S_1 的状态空间表达式为

$$\begin{cases}\dot{\boldsymbol{x}}_1(t)=\boldsymbol{A}_1\boldsymbol{x}_1(t)+\boldsymbol{B}_1\boldsymbol{u}_1(t)\\ \boldsymbol{y}_1(t)=\boldsymbol{C}_1\boldsymbol{x}_1(t)\end{cases}\tag{2.66}$$

传递函数矩阵为

$$\boldsymbol{W}_1(s)=\boldsymbol{C}_1(s\boldsymbol{I}-\boldsymbol{A}_1)^{-1}\boldsymbol{B}_1\tag{2.67}$$

子系统 S_2 的状态空间表达式为

$$\begin{cases}\dot{\boldsymbol{x}}_2(t)=\boldsymbol{A}_2\boldsymbol{x}_2(t)+\boldsymbol{B}_2\boldsymbol{u}_2(t)\\ \boldsymbol{y}_2(t)=\boldsymbol{C}_2\boldsymbol{x}_2(t)\end{cases}\tag{2.68}$$

传递函数矩阵为

$$\boldsymbol{W}_2(s)=\boldsymbol{C}_2(s\boldsymbol{I}-\boldsymbol{A}_2)^{-1}\boldsymbol{B}_2\tag{2.69}$$

1. 并联组合

并联连接系统如图 2.17 所示。

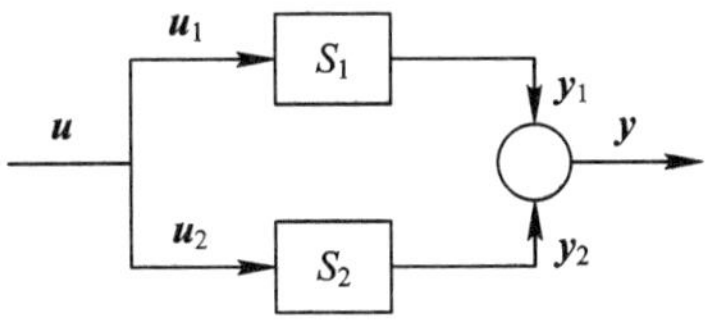

图 2.17　并联系统连接图

考虑 $\boldsymbol{u}=\boldsymbol{u}_1=\boldsymbol{u}_2$，$\boldsymbol{y}=\boldsymbol{y}_1+\boldsymbol{y}_2$，根据式(2.66)和式(2.68)可以得到

$$\begin{cases}\dot{\boldsymbol{x}}_1=\boldsymbol{A}_1\boldsymbol{x}_1+\boldsymbol{B}_1\boldsymbol{u}\\ \dot{\boldsymbol{x}}_2=\boldsymbol{A}_2\boldsymbol{x}_2+\boldsymbol{B}_2\boldsymbol{u}\\ \boldsymbol{y}=\boldsymbol{C}_1\boldsymbol{x}_1+\boldsymbol{C}_2\boldsymbol{x}_2\end{cases}\tag{2.70}$$

并联组合系统的状态空间表达式为

$$\begin{cases}\begin{bmatrix}\dot{\boldsymbol{x}}_1\\ \dot{\boldsymbol{x}}_2\end{bmatrix}=\begin{bmatrix}\boldsymbol{A}_1 & \boldsymbol{0}\\ \boldsymbol{0} & \boldsymbol{A}_2\end{bmatrix}\begin{bmatrix}\boldsymbol{x}_1\\ \boldsymbol{x}_2\end{bmatrix}+\begin{bmatrix}\boldsymbol{B}_1\\ \boldsymbol{B}_2\end{bmatrix}\boldsymbol{u}(t)\\ \boldsymbol{y}(t)=\begin{bmatrix}\boldsymbol{C}_1 & \boldsymbol{C}_2\end{bmatrix}\begin{bmatrix}\boldsymbol{x}_1\\ \boldsymbol{x}_2\end{bmatrix}\end{cases}\tag{2.71}$$

从而并联组合系统的传递函数矩阵为

$$\begin{aligned}\boldsymbol{W}(s)&=\begin{bmatrix}\boldsymbol{C}_1 & \boldsymbol{C}_2\end{bmatrix}\begin{bmatrix}s\boldsymbol{I}-\boldsymbol{A}_1 & \boldsymbol{0}\\ \boldsymbol{0} & s\boldsymbol{I}-\boldsymbol{A}_2\end{bmatrix}^{-1}\begin{bmatrix}\boldsymbol{B}_1\\ \boldsymbol{B}_2\end{bmatrix}\\ &=\boldsymbol{C}_1\left[s\boldsymbol{I}-\boldsymbol{A}_1\right]^{-1}\boldsymbol{B}_1+\boldsymbol{C}_2\left[s\boldsymbol{I}-\boldsymbol{A}_2\right]^{-1}\boldsymbol{B}_2\\ &=\boldsymbol{W}_1(s)+\boldsymbol{W}_2(s)\end{aligned}\tag{2.72}$$

所以子系统并联时，组合系统传递函数矩阵等于子系统传递函数矩阵的代数和。

2. 串联组合

串联连接系统如图 2.18 所示。

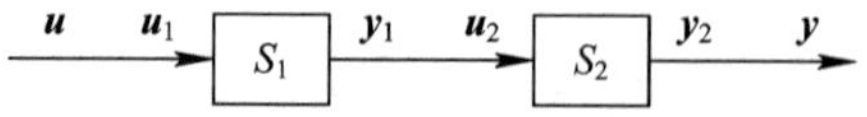

图 2.18　串联系统连接图

考虑 $\boldsymbol{u}=\boldsymbol{u}_1$，$\boldsymbol{y}_1=\boldsymbol{u}_2$，$\boldsymbol{y}=\boldsymbol{y}_2$，根据式(2.66)和式(2.68)可以得到组合系统的状态空间表达式为

$$\begin{cases}\dot{\boldsymbol{x}}_1=\boldsymbol{A}_1\boldsymbol{x}_1+\boldsymbol{B}_1\boldsymbol{u}_1=\boldsymbol{A}_1\boldsymbol{x}_1+\boldsymbol{B}_1\boldsymbol{u}\\ \dot{\boldsymbol{x}}_2=\boldsymbol{A}_2\boldsymbol{x}_2+\boldsymbol{B}_2\boldsymbol{u}_2=\boldsymbol{A}_2\boldsymbol{x}_2+\boldsymbol{B}_2\boldsymbol{y}_1=\boldsymbol{B}_2\boldsymbol{C}_1\boldsymbol{x}_1+\boldsymbol{A}_2\boldsymbol{x}_2\\ \boldsymbol{y}=\boldsymbol{y}_2=\boldsymbol{C}_2\boldsymbol{x}_2\end{cases}\tag{2.73}$$

串联组合系统的状态空间表达式为

$$\begin{cases}\begin{bmatrix}\dot{\boldsymbol{x}}_1\\ \dot{\boldsymbol{x}}_2\end{bmatrix}=\begin{bmatrix}\boldsymbol{A}_1 & \boldsymbol{0}\\ \boldsymbol{B}_2\boldsymbol{C}_1 & \boldsymbol{A}_2\end{bmatrix}\begin{bmatrix}\boldsymbol{x}_1\\ \boldsymbol{x}_2\end{bmatrix}+\begin{bmatrix}\boldsymbol{B}_1\\ \boldsymbol{0}\end{bmatrix}\boldsymbol{u}\\ \boldsymbol{y}=\begin{bmatrix}\boldsymbol{0} & \boldsymbol{C}_2\end{bmatrix}\begin{bmatrix}\boldsymbol{x}_1\\ \boldsymbol{x}_2\end{bmatrix}\end{cases}\tag{2.74}$$

串联系统的传递函数矩阵为

$$\boldsymbol{y}(s)=\boldsymbol{W}_2(s)\boldsymbol{y}_1(s)=\boldsymbol{W}_2(s)\boldsymbol{W}_1(s)\boldsymbol{u}(s)=\boldsymbol{W}_{yu}(s)\boldsymbol{u}(s)$$

可知

$$\boldsymbol{W}(s)=\boldsymbol{W}_2(s)\boldsymbol{W}_1(s)\tag{2.75}$$

所以子系统串联时，组合系统的传递函数矩阵等于子系统传递函数矩阵之积。注意，传递函数矩阵相乘时先后次序不能颠倒。

3. 反馈连接

反馈连接系统如图 2.19 所示。

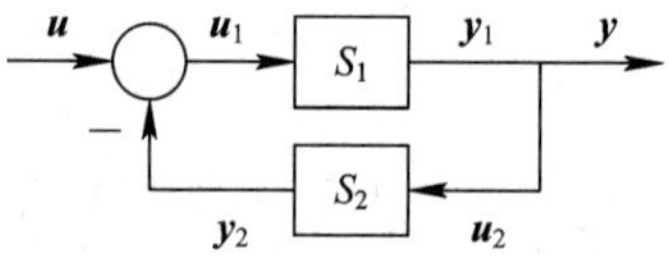

图 2.19　反馈系统连接图

考虑 $\boldsymbol{u}_1=\boldsymbol{u}-\boldsymbol{y}_2$，$\boldsymbol{y}=\boldsymbol{y}_1=\boldsymbol{u}_2$，根据式(2.66)和式(2.68)可以得到

$$\begin{cases}\dot{\boldsymbol{x}}_1=\boldsymbol{A}_1\boldsymbol{x}_1+\boldsymbol{B}_1(\boldsymbol{u}-\boldsymbol{C}_2\boldsymbol{x}_2)=\boldsymbol{A}_1\boldsymbol{x}_1-\boldsymbol{B}_1\boldsymbol{C}_2\boldsymbol{x}_2+\boldsymbol{B}_1\boldsymbol{u}\\ \dot{\boldsymbol{x}}_2=\boldsymbol{A}_2\boldsymbol{x}_2+\boldsymbol{B}_2\boldsymbol{C}_1\boldsymbol{x}_1\\ \boldsymbol{y}=\boldsymbol{y}_1=\boldsymbol{C}_1\boldsymbol{x}_1\end{cases}\tag{2.76}$$

反馈组合系统的状态空间表达式为

$$
\begin{cases}
\begin{bmatrix} \dot{\boldsymbol{x}}_1 \\ \dot{\boldsymbol{x}}_2 \end{bmatrix} = \begin{bmatrix} \boldsymbol{A}_1 & -\boldsymbol{B}_1\boldsymbol{C}_2 \\ \boldsymbol{B}_2\boldsymbol{C}_1 & \boldsymbol{A}_2 \end{bmatrix} \begin{bmatrix} \boldsymbol{x}_1 \\ \boldsymbol{x}_2 \end{bmatrix} + \begin{bmatrix} \boldsymbol{B}_1 \\ \boldsymbol{0} \end{bmatrix} \boldsymbol{u} \\
\boldsymbol{y} = [\boldsymbol{C}_1 \quad \boldsymbol{0}] \begin{bmatrix} \boldsymbol{x}_1 \\ \boldsymbol{x}_2 \end{bmatrix}
\end{cases} \tag{2.77}
$$

反馈系统的传递函数矩阵为

$$
\boldsymbol{W}(s) = [\boldsymbol{C}_1 \quad \boldsymbol{0}] \left(s\boldsymbol{I} - \begin{bmatrix} \boldsymbol{A}_1 & -\boldsymbol{B}_1\boldsymbol{C}_2 \\ \boldsymbol{B}_2\boldsymbol{C}_1 & \boldsymbol{A}_2 \end{bmatrix} \right)^{-1} \begin{bmatrix} \boldsymbol{B}_1 \\ \boldsymbol{0} \end{bmatrix} \tag{2.78}
$$

根据矩阵分块求逆理论，可以最终得到

$$
\boldsymbol{W}(s) = [\boldsymbol{I} + \boldsymbol{W}_1(s)\boldsymbol{W}_2(s)]^{-1}\boldsymbol{W}_1(s) = \boldsymbol{W}_1(s)[\boldsymbol{I} + \boldsymbol{W}_2(s)\boldsymbol{W}_1(s)]^{-1} \tag{2.79}
$$

具体证明过程这里就不列出了。

在反馈连接的组合系统中，$[\boldsymbol{I}+\boldsymbol{W}_1(s)\boldsymbol{W}_2(s)]^{-1}$ 或 $[\boldsymbol{I}+\boldsymbol{W}_2(s)\boldsymbol{W}_1(s)]^{-1}$ 存在的条件是至关重要的。否则，反馈系统对于某些输入就没有一个满足上式的输出，就这个意义来说，反馈连接就变得无意义了。

另外，在现代控制理论中，组合系统的连接形式虽然和经典控制理论中组合系统连接形式类似，但需注意的是，现代控制理论分析的通常是多输入-多输出系统，所以在进行系统组合时，需注意各个子系统输入维数和输出维数的匹配性。如果子系统输入、输出变量维数不匹配，则不能进行系统组合。

2.5　离散时间系统的状态空间表达式

离散时间系统与连续时间系统的根本区别是系统中信号的连续性，连续时间系统的状态空间方法完全适用于离散时间系统。类似于连续系统，离散系统中由差分方程或脉冲传递函数求取离散系统的状态空间表达式也是一种实现。

线性定常离散系统的状态空间表达式一般形式为

$$
\begin{cases}
\boldsymbol{x}(k+1) = \boldsymbol{G}\boldsymbol{x}(k) + \boldsymbol{H}\boldsymbol{u}(k) \\
\boldsymbol{y}(k) = \boldsymbol{C}\boldsymbol{x}(k) + \boldsymbol{D}\boldsymbol{u}(k)
\end{cases} \tag{2.80}
$$

其中，$\boldsymbol{x}(k)$是 n 维的状态向量，$\boldsymbol{u}(k)$是 r 维的输入向量，$\boldsymbol{y}(k)$是 m 维的输出向量，$\boldsymbol{G}$ 是 $n\times n$ 维的系统矩阵，$\boldsymbol{H}$ 是 $n\times r$ 维的输入矩阵，$\boldsymbol{C}$ 是 $m\times n$ 维的输出矩阵，$\boldsymbol{D}$ 是 $m\times r$ 维的直接传递矩阵。

离散系统的方框图如图 2.20 所示，图中 T 代表单位延迟器，类似于连续系统的积分器。

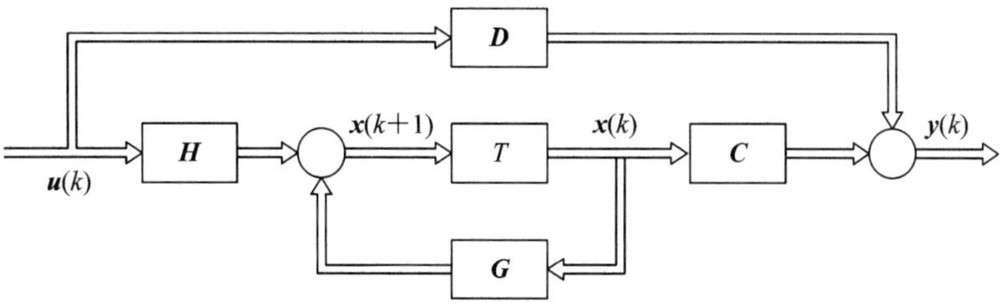

图 2.20　离散系统的方框图

2.5.1 差分方程化为状态空间表达式

离散系统的差分方程化为状态空间表达式的方法与连续系统的微分方程化为状态空间表达式的方法是类似的。

若线性定常离散系统的差分方程为

$$\begin{aligned} &y(k+n)+a_{n-1}y(k+n-1)+\cdots+a_1y(k+1)+a_0y(k) \\ &=b_mu(k+m)+b_{m-1}u(k+m-1)+\cdots+b_1u(k+1)+b_0u(k) \end{aligned} \tag{2.81}$$

式中，$m\leqslant n$。

和连续系统类似，当 $m<n$ 时，实现的形式是 $\Sigma(\boldsymbol{G},\boldsymbol{H},\boldsymbol{C})$；当 $m=n$ 时，实现的形式是 $\Sigma(\boldsymbol{G},\boldsymbol{H},\boldsymbol{C},\boldsymbol{D})$，且 $\boldsymbol{D}=[b_m]$。

下面只讨论 $m<n$ 的情形。

将式(2.81)做 Z 变换，且假设初始状态为零，系统的脉冲传递函数为

$$W(z)=\frac{b_mz^m+\cdots+b_1z+b_0}{z^n+a_{n-1}z^{n-1}+\cdots+a_1z+a_0} \tag{2.82}$$

和连续系统列写状态空间表达式类似，状态变量的一阶差分方程为

$$\begin{cases} x_1(k+1)=x_2(k) \\ x_2(k+1)=x_3(k) \\ \quad\vdots \\ x_{n-1}(k+1)=x_n(k) \\ x_n(k+1)=-a_0x_1(k)-a_1x_2(k)-\cdots-a_{n-1}x_n(k)+u(k) \end{cases} \tag{2.83}$$

输出方程为

$$y(k)=b_0x_1(k)+b_1x_2(k)+\cdots+b_mx_{m+1}(k) \tag{2.84}$$

状态空间表达式为

$$\begin{cases} \boldsymbol{x}(k+1)=\begin{bmatrix} 0 & 1 & 0 & \cdots & 0 \\ 0 & 0 & 1 & \cdots & 0 \\ \vdots & \vdots & \vdots & & \vdots \\ 0 & 0 & 0 & \cdots & 1 \\ -a_0 & -a_1 & -a_2 & \cdots & -a_{n-1} \end{bmatrix}\boldsymbol{x}(k)+\begin{bmatrix} 0 \\ 0 \\ \vdots \\ 0 \\ 1 \end{bmatrix}\boldsymbol{u}(k) \\ \boldsymbol{y}(k)=[b_0 \quad b_1 \quad b_2 \quad \cdots \quad b_m]\boldsymbol{x}(k) \end{cases} \tag{2.85}$$

例 2.23 已知离散系统的差分方程为

$$y(k+3)+3y(k+2)+y(k+1)+2y(k)=u(k)$$

试求其状态空间表达式。

解 选取状态变量

$$\begin{cases} x_1(k)=y(k) \\ x_2(k)=y(k+1) \\ x_3(k)=y(k+2) \end{cases}$$

状态空间表达式为

$$\begin{cases} x_1(k+1)=x_2(k) \\ x_2(k+1)=x_3(k) \\ x_3(k+1)=-2x_1(k)-x_2(k)-3x_3(k)+u(k) \\ y(k)=x_1(k) \end{cases}$$

写成矩阵形式

$$\begin{cases} \boldsymbol{x}(k+1)=\begin{bmatrix} 0 & 1 & 0 \\ 0 & 0 & 1 \\ -2 & -1 & -3 \end{bmatrix}\boldsymbol{x}(k)+\begin{bmatrix} 0 \\ 0 \\ 1 \end{bmatrix}\boldsymbol{u}(k) \\ \boldsymbol{y}(k)=\begin{bmatrix} 1 & 0 & 0 \end{bmatrix}\boldsymbol{x}(k) \end{cases}$$

2.5.2　离散系统的传递函数矩阵

与连续系统相对应，离散系统也可以用传递函数矩阵来描述。对系统(2.80)做 Z 变换，有

$$\begin{cases} z\boldsymbol{X}(z)-z\boldsymbol{X}(0)=\boldsymbol{G}\boldsymbol{X}(z)+\boldsymbol{H}\boldsymbol{U}(z) \\ \boldsymbol{Y}(z)=\boldsymbol{C}\boldsymbol{X}(z)+\boldsymbol{D}\boldsymbol{U}(z) \end{cases} \tag{2.86}$$

从而可知

$$\boldsymbol{X}(z)=(z\boldsymbol{I}-\boldsymbol{G})^{-1}\boldsymbol{H}\boldsymbol{U}(z)+(z\boldsymbol{I}-\boldsymbol{G})^{-1}z\boldsymbol{x}_0 \tag{2.87}$$

和

$$\boldsymbol{Y}(z)=[\boldsymbol{C}(z\boldsymbol{I}-\boldsymbol{G})^{-1}\boldsymbol{H}+\boldsymbol{D}]\boldsymbol{U}(z)+\boldsymbol{C}(z\boldsymbol{I}-\boldsymbol{G})^{-1}z\boldsymbol{x}_0 \tag{2.88}$$

假设初始值 $\boldsymbol{x}_0=\boldsymbol{0}$，则有

$$\boldsymbol{Y}(z)=[\boldsymbol{C}(z\boldsymbol{I}-\boldsymbol{G})^{-1}\boldsymbol{H}+\boldsymbol{D}]\boldsymbol{U}(z) \tag{2.89}$$

则离散系统传递函数矩阵为

$$\boldsymbol{W}(z)=\frac{\boldsymbol{U}(z)}{\boldsymbol{Y}(z)}=\boldsymbol{C}(z\boldsymbol{I}-\boldsymbol{G})^{-1}\boldsymbol{H}+\boldsymbol{D} \tag{2.90}$$

2.6　基于 MATLAB 方法的系统状态空间描述

在 MATLAB 中，线性定常连续系统和线性定常离散系统可以分别用矩阵 $\Sigma(\boldsymbol{A}, \boldsymbol{B}, \boldsymbol{C}, \boldsymbol{D})$ 和 $\Sigma(\boldsymbol{G}, \boldsymbol{H}, \boldsymbol{C}, \boldsymbol{D})$ 来表示。在 MATLAB 控制系统工具箱中用函数来建立状态空间模型，也可以进行传递函数矩阵和状态空间表达式之间的相互转换。

2.6.1　状态空间模型的建立

建立连续系统状态空间表达式的函数是 ss( )，其调用格式为

```
sys=ss(A, B, C, D)
```

函数返回的变量 sys 是连续系统的状态空间模型，函数的输入参数(A, B, C, D)为系统各个参数矩阵。

离散系统的状态空间表达式建立的函数是 ss( )，其调用格式为

```
sys=ss(A, B, C, D, Ts)
```

函数返回的变量 sys 是离散系统的状态空间模型，函数的输入参数(A, B, C, D)为系统各

个参数矩阵，Ts 为采样周期。

已知系统的传递函数为

$$W(s)=\frac{Y(s)}{U(s)}=\frac{\text{num}}{\text{den}}$$

则系统模型可由传递函数变换为状态方程，使用的转换函数为

[A, B, C, D]=tf2ss(num, den)

由零极点增益模型求状态空间表达式，使用的转换函数为

[A, B, C, D]=zp2ss(z, p, k)

例 2.24 已知系统的传递函数为

$$W(s)=\frac{s}{s^3+14s^2+6s+16}$$

求系统的状态空间表达式。

解 MATLAB 程序如下：

```
>>num=[0 0 1 0]; den=[1  14  6  16];
[A, B, C, D] =tf2ss(num, den)
```

程序运行结果如下：

```
A =
    -14   -6   -16
     1     0     0
     0     1     0
B =
    1
    0
    0
C =
    0     1     0
D =
    0
```

例 2.25 已知系统的传递函数为

$$W(s)=\frac{5(s+6)}{(s+1)(s+5)(s+10)}$$

求系统的状态空间表达式。

解 MATLAB 程序如下：

```
>>k=5;
z=-6;
p=[-1, -5, -10];
[A, B, C, D] =zp2ss(z, p, k)
```

程序运行结果如下：

```
A =
    -1.0000         0          0
     5.0000   -15.0000   -7.0711
          0     7.0711          0
```

```
B =
     1
     1
     0
C =
     0        0     0.7071
D =
     0
```

注意：由于状态空间表达式的非唯一性，对于同一系统，可有无数个状态空间表达式，而 MATLAB 命令仅给出了一种可能的状态空间表达式。

2.6.2　系统状态空间表达式与传递函数矩阵的变换

为了实现状态空间表达式和传递函数矩阵之间的转换，可分别采用以下命令：

（1）传递函数的分子和分母：

[num, den]=ss2tf(A, B, C, D, iu)

（2）传递函数：

W=tf(num, den)

其中：iu 是多输入系统的任意输入。如果是单输入-单输出系统，则 iu 为 1 或者不写。

例 2.26　系统的状态空间表达式如下：

$$\begin{cases}\dot{\boldsymbol{x}}(t)=\begin{bmatrix}0 & 1 & 0\\0 & 0 & 1\\-5 & -20 & -2\end{bmatrix}\boldsymbol{x}(t)+\begin{bmatrix}1\\2\\1\end{bmatrix}\boldsymbol{u}(t)\\\boldsymbol{y}(t)=\begin{bmatrix}1 & 0 & 0\end{bmatrix}\boldsymbol{x}(t)\end{cases}$$

试求其传递函数模型。

解　MATLAB 程序如下：

```
>> A=[0 1 0 ;0 0 1;-5 -20 -2];  B=[0;2;1];  C=[1 0 0]; D=[0];
   [num, den]=ss2tf(A, B, C, D);
   W=tf(num, den)
```

程序运行结果如下：

```
W =
        2 s + 5
  s^3 + 2 s^2 + 20 s + 5
```

例 2.27　系统的状态空间表达式如下：

$$\begin{cases}\dot{\boldsymbol{x}}(t)=\begin{bmatrix}0 & 1\\-2 & -5\end{bmatrix}\boldsymbol{x}(t)+\begin{bmatrix}1 & 1\\0 & 1\end{bmatrix}\boldsymbol{u}(t)\\\boldsymbol{y}(t)=\begin{bmatrix}1 & 0\\0 & 1\end{bmatrix}\boldsymbol{x}(t)\end{cases}$$

试求其传递函数模型。

解 该系统有两个输入和两个输出，共有四个传递函数：

$$W_{11}(s)=\frac{Y_1(s)}{U_1(s)},\ W_{12}(s)=\frac{Y_1(s)}{U_2(s)},\ W_{21}(s)=\frac{Y_2(s)}{U_1(s)},\ W_{22}(s)=\frac{Y_2(s)}{U_2(s)}$$

MATLAB 程序如下：

```
>>A=[0 1; -2 -5];  B=[1 1; 0 1];  C=[1 0; 0 1];  D=[0 0; 0 0];
  [num, den]=ss2tf(A, B, C, D, 1);
  w11=tf(num(1,:), den)
  w21=tf(num(2,:), den)
  [num, den]=ss2tf(A, B, C, D, 2);
  w12=tf(num(1,:), den)
  w22=tf(num(2,:), den)
```

程序运行结果如下：

```
w11 =
        s + 5
  ----------------
      s^2 + 5 s + 2
  Continuous-time transfer function.
w21 =
        -2
    ----------------
  s^2 + 5 s + 2
Continuous-time transfer function.
   w12 =
          s + 6
  ----------------
       s^2 + 5 s + 2
Continuous-time transfer function.
w22 =
          s - 2
      ----------------
  s^2 + 5 s + 2
Continuous-time transfer function.
```

2.6.3 系统状态空间表达式的线性变换

MATLAB 控制系统工具箱提供了一个直接完成线性变换的函数 ss2ss( )，其调用格式为

$$[\bar{A}, \bar{B}, \bar{C}, \bar{D}]=\text{ss2ss}(A, B, C, D, P)$$

其中：P 是选取的线性变换矩阵的逆矩阵。

例 2.28　系统的状态空间表达式如下：

$$\begin{cases}\dot{\boldsymbol{x}}(t)=\begin{bmatrix}0 & -2\\1 & -3\end{bmatrix}\boldsymbol{x}(t)+\begin{bmatrix}2\\0\end{bmatrix}\boldsymbol{u}(t)\\ \boldsymbol{y}(t)=\begin{bmatrix}0 & 3\end{bmatrix}\boldsymbol{x}(t)\end{cases}$$

如果选取线性变换矩阵

$$\boldsymbol{P}=\begin{bmatrix}6 & 2\\2 & 0\end{bmatrix}$$

试求线性变换后的状态空间表达式。

解　首先利用 inv()函数求取变换阵的逆阵，求取变换后的系统参数矩阵。

MATLAB 程序如下：

```
>> A=[0 -2; 1 -3];  B=[2; 0];  C=[0 3];  D=[0];
P=[6 2;2 0]; P1=inv(P)
[A1, B1, C1, D1]=ss2ss(A, B, C, D, P1)
```

程序运行结果如下：

```
A1 =
      0      1
     -2     -3
B1 =
     0
     1
C1 =
     6     0
D1=
     0
```

可得到变换后的状态空间表达式：

$$\begin{cases}\dot{\boldsymbol{x}}(t)=\begin{bmatrix}0 & 1\\-2 & -3\end{bmatrix}\boldsymbol{x}(t)+\begin{bmatrix}0\\1\end{bmatrix}\boldsymbol{u}(t)\\ \boldsymbol{y}(t)=\begin{bmatrix}6 & 0\end{bmatrix}\boldsymbol{x}(t)\end{cases}$$

对上述结果进行验证。

MATLAB 程序如下：

```
>>[num, den]=ss2tf(A1, B1, C1, D1, 1);
  w=tf(num(1,:), den)
```

程序运行结果如下：

```
w =
        6
  --------------
  s^2 + 3 s + 2
```

2.6.4　约当标准型的变换

MATLAB 控制系统工具箱提供了一个直接完成约当标准型线性变换的函数 Jordan()，

其调用格式为

```
[P, F]=jordan(A)
```

其中，P 为线性变换矩阵，F 为变换后的标准型。

例 2.29 系统的状态空间表达式如下：

$$\begin{cases}\dot{\boldsymbol{x}}(t)=\begin{bmatrix}0 & 1\\ -2 & -3\end{bmatrix}\boldsymbol{x}(t)+\begin{bmatrix}1\\ 1\end{bmatrix}\boldsymbol{u}(t)\\ \boldsymbol{y}(t)=\begin{bmatrix}1 & 0\end{bmatrix}\boldsymbol{x}(t)\end{cases}$$

试将该系统化为对角标准型。

解 MATLAB 程序如下：

```
>> A=[0 1;-2 -3];B=[1;1];C=[1 0];
   [P, F]=jordan(A)
   P1=inv(P)
   [A1, B1, C1, D1]=ss2ss(A, B, C, D, P1)
```

程序运行结果如下：

```
P =
    -0.5000    -1.0000
     1.0000     1.0000
F =
    -2     0
     0    -1
P1 =
     2     2
    -2    -1
A1 =
    -2     0
     0    -1
B1 =
     4
    -3
C1 =
    -0.5000    -1.0000
```

可得到系统的对角标准型为

$$\begin{cases}\dot{\boldsymbol{x}}(t)=\begin{bmatrix}-2 & 0\\ 0 & -1\end{bmatrix}\boldsymbol{x}(t)+\begin{bmatrix}4\\ -3\end{bmatrix}\boldsymbol{u}(t)\\ \boldsymbol{y}(t)=\begin{bmatrix}-0.5 & -1\end{bmatrix}\boldsymbol{x}(t)\end{cases}$$

也可采用如下程序实现标准型变换。

例 2.30 系统的状态空间表达式如下：

$$\begin{cases}\dot{\boldsymbol{x}}(t)=\begin{bmatrix}0 & 1 & 0\\ 0 & 0 & 1\\ -6 & -11 & -6\end{bmatrix}\boldsymbol{x}(t)+\begin{bmatrix}1\\ 0\\ 0\end{bmatrix}\boldsymbol{u}(t)\\ \boldsymbol{y}(t)=\begin{bmatrix}1 & 1 & 0\end{bmatrix}\boldsymbol{x}(t)\end{cases}$$

试将该系统化为约当标准型。

解　可以先用函数 eig()求矩阵 $\boldsymbol{A}$ 的特征向量 $\boldsymbol{P}$ 和特征根，再用求逆函数 inv()求特征矩阵的逆阵 $\boldsymbol{P}^{-1}$。

MATLAB 程序如下：

```
>> A=[0 1 0;0 0 1; -6 -11 -6];  B=[1; 0; 0];  C=[1 1 0];
   [P, S]=eig(A);
   P1=inv(P);
   [A1, B1, C1, D1]=ss2ss(A, B, C, D, P1)
```

程序运行结果如下：

```
A1 =
      -1.0000    -0.0000     0.0000
      -0.0000    -2.0000     0.0000
      -0.0000    -0.0000    -3.0000
B1 =
      -5.1962
      -13.7477
      -9.5394
C1 =
      0.0000    -0.2182    0.2097
```

可得到系统的约当标准型为

$$\begin{cases}\dot{\boldsymbol{x}}(t)=\begin{bmatrix}-1 & 0 & 0\\ 0 & -2 & 0\\ 0 & 0 & -3\end{bmatrix}\boldsymbol{x}(t)+\begin{bmatrix}-5.1962\\ -13.7477\\ -9.5394\end{bmatrix}\boldsymbol{u}(t)\\ \boldsymbol{y}(t)=\begin{bmatrix}0 & -0.2182 & 0.2097\end{bmatrix}\boldsymbol{x}(t)\end{cases}$$

2.6.5　组合系统的实现

MATLAB 控制系统工具箱提供对系统的简单模型进行连接的函数。

1. 串联连接

系统的串联连接函数为 series()，其调用格式为

[A, B, C, D]= series (A1. B1. C1. D1. A2. B2. C2. D2)

其中：(A1. B1. C1. D1)和(A2. B2. C2. D2)分别为系统 1 和系统 2 的状态空间表达式的系数矩阵，(A, B, C, D)为串联连接后组合系统的状态空间表达式的系数矩阵。

2. 并联连接

系统的并联连接函数为 parallel()，其调用格式为

[A, B, C, D]= parallel (A1. B1. C1. D1. A2. B2. C2. D2)

3. 反馈连接

系统的反馈连接函数为 feedback()，其调用格式为

[A, B, C, D]= feedback(A1. B1. C1. D1. A2. B2. C2. D2, sign)

其中：sign 表示反馈极性，正反馈取 1，负反馈则取−1 或默认。

特别地，对于单位反馈系统，MATLAB 则提供更为简单的函数 cloop( )，其调用格式为

[A, B, C, D]=cloop (A1. B1. C1. D1. sign)

本章小结

本章介绍了状态空间和状态空间表达式，以及从状态变量的定义、状态变量的选取到建立状态空间表达式的整个过程。对于线性定常系统，在初始条件为零的情况下，也可以用传递函数矩阵来描述。这两种描述在系统分析和设计中都有应用。至于采用何种描述，应视所研究的问题以及对这两种描述的熟悉程度而定。

一个系统，状态变量的数目是唯一的，而状态变量的选取是非唯一的。选取不同的状态变量，建立的状态空间表达式也不同，但它们之间可以通过线性变换进行转换。

在状态空间表达式的基础上，本章介绍了线性变换的定义、基本特性以及应用线性变换的方法获得对角标准型和约当标准型的方法。线性变换的方法相当重要，可以说线性变换贯穿了整个现代控制理论。

本章知识点如图 2.21 所示。

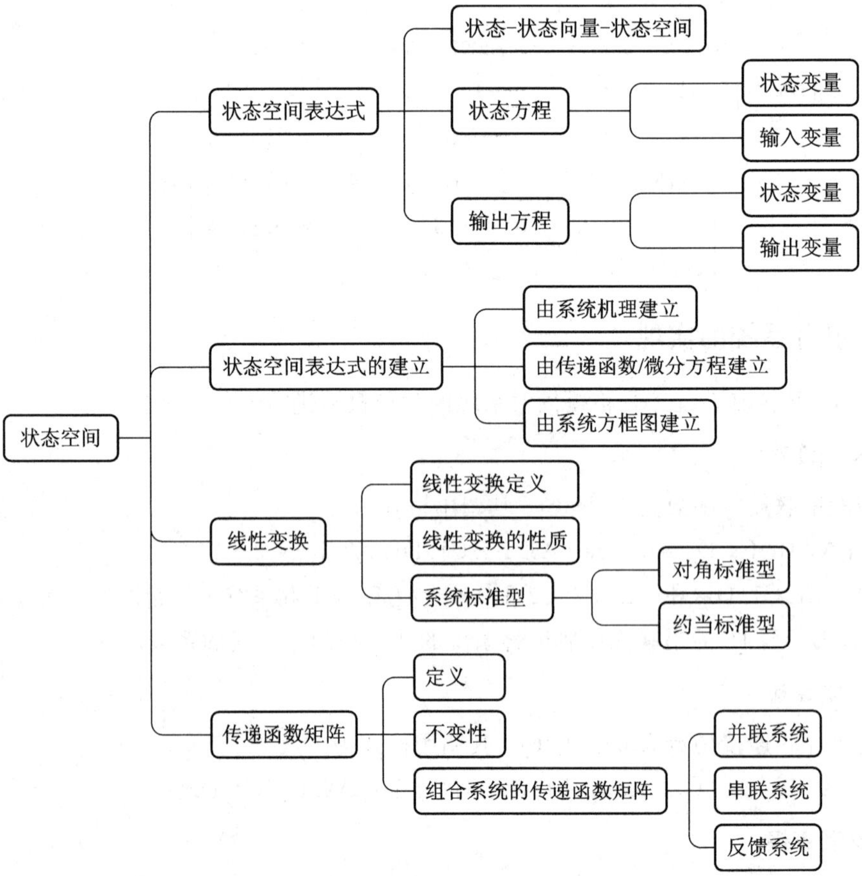

图 2.21　第 2 章知识点

习 题

2.1 电路图如图 2.22 所示。以电压 $u(t)$ 为输入量，求以电感中的电流和电容上的电压作为状态变量的状态方程，和以电阻 R_2 上的电压作为输出量的输出方程。

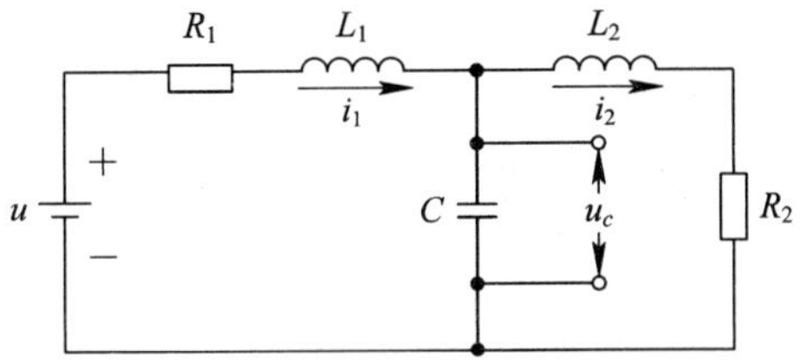

图 2.22 电路图

2.2 设系统的状态空间表达式如下，试绘制系统的模拟结构图。

(1) $\begin{cases} \dot{\boldsymbol{x}}=\begin{bmatrix}0 & 1\\ 2 & 3\end{bmatrix}\boldsymbol{x}+\begin{bmatrix}1\\ 1\end{bmatrix}\boldsymbol{u} \\ \boldsymbol{y}=\begin{bmatrix}1 & 1\end{bmatrix}\boldsymbol{x}\end{cases}$； (2) $\begin{cases} \dot{\boldsymbol{x}}=\begin{bmatrix}1 & 0 & 0\\ 0 & 1 & 0\\ 1 & 2 & 3\end{bmatrix}\boldsymbol{x}+\begin{bmatrix}0\\ 0\\ 1\end{bmatrix}\boldsymbol{u} \\ \boldsymbol{y}=\begin{bmatrix}1 & 0 & 0\end{bmatrix}\boldsymbol{x}\end{cases}$。

2.3 系统的动态特性由下列微分方程描述，试列写其相应的状态空间表达式。

(1) $\dddot{y}+2\ddot{y}+4\dot{y}+3y=2u$； (2) $\dddot{y}+4\ddot{y}+2\dot{y}+3y=3\dot{u}+2u$；

(3) $\dddot{y}+\ddot{y}+2\dot{y}+3y=\ddot{u}+\dot{u}+2u$； (4) $y^{(4)}+5\ddot{y}+7\dot{y}=2\dot{u}+u$。

2.4 已知系统的传递函数如下，试列写系统的状态空间表达式。

(1) $W(s)=\dfrac{s^2+4s+2}{s^2+3s+1}$； (2) $W(s)=\dfrac{s^2+s+1}{s^3+2s^2+4s+3}$；

(3) $W(s)=\dfrac{6(s+1)}{s(s+2)(s+3)}$； (4) $W(s)=\dfrac{s^2+s+1}{s^3+4s+3}$。

2.5 已知系统状态空间表达式如下，试求出系统的对角标准型。

(1) $\begin{cases} \dot{\boldsymbol{x}}=\begin{bmatrix}-2 & 1\\ 1 & -2\end{bmatrix}\boldsymbol{x}+\begin{bmatrix}0\\ 1\end{bmatrix}\boldsymbol{u} \\ \boldsymbol{y}=\begin{bmatrix}0 & 1\end{bmatrix}\boldsymbol{x}\end{cases}$； (2) $\begin{cases} \dot{\boldsymbol{x}}=\begin{bmatrix}0 & 1 & -1\\ -6 & -11 & 6\\ -6 & -11 & 5\end{bmatrix}\boldsymbol{x}+\begin{bmatrix}0\\ 0\\ 1\end{bmatrix}\boldsymbol{u} \\ \boldsymbol{y}=\begin{bmatrix}1 & 1 & 0\end{bmatrix}\boldsymbol{x}\end{cases}$。

2.6 已知系统状态空间表达式如下，试求出系统的约当标准型。

(1) $\begin{cases} \dot{\boldsymbol{x}}=\begin{bmatrix}-3 & 1\\ -1 & -1\end{bmatrix}\boldsymbol{x}+\begin{bmatrix}0\\ 1\end{bmatrix}\boldsymbol{u} \\ \boldsymbol{y}=\begin{bmatrix}1 & 0\end{bmatrix}\boldsymbol{x}\end{cases}$；

(2) $\begin{cases} \dot{\boldsymbol{x}}=\begin{bmatrix}4 & 1 & -2\\ 1 & 0 & 2\\ 1 & -1 & 3\end{bmatrix}\boldsymbol{x}+\begin{bmatrix}3 & 1\\ 2 & 7\\ 5 & 3\end{bmatrix}\boldsymbol{u} \\ \boldsymbol{y}=\begin{bmatrix}1 & 2 & 0\\ 0 & 1 & 1\end{bmatrix}\boldsymbol{x}\end{cases}$。

2.7 已知系统传递函数 $W(s)=\dfrac{6(s+1)}{s(s+2)(s+3)^2}$，试求出系统的约当标准型。

2.8 已知系统状态空间表达式如下，求系统的传递函数矩阵。

(1) $\begin{cases}\dot{\boldsymbol{x}}=\begin{bmatrix}1 & 2\\ -2 & 1\end{bmatrix}\boldsymbol{x}+\begin{bmatrix}1 & 0\\ 0 & 1\end{bmatrix}\boldsymbol{u}\\ \boldsymbol{y}=[1 \quad 1]\boldsymbol{x}\end{cases}$；

(2) $\begin{cases}\dot{\boldsymbol{x}}=\begin{bmatrix}-2 & 0 & 0\\ 0 & -3 & 0\\ 0 & 0 & -1\end{bmatrix}\boldsymbol{x}+\begin{bmatrix}1\\ 0\\ 1\end{bmatrix}\boldsymbol{u}\\ \boldsymbol{y}=[1 \quad 1 \quad 1]\boldsymbol{x}\end{cases}$。

2.9 已知两系统的传递函数分别为

$$\boldsymbol{W}_1(s)=\begin{bmatrix}\dfrac{1}{s+1} & \dfrac{1}{s+2}\\ 0 & \dfrac{s+1}{s+2}\end{bmatrix},\ \boldsymbol{W}_2(s)=\begin{bmatrix}\dfrac{1}{s+3} & \dfrac{1}{s+4}\\ \dfrac{1}{s+1} & 0\end{bmatrix}$$

试分别求两子系统串联和并联连接时，系统的传递函数矩阵。

2.10 已知如图 2.19 所示的系统，其中子系统 1 和子系统 2 的传递函数矩阵分别为

(1) $\boldsymbol{W}_1(s)=\begin{bmatrix}\dfrac{1}{s+1} & 0\\ 0 & \dfrac{1}{s+2}\end{bmatrix},\ \boldsymbol{W}_2(s)=\begin{bmatrix}1 & 0\\ 0 & 1\end{bmatrix}$；

(2) $\boldsymbol{W}_1(s)=\begin{bmatrix}\dfrac{1}{s+1} & -\dfrac{1}{s}\\ 2 & \dfrac{1}{s+2}\end{bmatrix},\ \boldsymbol{W}_2(s)=\begin{bmatrix}1 & 0\\ 0 & 1\end{bmatrix}$。

求闭环系统的传递函数矩阵。

2.11 已知离散系统的差分方程为

$$y(k+2)+3y(k+1)+2y(k)=2u(k+1)+3u(k)$$

试将其用离散状态空间表达式表示。

第 3 章　控制系统状态方程的解

线性控制系统的行为和性能是由系统运动过程的形态所决定的。运动分析是控制理论的一个基本研究。状态空间表达式的建立为系统分析提供了基础。本章主要对线性系统状态空间表达式进行分析，研究线性系统在控制输入和初始状态下系统的运动变化规律，确定系统由输入作用所引起的响应。

3.1　线性定常连续系统齐次状态方程的解

3.1.1　齐次状态方程解的定义

线性定常连续系统齐次状态方程的解(自由解)，指系统输入为零时，由初始状态引起的自由运动。

设线性定常连续系统齐次状态微分方程为

$$\dot{\boldsymbol{x}}(t)=\boldsymbol{A}\boldsymbol{x}(t) \tag{3.1}$$

其中，$\boldsymbol{x}(t)$是 n 维状态向量，$\boldsymbol{A}$ 是 $n\times n$ 维系统矩阵。

若初始时刻 t_0 时的状态 $\boldsymbol{x}(t_0)=\boldsymbol{x}_0$，则系统(3.1)有唯一解：

$$\boldsymbol{x}(t)=\mathrm{e}^{\boldsymbol{A}(t-t_0)}\boldsymbol{x}_0,\ t\geqslant t_0 \tag{3.2}$$

若初始时刻从 $t_0=0$ 开始，即 $\boldsymbol{x}(0)=\boldsymbol{x}_0$，则其解为

$$\boldsymbol{x}(t)=\mathrm{e}^{\boldsymbol{A}t}\boldsymbol{x}_0,\ t\geqslant 0 \tag{3.3}$$

证明　类似于标量微分方程求解，先设一阶标量齐次微分方程为

$$\dot{x}=ax,\quad x(0)=x_0 \tag{3.4}$$

其解为

$$x(t)=\mathrm{e}^{At}x_0=\left(1+at+\frac{1}{2!}a^2t^2+\cdots+\frac{1}{k!}a^kt^k+\cdots\right)x_0 \tag{3.5}$$

设矩阵微分方程(3.1)的解与式(3.5)类似，都是待定系数的幂级数形式，即

$$\boldsymbol{x}(t)=\boldsymbol{b}_0+\boldsymbol{b}_1t+\boldsymbol{b}_2t^2+\cdots+\boldsymbol{b}_kt^k+\cdots \tag{3.6}$$

式中，$\boldsymbol{b}_0$，$\boldsymbol{b}_1$，…，$\boldsymbol{b}_k$，… 为 $n\times 1$ 维待定向量。将所设的解(3.6)代入方程(3.1)，得

$$\boldsymbol{b}_1+2\boldsymbol{b}_2t+\cdots+k\boldsymbol{b}_kt^{k-1}+\cdots=\boldsymbol{A}(\boldsymbol{b}_0+\boldsymbol{b}_1t+\boldsymbol{b}_2t^2+\cdots+\boldsymbol{b}_kt^k+\cdots) \tag{3.7}$$

若所设的解为其解，对于所有的 t，方程(3.1)都应成立，则要求式(3.7)两边 t 的同幂次项系数相等，也即

$$\begin{cases} \boldsymbol{b}_1 = \boldsymbol{A}\boldsymbol{b}_0 \\ \boldsymbol{b}_2 = \dfrac{1}{2}\boldsymbol{A}\boldsymbol{b}_1 = \dfrac{1}{2!}\boldsymbol{A}^2\boldsymbol{b}_0 \\ \boldsymbol{b}_3 = \dfrac{1}{3}\boldsymbol{A}\boldsymbol{b}_2 = \dfrac{1}{3!}\boldsymbol{A}^3\boldsymbol{b}_0 \\ \quad\vdots \\ \boldsymbol{b}_k = \dfrac{1}{k}\boldsymbol{A}\boldsymbol{b}_{k-1} = \dfrac{1}{k!}\boldsymbol{A}^k\boldsymbol{b}_0 \\ \quad\vdots \end{cases} \tag{3.8}$$

将 $t_0=0$ 代入式(3.6)中可得

$$\boldsymbol{x}(0)=\boldsymbol{b}_0$$

因此，方程(3.1)的解可写为

$$\boldsymbol{x}(t)=\left(\boldsymbol{I}+\boldsymbol{A}t+\frac{1}{2!}\boldsymbol{A}^2\boldsymbol{t}^2+\cdots+\frac{1}{k!}\boldsymbol{A}^k\boldsymbol{t}^k+\cdots\right)\boldsymbol{x}_0 \tag{3.9}$$

等号右边括号里的展开式是一个矩阵指数函数，记

$$\mathrm{e}^{\boldsymbol{A}t}=\boldsymbol{I}+\boldsymbol{A}t+\frac{1}{2!}\boldsymbol{A}^2t^2+\cdots+\frac{1}{k!}\boldsymbol{A}^kt^k+\cdots \tag{3.10}$$

则系统(3.1)的解为

$$\boldsymbol{x}(t)=\mathrm{e}^{\boldsymbol{A}t}\boldsymbol{x}_0, \ t\geqslant 0 \tag{3.11}$$

当初始时刻为 t_0 时，系统(3.1)的解为

$$\boldsymbol{x}(t)=\mathrm{e}^{\boldsymbol{A}(t-t_0)}\boldsymbol{x}_0, \ t\geqslant t_0 \tag{3.12}$$

例 3.1 已知系统的状态方程为 $\dot{\boldsymbol{x}}(t)=\begin{bmatrix} 0 & 1 \\ -1 & 0 \end{bmatrix}\boldsymbol{x}(t)$，$\boldsymbol{x}(0)=\boldsymbol{x}_0$，求状态方程的解。

解 由式(3.10)得

$$\begin{aligned} \mathrm{e}^{\boldsymbol{A}t} &= \begin{bmatrix} 1 & 0 \\ 0 & 1 \end{bmatrix}+\begin{bmatrix} 0 & t \\ -t & 0 \end{bmatrix}+\frac{1}{2!}\begin{bmatrix} -t^2 & 0 \\ 0 & -t^2 \end{bmatrix}+\frac{1}{3!}\begin{bmatrix} 0 & -t^3 \\ t^3 & 0 \end{bmatrix}+\cdots \\ &= \begin{bmatrix} 1-\dfrac{t^2}{2!}+\dfrac{t^4}{4!}-\cdots & 1-\dfrac{t^3}{3!}+\dfrac{t^5}{5!}-\cdots \\ -\left(t-\dfrac{t^3}{3!}+\dfrac{t^5}{5!}-\cdots\right) & 1-\dfrac{t^2}{2!}+\dfrac{t^4}{4!}-\cdots \end{bmatrix} \\ &= \begin{bmatrix} \cos t & \sin t \\ -\sin t & \cos t \end{bmatrix} \end{aligned}$$

将其代入式(3.11)，则系统方程的解为

$$\boldsymbol{x}(t)=\mathrm{e}^{\boldsymbol{A}t}\boldsymbol{x}_0=\begin{bmatrix} \cos t & \sin t \\ -\sin t & \cos t \end{bmatrix}\boldsymbol{x}_0$$

3.1.2 状态转移矩阵

1. 状态转移矩阵的定义

齐次状态微分方程(3.1)的自由解为

$$\boldsymbol{x}(t)=\mathrm{e}^{\boldsymbol{A}(t-t_0)}\boldsymbol{x}(t_0), \quad t\geqslant t_0 \tag{3.13}$$

或
$$x(t)=e^{At}x_0,\ t\geqslant 0 \tag{3.14}$$

可以看出，状态解反映了从初始时刻的初始状态 $x(t_0)$ 开始，随着时间的推移，由 $e^{A(t_1-t_0)}$ 转移到 $x(t_1)$，再由 $e^{A(t_2-t_1)}$ 转移到 $x(t_2)$，… 到任意 $t>0$ 或 $t>t_0$ 时刻状态向量 $x(t)$ 的一种向量变换关系，变换矩阵就是矩阵指数函数 e^{At}，这个矩阵是一个 $n\times n$ 维的实变函数矩阵。

矩阵指数函数 e^{At}，从时间的角度而言，意味着它使状态向量随着时间的推移，不断在状态空间中转移，所以又称为状态转移矩阵，通常记为 $\Phi(t)$，且 $\Phi(t)=e^{At}$。$x(t)$ 的形态完全由 $e^{A(t-t_0)}$ 决定。

方程(3.1)的解也可以表示为
$$x(t)=\Phi(t-t_0)x(t_0),\quad t\geqslant t_0 \tag{3.15}$$
或
$$x(t)=\Phi(t)x_0,\quad t\geqslant 0 \tag{3.16}$$
其几何意义(以二维状态向量为例)可用图形表示，如图 3.1 所示。

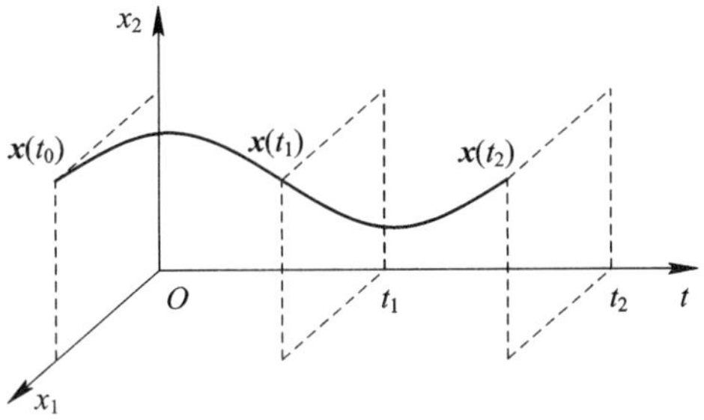

图 3.1　状态转移轨线

从图 3.1 可知，当 $t=t_0$ 时，$x(t_0)=\begin{bmatrix}x_{10}\\x_{20}\end{bmatrix}$，如果以此为初始状态，已知 $\Phi(t_1)$，那么 $t=t_1$ 时的状态为
$$x(t_1)=\begin{bmatrix}x_{11}\\x_{21}\end{bmatrix}=\Phi(t_1)x(t_0) \tag{3.17}$$

已知 $\Phi(t_2)$，那么 $t=t_2$ 时的状态为
$$x(t_2)=\begin{bmatrix}x_{12}\\x_{22}\end{bmatrix}=\Phi(t_2)x(t_0) \tag{3.18}$$
即状态 $x(t_0)$ 从开始，按照 $\Phi(t_1)$ 或 $\Phi(t_2)$ 转移到 $x(t_1)$ 或 $x(t_2)$，在状态空间描绘出一条轨线。

若以 $t=t_1$ 作为初始时刻，则从初始时刻 t_1 的状态 $x(t_1)$ 转移到 t_2 的状态 $x(t_2)$ 为
$$x(t_2)=\Phi(t_2-t_1)x(t_1) \tag{3.19}$$
将式(3.17)的 $x(t_1)$ 代入式(3.19)，可得
$$x(t_2)=\Phi(t_2-t_1)\Phi(t_1)x(t_0) \tag{3.20}$$
式(3.20)表示从 $x(t_0)$ 转移到 $x(t_1)$，再由 $x(t_1)$ 转移到 $x(t_2)$ 的状态运动规律。

综上所述，利用状态转移矩阵，可以从任意指定的初始时刻状态向量 $x(t_0)$，求取任意时刻 t 的状态向量 $x(t)$。

2. 状态转移矩阵的性质

性质 1：组合性，即

$$\boldsymbol{\Phi}(t_2-t_1)+\boldsymbol{\Phi}(t_1-t_0)=\boldsymbol{\Phi}(t_2-t_0) \tag{3.21}$$

或

$$e^{\boldsymbol{A}(t_2-t_1)}e^{\boldsymbol{A}(t_1-t_0)}=e^{\boldsymbol{A}(t_2-t_0)} \tag{3.22}$$

性质 2：不变性，即

$$\boldsymbol{\Phi}(t-t)=\boldsymbol{\Phi}(0)=\boldsymbol{I} \tag{3.23}$$

或

$$e^{\boldsymbol{A}(t-t)}=\boldsymbol{I} \tag{3.24}$$

性质 3：逆矩阵，即

$$[\boldsymbol{\Phi}(t)]^{-1}=\boldsymbol{\Phi}(-t) \tag{3.25}$$

或

$$[e^{\boldsymbol{A}t}]^{-1}=e^{-\boldsymbol{A}t} \tag{3.26}$$

性质 4：状态转移矩阵的导数，即

$$\dot{\boldsymbol{\Phi}}(t)=\boldsymbol{A}\boldsymbol{\Phi}(t)=\boldsymbol{\Phi}(t)\boldsymbol{A} \tag{3.27}$$

或

$$\frac{d}{dt}e^{\boldsymbol{A}t}=\boldsymbol{A}e^{\boldsymbol{A}t}=e^{\boldsymbol{A}t}\boldsymbol{A} \tag{3.28}$$

3. 几个特殊的矩阵指数函数

这里只给出结论，具体过程不再证明。

(1) 对角阵。若

$$\boldsymbol{A}=\begin{bmatrix}\lambda_1 & 0 & \cdots & 0\\ 0 & \lambda_2 & \cdots & 0\\ \vdots & \vdots & & \vdots\\ 0 & 0 & \cdots & \lambda_n\end{bmatrix}$$

其中，λ_1，λ_2，…，λ_n 为 n 个互不相同的特征根，则

$$e^{\boldsymbol{A}t}=\begin{bmatrix}e^{\lambda_1 t} & 0 & \cdots & 0\\ 0 & e^{\lambda_2 t} & \cdots & 0\\ \vdots & \vdots & & \vdots\\ 0 & 0 & \cdots & e^{\lambda_n t}\end{bmatrix} \tag{3.29}$$

(2) 约当阵。若

$$\boldsymbol{A}=\begin{bmatrix}\lambda_1 & 1 & \cdots & 0 & 0\\ 0 & \lambda_1 & \cdots & 0 & 0\\ \vdots & \vdots & & \vdots & \vdots\\ 0 & 0 & 0 & \lambda_1 & 1\\ 0 & 0 & 0 & \cdots & \lambda_1\end{bmatrix}_{m\times m}$$

其中，$\lambda_1=\lambda_2=\cdots=\lambda_m$ 为 m 维重特征根，则

$$e^{\boldsymbol{A}t}=e^{\lambda_1 t}\begin{bmatrix}1 & t & \frac{1}{2}t^2 & \cdots & \frac{1}{(m-1)!}t^{n-1}\\ 0 & 1 & t & \cdots & \frac{1}{(m-2)!}t^{n-2}\\ \vdots & \vdots & \vdots & & \vdots\\ 0 & 0 & 0 & \cdots & t\\ 0 & 0 & 0 & \cdots & 1\end{bmatrix}_{m\times m} \tag{3.30}$$

（3）若

$$\boldsymbol{A}=\begin{bmatrix}\sigma & \omega\\ -\omega & \sigma\end{bmatrix}$$

则

$$\mathrm{e}^{\boldsymbol{A}t}=\mathrm{e}^{\sigma t}\begin{bmatrix}\cos\omega t & \sin\omega t\\ -\sin\omega t & \cos\omega t\end{bmatrix} \tag{3.31}$$

3.1.3　状态转移矩阵的计算

1. 定义法

按照定义直接计算，适合于计算机实现

$$\boldsymbol{\Phi}(t)=\mathrm{e}^{\boldsymbol{A}t}=\boldsymbol{I}+\boldsymbol{A}t+\frac{1}{2!}\boldsymbol{A}^2t^2+\cdots+\frac{1}{k!}\boldsymbol{A}^kt^k+\cdots=\sum_{k=0}^{\infty}\frac{1}{k!}\boldsymbol{A}^kt^k \tag{3.32}$$

通常这种方法只能得到 $\mathrm{e}^{\boldsymbol{A}t}$ 数值结果，难以获得 $\mathrm{e}^{\boldsymbol{A}t}$ 解析表达式。

2. 线性变换法

1）矩阵 $\boldsymbol{A}$ 有互异特征根

对于给定的 $n\times n$ 维矩阵 $\boldsymbol{A}$，有 n 个互异的特征根 λ_1，λ_2，…，λ_n，由矩阵 $\boldsymbol{A}$ 的特征向量组成的变换矩阵为

$$\boldsymbol{P}=[\boldsymbol{P}_1\quad \boldsymbol{P}_2\quad \cdots\quad \boldsymbol{P}_n] \tag{3.33}$$

则状态转移矩阵 $\mathrm{e}^{\boldsymbol{A}t}$ 为

$$\mathrm{e}^{\boldsymbol{A}t}=\boldsymbol{P}\mathrm{e}^{\boldsymbol{\Lambda}t}\boldsymbol{P}^{-1}=\boldsymbol{P}\begin{bmatrix}\mathrm{e}^{\lambda_1 t} & 0 & \cdots & 0\\ 0 & \mathrm{e}^{\lambda_2 t} & \cdots & 0\\ \vdots & \vdots & & \vdots\\ 0 & 0 & \cdots & \mathrm{e}^{\lambda_n t}\end{bmatrix}\boldsymbol{P}^{-1} \tag{3.34}$$

证明　当 $\boldsymbol{A}$ 有 n 个互异的特征根 λ_1，λ_2，…，λ_n 时，如果选取式(3.33)的变换矩阵 $\boldsymbol{P}$，则

$$\boldsymbol{\Lambda}=\boldsymbol{P}^{-1}\boldsymbol{A}\boldsymbol{P}=\begin{bmatrix}\lambda_1 & 0 & \cdots & 0\\ 0 & \lambda_2 & \cdots & 0\\ \vdots & \vdots & & \vdots\\ 0 & 0 & \cdots & \lambda_n\end{bmatrix} \tag{3.35}$$

对上式同时左乘 $\boldsymbol{P}$ 和右乘 $\boldsymbol{P}^{-1}$ 得

$$\boldsymbol{A}=\boldsymbol{P}\boldsymbol{\Lambda}\boldsymbol{P}^{-1}=\boldsymbol{P}\begin{bmatrix}\lambda_1 & 0 & \cdots & 0\\ 0 & \lambda_2 & \cdots & 0\\ \vdots & \vdots & & \vdots\\ 0 & 0 & \cdots & \lambda_n\end{bmatrix}\boldsymbol{P}^{-1} \tag{3.36}$$

类似地，有

$$\boldsymbol{A}^2=\boldsymbol{P}\boldsymbol{\Lambda}\boldsymbol{P}^{-1}\cdot\boldsymbol{P}\boldsymbol{\Lambda}\boldsymbol{P}^{-1}=\boldsymbol{P}\begin{bmatrix}\lambda_1^2 & 0 & \cdots & 0\\ 0 & \lambda_2^2 & \cdots & 0\\ \vdots & \vdots & & \vdots\\ 0 & 0 & \cdots & \lambda_n^2\end{bmatrix}\boldsymbol{P}^{-1}$$

$$
\boldsymbol{A}^3=\boldsymbol{P}\begin{bmatrix}\lambda_1^2 & 0 & \cdots & 0\\ 0 & \lambda_2^2 & \cdots & 0\\ \vdots & \vdots & & \vdots\\ 0 & 0 & \cdots & \lambda_n^2\end{bmatrix}\boldsymbol{P}^{-1}\cdot\boldsymbol{P\Lambda P}^{-1}=\boldsymbol{P}\begin{bmatrix}\lambda_1^3 & 0 & \cdots & 0\\ 0 & \lambda_2^3 & \cdots & 0\\ \vdots & \vdots & & \vdots\\ 0 & 0 & \cdots & \lambda_n^3\end{bmatrix}\boldsymbol{P}^{-1}
$$

根据式(3.32)，得

$$
\begin{aligned}
\boldsymbol{\Phi}(t)&=\boldsymbol{I}+\boldsymbol{A}t+\frac{1}{2!}\boldsymbol{A}^2t^2+\cdots+\frac{1}{k!}\boldsymbol{A}^kt^k+\cdots\\
&=\begin{bmatrix}1 & 0 & \cdots & 0\\ 0 & 1 & \cdots & 0\\ \vdots & \vdots & & \vdots\\ 0 & 0 & \cdots & 1\end{bmatrix}+\boldsymbol{P}\begin{bmatrix}\lambda_1 & 0 & \cdots & 0\\ 0 & \lambda_2 & \cdots & 0\\ \vdots & \vdots & & \vdots\\ 0 & 0 & \cdots & \lambda_n\end{bmatrix}\boldsymbol{P}^{-1}t+\\
&\quad\frac{1}{2!}\boldsymbol{P}\begin{bmatrix}\lambda_1^2 & 0 & \cdots & 0\\ 0 & \lambda_2^2 & \cdots & 0\\ \vdots & \vdots & & \vdots\\ 0 & 0 & \cdots & \lambda_n^2\end{bmatrix}\boldsymbol{P}^{-1}t^2+\frac{1}{3!}\boldsymbol{P}\begin{bmatrix}\lambda_1^3 & 0 & \cdots & 0\\ 0 & \lambda_2^3 & \cdots & 0\\ \vdots & \vdots & & \vdots\\ 0 & 0 & \cdots & \lambda_n^3\end{bmatrix}\boldsymbol{P}^{-1}t^3+\cdots\\
&=\boldsymbol{P}\begin{bmatrix}1+\lambda_1t+\frac{1}{2!}\lambda_1^2t^2+\frac{1}{3!}\lambda_1^3t^3+\cdots & 0 & \cdots & 0\\ 0 & 1+\lambda_2t+\frac{1}{2!}\lambda_2^2t^2+\frac{1}{3!}\lambda_2^3t^3+ & \cdots & 0\\ \vdots & \vdots & & \vdots\\ 0 & 0 & \cdots & 1+\lambda_nt+\frac{1}{2!}\lambda_n^2t^2+\frac{1}{3!}\lambda_n^3t^3+\cdots\end{bmatrix}\boldsymbol{P}^{-1}\\
&=\boldsymbol{P}\begin{bmatrix}e^{\lambda_1t} & 0 & \cdots & 0\\ 0 & e^{\lambda_2t} & \cdots & 0\\ \vdots & \vdots & & \vdots\\ 0 & 0 & \cdots & e^{\lambda_nt}\end{bmatrix}\boldsymbol{P}^{-1}\\
&=\boldsymbol{P}e^{\boldsymbol{\Lambda}t}\boldsymbol{P}^{-1}
\end{aligned}
$$

所以

$$
e^{\boldsymbol{A}t}=\boldsymbol{P}\begin{bmatrix}e^{\lambda_1t} & 0 & \cdots & 0\\ 0 & e^{\lambda_2t} & \cdots & 0\\ \vdots & \vdots & & \vdots\\ 0 & 0 & \cdots & e^{\lambda_nt}\end{bmatrix}\boldsymbol{P}^{-1}
$$

2) 矩阵 **A** 有重特征根

对于给定的 $n\times n$ 维矩阵 $\boldsymbol{A}$，有 m 维相同的特征根 $\lambda_1=\lambda_2=\cdots=\lambda_m$ 和 $(n-m)$ 维互不相同的特征根 λ_{m+1}，…，λ_n。由矩阵 $\boldsymbol{A}$ 的特征向量组成的变换矩阵为

$$
\boldsymbol{P}=[\boldsymbol{P}_1\quad \boldsymbol{P}_2\quad \cdots\quad \boldsymbol{P}_n]
$$

则状态转移矩阵 $e^{\boldsymbol{A}t}$ 为

$$
\mathrm{e}^{\boldsymbol{A}t}=\boldsymbol{P}\mathrm{e}^{\boldsymbol{J}t}\boldsymbol{P}^{-1}
$$

$$
=\begin{bmatrix}
\mathrm{e}^{\lambda_1 t} & t\mathrm{e}^{\lambda_1 t} & \cdots & \frac{1}{(m-2)!}t^{m-2}\mathrm{e}^{\lambda_1 t} & \frac{1}{(m-1)!}t^{m-1}\mathrm{e}^{\lambda_1 t} & 0 & \cdots & 0 \\
0 & \mathrm{e}^{\lambda_1 t} & \cdots & 0 & 0 & 0 & \cdots & 0 \\
\vdots & \vdots & & \vdots & \vdots & \vdots & & \vdots \\
0 & 0 & \cdots & \mathrm{e}^{\lambda_1 t} & t\mathrm{e}^{\lambda_1 t} & 0 & \cdots & 0 \\
0 & 0 & \cdots & 0 & \mathrm{e}^{\lambda_1 t} & 0 & \cdots & 0 \\
0 & 0 & \cdots & 0 & 0 & \mathrm{e}^{\lambda_{m+1} t} & \cdots & 0 \\
\vdots & \vdots & & \vdots & \vdots & \vdots & & 0 \\
0 & 0 & \cdots & 0 & 0 & 0 & \cdots & \mathrm{e}^{\lambda_n t}
\end{bmatrix} \tag{3.37}
$$

证明过程不再赘述。

例 3.2　已知系统矩阵 $\boldsymbol{A}=\begin{bmatrix} 0 & 1 & -1 \\ -6 & -11 & 6 \\ -6 & -11 & 5 \end{bmatrix}$，求其状态转移矩阵。

解　首先求系统特征值，由

$$
|\lambda\boldsymbol{I}-\boldsymbol{A}|=\begin{vmatrix} \lambda & -1 & 1 \\ 6 & \lambda+11 & -6 \\ 6 & 11 & \lambda-5 \end{vmatrix}=(\lambda+1)(\lambda+2)(\lambda+3)=0
$$

得

$$
\lambda_1=-1,\quad \lambda_2=-2,\quad \lambda_3=-3
$$

计算特征向量

$$
\boldsymbol{P}_1=\begin{bmatrix} 1 \\ 0 \\ 1 \end{bmatrix},\quad \boldsymbol{P}_2=\begin{bmatrix} 1 \\ 2 \\ 4 \end{bmatrix},\quad \boldsymbol{P}_3=\begin{bmatrix} 1 \\ 6 \\ 9 \end{bmatrix}
$$

构造线性变换矩阵

$$
\boldsymbol{P}=\begin{bmatrix} 1 & 1 & 1 \\ 0 & 2 & 6 \\ 1 & 4 & 9 \end{bmatrix},\ \boldsymbol{P}^{-1}=\begin{bmatrix} 3 & \frac{5}{2} & -2 \\ -3 & -4 & 3 \\ 1 & \frac{3}{2} & -1 \end{bmatrix}
$$

则有

$$
\mathrm{e}^{\boldsymbol{A}t}=\boldsymbol{P}\mathrm{e}^{\boldsymbol{\Lambda}t}\boldsymbol{P}^{-1}=\boldsymbol{P}\begin{bmatrix} \mathrm{e}^{-t} & 0 & 0 \\ 0 & \mathrm{e}^{-2t} & 0 \\ 0 & 0 & \mathrm{e}^{-3t} \end{bmatrix}\boldsymbol{P}^{-1}
$$

$$
=\begin{bmatrix}
3\mathrm{e}^{-t}-3\mathrm{e}^{-2t}+\mathrm{e}^{-3t} & \frac{5}{2}\mathrm{e}^{-t}-4\mathrm{e}^{-2t}+\frac{3}{2}\mathrm{e}^{-3t} & -2\mathrm{e}^{-t}+3\mathrm{e}^{-2t}-\mathrm{e}^{-3t} \\
-6\mathrm{e}^{-t}+6\mathrm{e}^{-3t} & -8\mathrm{e}^{-2t}+9\mathrm{e}^{-3t} & 6\mathrm{e}^{-2t}-6\mathrm{e}^{-3t} \\
3\mathrm{e}^{-t}-12\mathrm{e}^{-2t}+9\mathrm{e}^{-3t} & \frac{5}{2}\mathrm{e}^{-t}-16\mathrm{e}^{-2t}+\frac{27}{2}\mathrm{e}^{-3t} & -2\mathrm{e}^{-t}+12\mathrm{e}^{-2t}-9\mathrm{e}^{-3t}
\end{bmatrix}
$$

当矩阵 $\boldsymbol{A}$ 有重根时，计算方法与步骤类似单根的情况。

例 3.3 已知系统矩阵 $\boldsymbol{A}=\begin{bmatrix}0 & 1 & 0\\0 & 0 & 1\\2 & -5 & 4\end{bmatrix}$，求其状态转移矩阵。

解 首先求系统特征根，由

$$|\lambda\boldsymbol{I}-\boldsymbol{A}|=\begin{vmatrix}\lambda & -1 & 0\\0 & \lambda & -1\\-2 & 5 & \lambda-4\end{vmatrix}=(\lambda-1)^2(\lambda-2)=0$$

得

$$\lambda_1=\lambda_2=1,\quad \lambda_3=2$$

计算特征向量

$$\boldsymbol{P}_1=\begin{bmatrix}1\\1\\1\end{bmatrix},\ \boldsymbol{P}_2=\begin{bmatrix}-1\\0\\1\end{bmatrix},\ \boldsymbol{P}_3=\begin{bmatrix}1\\2\\4\end{bmatrix}$$

构造线性变换矩阵

$$\boldsymbol{P}=\begin{bmatrix}1 & -1 & 1\\1 & 0 & 2\\1 & 1 & 4\end{bmatrix},\ \boldsymbol{P}^{-1}=\begin{bmatrix}-2 & 5 & -2\\-2 & 3 & -1\\1 & -2 & 1\end{bmatrix}$$

则有

$$\begin{aligned}\mathrm{e}^{\boldsymbol{A}t}&=\boldsymbol{P}\mathrm{e}^{\boldsymbol{J}t}\boldsymbol{P}^{-1}=\boldsymbol{P}\begin{bmatrix}\mathrm{e}^t & t\mathrm{e}^t & 0\\0 & \mathrm{e}^t & 0\\0 & 0 & \mathrm{e}^{2t}\end{bmatrix}\boldsymbol{P}^{-1}\\&=\begin{bmatrix}-2t\mathrm{e}^t+\mathrm{e}^{2t} & 3t\mathrm{e}^t+2\mathrm{e}^t-\mathrm{e}^{2t} & -t\mathrm{e}^t-\mathrm{e}^t+\mathrm{e}^{2t}\\2(\mathrm{e}^{2t}-t\mathrm{e}^t-\mathrm{e}^t) & 3t\mathrm{e}^t+5\mathrm{e}^t-4\mathrm{e}^{2t} & -t\mathrm{e}^t-2\mathrm{e}^t+2\mathrm{e}^{2t}\\-2t\mathrm{e}^t-4\mathrm{e}^t+4\mathrm{e}^{2t} & 3t\mathrm{e}^t+8\mathrm{e}^t-8\mathrm{e}^{2t} & -t\mathrm{e}^t-3\mathrm{e}^t+4\mathrm{e}^{2t}\end{bmatrix}\end{aligned}$$

3. 拉氏变换法

对状态方程 $\dot{\boldsymbol{x}}(t)=\boldsymbol{A}\boldsymbol{x}(t)$两边同时取拉氏变换得

$$\boldsymbol{X}(s)=(s\boldsymbol{I}-\boldsymbol{A})^{-1}\boldsymbol{x}(0) \tag{3.38}$$

取拉氏反变换得

$$\boldsymbol{x}(t)=L^{-1}[(s\boldsymbol{I}-\boldsymbol{A})^{-1}]\boldsymbol{x}(0) \tag{3.39}$$

可知

$$\mathrm{e}^{\boldsymbol{A}t}=L^{-1}[(s\boldsymbol{I}-\boldsymbol{A})^{-1}] \tag{3.40}$$

例 3.4 试求线性定常系统

$$\dot{\boldsymbol{x}}(t)=\begin{bmatrix}0 & 1\\-2 & -3\end{bmatrix}\boldsymbol{x}(t)$$

的状态转移矩阵 $\boldsymbol{\Phi}(t)$。

解　已知系统矩阵

$$A=\begin{bmatrix}0 & 1\\ -2 & -3\end{bmatrix}$$

其状态转移矩阵为

$$\boldsymbol{\Phi}(t)=\mathrm{e}^{At}=L^{-1}[(s\boldsymbol{I}-\boldsymbol{A})^{-1}]$$

由于

$$s\boldsymbol{I}-\boldsymbol{A}=\begin{bmatrix}s & -1\\ 2 & s+3\end{bmatrix}$$

其逆矩阵为

$$\begin{aligned}(s\boldsymbol{I}-\boldsymbol{A})^{-1}&=\frac{1}{(s+1)(s+2)}\begin{bmatrix}s+3 & 1\\ -2 & s\end{bmatrix}\\ &=\begin{bmatrix}\dfrac{s+3}{(s+1)(s+2)} & \dfrac{1}{(s+1)(s+2)}\\ \dfrac{-2}{(s+1)(s+2)} & \dfrac{s}{(s+1)(s+2)}\end{bmatrix}\\ &=\begin{bmatrix}\dfrac{2}{s+1}-\dfrac{1}{s+2} & \dfrac{1}{s+1}-\dfrac{1}{s+2}\\ \dfrac{-2}{s+1}+\dfrac{2}{s+2} & -\dfrac{1}{s+1}+\dfrac{2}{s+2}\end{bmatrix}\end{aligned}$$

则状态转移矩阵为

$$\boldsymbol{\Phi}(t)=L^{-1}[(s\boldsymbol{I}-\boldsymbol{A})^{-1}]=\begin{bmatrix}2\mathrm{e}^{-t}-\mathrm{e}^{-2t} & \mathrm{e}^{-t}-\mathrm{e}^{-2t}\\ -2\mathrm{e}^{-t}+2\mathrm{e}^{-2t} & -\mathrm{e}^{-t}+2\mathrm{e}^{-2t}\end{bmatrix}$$

3.2　线性定常连续系统非齐次状态方程的解

本节主要讨论线性定常连续系统在控制输入作用 $u(t)$ 下的运动状态。

3.2.1　非齐次状态方程的解

设线性定常连续系统的状态方程为

$$\dot{\boldsymbol{x}}(t)=\boldsymbol{A}\boldsymbol{x}(t)+\boldsymbol{B}\boldsymbol{u}(t) \tag{3.41}$$

其中，$\boldsymbol{x}(t)$ 是 n 维状态向量，$\boldsymbol{u}(t)$ 是 r 维输入向量，$\boldsymbol{A}$ 是 $n\times n$ 维系统矩阵，$\boldsymbol{B}$ 是 $n\times r$ 维输入矩阵。

若初始时刻 t_0 时的状态 $\boldsymbol{x}(t_0)=\boldsymbol{x}_0$，则系统(3.41)解为

$$\boldsymbol{x}(t)=\boldsymbol{\Phi}(t-t_0)\boldsymbol{x}_0+\int_{t_0}^{t}\boldsymbol{\Phi}(t-\tau)\boldsymbol{B}\boldsymbol{u}(\tau)\mathrm{d}\tau,\ t\geqslant t_0 \tag{3.42}$$

若初始时刻从 $t_0=0$ 开始，即 $\boldsymbol{x}(0)=\boldsymbol{x}_0$，则其解为

$$\boldsymbol{x}(t)=\boldsymbol{\Phi}(t)\boldsymbol{x}_0+\int_{0}^{t}\boldsymbol{\Phi}(t-\tau)\boldsymbol{B}\boldsymbol{u}(\tau)\mathrm{d}\tau,\ t\geqslant 0 \tag{3.43}$$

可以看出，式(3.41)的解 $\boldsymbol{x}(t)$ 由两部分组成，第一部分表示由初始状态 $\boldsymbol{x}(t_0)$ 引起的自由运动，第二部分表示由控制输入 $\boldsymbol{u}(t)$ 引起的强制运动。

证明　类似于标量微分方程求解，对式(3.41)两边同时左乘 $e^{-\boldsymbol{A}t}$，得

$$e^{-\boldsymbol{A}t}(\dot{\boldsymbol{x}}(t)-\boldsymbol{A}\boldsymbol{x}(t))=e^{-\boldsymbol{A}t}\boldsymbol{B}\boldsymbol{u}(t) \tag{3.44}$$

即

$$\frac{d}{dt}[e^{-\boldsymbol{A}t}x(t)]=e^{-\boldsymbol{A}t}\boldsymbol{B}\boldsymbol{u}(t) \tag{3.45}$$

对式(3.45)在[0　t]上积分，即

$$e^{-\boldsymbol{A}t}\boldsymbol{x}(t)\Big|_0^t=\int_0^t e^{-\boldsymbol{A}\tau}\boldsymbol{B}\boldsymbol{u}(\tau)d\tau \tag{3.46}$$

整理可得

$$\boldsymbol{x}(t)=\boldsymbol{\Phi}(t)\boldsymbol{x}_0+\int_0^t \boldsymbol{\Phi}(t-\tau)\boldsymbol{B}\boldsymbol{u}(\tau)d\tau$$

同理，若对式(3.45)在[t_0，t]上积分，则可以得到式(3.42)。

从解的表达式可以看出，非齐次状态方程的解，即线性定常连续系统状态运动规律是由两部分组成的，第一部分是系统的自由运动，是由系统的初始状态 $\boldsymbol{x}(t_0)$ 所决定的，也称为零输入解；第二部分是系统的强制运动，是由控制输入 $\boldsymbol{u}(t)$ 引起的，也称为零状态解。正是因为强制运动的存在，使得有可能通过选取适当的控制输入 $\boldsymbol{u}(t)$ 来调节系统状态向量 $\boldsymbol{x}(t)$ 的运动行为和性能，使得系统的运动轨迹满足期望的性能指标。

例 3.5　试求线性定常系统在单位阶跃输入 $\boldsymbol{u}(t)=1(t)$ 下状态方程的解。

$$\dot{\boldsymbol{x}}(t)=\begin{bmatrix}0 & 1\\ -2 & -3\end{bmatrix}\boldsymbol{x}(t)+\begin{bmatrix}0\\1\end{bmatrix}\boldsymbol{u}(t),\ \boldsymbol{x}_0=\begin{bmatrix}1\\1\end{bmatrix}$$

解　在例 3.4 中已经求出状态转移矩阵为

$$\boldsymbol{\Phi}(t)=e^{\boldsymbol{A}t}=\begin{bmatrix}2e^{-t}-e^{-2t} & e^{-t}-e^{-2t}\\ -2e^{-t}+2e^{-2t} & -e^{-t}+2e^{-2t}\end{bmatrix}$$

将 $\boldsymbol{B}=\begin{bmatrix}0\\1\end{bmatrix}$，$\boldsymbol{u}=1(t)$ 代入式(3.43)，得

$$\begin{aligned}\boldsymbol{x}(t)&=\begin{bmatrix}2e^{-t}-e^{-2t} & e^{-t}-e^{-2t}\\ -2e^{-t}+2e^{-2t} & -e^{-t}+2e^{-2t}\end{bmatrix}\begin{bmatrix}1\\1\end{bmatrix}+\\ &\quad\int_0^t\begin{bmatrix}2e^{-(t-\tau)}-e^{-2(t-\tau)} & e^{-(t-\tau)}-e^{-2(t-\tau)}\\ -2e^{-(t-\tau)}+2e^{-2(t-\tau)} & -e^{-(t-\tau)}+2e^{-2(t-\tau)}\end{bmatrix}\begin{bmatrix}0\\1\end{bmatrix}d\tau\\ &=\begin{bmatrix}3e^{-t}-2e^{-2t}\\ -3e^{-t}+4e^{-2t}\end{bmatrix}+\int_0^t\begin{bmatrix}e^{-(t-\tau)}-e^{-2(t-\tau)}\\ -e^{-(t-\tau)}+2e^{-2(t-\tau)}\end{bmatrix}d\tau\end{aligned}$$

进一步整理可得

$$\boldsymbol{x}(t)=\begin{bmatrix}3e^{-t}-2e^{-2t}\\ -3e^{-t}+4e^{-2t}\end{bmatrix}+\begin{bmatrix}\dfrac{1}{2}-e^{-t}+\dfrac{1}{2}e^{-2t}\\ e^{-t}-e^{-2t}\end{bmatrix}=\begin{bmatrix}\dfrac{1}{2}+2e^{-t}-\dfrac{3}{2}e^{-2t}\\ -2e^{-t}+3e^{-2t}\end{bmatrix}$$

若初始条件 $\boldsymbol{x}(0)=\boldsymbol{0}$，则系统状态方程的解为

$$\boldsymbol{x}(t)=\begin{bmatrix}\frac{1}{2}-\mathrm{e}^{-t}+\frac{1}{2}\mathrm{e}^{-2t}\\ \mathrm{e}^{-t}-\mathrm{e}^{-2t}\end{bmatrix}$$

3.2.2　拉氏变换法求解

和齐次状态方程求解类似，也可用拉氏变换法来求解。

线性定常连续系统的状态方程为

$$\dot{\boldsymbol{x}}(t)=\boldsymbol{A}\boldsymbol{x}(t)+\boldsymbol{B}\boldsymbol{u}(t) \tag{3.47}$$

若初始时刻 t_0 时的初始状态 $\boldsymbol{x}(t_0)=\boldsymbol{x}_0$，则系统的解为

$$\boldsymbol{x}(t)=L^{-1}[(s\boldsymbol{I}-\boldsymbol{A})^{-1}]\boldsymbol{x}_0+L^{-1}[(s\boldsymbol{I}-\boldsymbol{A})^{-1}\boldsymbol{B}\boldsymbol{U}(s)] \tag{3.48}$$

证明　对方程 $\dot{\boldsymbol{x}}(t)=\boldsymbol{A}\boldsymbol{x}(t)+\boldsymbol{B}\boldsymbol{u}(t)$两端取拉氏变换，得

$$s\boldsymbol{X}(s)-\boldsymbol{x}_0=\boldsymbol{A}\boldsymbol{X}(s)+\boldsymbol{B}\boldsymbol{U}(s) \tag{3.49}$$

整理得

$$(s\boldsymbol{I}-\boldsymbol{A})\boldsymbol{X}(s)=\boldsymbol{x}_0+\boldsymbol{B}\boldsymbol{U}(s) \tag{3.50}$$

将上式左乘$(s\boldsymbol{I}-\boldsymbol{A})^{-1}$，可得

$$\boldsymbol{X}(s)=(s\boldsymbol{I}-\boldsymbol{A})^{-1}\boldsymbol{x}_0+(s\boldsymbol{I}-\boldsymbol{A})^{-1}\boldsymbol{B}\boldsymbol{U}(s) \tag{3.51}$$

对上式取拉氏反变换，可得

$$\boldsymbol{x}(t)=L^{-1}[(s\boldsymbol{I}-\boldsymbol{A})^{-1}]\boldsymbol{x}_0+L^{-1}[(s\boldsymbol{I}-\boldsymbol{A})^{-1}\boldsymbol{B}\boldsymbol{U}(s)] \tag{3.52}$$

利用卷积定理，可知

$$\begin{aligned}\boldsymbol{x}(t)&=L^{-1}[(s\boldsymbol{I}-\boldsymbol{A})^{-1}]\boldsymbol{x}_0+L^{-1}[(s\boldsymbol{I}-\boldsymbol{A})^{-1}\boldsymbol{B}\boldsymbol{U}(s)]\\&=\boldsymbol{\Phi}(t)\boldsymbol{x}_0+\int_0^t\boldsymbol{\Phi}(t-\tau)\boldsymbol{B}\boldsymbol{u}(\tau)\mathrm{d}\tau\end{aligned} \tag{3.53}$$

例 3.6　用拉氏变换法求解例 3.5。

解　已知

$$\dot{\boldsymbol{x}}(t)=\begin{bmatrix}0&1\\-2&-3\end{bmatrix}\boldsymbol{x}(t)+\begin{bmatrix}0\\1\end{bmatrix}\boldsymbol{u}(t),\ \boldsymbol{x}_0=\begin{bmatrix}1\\1\end{bmatrix}$$

由例 3.4 已经求出

$$(s\boldsymbol{I}-\boldsymbol{A})^{-1}=\begin{bmatrix}\frac{2}{s+1}-\frac{1}{s+2}&\frac{1}{s+1}-\frac{1}{s+2}\\ \frac{-2}{s+1}+\frac{2}{s+2}&-\frac{1}{s+1}+\frac{2}{s+2}\end{bmatrix}$$

计算零输入解：

$$\begin{aligned}L^{-1}[(s\boldsymbol{I}-\boldsymbol{A})^{-1}]\boldsymbol{x}_0&=\begin{bmatrix}2\mathrm{e}^{-t}-\mathrm{e}^{-2t}&\mathrm{e}^{-t}-\mathrm{e}^{-2t}\\-2\mathrm{e}^{-t}+2\mathrm{e}^{-2t}&-\mathrm{e}^{-t}+2\mathrm{e}^{-2t}\end{bmatrix}\begin{bmatrix}1\\1\end{bmatrix}\\&=\begin{bmatrix}3\mathrm{e}^{-t}-2\mathrm{e}^{-2t}\\-3\mathrm{e}^{-t}+4\mathrm{e}^{-2t}\end{bmatrix}\end{aligned}$$

计算零状态解：

$$(s\boldsymbol{I}-\boldsymbol{A})^{-1}\boldsymbol{B}U(s)=\begin{bmatrix}\dfrac{s+3}{(s+1)(s+2)} & \dfrac{1}{(s+1)(s+2)}\\ \dfrac{-2}{(s+1)(s+2)} & \dfrac{s}{(s+1)(s+2)}\end{bmatrix}\begin{bmatrix}0\\1\end{bmatrix}\frac{1}{s}$$

$$=\begin{bmatrix}\dfrac{1}{s(s+1)(s+2)}\\ \dfrac{s}{s(s+1)(s+2)}\end{bmatrix}=\begin{bmatrix}\dfrac{1}{2s}-\dfrac{1}{s+1}+\dfrac{1}{2}\dfrac{1}{s+2}\\ \dfrac{1}{s+1}-\dfrac{1}{s+2}\end{bmatrix}$$

则

$$L^{-1}[(s\boldsymbol{I}-\boldsymbol{A})^{-1}\boldsymbol{B}U(s)]=\begin{bmatrix}\dfrac{1}{2}-\mathrm{e}^{-t}+\dfrac{1}{2}\mathrm{e}^{-2t}\\ \mathrm{e}^{-t}-\mathrm{e}^{-2t}\end{bmatrix}$$

于是系统的解为

$$\boldsymbol{x}(t)=L^{-1}[(s\boldsymbol{I}-\boldsymbol{A})^{-1}]\boldsymbol{x}_0+L^{-1}[(s\boldsymbol{I}-\boldsymbol{A})^{-1}\boldsymbol{B}U(s)]$$

$$=\begin{bmatrix}3\mathrm{e}^{-t}-2\mathrm{e}^{-2t}\\ -3\mathrm{e}^{-t}+4\mathrm{e}^{-2t}\end{bmatrix}+\begin{bmatrix}\dfrac{1}{2}-\mathrm{e}^{-t}+\dfrac{1}{2}\mathrm{e}^{-2t}\\ \mathrm{e}^{-t}-\mathrm{e}^{-2t}\end{bmatrix}=\begin{bmatrix}\dfrac{1}{2}+2\mathrm{e}^{-t}-\dfrac{3}{2}\mathrm{e}^{-2t}\\ -2\mathrm{e}^{-t}+3\mathrm{e}^{-2t}\end{bmatrix}$$

3.3 线性定常离散系统状态方程的解

随着计算机技术的飞速发展，对离散时间系统的运动分析和设计变得越来越重要。本节将讨论采用状态空间分析法对离散时间系统的运动进行分析。

对离散时间分析，都会遇到把连续时间系统化为离散时间系统的问题，称为连续时间系统的时间离散化。线性连续时间系统状态方程离散化的实质是将矩阵微分方程化为矩阵差分方程，矩阵差分方程是描述离散时间系统的一种数学模型。本节先讨论连续系统状态方程的离散化问题，然后再讨论离散系统的运动分析。

3.3.1 线性连续系统的时间离散化

由经典控制理论可知，典型的线性离散系统是由采样器、保持器、离散时间控制装置和连续时间受控对象组成的，如图 3.2 所示。

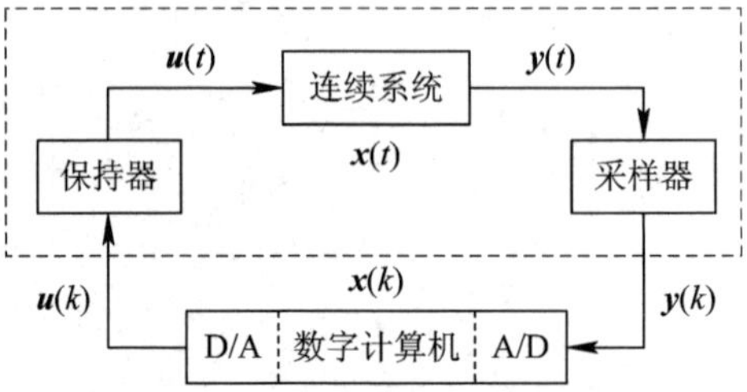

图 3.2 典型的线性离散系统

所谓连续时间线性系统的时间离散化问题，就是基于一定的采样方式和保持方式，由系统的连续时间状态空间描述推导出相应的离散时间状态空间描述，并对两者的系数矩阵建立对应的关系式。对连续时间线性系统的离散时间系统，随着采样方式和保持方式的不同，通常其状态空间描述也不同。一般地，采样器的采样方式常取以常数为周期的等间隔采样，且采样脉冲宽度远小于采样周期，采样周期的选择须满足香农采样定理，保持方式采用零阶保持方式。

定理 3.1　给定线性定常连续系统

$$\begin{cases}\dot{\boldsymbol{x}}(t)=\boldsymbol{A}(t)\boldsymbol{x}(t)+\boldsymbol{B}(t)\boldsymbol{u}(t),\ \boldsymbol{x}(t_0)=\boldsymbol{x}_0,\ t\geqslant t_0\\ \boldsymbol{y}(t)=\boldsymbol{C}(t)\boldsymbol{x}(t)+\boldsymbol{D}(t)\boldsymbol{u}(t)\end{cases}\tag{3.54}$$

其中，$\boldsymbol{x}(t)$是 n 维状态向量，$\boldsymbol{u}(t)$是 r 维输入向量，$\boldsymbol{y}(t)$是 m 维输出向量，$\boldsymbol{A}$ 是$n\times n$ 维系统矩阵，$\boldsymbol{B}$ 是 $n\times r$ 维输入矩阵，$\boldsymbol{C}$ 是 $m\times n$ 维输出矩阵，$\boldsymbol{D}$ 是 $m\times r$ 维直接传递函数矩阵，$\boldsymbol{x}_0$ 是初始时刻 t_0 的状态。

则相应的离散时间系统状态空间描述为

$$\begin{cases}\boldsymbol{x}(k+1)=\boldsymbol{G}(k)\boldsymbol{x}(k)+\boldsymbol{H}(k)\boldsymbol{u}(k),\ \boldsymbol{x}(0)=\boldsymbol{x}_0,\ k=0,\ 1,\ 2,\ \cdots\\ \boldsymbol{y}(k)=\boldsymbol{C}(k)\boldsymbol{x}(k)+\boldsymbol{D}(k)\boldsymbol{u}(k)\end{cases}\tag{3.55}$$

其中，两者在变量和系数矩阵上具有如下关系：

$$\boldsymbol{x}(k)=[\boldsymbol{x}(t)]_{t=kT},\ \boldsymbol{u}(k)=[\boldsymbol{u}(t)]_{t=kT},\ \boldsymbol{y}(k)=[\boldsymbol{y}(t)]_{t=kT}\tag{3.56}$$

和

$$\boldsymbol{G}=\mathrm{e}^{\boldsymbol{A}t},\ \boldsymbol{H}=\left(\int_0^T \mathrm{e}^{\boldsymbol{A}t}\,\mathrm{d}t\right)\boldsymbol{B}\tag{3.57}$$

式中，T 是采样周期，$\mathrm{e}^{\boldsymbol{A}t}$是线性连续系统(3.54)的状态转移矩阵。

证明　已知线性连续系统(3.54)的解为

$$\boldsymbol{x}(t)=\boldsymbol{\Phi}(t-t_0)\boldsymbol{x}_0+\int_{t_0}^{t}\boldsymbol{\Phi}(t-\tau)\boldsymbol{B}\boldsymbol{u}(\tau)\mathrm{d}\tau\tag{3.58}$$

令 $t_0=kT$，$t=(k+1)T$，则有

$$\begin{cases}\boldsymbol{x}(t_0)=\boldsymbol{x}(kT)=\boldsymbol{x}(k)\\ \boldsymbol{x}(k)=\boldsymbol{x}((k+1)T)=\boldsymbol{x}(k+1)\end{cases}\tag{3.59}$$

由于采用零阶保持器，则在 $t\in[k,\ k+1]$上有 $\boldsymbol{u}(k)=\boldsymbol{u}(k+1)=$常数，从而式(3.58)为

$$\boldsymbol{x}(k+1)=\boldsymbol{\Phi}(T)\boldsymbol{x}_0+\int_{kT}^{(k+1)T}\boldsymbol{\Phi}[(k+1)T-\tau]\boldsymbol{B}\mathrm{d}\tau\cdot\boldsymbol{u}(k)\tag{3.60}$$

记

$$\begin{cases}\boldsymbol{G}=\boldsymbol{\Phi}(T)=\mathrm{e}^{\boldsymbol{A}T}\\ \boldsymbol{H}=\displaystyle\int_{kT}^{(k+1)T}\boldsymbol{\Phi}[(k+1)T-\tau]\mathrm{d}\tau\boldsymbol{B}\end{cases}\tag{3.61}$$

对式(3.61)做变量代换，$t=(k+1)T-\tau$，有

$$\mathrm{d}\tau=-\mathrm{d}t,\ \int_{kT}^{(k+1)T}\cdot\mathrm{d}\tau=-\int_T^0\cdot\mathrm{d}t\tag{3.62}$$

则可知

$$\boldsymbol{H}=\left(-\int_T^0\boldsymbol{\Phi}(t)\mathrm{d}t\right)\boldsymbol{B}=\left(\int_0^T\mathrm{e}^{\boldsymbol{A}t}\,\mathrm{d}t\right)\boldsymbol{B}\tag{3.63}$$

例 3.7 若线性定常连续系统的状态方程为

$$\dot{\boldsymbol{x}}(t)=\begin{bmatrix}1&0\\1&1\end{bmatrix}\boldsymbol{x}(t)+\begin{bmatrix}1\\1\end{bmatrix}\boldsymbol{u}(t),\ t\geqslant 0$$

设采样周期为 $T=0.1$，试将其离散化。

解 首先，连续系统的状态转移矩阵为

$$\boldsymbol{\Phi}(t)=\mathrm{e}^{\boldsymbol{A}t}=\begin{bmatrix}\mathrm{e}^t&0\\t\mathrm{e}^t&\mathrm{e}^t\end{bmatrix}$$

于是，利用式(3.61)，得

$$\boldsymbol{G}=\mathrm{e}^{\boldsymbol{A}t}=\begin{bmatrix}\mathrm{e}^{0.1}&0\\0.1\mathrm{e}^{0.1}&\mathrm{e}^{0.1}\end{bmatrix}=\begin{bmatrix}1.105&0\\0.1105&1.105\end{bmatrix}$$

$$\begin{aligned}\boldsymbol{H}&=\left(\int_0^T\mathrm{e}^{\boldsymbol{A}t}\,\mathrm{d}t\right)\boldsymbol{B}=\left(\int_0^T\begin{bmatrix}\mathrm{e}^t&0\\t\mathrm{e}^t&\mathrm{e}^t\end{bmatrix}\mathrm{d}t\right)\begin{bmatrix}1\\1\end{bmatrix}\\&=\begin{bmatrix}\mathrm{e}^T-1&0\\T\mathrm{e}^T-\mathrm{e}^T+1&\mathrm{e}^T-1\end{bmatrix}\begin{bmatrix}1\\1\end{bmatrix}=\begin{bmatrix}\mathrm{e}^T-1\\T\mathrm{e}^T\end{bmatrix}=\begin{bmatrix}0.105\\0.1105\end{bmatrix}\end{aligned}$$

所以，系统的离散化状态方程为

$$\boldsymbol{x}(k+1)=\begin{bmatrix}x_1(k+1)\\x_2(k+1)\end{bmatrix}=\begin{bmatrix}1.105&0\\0.1105&1.105\end{bmatrix}\begin{bmatrix}x_1(k)\\x_2(k)\end{bmatrix}+\begin{bmatrix}0.105\\0.1105\end{bmatrix}\boldsymbol{u}(k)$$

3.3.2 离散系统状态空间方程的解

对离散时间线性系统的运动分析，数学上归结为求解线性离散状态方程。与连续时间系统的状态方程相比，离散系统状态方程的求解在计算上要简单得多，而且易于用计算机进行计算。由于线性定常连续系统与线性定常离散系统在系统性能分析方法上很类似，为了统一起见，以下章节中离散系统的系统矩阵和输入矩阵分别为 $\boldsymbol{A}$ 和 $\boldsymbol{B}$。

1. 迭代法

线性定常离散系统状态方程为

$$\boldsymbol{x}(k+1)=\boldsymbol{A}\boldsymbol{x}(k)+\boldsymbol{B}\boldsymbol{u}(k),\quad \boldsymbol{x}(0)=\boldsymbol{x}_0,\ k=0,1,2,\cdots \tag{3.64}$$

其中，$\boldsymbol{x}(k)$是 n 维状态变量，$\boldsymbol{u}(k)$是 r 维控制输入变量，$\boldsymbol{A}$ 是 $n\times n$ 维系统矩阵，$\boldsymbol{B}$ 是 $n\times r$ 维输入矩阵，$\boldsymbol{x}_0$ 是初始时刻的状态。

迭代法是一种递推的数值解法，其基本思路是，基于状态方程，利用给定或确定的上一采样时刻状态值，迭代地确定出下一采样时刻的系统状态。

设系统(3.64)的初始状态为 $\boldsymbol{x}(0)=\boldsymbol{x}_0$，各个采样时刻系统的输入为 $\boldsymbol{u}(0)$，$\boldsymbol{u}(1)$，$\boldsymbol{u}(2)$，…，给出分析过程末时刻正整数 l，则其系统状态响应计算步骤如下：

(1) 令 $k=0$；

(2) 对于给定 $\boldsymbol{A}$，$\boldsymbol{B}$，$\boldsymbol{u}(k)$，以及已知的 $\boldsymbol{x}(k)$，计算

$$\boldsymbol{x}(k+1)=\boldsymbol{A}\boldsymbol{x}(k)+\boldsymbol{B}\boldsymbol{u}(k)$$

(3) 令 $k=k+1$；

(4) 如果 $k=l+1$，则进入下一步；如果 $k<l+1$，回到(2)；

(5) 停止计算。

值得注意的是，递推算法易于编程并适于用计算机进行计算，但由于最后一步的计算依赖前一步的计算结果，因此计算过程中引入的误差会形成累积性误差。

例 3.8　设线性定常离散系统状态方程为

$$\begin{bmatrix} x_1(k+1) \\ x_2(k+1) \end{bmatrix} = \begin{bmatrix} 1 & 0 \\ 1 & 1 \end{bmatrix}\begin{bmatrix} x_1(k) \\ x_2(k) \end{bmatrix} + \begin{bmatrix} 1 \\ 1 \end{bmatrix}\boldsymbol{u}(k),\ \begin{bmatrix} x_1(0) \\ x_2(0) \end{bmatrix} = \begin{bmatrix} 1 \\ 1 \end{bmatrix}$$

其中，$\boldsymbol{u}(k)=\begin{cases} 1,\ k=0,\ 2,\ 4,\ \cdots \\ -1,\ k=1,\ 3,\ 5,\ \cdots \end{cases}$，计算状态变量在采样时刻 $k=1,\ 2,\ 3$ 的值。

解　对于 $k=0$，有

$$\boldsymbol{A}(0)=\begin{bmatrix} 1 & 0 \\ 1 & 1 \end{bmatrix},\ \boldsymbol{B}(0)=\begin{bmatrix} 1 \\ 1 \end{bmatrix},\ \boldsymbol{u}(0)=1,\ \begin{bmatrix} x_1(0) \\ x_2(0) \end{bmatrix} = \begin{bmatrix} 1 \\ 1 \end{bmatrix}$$

则可得

$$\begin{bmatrix} x_1(1) \\ x_2(1) \end{bmatrix} = \begin{bmatrix} 1 & 0 \\ 1 & 1 \end{bmatrix}\begin{bmatrix} 1 \\ 1 \end{bmatrix} + \begin{bmatrix} 1 \\ 1 \end{bmatrix} = \begin{bmatrix} 2 \\ 3 \end{bmatrix}$$

对于 $k=1$，有

$$\boldsymbol{A}(1)=\begin{bmatrix} 1 & 0 \\ 1 & 1 \end{bmatrix},\ \boldsymbol{B}(1)=\begin{bmatrix} 1 \\ 1 \end{bmatrix},\ \boldsymbol{u}(1)=-1,\ \begin{bmatrix} x_1(1) \\ x_2(1) \end{bmatrix} = \begin{bmatrix} 2 \\ 3 \end{bmatrix}$$

则可得

$$\begin{bmatrix} x_1(2) \\ x_2(2) \end{bmatrix} = \begin{bmatrix} 1 & 0 \\ 1 & 1 \end{bmatrix}\begin{bmatrix} 2 \\ 3 \end{bmatrix} - \begin{bmatrix} 1 \\ 1 \end{bmatrix} = \begin{bmatrix} 1 \\ 4 \end{bmatrix}$$

对于 $k=2$，有

$$\boldsymbol{A}(2)=\begin{bmatrix} 1 & 0 \\ 1 & 1 \end{bmatrix},\ \boldsymbol{B}(2)=\begin{bmatrix} 1 \\ 1 \end{bmatrix},\ \boldsymbol{u}(2)=1,\ \begin{bmatrix} x_1(2) \\ x_2(2) \end{bmatrix} = \begin{bmatrix} 1 \\ 4 \end{bmatrix}$$

则可得

$$\begin{bmatrix} x_1(3) \\ x_2(3) \end{bmatrix} = \begin{bmatrix} 1 & 0 \\ 1 & 1 \end{bmatrix}\begin{bmatrix} 1 \\ 4 \end{bmatrix} + \begin{bmatrix} 1 \\ 1 \end{bmatrix} = \begin{bmatrix} 2 \\ 6 \end{bmatrix}$$

2. Z 变换法

对于线性定常离散系统，也可以类似线性定常连续系统采用拉氏变换求解状态方程一样，采用 Z 变换法来解状态方程。

考虑

$$\boldsymbol{x}(k+1)=\boldsymbol{A}x(k)+\boldsymbol{B}u(k),\ \boldsymbol{x}(0)=\boldsymbol{x}_0,\ k=0,\ 1,\ 2,\ \cdots \tag{3.65}$$

对上式两边取 Z 变换，得

$$z\boldsymbol{X}(z)-z\boldsymbol{x}(0)=\boldsymbol{AX}(z)+\boldsymbol{BU}(z) \tag{3.66}$$

于是

$$\boldsymbol{X}(z)=(z\boldsymbol{I}-\boldsymbol{A})^{-1}z\boldsymbol{x}(0)+(z\boldsymbol{I}-\boldsymbol{A})^{-1}\boldsymbol{B}\boldsymbol{U}(z) \tag{3.67}$$

对上式取 Z 反变换，可得

$$\boldsymbol{x}(k)=Z^{-1}[(z\boldsymbol{I}-\boldsymbol{A})^{-1}z]\boldsymbol{x}(0)+Z^{-1}[(z\boldsymbol{I}-\boldsymbol{A})^{-1}\boldsymbol{B}\boldsymbol{U}(z)] \tag{3.68}$$

在上式中，令

$$\boldsymbol{\Phi}(k)=Z^{-1}[(z\boldsymbol{I}-\boldsymbol{A})^{-1}z] \tag{3.69}$$

称为线性定常离散系统的状态转移矩阵。

和线性定常连续系统类似，线性定常离散时间系统状态方程的解也是由两部分组成的。第一部分是由初始状态引起的零输入解，是系统运动的自由分量；第二部分是由控制输入引起的零状态解，是系统运动的强制分量。

例 3.9 设线性定常离散系统状态方程为

$$\boldsymbol{x}(k+1)=\begin{bmatrix}0 & 1\\ -0.16 & -1\end{bmatrix}\boldsymbol{x}(k)+\begin{bmatrix}1\\1\end{bmatrix}\boldsymbol{u}(k),\quad \begin{bmatrix}x_1(0)\\x_2(0)\end{bmatrix}=\begin{bmatrix}1\\-1\end{bmatrix}$$

其中，$\boldsymbol{u}(k)=1$，$k=1, 2, 3, \cdots$，计算状态变量的值。

解 (1) 用迭代法求解。

由
$$\boldsymbol{x}(0)=\begin{bmatrix}x_1(0)\\x_2(0)\end{bmatrix}=\begin{bmatrix}1\\-1\end{bmatrix}$$

令 $k=1, 2, 3, \cdots$，代入状态方程，可得

$$\boldsymbol{x}(1)=\begin{bmatrix}x_1(1)\\x_2(1)\end{bmatrix}=\begin{bmatrix}0 & 1\\ -0.16 & -1\end{bmatrix}\begin{bmatrix}1\\-1\end{bmatrix}+\begin{bmatrix}1\\1\end{bmatrix}=\begin{bmatrix}0\\1.84\end{bmatrix}$$

$$\boldsymbol{x}(2)=\begin{bmatrix}x_1(2)\\x_2(2)\end{bmatrix}=\begin{bmatrix}0 & 1\\ -0.16 & -1\end{bmatrix}\begin{bmatrix}0\\1.84\end{bmatrix}+\begin{bmatrix}1\\1\end{bmatrix}=\begin{bmatrix}2.84\\-0.84\end{bmatrix}$$

$$\boldsymbol{x}(3)=\begin{bmatrix}x_1(3)\\x_2(3)\end{bmatrix}=\begin{bmatrix}0 & 1\\ -0.16 & -1\end{bmatrix}\begin{bmatrix}2.84\\-0.84\end{bmatrix}+\begin{bmatrix}1\\1\end{bmatrix}=\begin{bmatrix}0.16\\1.386\end{bmatrix}$$

可继续迭代下去，直到计算到所需要的时刻为止。

(2) 用 Z 变换法求解，计算 $(z\boldsymbol{I}-\boldsymbol{A})^{-1}$，则

$$(z\boldsymbol{I}-\boldsymbol{A})^{-1}=\begin{bmatrix}z & -1\\ 0.16 & z+1\end{bmatrix}^{-1}=\frac{1}{(z+0.2)(z+0.8)}\begin{bmatrix}z+1 & 1\\ -0.16 & z\end{bmatrix}$$

已知 $u(k)=1$，所以

$$\boldsymbol{U}(z)=\frac{z}{z-1}$$

则

$$\boldsymbol{X}(z)=(z\boldsymbol{I}-\boldsymbol{A})^{-1}z\boldsymbol{x}(0)+(z\boldsymbol{I}-\boldsymbol{A})^{-1}\boldsymbol{B}\boldsymbol{U}(z)$$

$$=\begin{bmatrix}\dfrac{z(z^2+2)}{(z+0.2)(z+0.8)(z-1)}\\[2ex] \dfrac{z(-z^2+1.84z)}{(z+0.2)(z+0.8)(z-1)}\end{bmatrix}=\begin{bmatrix}\dfrac{-\frac{17}{6}z}{z+0.2}+\dfrac{\frac{22}{9}z}{z+0.8}+\dfrac{\frac{25}{18}z}{z-1}\\[2ex] \dfrac{\frac{3.4}{6}z}{z+0.2}-\dfrac{\frac{17.6}{9}z}{z+0.8}+\dfrac{\frac{7}{18}z}{z-1}\end{bmatrix}$$

所以

$$\boldsymbol{x}(k)=Z^{-1}[\boldsymbol{X}(z)]=\begin{bmatrix}-\frac{17}{6}(-0.2)^k+\frac{22}{9}(-0.8)^k+\frac{25}{18}\\ \frac{3.4}{6}(-0.2)^k-\frac{17.6}{9}(-0.8)^k+\frac{7}{18}\end{bmatrix}$$

令 $k=0$，1，2，3，…，代入上式，可得

$$\boldsymbol{x}(0)=\begin{bmatrix}x_1(0)\\x_2(0)\end{bmatrix}=\begin{bmatrix}1\\-1\end{bmatrix}$$

$$\boldsymbol{x}(1)=\begin{bmatrix}x_1(1)\\x_2(1)\end{bmatrix}=\begin{bmatrix}0\\1.84\end{bmatrix}$$

$$\boldsymbol{x}(2)=\begin{bmatrix}x_1(2)\\x_2(2)\end{bmatrix}=\begin{bmatrix}2.84\\-0.84\end{bmatrix}$$

$$\boldsymbol{x}(3)=\begin{bmatrix}x_1(3)\\x_2(3)\end{bmatrix}=\begin{bmatrix}0.16\\1.386\end{bmatrix}$$

两种方法计算结果完全相同，不同之处在于迭代法得到的是数值解，而 Z 变换法得到的是解析表达式。

3.4 基于 MATLAB 求解系统状态方程

从本章的内容可以看出，在用状态空间描述法对线性控制系统进行运动分析时，矩阵的运算和处理起着非常重要的作用。MATLAB 提供了许多与状态空间描述有关的矩阵运算和处理函数，使得线性系统的运动分析很方便。

3.4.1 状态转移矩阵的计算

利用 MATLAB 符号工具箱提供的函数 expm( )可以求出系统的状态转移矩阵。

例 3.10　已知线性定常系统状态方程为

$$\dot{\boldsymbol{x}}(t)=\begin{bmatrix}1&0\\-6&-5\end{bmatrix}\boldsymbol{x}(t),\ t\geqslant 0$$

试用 MATLAB 求系统的状态转移矩阵 e^{At}。

解　MATLAB 程序如下：

```
>> syms   t   % 定义符号变量 t
   A=[0  1; -6  -5];
   eAt=expm(A*t)
```

程序运行结果如下：

```
eAt =
    [ 3*exp(-2*t) - 2*exp(-3*t),    exp(-2*t) - exp(-3*t)]
    [ 6*exp(-3*t) - 6*exp(-2*t), 3*exp(-3*t) - 2*exp(-2*t)]
```

3.4.2 线性系统状态方程的解

例 3.11 已知线性定常连续系统状态方程为

$$\dot{x}(t)=\begin{bmatrix}0 & 1 & 0\\ 0 & 0 & 1\\ -6 & -11 & -6\end{bmatrix}\boldsymbol{x}(t),\ \boldsymbol{x}(0)=\begin{bmatrix}1\\1\\1\end{bmatrix}$$

试用 MATLAB 求系统状态方程的解。

解 MATLAB 程序如下：

```
>> A=[0 1 0; 0 0 1; - 6 -11 -6];  x0=[1; 1; 1];
  t=0:0.1:10;
  for  i=1:length(t)
      x(:,i)=expm(A * t(i)) * x0;
  end
  plot(t, x(1,:), ':*', t, x(2,:), '- -', t, x(3, :))
```

运行结果如图 3.3 所示。

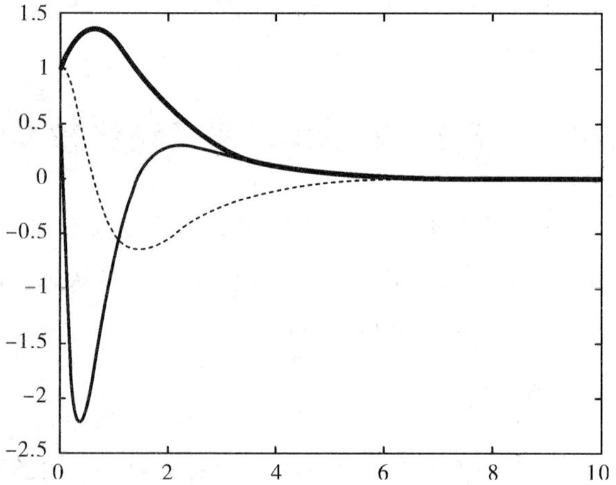

图 3.3 例 3.11 状态变量曲线图

例 3.12 已知线性定常离散系统状态方程为

$$\boldsymbol{x}(k+1)=\begin{bmatrix}0 & 1\\ -0.16 & -1\end{bmatrix}\boldsymbol{x}(k),\quad \boldsymbol{x}(0)=\begin{bmatrix}1\\ -1\end{bmatrix}$$

试求 $\boldsymbol{u}(k)=1$ 时系统状态方程的解。

解 根据迭代法和已知条件可得到如下 MATLAB 方程：

```
>> A=[0 1 ; - 0.16 -1];  B=[0; 0];  x0=[1; -1];  u=1; x=x0;
  for k=1:5
    x1=A * x0+B * u;
    x=[x  x1];  x0=x1;
  end
  x
```

运行结果如下：

```
x =
        1.0000   -1.0000    0.8400   -0.6800    0.5456   -0.4368
       -1.0000    0.8400   -0.6800    0.5456   -0.4368    0.3495
```

以上结果即系统状态方程在 $k=0，1，2，3，4，5$ 时的解。

3.4.3　线性系统的响应

在求解线性系统的状态解时可以利用零输入响应函数 initial，dinitial，给定输入响应函数 lsim，单位阶跃响应函数 step，dstep，脉冲响应函数 impulse 等命令。

例 3.13　S 已知线性定常系统状态空间表达式为

$$\begin{cases} \dot{\boldsymbol{x}}(t)=\begin{bmatrix} -1 & -1 \\ 6.5 & 0 \end{bmatrix}\boldsymbol{x}(t)+\begin{bmatrix} 1 & 1 \\ 1 & 0 \end{bmatrix}\boldsymbol{u}(t) \\ \boldsymbol{y}(t)=\begin{bmatrix} 1 & 0 \\ 0 & 1 \end{bmatrix}\boldsymbol{x}(t) \end{cases}$$

试用 MATLAB 求：

(1) 系统的单位阶跃响应；

(2) 若系统初始条件为 $\boldsymbol{x}_0=\begin{bmatrix} 1 \\ 0 \end{bmatrix}$，求系统的零输入响应曲线。

解　(1) MATLAB 程序如下：

```
>> A=[-1 -1; 6.5 0]; B=[1  1; 1  0];  C=[1 0 ; 0 1];  D=[ 0 0;0 0];
   step(A, B, C, D)
```

系统输出量的单位阶跃响应曲线如图 3.4 所示。

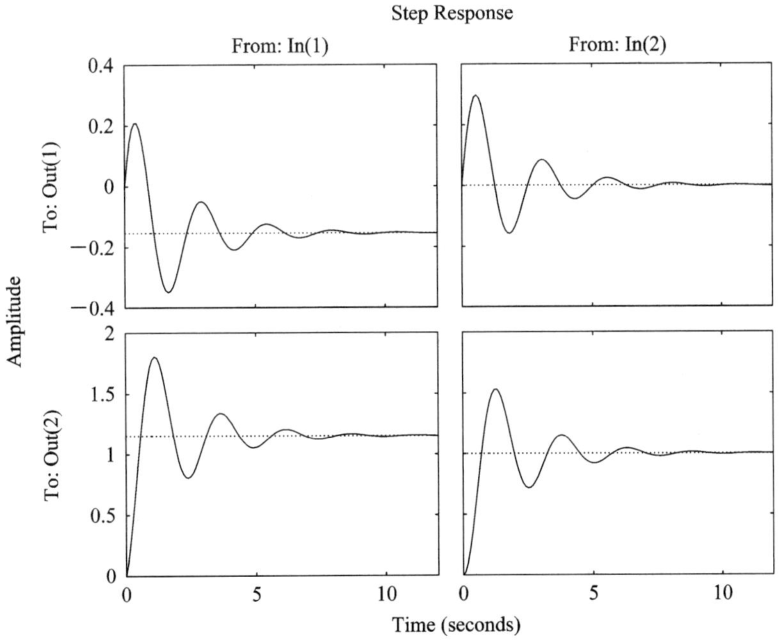

图 3.4　系统单位阶跃响应曲线

(2) MATLAB 程序如下：

```
>> A=[-1 -1; 6.5 0]; B=[1  1; 1  0]; C=[1 0 ; 0 1]; D=[ 0 0;0 0];
   X0=[1;0];
   initial(A, B, C, D, X0)
```

系统的零输入响应曲线如图 3.5 所示。

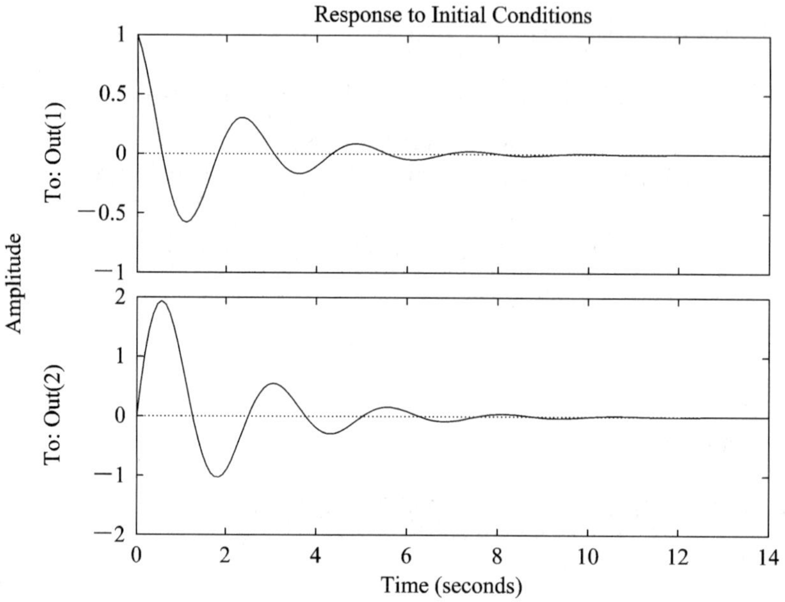

图 3.5　系统零输入响应曲线

本章小结

本章对线性定常控制系统的运动规律进行了分析研究，其中重点研究了状态转移矩阵的概念、性质和求解方法，在此基础上简要介绍了离散时间系统的运动规律和分析方法。通过本章的学习，读者应熟练掌握线性系统运动分析的三个问题：状态转移矩阵的概念和计算方法、零输入响应和零状态响应的特性。

本章要点如下：

(1) 线性系统的状态运动是由系统的自由运动和强制运动两部分组成的，即由初始条件引起的零输入解和由输入作用引起的零状态解组成；

(2) 状态转移矩阵是线性控制系统运动的重要概念，包含了系统自由运动的全部信息，是由系统的结构和参数决定的；

(3) 线性连续系统和线性离散系统最主要的区别是系统中的信号不同，一个是连续的模拟信号，另一个是离散的采样信号或数字信号，反映在系统运动分析上则是采用的数学工具不同，但分析方法类似。

本章知识点如图 3.6 所示。

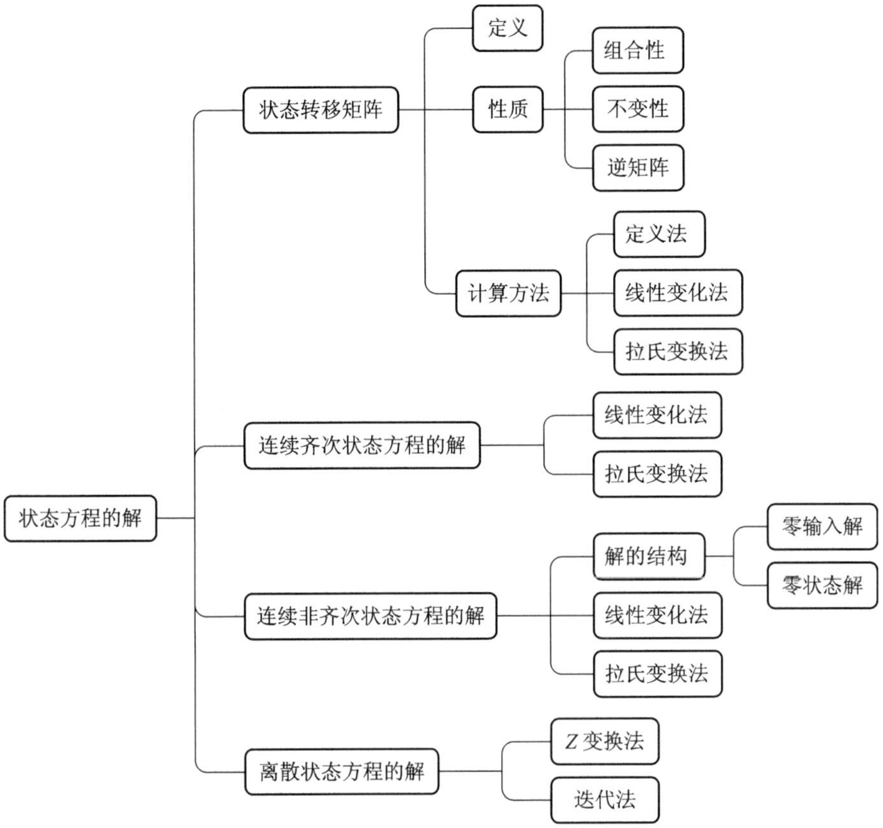

图 3.6　第 3 章知识点

习　题

3.1　试求下列系统矩阵 $\boldsymbol{A}$ 对应的状态转移矩阵 $\boldsymbol{\Phi}(t)$。

(1) $\boldsymbol{A}=\begin{bmatrix}-2 & 1\\ 0 & -2\end{bmatrix}$；　　(2) $\boldsymbol{A}=\begin{bmatrix}0 & -1\\ 4 & -2\end{bmatrix}$；

(3) $\boldsymbol{A}=\begin{bmatrix}0 & 1 & 0\\ 0 & 0 & 1\\ 2 & -5 & 4\end{bmatrix}$；　　(4) $\boldsymbol{A}=\begin{bmatrix}0 & 1 & 0 & 0\\ 0 & 0 & 1 & 0\\ 0 & 0 & 0 & 1\\ 0 & 0 & 0 & 0\end{bmatrix}$。

3.2　试判断下列矩阵是否满足状态转移矩阵的条件，如果满足试求对应的矩阵 $\boldsymbol{A}$。

(1) $\boldsymbol{\Phi}(t)=\begin{bmatrix}1 & 0\\ 0 & \sin t\end{bmatrix}$；　　(2) $\boldsymbol{\Phi}(t)=\begin{bmatrix}1 & \frac{1}{2}(1-e^{-2}t)\\ 0 & e^{-2t}\end{bmatrix}$；

(3) $\boldsymbol{\Phi}(t)=\begin{bmatrix}2e^{-t}-e^{-2t} & -2e^{-t}+2e^{-2t}\\ e^{-t}-e^{-2t} & -e^{-t}+2e^{-2t}\end{bmatrix}$。

3.3 试求状态转移矩阵

$$\boldsymbol{\Phi}(t)=\begin{bmatrix} 2e^{-t} & -2e^{-t}+2e^{-2t} \\ -e^{-2t} & -e^{-t}+2e^{-2t} \end{bmatrix}$$

的逆矩阵。

3.4 试用两种方法计算下列各个矩阵 $\boldsymbol{A}$ 的矩阵指数函数 $e^{\boldsymbol{A}t}$。

(1) $\boldsymbol{A}=\begin{bmatrix} 0 & 1 \\ 0 & -2 \end{bmatrix}$； (2) $\boldsymbol{A}=\begin{bmatrix} 4 & 1 & -2 \\ 1 & 0 & 2 \\ 1 & -1 & 3 \end{bmatrix}$。

3.5 给定一个线性定常连续系统的状态方程 $\dot{\boldsymbol{x}}=\boldsymbol{A}\boldsymbol{x}$，$t\geqslant 0$。已知对应于两个不同初始状态，其状态响应分别为

当 $\boldsymbol{x}(0)=\begin{bmatrix} 1 \\ -4 \end{bmatrix}$时，$\boldsymbol{x}(t)=\begin{bmatrix} e^{-3t} \\ -4e^{-3t} \end{bmatrix}$；

当 $\boldsymbol{x}(0)=\begin{bmatrix} 2 \\ -1 \end{bmatrix}$时，$\boldsymbol{x}(t)=\begin{bmatrix} 2e^{-2t} \\ -e^{-2t} \end{bmatrix}$。

试求该系统的系统矩阵 $\boldsymbol{A}$ 和状态转移矩阵 $\boldsymbol{\Phi}(t)$。

3.6 已知给定线性定常系统的齐次状态方程和初始条件为

$$\dot{\boldsymbol{x}}(t)=\begin{bmatrix} 0 & 1 \\ 0 & 0 \end{bmatrix}\boldsymbol{x}(t),\ \boldsymbol{x}(0)=\begin{bmatrix} 1 \\ 1 \end{bmatrix}$$

试求状态方程的解。

3.7 已知线性定常系统的状态方程和初始条件为

$$\dot{\boldsymbol{x}}(t)=\begin{bmatrix} 0 & 1 \\ 0 & 0 \end{bmatrix}\boldsymbol{x}(t)+\begin{bmatrix} 0 \\ 1 \end{bmatrix}\boldsymbol{u}(t),\ \boldsymbol{x}(0)=\begin{bmatrix} 1 \\ 1 \end{bmatrix}$$

试求当输入 $\boldsymbol{u}(t)$为单位阶跃函数时状态方程的解。

3.8 已知连续系统状态空间表达式，试求离散化动态方程，设采样周期 $T=1$ s。

(1) $\begin{cases} \dot{\boldsymbol{x}}(t)=\begin{bmatrix} 0 & 1 \\ 0 & 2 \end{bmatrix}\boldsymbol{x}(t)+\begin{bmatrix} 0 \\ 1 \end{bmatrix}\boldsymbol{u}(t) \\ \boldsymbol{y}(t)=\begin{bmatrix} 1 & 0 \end{bmatrix}\boldsymbol{x}(t) \end{cases}$； (2) $\dot{\boldsymbol{x}}(t)=\begin{bmatrix} 0 & 1 \\ 0 & 0 \end{bmatrix}\boldsymbol{x}(t)+\begin{bmatrix} 0 \\ 1 \end{bmatrix}\boldsymbol{u}(t)$。

3.9 已知线性定常离散系统状态方程为

$$\boldsymbol{x}(k+1)=\begin{bmatrix} 0 & 1 \\ -0.1 & -0.7 \end{bmatrix}\boldsymbol{x}(k)+\begin{bmatrix} 0 \\ 1 \end{bmatrix}\boldsymbol{u}(k)$$

试求系统的状态转移矩阵。

3.10 已知线性定常离散系统的状态方程为

$$\boldsymbol{x}(k+1)=\begin{bmatrix} 1 & 2 \\ 1 & 0 \end{bmatrix}\boldsymbol{x}(k)+\begin{bmatrix} 1 \\ 2 \end{bmatrix}\boldsymbol{u}(k),\ \begin{bmatrix} x_1(0) \\ x_2(0) \end{bmatrix}=\begin{bmatrix} 1 \\ 1 \end{bmatrix}$$

设控制 $\boldsymbol{u}(k)$为单位阶跃函数，即

$$\boldsymbol{u}(k)=1\quad (k=0,\ 1,\ 2,\ \cdots)$$

试求系统的状态 $\boldsymbol{x}(k)$。

第 4 章　线性控制系统的能控性和能观性

在现代控制理论中，能控性和能观性是两个重要的观念，是卡尔曼(K. E. Kalman)在1960年首先提出来的，是系统分析和设计的理论基础。能控性反映了控制输入 $\boldsymbol{u}(t)$ 对系统状态 $\boldsymbol{x}(t)$ 的支配能力，能观性则描述了输出 $\boldsymbol{y}(t)$ 对状态 $\boldsymbol{x}(t)$ 的反应能力。显然，这两个概念是状态空间表达式与系统内部描述相对应的，是状态空间描述系统所带来的新概念。而经典控制理论只限于讨论控制作用(输入)对输出的控制，二者之间的关系唯一地由系统传递函数所确定，只要满足稳定性条件，系统的输出就是能控制的，输出量本身就是被控制量，对一个实际物理系统而言，一般是能观测到的，所以在经典控制中没有提到能控性和能观性的概念。

4.1　线性定常连续系统的能控性

能控性描述的是在控制输入 $\boldsymbol{u}(t)$ 作用下，状态变量 $\boldsymbol{x}(t)$ 的转移情况，而与输出变量 $\boldsymbol{y}(t)$ 无关，所以分析系统能控性问题时只需考虑系统的状态方程，不需考虑输出方程。

4.1.1　能控性定义

如图 4.1 所示的电路，该电路中只有一个储能元件——电容，所以只有一个状态变量，选取电容两端的电压作为状态变量 $x(t)=u_c$，输入变量为电源电压 $u(t)$，初始状态 $x(t_0)=x_0$。

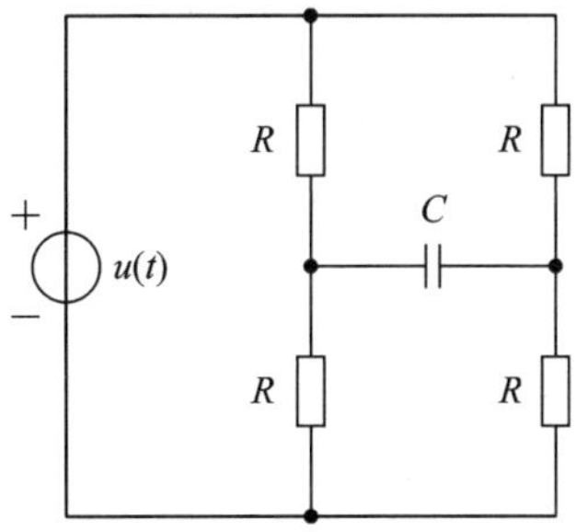

图 4.1　电路图

从电路图可知，不论输入电压如何变化，对于所有的 $t \geqslant t_0$ 均有 $x(t)=x_0$，说明系统的状态不受输入变量的控制，该系统状态是不能控的。

设线性定常连续系统

$$\dot{\boldsymbol{x}}(t)=\boldsymbol{A}\boldsymbol{x}(t)+\boldsymbol{B}\boldsymbol{u}(t) \tag{4.1}$$

其中，$\boldsymbol{x}(t)$ 是 n 维状态向量，$\boldsymbol{u}(t)$ 是 r 维输入向量；$\boldsymbol{A}$ 是 $n\times n$ 维系统矩阵，$\boldsymbol{B}$ 是 $n\times r$ 维输

入矩阵。

定义 4.1 对于系统(4.1)，存在一个连续，或者至少分段连续的输入 $\boldsymbol{u}(t)$，当 $t \geqslant t_0$ 时，如果能在有限时间区间$[t_0, t_f]$内，使系统由某一初始状态 $\boldsymbol{x}(t_0)$转移到任意指定的终端状态$\boldsymbol{x}(t_f)$，则称系统状态是能控的。

若系统所有的状态都是能控的，则称此系统是状态完全能控的，或简称系统能控。若系统 n 个状态变量中，至少有一个状态变量不能控时，则称系统是状态不能控的，或简称系统不能控。

上述定义可以在二阶系统的状态平面上来说明，如图 4.2 所示。

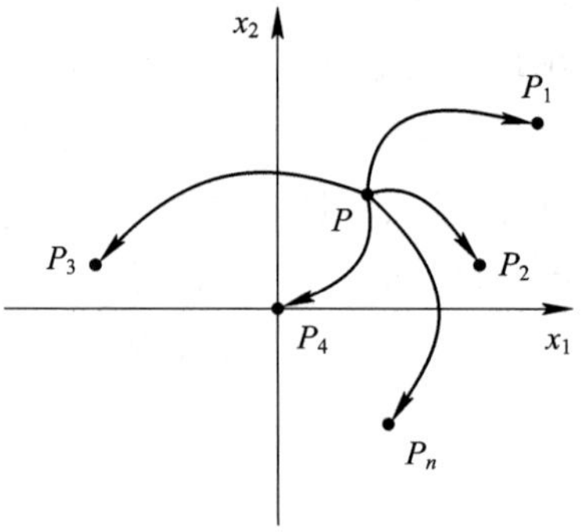

图 4.2 二阶系统的状态能控

假定状态平面中的 P 点能在输入的作用下被驱动到任一指定状态 P_1，P_2，…，P_n，那么状态平面 P 点是能控状态。假如能控状态“充满”整个状态空间，即对于任意初始状态都能找到相应的控制输入 $\boldsymbol{u}(t)$，使得在有限的时间区间$[t_0, t_f]$内，将初始状态转移到状态空间的任一指定状态，则该系统称为状态完全能控。可以看出，系统中某一状态的能控和系统的状态完全能控在含义上是不同的。

对于能控性的定义，给出几点说明：

(1) 在线性定常连续系统中，为简便书写，可以假定初始时刻 $t_0=0$，初始状态为$\boldsymbol{x}(0)$，而任意终端状态就指定为零状态，即 $\boldsymbol{x}(t_f)=\boldsymbol{0}$。

(2) 其假定 $\boldsymbol{x}(t_0)=\boldsymbol{0}$，而任意终端状态为 $\boldsymbol{x}(t_f)$。如果存在一个无约束控制作用 $\boldsymbol{u}(t)$，在有限时间$[t_0, t_f]$内，能将状态 $\boldsymbol{x}(t)$由零状态转移到任意状态 $\boldsymbol{x}(t_f)$。在这种情况下，称为系统状态的能达性。在线性定常连续系统中，能控性与能达性是可以互逆的，即能控系统一定是能达系统，能达系统一定是能控系统。

(3) 在讨论能控性问题时，控制输入 $\boldsymbol{u}(t)$从理论上说是无约束的，其取值并非唯一的，我们关心的只是能否将状态 $\boldsymbol{x}(t_0)$转移到 $\boldsymbol{x}(t_f)$，而不计较 $\boldsymbol{x}(t_f)$的轨迹如何。

4.1.2 能控性判据

线性定常连续系统能控性判别方法有两种，一种是线性变换法，先将系统变换为对角标准型系统或约当标准型系统，再根据变换后的输入矩阵，判断系统的能控性；另一种方法是直接判断法，根据状态方程的系统矩阵 $\boldsymbol{A}$ 和输入矩阵 $\boldsymbol{B}$，判断系统的能控性。

1. 线性变换的能控性判据

通过前面的学习可知，一个线性定常连续系统 $\Sigma(\boldsymbol{A},\boldsymbol{B},\boldsymbol{C})$，当选取合适的线性变换矩阵 $\boldsymbol{P}$，可以变换为对角标准型 $\Sigma(\boldsymbol{\Lambda},\boldsymbol{P}^{-1}\boldsymbol{B},\boldsymbol{CP})$或约当标准型 $\Sigma(\boldsymbol{J},\boldsymbol{P}^{-1}\boldsymbol{B},\boldsymbol{CP})$系统。由于线性变换不会改变系统的性质，所以不会改变原系统能控性。

判据 4.1　对于线性定常连续系统(4.1)，若系统矩阵 $\boldsymbol{A}$ 有 n 个互异特征根 λ_1，λ_2，…，λ_{n-1}，λ_n，经过线性变换后为对角系统

$$\dot{\boldsymbol{x}}(t)=\boldsymbol{\Lambda x}(t)+\boldsymbol{P}^{-1}\boldsymbol{Bu}(t) \tag{4.2}$$

其中

$$\boldsymbol{\Lambda}=\begin{bmatrix}\lambda_1 & 0 & \cdots & 0\\ 0 & \lambda_2 & \cdots & 0\\ \vdots & \vdots & & \vdots\\ 0 & 0 & \cdots & \lambda_n\end{bmatrix}$$

则系统(4.1)状态完全能控的充分必要条件是输入矩阵$\boldsymbol{P}^{-1}\boldsymbol{B}$ 中不包含全零行。

判据 4.2　对于线性定常连续系统(4.1)，若系统矩阵 $\boldsymbol{A}$ 有 m 重特征根 $\lambda_1=\lambda_2=\cdots=\lambda_m$ 和$(n-m)$个互异特征根 λ_{m+1}，…，λ_n，经过线性变化后为约当系统

$$\dot{\boldsymbol{x}}(t)=\boldsymbol{Jx}(t)+\boldsymbol{P}^{-1}\boldsymbol{Bu}(t) \tag{4.3}$$

其中

$$\boldsymbol{J}=\left[\begin{array}{ccccc:ccc}\lambda_1 & 1 & \cdots & 0 & 0 & 0 & \cdots & 0\\ 0 & \lambda_1 & \cdots & 0 & 0 & 0 & \cdots & 0\\ \vdots & \vdots & & \vdots & \vdots & \vdots & & \vdots\\ 0 & 0 & \cdots & \lambda_1 & 1 & 0 & \cdots & 0\\ 0 & 0 & \cdots & 0 & \lambda_1 & 0 & \cdots & 0\\ \hdashline 0 & 0 & \cdots & 0 & 0 & \lambda_{m+1} & \cdots & 0\\ \vdots & \vdots & & \vdots & \vdots & \vdots & & \vdots\\ 0 & 0 & \cdots & 0 & 0 & 0 & \cdots & \lambda_n\end{array}\right]\begin{array}{l}\\ \\ \\ \\ m\text{ 个重特征根}\\ \\ \\ (n-m)\text{个互异特征根}\end{array}$$

则系统(4.1)状态完全能控的充分必要条件是

(1) 输入矩阵$\boldsymbol{P}^{-1}\boldsymbol{B}$ 中对应于重特征根的部分，与每个约当块最后一行相对应的行不是全零行。

(2) 输入矩阵$\boldsymbol{P}^{-1}\boldsymbol{B}$ 中对应于互异特征根的部分，没有全零行。

下面列举具有上述类型的二阶系统，对上述判据进行解释说明。

考虑系统

$$\dot{\boldsymbol{x}}(t)=\begin{bmatrix}\lambda_1 & 0\\ 0 & \lambda_2\end{bmatrix}\boldsymbol{x}(t)+\begin{bmatrix}0\\ b_2\end{bmatrix}\boldsymbol{u}(t) \tag{4.4}$$

系统矩阵 $\boldsymbol{A}$ 为对角型且 $\lambda_1\neq\lambda_2\neq0$，$b_2\neq0$，其状态方程微分形式为

$$\begin{cases}\dot{x}_1(t)=\lambda_1x_1(t)\\ \dot{x}_2(t)=\lambda_2x_2(t)+b_2u(t)\end{cases} \tag{4.5}$$

根据式(4.5)可知，$x_2(t)$状态受输入$\boldsymbol{u}(t)$的控制，则状态$x_2(t)$是能控的；$x_1(t)$与$\boldsymbol{u}(t)$无关，不受输入$\boldsymbol{u}(t)$控制，状态$x_1(t)$不能控的，所以该系统是不能控的。

考虑系统

$$\dot{\boldsymbol{x}}(t)=\begin{bmatrix}\lambda_1 & 1\\0 & \lambda_1\end{bmatrix}\boldsymbol{x}(t)+\begin{bmatrix}b_1\\0\end{bmatrix}\boldsymbol{u}(t) \tag{4.6}$$

和

$$\dot{\boldsymbol{x}}(t)=\begin{bmatrix}\lambda_1 & 1\\0 & \lambda_1\end{bmatrix}\boldsymbol{x}(t)+\begin{bmatrix}0\\b_2\end{bmatrix}\boldsymbol{u}(t) \tag{4.7}$$

系统矩阵$\boldsymbol{A}$为约当型且$\lambda_1\neq0$，$b_1\neq0$，$b_2\neq0$。

对于系统(4.6)和(4.7)，状态方程分别为

$$\begin{cases}\dot{x}_1=\lambda_1x_1+x_2+b_1u\\\dot{x}_2=\lambda_1x_2\end{cases} \tag{4.8}$$

和

$$\begin{cases}\dot{x}_1=\lambda_1x_1+x_2\\\dot{x}_2=\lambda_1x_2+b_2u\end{cases} \tag{4.9}$$

从式(4.8)可以看出：系统(4.6)中状态$x_1(t)$受输入$\boldsymbol{u}(t)$的控制，而状态$x_2(t)$是一个孤立变量，不受输入$\boldsymbol{u}(t)$的控制，所以系统(4.6)不能控。从式(4.9)可以看出：系统(4.7)中$x_2(t)$受输入$\boldsymbol{u}(t)$的直接控制，而状态$x_1(t)$通过状态$x_2(t)$间接受输入$\boldsymbol{u}(t)$的控制，所以系统(4.7)是能控的。

通过以上分析可以得出以下几点结论：

(1) 系统的能控性取决于状态方程中的系统矩阵$\boldsymbol{A}$和输入矩阵$\boldsymbol{B}$。

(2) 在系统矩阵$\boldsymbol{A}$为对角矩阵的情况下，如果输入矩阵$\boldsymbol{B}$中元素为全零行，则与之相应的一阶标量状态方程为齐次微分方程，而与输入$\boldsymbol{u}(t)$无关，该方程的解无强制分量，当初始条件非零时，该系统状态不可能在有限时间$[t_0,\ t_f]$内衰减到零状态，所以系统是不完全能控的。

(3) 在系统矩阵$\boldsymbol{A}$为约当矩阵的情况下，由于前一个状态总是受下一个状态的控制，只有当输入矩阵$\boldsymbol{B}$中相应于约当块的最后一行的元素为零时，相应的状态方程为一个一阶标量齐次微分方程，所以系统是不完全能控的。

例 4.1 判断下列系统的能控性。

(1) $\begin{bmatrix}\dot{x}_1\\\dot{x}_2\\\dot{x}_3\end{bmatrix}=\begin{bmatrix}4 & 0 & 0\\0 & 5 & 0\\0 & 0 & 1\end{bmatrix}\begin{bmatrix}x_1\\x_2\\x_3\end{bmatrix}+\begin{bmatrix}3\\1\\-1\end{bmatrix}\boldsymbol{u}$；

(2) $\begin{bmatrix}\dot{x}_1\\\dot{x}_2\\\dot{x}_3\end{bmatrix}=\begin{bmatrix}4 & 1 & 0\\0 & 4 & 0\\0 & 0 & 1\end{bmatrix}\begin{bmatrix}x_1\\x_2\\x_3\end{bmatrix}+\begin{bmatrix}0 & 1\\1 & 0\\1 & 1\end{bmatrix}\boldsymbol{u}$；

(3) $$\begin{bmatrix} \dot{x}_1 \\ \dot{x}_2 \\ \dot{x}_3 \\ \dot{x}_4 \\ \dot{x}_5 \end{bmatrix}=\begin{bmatrix} 3 & 1 & 0 & 0 & 0 \\ 0 & 3 & 1 & 0 & 0 \\ 0 & 0 & 3 & 0 & 0 \\ 0 & 0 & 0 & 2 & 1 \\ 0 & 0 & 0 & 0 & 2 \end{bmatrix}\begin{bmatrix} x_1 \\ x_2 \\ x_3 \\ x_4 \\ x_5 \end{bmatrix}+\begin{bmatrix} 0 & 0 \\ 0 & 0 \\ 1 & 0 \\ 0 & 1 \\ 0 & 0 \end{bmatrix}\boldsymbol{u}。$$

解　根据判据 4.1 和判据 4.2 可知，系统(1)和(2)是能控系统，而系统(3)中状态 x_1，x_2，x_3，x_4 是能控的，但 x_5 不能控，所以系统不完全能控，即系统(3)不能控。

例 4.2　试判断如下系统是否能控。

$$\dot{\boldsymbol{x}}(t)=\begin{bmatrix} -4 & 5 \\ 1 & 0 \end{bmatrix}\boldsymbol{x}(t)+\begin{bmatrix} -5 \\ 1 \end{bmatrix}\boldsymbol{u}(t)$$

解　将系统变换成标准型，先求其特征根：

$$\left|\lambda\boldsymbol{I}-\boldsymbol{A}\right|=\begin{vmatrix} \lambda+4 & -5 \\ -1 & \lambda \end{vmatrix}=\lambda^2+4\lambda-5=(\lambda+5)(\lambda-1)=0$$

得

$$\lambda_1=-5,\ \lambda_2=1$$

再求以特征向量构造的变换矩阵：

$$\boldsymbol{P}=[\boldsymbol{P}_1\quad \boldsymbol{P}_2]=\begin{bmatrix} -5 & 1 \\ 1 & 1 \end{bmatrix},\ \boldsymbol{P}^{-1}=\frac{1}{6}\begin{bmatrix} -1 & 1 \\ 1 & 5 \end{bmatrix}$$

考虑

$$\boldsymbol{P}^{-1}\boldsymbol{B}=\frac{1}{6}\begin{bmatrix} -1 & 1 \\ 1 & 5 \end{bmatrix}\begin{bmatrix} -5 \\ 1 \end{bmatrix}=\begin{bmatrix} 1 \\ 0 \end{bmatrix}$$

变换后的状态方程为

$$\dot{\boldsymbol{x}}(t)=\begin{bmatrix} -5 & 0 \\ 0 & 1 \end{bmatrix}\boldsymbol{x}(t)+\begin{bmatrix} 1 \\ 0 \end{bmatrix}\boldsymbol{u}(t)$$

由于输入矩阵中第二行元素为零，x_2 不能控，所以系统不能控。

2. 直接由 A 与 B 判别系统的能控性

判据 4.3　线性定常连续系统(4.1)完全能控的充分必要条件是由系统矩阵 $\boldsymbol{A}$ 和输入矩阵 $\boldsymbol{B}$ 构成的能控性矩阵

$$\boldsymbol{M}\big|_{n\times nr}=[\boldsymbol{B}\quad \boldsymbol{AB}\quad \cdots\quad \boldsymbol{A}^{n-1}\boldsymbol{B}] \tag{4.10}$$

的秩为 n，即

$$\mathrm{rank}\boldsymbol{M}=n$$

当 $\mathrm{rank}\boldsymbol{M}=r<n$ 时，系统不能控，且 n 维状态变量中 r 维状态变量能控，$(n-r)$维状态变量不能控。

证明　系统方程(4.1)的解为

$$\boldsymbol{x}(t)=\boldsymbol{\Phi}(t-t_0)\boldsymbol{x}(t_0)+\int_{t_0}^{t_f}\boldsymbol{\Phi}(t-\tau)\boldsymbol{Bu}(\tau)\mathrm{d}\tau,\quad t\geqslant t_0 \tag{4.11}$$

根据能控性定义，对任意的初始状态向量 $\boldsymbol{x}(t_0)$，应能找到 $\boldsymbol{u}(t)$，使之在有限时间 $[t_0,t_f]$内转移到零状态 $\boldsymbol{x}(t_f)=0$。

那么由式(4.11)，并令 $t=t_f$，$\boldsymbol{x}(t_f)=0$ 得

$$\boldsymbol{\Phi}(t_f-t_0)\boldsymbol{x}(t_0)=-\int_{t_0}^{t_f}\boldsymbol{\Phi}(t_f-\tau)\boldsymbol{Bu}(\tau)\mathrm{d}\tau \tag{4.12}$$

即

$$\boldsymbol{x}(t_0)=-\int_{t_0}^{t_f}\boldsymbol{\Phi}(t-\tau)\boldsymbol{Bu}(\tau)\mathrm{d}\tau \tag{4.13}$$

根据凯莱-哈密顿定理：$\boldsymbol{A}^n$ 可由 $\boldsymbol{I}$，$\boldsymbol{A}^1$，$\boldsymbol{A}^2$，…，$\boldsymbol{A}^{n-1}$ 线性表示，即$\boldsymbol{A}^k=\sum_{j=0}^{n-1}\alpha_{jk}\boldsymbol{A}^j$，又因

$$\boldsymbol{\Phi}(t)=\mathrm{e}^{\boldsymbol{A}t}=\sum_{k=0}^{+\infty}\frac{1}{k!}\boldsymbol{A}^k\boldsymbol{t}^k \tag{4.14}$$

故

$$\boldsymbol{\Phi}(t)=\sum_{k=0}^{\infty}\frac{t^k}{k!}\sum_{j=0}^{n-1}a_{jk}\boldsymbol{A}^j=\sum_{j=0}^{n-1}\boldsymbol{A}^j\sum_{k=0}^{\infty}a_{jk}\frac{t^k}{k!}=\sum_{j=0}^{n-1}\beta_j(t)\boldsymbol{A}^j \tag{4.15}$$

其中

$$\beta_j(t)=\sum_{k=0}^{\infty}\alpha_{jk}\frac{t^k}{k!}$$

将式(4.15)代入式(4.13)有

$$\boldsymbol{x}(t_0)=-\sum_{j=0}^{n-1}\boldsymbol{A}^j\boldsymbol{B}\int_{t_0}^{t_f}\beta_j(t_0-\tau)\boldsymbol{u}(\tau)\mathrm{d}\tau=-\sum_{j=0}^{n-1}\boldsymbol{A}^j\boldsymbol{B}\,\boldsymbol{T}_j \tag{4.16}$$

其中

$$\boldsymbol{T}_j=\int_{t_0}^{t_f}\beta_j(t_0-\gamma)\boldsymbol{u}(\gamma)\mathrm{d}\gamma$$

将式(4.16)写成矩阵形式，有

$$\boldsymbol{x}(t_0)=-[\boldsymbol{B}\quad \boldsymbol{AB}\quad \cdots\quad \boldsymbol{A}^{n-1}\boldsymbol{B}]\begin{bmatrix}\boldsymbol{T}_0\\ \boldsymbol{T}_1\\ \vdots\\ \boldsymbol{T}_{n-1}\end{bmatrix} \tag{4.17}$$

如果系统(4.1)能控，则对任意给定的初始状态 $\boldsymbol{x}(t_0)$，应能从式(4.17)解出$\boldsymbol{T}_0,\boldsymbol{T}_1,\cdots,\boldsymbol{T}_{n-1}$。式(4.17)不再是有 n 个未知数的 n 个方程组，而是有 nr 个未知数的 n 个方程组。根据代数理论，在非齐次线性方程(4.17)中，有解的充分必要条件是矩阵 $\boldsymbol{M}$ 和增广矩阵$[\boldsymbol{M}|\boldsymbol{x}(t_0)]$的秩相等，即

$$\mathrm{rank}\boldsymbol{M}=\mathrm{rank}[\boldsymbol{M}|\boldsymbol{x}(t_0)] \tag{4.18}$$

考虑到状态 $\boldsymbol{x}(t_0)$是任意给定的，欲使上面的关系式成立，$\boldsymbol{M}$ 的秩必须是 n。综上所述，若要线性定常系统(4.1)是状态完全能控的，必须从线性方程组(4.17)中解出$\boldsymbol{T}_j$，而方程组有解的充分必要条件是矩阵 $\boldsymbol{M}$ 的秩为 n，故线性定常系统状态能控的充分必要条件是 $\mathrm{rank}\boldsymbol{M}=n$。

推论 4.1 如果线性连续定常系统 $\dot{\boldsymbol{x}}(t)=\boldsymbol{Ax}(t)+\boldsymbol{Bu}(t)$是一个单输入系统，即 $\boldsymbol{x}(t)$是 n 维状态向量，$\boldsymbol{A}$ 是 $n\times n$ 维系统矩阵，$\boldsymbol{B}$ 是 $n\times 1$ 维输入矩阵。系统能控的充分必要条件是

能控性矩阵

$$M|_{n\times n}=[B\quad AB\quad \cdots\quad A^{n-1}B]$$

满秩。

例 4.3　试判断系统 $\dot{x}(t)=\begin{bmatrix}0 & 1 & 0\\ 0 & 0 & 1\\ -a_0 & -a_1 & -a_2\end{bmatrix}x(t)+\begin{bmatrix}0\\0\\1\end{bmatrix}u(t)$是否能控，其中 a_0，a_1，a_2 均不为 0。

解　由于系统是一个三变量单输入系统，所以能控性矩阵 M 为

$$M=[B\quad AB\quad A^2B]$$

计算得

$$B=\begin{bmatrix}0\\0\\1\end{bmatrix},\ AB=\begin{bmatrix}0\\1\\-a_2\end{bmatrix},\ A^2B=\begin{bmatrix}1\\-a_2\\-a_1+a_2^2\end{bmatrix}$$

故

$$M=[B\quad AB\quad A^2B]=\begin{bmatrix}0 & 0 & 1\\ 0 & 1 & -a_2\\ 1 & -a_2 & -a_1+a_2^2\end{bmatrix}$$

因为 M 是一个下三角形矩阵，斜对角线元素均为 1，不论 a_2，a_1 取何值，其秩 $\text{rank}M=3$，系统总是能控的。因此凡是具有这种形式的状态方程，称为能控标准型。

例 4.4　考虑例 4.2 系统 $\dot{x}(t)=\begin{bmatrix}-4 & 5\\ 1 & 0\end{bmatrix}x(t)+\begin{bmatrix}-5\\1\end{bmatrix}u(t)$，判断其能控性。

解　系统是两变量单输入系统，所以能控性矩阵为

$$M=[B\quad AB]=\begin{bmatrix}-5 & 25\\ 1 & -5\end{bmatrix}$$

计算得

$$\text{rank}M=1$$

可知系统的两个状态变量中，一个能控，一个不能控，所以系统是不能控的。

例 4.5　判断系统 $\dot{x}(t)=\begin{bmatrix}1 & 2 & 1\\ 0 & 1 & 0\\ 1 & 0 & 3\end{bmatrix}x(t)+\begin{bmatrix}1 & 0\\ 0 & 1\\ 0 & 0\end{bmatrix}u(t)$的能控性。

解　该系统是一个三变量两输入系统，能控性矩阵为

$$M=[B\quad AB\quad A^2B]$$

计算得

$$AB=\begin{bmatrix}1 & 2 & 1\\ 0 & 1 & 0\\ 1 & 0 & 3\end{bmatrix}\begin{bmatrix}1 & 0\\ 0 & 1\\ 0 & 0\end{bmatrix}=\begin{bmatrix}1 & 2\\ 0 & 1\\ 1 & 0\end{bmatrix}$$

$$A^2B=\begin{bmatrix}2 & 4 & 4\\ 0 & 1 & 0\\ 4 & 2 & 0\end{bmatrix}\begin{bmatrix}1 & 0\\ 0 & 1\\ 0 & 0\end{bmatrix}=\begin{bmatrix}2 & 4\\ 0 & 1\\ 4 & 2\end{bmatrix}$$

则
$$M=\begin{bmatrix}1&0&1&2&2&4\\0&1&0&1&0&1\\0&0&1&0&4&2\end{bmatrix}$$
可知 rank$\boldsymbol{M}=3$，故系统是能控的。

实际上在本例中，矩阵 $\boldsymbol{M}$ 的秩从矩阵 $\boldsymbol{M}$ 前三列即可直接看出，它包含在
$$\{\boldsymbol{B} \vdots \boldsymbol{AB}\}=\begin{bmatrix}1&0&1&2\\0&1&0&1\\0&0&1&0\end{bmatrix}$$
的矩阵中，所以在多输入系统中，有时并不一定要计算出全部 $\boldsymbol{M}$ 阵。这也说明，在多输入系统中，系统的能控条件是较容易满足的。

最后指出，在单输入系统中，根据系统矩阵 $\boldsymbol{A}$ 和输入矩阵 $\boldsymbol{B}$ 确定系统的能控性，还可以从输入和状态变量之间的传递函数矩阵确定系统的能控性。

由第 2 章中式(2.57)可知 $\boldsymbol{u}-\boldsymbol{x}$ 间的传递函数矩阵为
$$\boldsymbol{W}_{ux}(s)=(s\boldsymbol{I}-\boldsymbol{A})^{-1}\boldsymbol{B}$$
则状态完全能控的充分必要条件是$\boldsymbol{W}_{ux}(s)$没有对消的零点和极点。这是很明显的，因为若传递函数中有了对消的零极点，就相当于状态变量减少了一维，系统出现了一个低维能控子空间和一个不能控子空间(这部分内容在后续章节中还会有详细讲解)，故属不能控系统。

例 4.6 已知系统 $\dot{\boldsymbol{x}}(t)=\begin{bmatrix}1&3\\0&2\end{bmatrix}\boldsymbol{x}(t)+\begin{bmatrix}1\\1\end{bmatrix}\boldsymbol{u}(t)$，试判断其能控性。

解 1 由于 $\boldsymbol{A}=\begin{bmatrix}1&3\\0&2\end{bmatrix}$，$\boldsymbol{B}=\begin{bmatrix}1\\1\end{bmatrix}$，所以能控性矩阵为
$$\boldsymbol{M}=[\boldsymbol{B}\quad \boldsymbol{AB}]=\begin{bmatrix}1&4\\1&2\end{bmatrix}$$
由于 rank$\boldsymbol{M}=2$，所以系统是能控的。

解 2 考虑
$$\boldsymbol{W}_{ux}(s)=(s\boldsymbol{I}-\boldsymbol{A})^{-1}\boldsymbol{B}=\begin{bmatrix}s-1&3\\0&s-2\end{bmatrix}^{-1}\begin{bmatrix}1\\1\end{bmatrix}$$
$$=\frac{1}{(s-1)(s-2)}\begin{bmatrix}s-2&-3\\0&s-1\end{bmatrix}\begin{bmatrix}1\\1\end{bmatrix}=\frac{1}{(s-1)(s-2)}\begin{bmatrix}s-5\\s-1\end{bmatrix}$$
可知传递函数阵没有对消的零极点，所以系统是完全能控的。

4.1.3 能控标准型

由于状态变量选择的非唯一性，系统的状态空间表达式也不是唯一的。在实际应用中，常常根据所研究问题的需要，将状态空间表达式化成相应的几种标准型。如约当标准型，对于状态转移矩阵的计算，能控性和能观性的分析是十分方便的。如果系统是完全能控的，那么系统的状态空间表达式一定能化为能控标准型。

把状态空间表达式化成能控标准型的理论根据是状态的线性变换不改变其能控性。只有状态完全能控的系统才能化成能控标准型，如果系统不完全能控，那么可以进行系统的能控性结构分解(这部分内容在随后章节中继续介绍)。

假设线性定常系统

$$\begin{cases}\dot{\boldsymbol{x}}(t)=\boldsymbol{A}\boldsymbol{x}(t)+\boldsymbol{B}\boldsymbol{u}(t)\\ \boldsymbol{y}(t)=\boldsymbol{C}\boldsymbol{x}(t)\end{cases} \tag{4.19}$$

式中，$\boldsymbol{x}(t)$是 n 维状态向量，$\boldsymbol{u}(t)$是 r 维输入向量，$\boldsymbol{y}(t)$是 m 维的输出向量；$\boldsymbol{A}$ 是 $n\times n$ 维系统矩阵，$\boldsymbol{B}$ 是 $n\times r$ 维输入矩阵，$\boldsymbol{C}$ 是 $m\times n$ 维输出矩阵。

如果系统是状态完全能控的，即满足

$$\mathrm{rank}\boldsymbol{M}=\mathrm{rank}[\boldsymbol{B}\quad \boldsymbol{A}\boldsymbol{B}\quad \cdots\quad \boldsymbol{A}^{n-1}\boldsymbol{B}]=n \tag{4.20}$$

可知在能控性矩阵 $\boldsymbol{M}$ 的 nr 列向量中有 n 列中列向量是线性无关的。在单输入系统，能控性矩阵 $\boldsymbol{M}$ 是 n 维方阵，所以 $\boldsymbol{M}$ 中只有唯一的一组线性无关向量，因此一旦组合规律确定，其能控标准型是唯一的。而对于多输入系统，从能控性矩阵 $\boldsymbol{M}$ 的 nr 列选择出 n 列线性无关向量，选取结果不是唯一的，因此其能控标准型也不是唯一的。所以本节只讨论单输入能控系统的能控标准型。

定义 4.2　假设线性定常连续单输入系统

$$\begin{cases}\dot{\boldsymbol{x}}(t)=\boldsymbol{A}\boldsymbol{x}(t)+\boldsymbol{B}\boldsymbol{u}(t)\\ \boldsymbol{y}(t)=\boldsymbol{C}\boldsymbol{x}(t)\end{cases} \tag{4.21}$$

式中，$\boldsymbol{x}(t)$是 n 维状态向量，$\boldsymbol{u}(t)$是 1 维输入向量，$\boldsymbol{y}(t)$是 m 维的输出向量；$\boldsymbol{A}$ 是 $n\times n$ 维系统矩阵，$\boldsymbol{B}$ 是 $n\times 1$ 维输入矩阵，$\boldsymbol{C}$ 是 $m\times n$ 维输出矩阵。

如果系统(4.21)是能控的，则存在线性变换矩阵$\boldsymbol{T}_c$，使得系统(4.21)变换为

$$\begin{cases}\dot{\bar{\boldsymbol{x}}}(t)=\boldsymbol{T}_c^{-1}\boldsymbol{A}\,\boldsymbol{T}_c\bar{\boldsymbol{x}}(t)+\boldsymbol{T}_c^{-1}\boldsymbol{B}\boldsymbol{u}(t)=\begin{bmatrix}0 & 1 & \cdots & 0 & 0\\ 0 & 0 & \cdots & 0 & 0\\ \vdots & \vdots & & \vdots & \vdots\\ 0 & 0 & \cdots & 0 & 1\\ -a_0 & -a_1 & \cdots & -a_{n-2} & -a_{n-1}\end{bmatrix}\bar{\boldsymbol{x}}(t)+\begin{bmatrix}0\\ 0\\ \vdots\\ 0\\ 1\end{bmatrix}\boldsymbol{u}(t)\\ \bar{\boldsymbol{y}}(t)=\boldsymbol{C}\,\boldsymbol{T}_c\bar{\boldsymbol{x}}(t)\end{cases} \tag{4.22}$$

其中：a_0，a_1，…，a_{n-2}，a_{n-1}是系统(4.21)特征多项式的各项系数，则符合式(4.22)形式的系统就称为系统(4.21)的能控标准型。

把系统(4.21)变换为能控标准型的步骤如下：

(1) 判断系统(4.21)是否能控，如果能控，则可以化为能控标准型；反之则无法化为能控标准型；

(2) 计算系统的特征多项式

$$\det(\lambda\boldsymbol{I}-\boldsymbol{A})=\lambda^n+a_{n-1}\lambda^{n-1}+\cdots+a_1\lambda+a_0 \tag{4.23}$$

(3) 构造线性变换矩阵 $\boldsymbol{T}_c$

$$T_c=[A^{n-1}B \quad A^{n-2}B \quad \cdots \quad AB \quad B]\begin{bmatrix}1 & 0 & \cdots & 0 & 0\\ a_{n-1} & 1 & \cdots & 0 & 0\\ \vdots & \vdots & & \vdots & \vdots\\ a_2 & a_3 & \cdots & 1 & 0\\ a_1 & a_2 & \cdots & a_{n-1} & 1\end{bmatrix} \tag{4.24}$$

(4) 计算变换后的系统输出矩阵:

$$\overline{C}=CT_c \tag{4.25}$$

(5) 系统能控标准型为

$$\begin{cases}\dot{\overline{x}}(t)=\overline{A}\,\overline{x}(t)+\overline{B}u(t)\\ \overline{y}(t)=\overline{C}\,\overline{x}(t)\end{cases} \tag{4.26}$$

其中

$$\overline{A}=\begin{bmatrix}0 & 1 & \cdots & 0 & 0\\ 0 & 0 & \cdots & 0 & 0\\ \vdots & \vdots & & \vdots & \vdots\\ 0 & 0 & \cdots & 0 & 1\\ -a_0 & -a_1 & \cdots & -a_{n-2} & -a_{n-1}\end{bmatrix},\ \overline{B}=\begin{bmatrix}0\\0\\ \vdots\\0\\1\end{bmatrix}$$

例 4.7 试将系统$\begin{cases}\dot{x}(t)=\begin{bmatrix}1 & 2 & 0\\ 3 & -1 & 1\\ 0 & 2 & 0\end{bmatrix}x(t)+\begin{bmatrix}2\\1\\1\end{bmatrix}u(t)\\ y(t)=[0 \quad 0 \quad 1]x(t)\end{cases}$转换为能控标准型。

解 判别系统的能控性:

$$M=[B \quad AB \quad A^2B]=\begin{bmatrix}2 & 4 & 16\\ 1 & 6 & 8\\ 1 & 2 & 12\end{bmatrix}$$

由于 rank$M$=3,所以系统是能控的,可以化为能控标准型。

计算系统的特征多项式

$$|\lambda I-A|=\lambda^3-9\lambda+2$$

即

$$a_2=0,\ a_1=-9,\ a_0=2$$

则系统线性变换阵为

$$T_c=[A^2B \quad AB \quad B]\begin{bmatrix}1 & 0 & 0\\ a_2 & 1 & 0\\ a_1 & a_2 & 1\end{bmatrix}$$

$$=\begin{bmatrix}16 & 4 & 2\\ 8 & 6 & 1\\ 12 & 2 & 1\end{bmatrix}\begin{bmatrix}1 & 0 & 0\\ 0 & 1 & 0\\ -9 & 0 & 1\end{bmatrix}=\begin{bmatrix}-2 & 4 & 2\\ -1 & 6 & 1\\ 3 & 2 & 1\end{bmatrix}$$

根据式(4.26)可得

$$\bar{A}=\begin{bmatrix}0 & 1 & 0\\ 0 & 0 & 1\\ -a_0 & -a_1 & -a_2\end{bmatrix}=\begin{bmatrix}0 & 1 & 0\\ 0 & 0 & 1\\ -2 & 9 & 0\end{bmatrix}$$

$$\bar{B}=\begin{bmatrix}0\\ 0\\ 1\end{bmatrix}$$

$$\bar{C}=CT_c=[3\quad 2\quad 1]$$

因此，系统的能控标准型为

$$\begin{cases}\dot{\bar{x}}(t)=\begin{bmatrix}0 & 1 & 0\\ 0 & 0 & 1\\ -2 & 9 & 0\end{bmatrix}\bar{x}(t)+\begin{bmatrix}0\\ 0\\ 1\end{bmatrix}u(t)\\ \bar{y}(t)=[3\quad 2\quad 1]\,\bar{x}(t)\end{cases}$$

4.1.4　输出能控性

在分析和设计控制系统时，除了分析系统状态能控性以外，有时候还会考虑系统的输出能控性问题。

设线性定常连续系统的状态空间表达式为

$$\begin{cases}\dot{x}(t)=Ax(t)+Bu(t)\\ y(t)=Cx(t)\end{cases}\tag{4.27}$$

式中，$x(t)$是 n 维状态向量，$u(t)$是 r 维输入向量，$y(t)$是 m 维的输出向量；A 是 $n\times n$ 维系统矩阵，B 是 $n\times r$ 维输入矩阵，C 是 $m\times n$ 维输出矩阵。

定义 4.3　对于线性定常连续系统(4.27)，在有限的时间区间$[t_0, t_f]$内，如能找到控制输入 $u(t)$，使得任意给定的初始输出 $y(t_0)$转移到任意指定的终端输出 $y(t_f)$，则称系统是输出完全能控的，简称输出能控。

判据 4.4　线性定常连续系统(4.27)输出完全能控的充分必要条件是输出能控矩阵

$$Q|_{m\times nr}=[CB\quad CAB\quad \cdots\quad CA^{n-1}B]\tag{4.28}$$

的秩为 m，即 $\text{rank}Q=m$。

例 4.8　试分析系统$\begin{cases}\dot{x}(t)=\begin{bmatrix}-4 & 5\\ 1 & 0\end{bmatrix}x(t)+\begin{bmatrix}-5\\ 1\end{bmatrix}u(t)\\ y(t)=[1\quad 0]\,x(t)\end{cases}$的状态能控性和输出能控性。

解　(1) 分析状态能控性。计算能控性矩阵 M：

$$M=[B\quad AB]=\begin{bmatrix}-5 & 25\\ 1 & -5\end{bmatrix}$$

因为 $\text{rank}M=1$，所以系统状态是不能控的。

(2) 分析输出能控性。计算输出能控矩阵 Q：

$$Q=[CB\quad CAB]=[-5\quad 25]$$

因为 $\text{rank}Q=1$，所以系统是输出能控的。

从此例可以看出，系统的状态能控性和输出能控性没有必然的联系。

4.2 线性定常连续系统的能观性

能观性描述的输出变量 $\boldsymbol{y}(t)$ 反映状态变量 $\boldsymbol{x}(t)$ 的能力，即能否通过输出量在有限时间间隔内来确定任意时刻系统的状态。由于能观性与输入变量 $\boldsymbol{u}(t)$ 没有直接关系，所以考虑能观性问题时只需由系统的齐次状态方程和输出方程入手，即

$$\begin{cases}\dot{\boldsymbol{x}}(t)=\boldsymbol{A}\boldsymbol{x}(t),\boldsymbol{x}(t_0)=\boldsymbol{x}_0\\ \boldsymbol{y}(t)=\boldsymbol{C}\boldsymbol{x}(t)\end{cases} \tag{4.29}$$

其中，$\boldsymbol{x}(t)$ 是 n 维状态向量，$\boldsymbol{y}(t)$ 是 m 维的输出向量；$\boldsymbol{A}$ 是 $n\times n$ 维系统矩阵，$\boldsymbol{C}$ 是 $m\times n$ 维输出矩阵；$\boldsymbol{x}_0$ 是系统在初始时刻 t_0 的状态。

4.2.1 能观性定义

定义 4.4 对于系统(4.29)，如果对任意给定的输入变量 $\boldsymbol{u}(t)$，在有限时间区间 $[t_0, t_f]$ 内，使得根据 $[t_0, t_f]$ 期间的输出变量 $\boldsymbol{y}(t)$ 能唯一地确定系统在初始时刻的状态 $\boldsymbol{x}(t_0)$，则称系统的状态是完全能观的，或简称是能观的。

对于能观性的定义，给出几点说明：

(1) 能观性表示的是输出变量 $\boldsymbol{y}(t)$ 反映状态变量 $\boldsymbol{x}(t)$ 的能力，与输入变量 $\boldsymbol{u}(t)$ 没有直接的关系，所以在分析能观测问题时，令 $\boldsymbol{u}(t)=0$，这样只需考虑齐次状态方程和输出方程。

(2) 从输出方程可以看出，如果输出变量 $\boldsymbol{y}(t)$ 的维数等于状态变量 $\boldsymbol{x}(t)$ 的维数，即输出矩阵 $\boldsymbol{C}$ 是 $n\times n$ 的方阵，且是非奇异矩阵，则求解状态是十分简单的，即

$$\boldsymbol{x}(t)=\boldsymbol{C}^{-1}\boldsymbol{y}(t)$$

显然，这种情况下系统是能观的。

(3) 在定义中之所以把能观性定义为对初始状态 $\boldsymbol{x}(t_0)$ 的确定，这是因为一旦确定了初始状态 $\boldsymbol{x}(t_0)$，便可根据给定的控制输入 $\boldsymbol{u}(t)$，由状态方程解的公式

$$\boldsymbol{x}(t)=\boldsymbol{\Phi}(t-t_0)\boldsymbol{x}(t_0)+\int_{t_0}^{t}\boldsymbol{\Phi}(t-\tau)\boldsymbol{B}\boldsymbol{u}(\tau)\mathrm{d}\tau$$

求出各个瞬时的状态 $\boldsymbol{x}(t)$。

4.2.2 能观性判据

类似于能控性判据，线性定常连续系统能观性判别方法有两种，一种是线性变换法，先将系统线性变换为对角标准型系统或约当标准型系统，再根据变换后的输出矩阵，判断系统的能观性；另一种方法是直接判断法，根据系统矩阵 $\boldsymbol{A}$ 和输出矩阵 $\boldsymbol{C}$，判断系统的能观性。

1. 线性变换的能观性判别

通过前面的学习可知，一个线性定常连续系统 $\Sigma(\boldsymbol{A}, \boldsymbol{B}, \boldsymbol{C})$，当选取合适的线性变换矩

阵 $\boldsymbol{P}$，原系统可以变换为对角标准型 $\Sigma(\boldsymbol{\Lambda}, \boldsymbol{P}^{-1}\boldsymbol{B}, \boldsymbol{CP})$ 或约当标准型 $\Sigma(\boldsymbol{J}, \boldsymbol{P}^{-1}\boldsymbol{B}, \boldsymbol{CP})$ 系统。由于线性变换不会改变系统的性质，所以不会改变原系统能观性。

判据 4.5　对于线性定常连续系统(4.29)，若系统矩阵 $\boldsymbol{A}$ 有 n 个互异特征根 λ_1，λ_2，…，λ_{n-1}，λ_n，经过线性变换后为对角系统：

$$\begin{cases}\dot{\boldsymbol{x}}(t)=\boldsymbol{\Lambda x}(t)\\ \boldsymbol{y}(t)=\boldsymbol{CPx}(t)\end{cases} \tag{4.30}$$

其中

$$\boldsymbol{\Lambda}=\begin{bmatrix}\lambda_1 & 0 & \cdots & 0\\ 0 & \lambda_2 & \cdots & 0\\ \vdots & \vdots & & \vdots\\ 0 & 0 & \cdots & \lambda_n\end{bmatrix}$$

则系统(4.29)状态完全能观的充分必要条件是输出矩阵 $\boldsymbol{CP}$ 中不包含全零列。

分析：假设系统(4.30)表示为

$$\begin{cases}\dot{\boldsymbol{x}}(t)=\begin{bmatrix}\lambda_1 & 0 & \cdots & 0\\ 0 & \lambda_2 & \cdots & 0\\ \vdots & \vdots & & \vdots\\ 0 & 0 & \cdots & \lambda_n\end{bmatrix}\boldsymbol{x}(t)\\ \boldsymbol{y}(t)=\begin{bmatrix}c_{11} & c_{12} & \cdots & c_{1n}\\ c_{21} & c_{22} & \cdots & c_{2n}\\ \vdots & \vdots & & \vdots\\ c_{m1} & c_{m2} & \cdots & c_{mn}\end{bmatrix}\boldsymbol{x}(t)\end{cases} \tag{4.31}$$

这时状态变量可表示为

$$\left.\begin{array}{l}\dot{x}_1(t)=\lambda_1 x_1(t)\\ \dot{x}_2(t)=\lambda_2 x_2(t)\\ \quad\vdots\\ \dot{x}_n(t)=\lambda_n x_n(t)\end{array}\right\}\Rightarrow \boldsymbol{x}(t)=\begin{bmatrix}e^{\lambda_1 t}x_{10}\\ e^{\lambda_2 t}x_{20}\\ \vdots\\ e^{\lambda_n t}x_n\end{bmatrix} \tag{4.32}$$

系统的输出变量为

$$\boldsymbol{y}(t)=\begin{bmatrix}c_{11} & c_{12} & \cdots & c_{1n}\\ c_{21} & c_{22} & \cdots & c_{2n}\\ \vdots & \vdots & & \vdots\\ c_{m1} & c_{m2} & \cdots & c_{mn}\end{bmatrix}\begin{bmatrix}e^{\lambda_1 t}x_{10}\\ e^{\lambda_2 t}x_{20}\\ \vdots\\ e^{\lambda_n t}x_{n0}\end{bmatrix} \tag{4.33}$$

由式(4.33)可知，假使输出矩阵中有某一列全为零，如第 2 列系数 c_{12}，c_{22}，…，c_{m2} 均为零，则在输出 $\boldsymbol{y}(t)$中将不包含 $e^{\lambda_2 t}\boldsymbol{x}_{20}$这个自由分量，亦即不包含$\boldsymbol{x}_2(t)$这个状态变量。很明显，$\boldsymbol{x}_2(t)$是不能观的状态。从状态向量空间而言，只有 $\boldsymbol{x}(t)=(\boldsymbol{x}_1, \boldsymbol{x}_2, \boldsymbol{x}_3, \cdots, \boldsymbol{x}_n)^{\mathrm{T}}$ 是能观状态，系统是完全能观的。所以系统完全能观的充要条件是输出矩阵中不含全零列。

例 4.9 判断下列系统的能观性。

(1) $\begin{cases}\dot{\boldsymbol{x}}(t)=\begin{bmatrix}4&0&0\\0&5&0\\0&0&1\end{bmatrix}\boldsymbol{x}(t)\\ \boldsymbol{y}(t)=\begin{bmatrix}1&2&0\end{bmatrix}\boldsymbol{x}(t)\end{cases}$； (2) $\begin{cases}\dot{\boldsymbol{x}}(t)=\begin{bmatrix}4&0&0\\0&5&0\\0&0&1\end{bmatrix}\boldsymbol{x}(t)\\ \boldsymbol{y}(t)=\begin{bmatrix}0&1&1\\1&2&0\end{bmatrix}\boldsymbol{x}(t)\end{cases}$。

解 根据判据 4.5，系统(1)是不能观的，其中状态$\boldsymbol{x}_1(t)$，$\boldsymbol{x}_2(t)$是能观的，$\boldsymbol{x}_3(t)$是不能观的；系统(2)是能观系统。

判据 4.6 对于线性定常连续系统(4.29)，若系统矩阵 $\boldsymbol{A}$ 有 m 重特征根 $\lambda_1=\lambda_2=\cdots=\lambda_m$ 和$(n-m)$个互异特征根 λ_{m+1}，…，λ_n，经过线性变换后为约当系统：

$$\begin{cases}\dot{\boldsymbol{x}}(t)=\boldsymbol{J}\boldsymbol{x}(t)\\ \boldsymbol{y}(t)=\boldsymbol{CP}\boldsymbol{x}(t)\end{cases}\tag{4.34}$$

其中

$$\boldsymbol{J}=\left[\begin{array}{ccccc|ccc}\lambda_1&1&\cdots&0&0&0&\cdots&0\\0&\lambda_1&\cdots&0&0&0&\cdots&0\\\vdots&\vdots&&\vdots&\vdots&\vdots&&\vdots\\0&0&\cdots&\lambda_1&1&0&\cdots&0\\0&0&\cdots&0&\lambda_1&0&\cdots&0\\\hline 0&0&\cdots&0&0&\lambda_{m+1}&\cdots&0\\\vdots&\vdots&&\vdots&\vdots&\vdots&&\vdots\\0&0&\cdots&0&0&0&\cdots&\lambda_n\end{array}\right]\begin{array}{l}\\\\\\\\m\text{ 重特征根}\\\\\\(n-m)\text{个互异特征根}\end{array}$$

则系统(4.29)状态完全能观的充分必要条件是

(1) 输出矩阵 $\boldsymbol{CP}$ 中对应于重特征根的部分，与每个约当块第一列相对应的列不是全零列。

(2) 输入矩阵 $\boldsymbol{CP}$ 中对应于互异特征根的部分，没有全零列。

下面列举具有上述类型的二阶系统，对上述判据进行进一步解释。

考虑系统

$$\begin{cases}\dot{\boldsymbol{x}}(t)=\begin{bmatrix}\lambda_1&1\\0&\lambda_1\end{bmatrix}\boldsymbol{x}(t)\\ \boldsymbol{y}(t)=\begin{bmatrix}c_{11}&c_{12}\\c_{21}&c_{22}\end{bmatrix}\boldsymbol{x}(t)\end{cases}\tag{4.35}$$

状态方程的解为

$$\boldsymbol{x}(t)=\begin{bmatrix}\boldsymbol{x}_1(t)\\\boldsymbol{x}_2(t)\end{bmatrix}=\begin{bmatrix}\mathrm{e}^{\lambda_1 t}x_{10}+t\mathrm{e}^{\lambda_1 t}x_{20}\\\mathrm{e}^{\lambda_1 t}x_{20}\end{bmatrix}\tag{4.36}$$

从而系统输出为

$$\boldsymbol{y}(t)=\begin{bmatrix} c_{11} & c_{12} \\ c_{21} & c_{22} \end{bmatrix}\begin{bmatrix} \mathrm{e}^{\lambda_1 t}x_{10}+t\mathrm{e}^{\lambda_1 t}x_{20} \\ \mathrm{e}^{\lambda_1 t}x_{20} \end{bmatrix} \tag{4.37}$$

由式(4.37)可知，当且仅当输出矩阵 $\boldsymbol{C}$ 中第一列元素不全为零时，$\boldsymbol{y}(t)$中总包含着系统的全部自由分量，因而为完全能观的。因此，在系统矩阵为约当标准型的情况下，系统能观的充要条件是输出矩阵 $\boldsymbol{C}$ 中，对应每个约当块第一列的元素不全为零。

由于任意系统矩阵 $\boldsymbol{A}$ 经线性变换后，可演化为对角型矩阵或约当型矩阵，此时只需根据变换后系统输出矩阵是否有全为零的列，或对应约当块的输出矩阵的第一列是否全为零，便可以确定系统的能观性。

例 4.10　判断下列系统的能观性。

(1)$\begin{cases}\dot{\boldsymbol{x}}(t)=\begin{bmatrix} 2 & 1 \\ 0 & 2 \end{bmatrix}\boldsymbol{x}(t) \\ \boldsymbol{y}(t)=\begin{bmatrix} 1 & 5 \end{bmatrix}\boldsymbol{x}(t)\end{cases}$；　(2)$\begin{cases}\dot{\boldsymbol{x}}(t)=\begin{bmatrix} 4 & 1 & 0 \\ 0 & 4 & 0 \\ 0 & 0 & 1 \end{bmatrix}\boldsymbol{x}(t) \\ \boldsymbol{y}(t)=\begin{bmatrix} 1 & 0 & 1 \end{bmatrix}\boldsymbol{x}(t)\end{cases}$；

(3)$\begin{cases}\dot{\boldsymbol{x}}(t)=\begin{bmatrix} 3 & 1 & 0 & 0 & 0 \\ 0 & 3 & 1 & 0 & 0 \\ 0 & 0 & 3 & 0 & 0 \\ 0 & 0 & 0 & 2 & 1 \\ 0 & 0 & 0 & 0 & 2 \end{bmatrix}\boldsymbol{x}(t) \\ \boldsymbol{y}(t)=\begin{bmatrix} 0 & 0 & 1 & 1 & 0 \\ 0 & 1 & 0 & 0 & 0 \end{bmatrix}\boldsymbol{x}(t)\end{cases}$。

解　根据判据 4.6，系统(1)和系统(2)是能观的；系统(3)是不能观的，其中状态 $\boldsymbol{x}_2(t)$，$\boldsymbol{x}_3(t)$，$\boldsymbol{x}_4(t)$，$\boldsymbol{x}_5(t)$是能观的，$\boldsymbol{x}_1(t)$是不能观的。

例 4.11　试判断如下系统是否能观。

$$\begin{cases}\dot{\boldsymbol{x}}(t)=\begin{bmatrix} -4 & 5 \\ 1 & 0 \end{bmatrix}\boldsymbol{x}(t) \\ \boldsymbol{y}(t)=\begin{bmatrix} 1 & 1 \end{bmatrix}\boldsymbol{x}(t)\end{cases}$$

解　将其变换成对角标准型，先求其特征根：

$$\left|\lambda\boldsymbol{I}-\boldsymbol{A}\right|=\begin{vmatrix} \lambda+4 & -5 \\ -1 & \lambda \end{vmatrix}=\lambda2+4\lambda-5=(\lambda+5)(\lambda-1)=0$$

得

$$\lambda_1=-5,\ \lambda_2=1$$

再求以特征向量构造的变换矩阵：

$$\boldsymbol{P}=\begin{bmatrix} \boldsymbol{P}_1 & \boldsymbol{P}_2 \end{bmatrix}=\begin{bmatrix} -5 & 1 \\ 1 & 1 \end{bmatrix}$$

考虑

$$\boldsymbol{CP}=[1\quad 1]\begin{bmatrix}-5 & 1\\ 1 & 1\end{bmatrix}=[-4\quad 2]$$

变换后的状态空间表达式为

$$\begin{cases}\dot{\boldsymbol{x}}(t)=\begin{bmatrix}-5 & 0\\ 0 & 1\end{bmatrix}\boldsymbol{x}(t)\\ \boldsymbol{y}(t)=[-4\quad 2]\,\boldsymbol{x}(t)\end{cases}$$

所以系统是能观的。

2. 直接由 $\boldsymbol{A}$ 与 $\boldsymbol{C}$ 判别系统的能观性

判据 4.7 线性定常连续系统(4.29)完全能观的充要条件是由系统矩阵 $\boldsymbol{A}$ 和输出矩阵 $\boldsymbol{C}$ 构成的能观性矩阵

$$\boldsymbol{N}\big|_{nm\times n}=\begin{bmatrix}\boldsymbol{C}\\ \boldsymbol{CA}\\ \vdots\\ \boldsymbol{CA}^{n-1}\end{bmatrix}\tag{4.38}$$

的秩为 n，即

$$\text{rank}\boldsymbol{N}=n$$

当 $\text{rank}\boldsymbol{N}=r<n$ 时，系统为不能观的，而且 n 维状态变量中 r 维状态变量能观，$(n-r)$维状态变量不能观。

证明 应用凯莱-哈密顿定理，将 $e^{\boldsymbol{A}t}$ 展开为$\boldsymbol{A}^0$，$\boldsymbol{A}^1$，…，$\boldsymbol{A}^{n-1}$的多项式，即

$$e^{\boldsymbol{A}t}=a_0\boldsymbol{I}+a_1\boldsymbol{A}^1+\cdots+a_{n-1}\boldsymbol{A}^{n-1}\tag{4.39}$$

系统方程(4.29)的解为

$$\begin{cases}\boldsymbol{x}(t)=e^{\boldsymbol{A}t}\boldsymbol{x}_0\\ \boldsymbol{y}(t)=\boldsymbol{C}e^{\boldsymbol{A}t}\boldsymbol{x}_0\end{cases}\tag{4.40}$$

将式(4.39)代入式(4.40)，得

$$\boldsymbol{y}(t)=\boldsymbol{C}e^{\boldsymbol{A}t}\boldsymbol{x}_0=[a_0\quad a_1\quad\cdots\quad a_{n-1}]\begin{bmatrix}\boldsymbol{C}\\ \boldsymbol{CA}\\ \vdots\\ \boldsymbol{CA}^{n-1}\end{bmatrix}\boldsymbol{x}_0$$

由于 a_0，a_1，…，a_{n-1}是已知的，因此根据有限时间区间$[t_0,\ t_f]$内的输出 $\boldsymbol{y}(t)$能唯一地确定初始状态 $\boldsymbol{x}(t_0)$的充要条件为

$$\text{rank}\boldsymbol{N}=\text{rank}\begin{bmatrix}\boldsymbol{C}\\ \boldsymbol{CA}\\ \vdots\\ \boldsymbol{CA}^{n-1}\end{bmatrix}=n$$

推论 4.2 如果线性连续定常系统(4.29)是一个单输出系统，即 $\boldsymbol{x}(t)$是 n 维状态向量，$\boldsymbol{A}$ 是 $n\times n$ 维系统矩阵，$\boldsymbol{C}$ 是 $1\times n$ 维输出矩阵。系统能观的充分必要条件是能观性矩阵

$$\boldsymbol{N}|_{n\times n}=\begin{bmatrix}\boldsymbol{C}\\ \boldsymbol{CA}\\ \vdots\\ \boldsymbol{CA}^{n-1}\end{bmatrix}$$

满秩。

例 4.12　判别系统$\begin{cases}\dot{\boldsymbol{x}}(t)=\begin{bmatrix}1 & 2 & 1\\ 0 & 1 & 4\\ 1 & -3 & 3\end{bmatrix}\boldsymbol{x}(t)+\begin{bmatrix}1 & 0\\ 0 & 1\\ 0 & 0\end{bmatrix}\boldsymbol{u}(t)\\ \boldsymbol{y}(t)=[1\quad -1\quad 1]\,\boldsymbol{x}(t)\end{cases}$的能观性。

解　计算能观性矩阵

$$\boldsymbol{N}=\begin{bmatrix}\boldsymbol{C}\\ \boldsymbol{CA}\\ \boldsymbol{CA}^2\end{bmatrix}=\begin{bmatrix}1 & -1 & 1\\ 2 & -2 & 2\\ 4 & -4 & 4\end{bmatrix}$$

则

$$\text{rank}\boldsymbol{N}=1$$

所以系统是不能观的。

例 4.13　试判断系统$\begin{cases}\dot{\boldsymbol{x}}(t)=\begin{bmatrix}1 & -1\\ 1 & 1\end{bmatrix}\boldsymbol{x}(t)+\begin{bmatrix}-1\\ 1\end{bmatrix}\boldsymbol{u}(t)\\ \boldsymbol{y}(t)=\begin{bmatrix}1 & 0\\ 1 & 0\end{bmatrix}\boldsymbol{x}(t)\end{cases}$是否能观。

解　由于

$$\boldsymbol{A}=\begin{bmatrix}1 & -1\\ 1 & 1\end{bmatrix},\ \boldsymbol{C}=\begin{bmatrix}1 & 0\\ 1 & 0\end{bmatrix}$$

计算能观性矩阵

$$\boldsymbol{N}=\begin{bmatrix}\boldsymbol{C}\\ \boldsymbol{CA}\end{bmatrix}=\begin{bmatrix}1 & 0\\ 1 & 0\\ 1 & -1\\ 1 & -1\end{bmatrix}$$

则

$$\text{rank}\boldsymbol{N}=2$$

所以系统是能观的。

和计算多输入系统能控性矩阵 $\boldsymbol{M}$ 的秩类似，对于多输出系统有时并不一定要计算出全部能观性矩阵 $\boldsymbol{N}$。这也说明，在多输出系统中，系统的能观条件较单输出系统更容易满足。

4.2.3　能观标准型

和能控标准型类似，如果系统是完全能观的，那么系统的状态空间表达式一定能化为能观标准型。把状态空间表达式化成能观标准型的理论根据是状态的线性变换不改变其能观性。只有系统是状态完全能观的才能化成能观标准型，如果系统不完全能观，那么可以进行系统的能观性结构分解(这部分内容在随后章节中继续介绍)。和能控标准型一样，本节只讨论单输出能观系统。

定义 4.5 假设线性定常连续单输出系统

$$\begin{cases}\dot{\boldsymbol{x}}(t)=\boldsymbol{A}\boldsymbol{x}(t)+\boldsymbol{B}\boldsymbol{u}(t)\\ \boldsymbol{y}(t)=\boldsymbol{C}\boldsymbol{x}(t)\end{cases} \tag{4.41}$$

其中，$\boldsymbol{x}(t)$是 n 维状态向量，$\boldsymbol{u}(t)$是 r 维输入向量，$\boldsymbol{y}(t)$是 1 维的输出向量；$\boldsymbol{A}$ 是 $n\times n$ 维系统矩阵，$\boldsymbol{B}$ 是 $n\times r$ 维输入矩阵，$\boldsymbol{C}$ 是 $1\times n$ 维输出矩阵。

如果线性定常单输出系统(4.41)是能观的，则存在线性变换矩阵$\boldsymbol{T}_0$，使得系统(4.41)可变为

$$\begin{cases}\dot{\bar{\boldsymbol{x}}}(t)=\boldsymbol{T}_0^{-1}\boldsymbol{A}\boldsymbol{T}_0\bar{\boldsymbol{x}}(t)+\boldsymbol{T}_0^{-1}\boldsymbol{B}\boldsymbol{u}(t)=\begin{bmatrix}0 & 0 & \cdots & 0 & -a_0\\ 1 & 0 & \cdots & 0 & -a_1\\ \vdots & \vdots & & \vdots & \vdots\\ 0 & 0 & \cdots & 0 & -a_{n-2}\\ 0 & 0 & \cdots & 1 & -a_{n-1}\end{bmatrix}\bar{\boldsymbol{x}}(t)+\boldsymbol{T}_0^{-1}\boldsymbol{B}\boldsymbol{u}(t)\\ \bar{\boldsymbol{y}}(t)=\boldsymbol{C}\boldsymbol{T}_0\bar{\boldsymbol{x}}(t)=\begin{bmatrix}0 & 0 & \cdots & 0 & 1\end{bmatrix}\bar{\boldsymbol{x}}(t)\end{cases} \tag{4.42}$$

其中：a_0，a_1，…，a_{n-2}，a_{n-1}是系统特征多项式的各项系数，满足式(4.42)的系统就是系统(4.41)的能观标准型。

把系统(4.41)变成能观标准型(4.42)的步骤如下：

(1) 判断系统(4.41)是否能观，如果能观就一定可以化为能观标准型；反之，则不能化为能观标准型；

(2) 计算系统的特征多项式：

$$\det(\lambda\boldsymbol{I}-\boldsymbol{A})=\lambda^n+a_{n-1}\lambda^{n-1}+\cdots+a_1\lambda+a_0 \tag{4.43}$$

(3) 构造线性变化矩阵$\boldsymbol{T}_0^{-1}$：

$$\boldsymbol{T}_0^{-1}=\begin{bmatrix}1 & a_{n-1} & \cdots & a_2 & a_1\\ 0 & 1 & \cdots & a_3 & a_2\\ \vdots & \vdots & & \vdots & \vdots\\ 0 & 0 & \cdots & 1 & a_{n-1}\\ 0 & 0 & \cdots & 0 & 1\end{bmatrix}\begin{bmatrix}\boldsymbol{C}\boldsymbol{A}^{n-1}\\ \boldsymbol{C}\boldsymbol{A}^{n-2}\\ \vdots\\ \boldsymbol{C}\boldsymbol{A}\\ \boldsymbol{C}\end{bmatrix} \tag{4.44}$$

(4) 计算变换后的系统输入矩阵：

$$\bar{\boldsymbol{B}}=\boldsymbol{T}_0^{-1}\boldsymbol{B} \tag{4.45}$$

(5) 系统能观标准型为

$$\begin{cases}\dot{\bar{\boldsymbol{x}}}(t)=\bar{\boldsymbol{A}}\bar{\boldsymbol{x}}(t)+\bar{\boldsymbol{B}}\boldsymbol{u}(t)\\ \bar{\boldsymbol{y}}(t)=\bar{\boldsymbol{C}}\bar{\boldsymbol{x}}(t)\end{cases} \tag{4.46}$$

其中

$$\bar{\boldsymbol{A}}=\begin{bmatrix}0 & 0 & \cdots & -a_0\\ 1 & 0 & \cdots & -a_1\\ \vdots & \vdots & & \vdots\\ 0 & 0 & \cdots & -a_{n-1}\end{bmatrix},\ \bar{\boldsymbol{C}}=[0\quad 0\quad \cdots\quad 1]$$

注：对于一个既能控又能观的单输入-单输出系统，按照上述方法给出的系统能控标准型和能观标准型是对偶系统。关于对偶系统，将在 4.4 节中介绍。

例 4.14　试将系统$\begin{cases}\dot{\boldsymbol{x}}(t)=\begin{bmatrix}1 & 2 & 0\\ 3 & -1 & 1\\ 0 & 2 & 0\end{bmatrix}\boldsymbol{x}(t)+\begin{bmatrix}2\\ 1\\ 1\end{bmatrix}\boldsymbol{u}(t)\\ \boldsymbol{y}(t)=[0\quad 0\quad 1]\,\boldsymbol{x}(t)\end{cases}$化成能观标准型。

解　判别系统的能观性：

$$\boldsymbol{N}=\begin{bmatrix}\boldsymbol{C}\\ \boldsymbol{CA}\\ \boldsymbol{CA}^2\end{bmatrix}=\begin{bmatrix}0 & 0 & 1\\ 0 & 2 & 0\\ 6 & -2 & 2\end{bmatrix}$$

由于 $\mathrm{rank}\boldsymbol{N}=3$，所以系统是能观的，可以化为能观标准型。

计算系统的特征多项式：

$$|\lambda\boldsymbol{I}-\boldsymbol{A}|=\lambda^3-9\lambda+2$$

即

$$a_2=0,\ a_1=-9,\ a_0=2$$

则系统线性变换阵为

$$\boldsymbol{T}_0^{-1}=\begin{bmatrix}1 & a_2 & a_1\\ 0 & 1 & a_2\\ 0 & 0 & 1\end{bmatrix}\begin{bmatrix}\boldsymbol{CA}^2\\ \boldsymbol{CA}\\ \boldsymbol{C}\end{bmatrix}=\begin{bmatrix}1 & 0 & -9\\ 0 & 1 & 0\\ 0 & 0 & 1\end{bmatrix}\begin{bmatrix}6 & -2 & 2\\ 0 & 2 & 0\\ 0 & 0 & 1\end{bmatrix}=\begin{bmatrix}6 & -2 & -7\\ 0 & 2 & 0\\ 0 & 0 & 1\end{bmatrix}$$

可得

$$\bar{\boldsymbol{A}}=\begin{bmatrix}0 & 0 & -a_0\\ 1 & 0 & -a_1\\ 0 & 1 & -a_2\end{bmatrix}=\begin{bmatrix}0 & 0 & -2\\ 1 & 0 & 9\\ 0 & 1 & 0\end{bmatrix}$$

$$\bar{\boldsymbol{B}}=\boldsymbol{T}_0^{-1}\boldsymbol{B}=\begin{bmatrix}3\\ 2\\ 1\end{bmatrix}$$

$$\bar{\boldsymbol{C}}=[0\quad 0\quad 1]$$

因此，系统的能观标准型为

$$\begin{cases}\dot{\bar{\boldsymbol{x}}}(t)=\begin{bmatrix}0 & 0 & -2\\ 1 & 0 & 9\\ 0 & 1 & 0\end{bmatrix}\bar{\boldsymbol{x}}(t)+\begin{bmatrix}3\\ 2\\ 1\end{bmatrix}\boldsymbol{u}(t)\\ \bar{\boldsymbol{y}}(t)=[0\quad 0\quad 1]\,\bar{\boldsymbol{x}}(t)\end{cases}$$

4.3 线性定常离散系统的能控性与能观性

线性定常离散系统的能控性、能观性和线性定常连续系统的能控性、能观性类似，本节只作简要介绍。

4.3.1 离散系统的能控性

线性定常离散系统为

$$\begin{cases}\boldsymbol{x}(k+1)=\boldsymbol{A}\boldsymbol{x}(k)+\boldsymbol{B}\boldsymbol{u}(k)\\ \boldsymbol{y}(k)=\boldsymbol{C}\boldsymbol{x}(k)\end{cases} \tag{4.47}$$

其中，$\boldsymbol{x}(k)$是 n 维状态向量，$\boldsymbol{u}(k)$是 r 维输入向量，$\boldsymbol{y}(k)$是 m 维的输出向量；$\boldsymbol{A}$ 是 $n\times n$ 维系统矩阵，$\boldsymbol{B}$ 是 $n\times r$ 维输入矩阵，$\boldsymbol{C}$ 是 $m\times n$ 维输出矩阵。采样周期 T 为常数，式中未予表示。

1. 能控性定义

定义 4.6 对于系统(4.47)，如果存在输入信号序列 $\boldsymbol{u}(k)$，$\boldsymbol{u}(k+1)$，…，$\boldsymbol{u}(N-1)$，使得系统从第 k 步的状态 $\boldsymbol{x}(k)$开始，能在第 N 步上达到零状态，即 $\boldsymbol{x}(N)=\boldsymbol{0}$，其中 N 为大于 k 的某一个有限正整数，那么就称系统在第 k 步上是完全能控的，$\boldsymbol{x}(k)$称为第 k 步上的能控状态，如果每一个第 k 步上的状态 $\boldsymbol{x}(k)$都是能控状态，那么就称系统在第 k 步上是完全能控的。如果对于每一个 k，系统都是完全能控的，就称系统是完全能控的。

对于一个线性定常离散系统，怎样判定能否找到控制信号呢？先看一个例子。

设线性定常离散系统为

$$\boldsymbol{x}(k+1)=\begin{bmatrix}1&0&0\\0&2&-2\\-1&1&0\end{bmatrix}\boldsymbol{x}(k)+\begin{bmatrix}1\\0\\1\end{bmatrix}\boldsymbol{u}(k)$$

任意给一个初始状态，如 $\boldsymbol{x}(0)=\begin{bmatrix}2\\1\\0\end{bmatrix}$，能否找到序列控制 $\boldsymbol{u}(0)$，$\boldsymbol{u}(1)$，$\boldsymbol{u}(2)$，在三个采样周期内使 $\boldsymbol{x}(3)=\boldsymbol{0}$？

利用递推法：

当 $k=0$ 时，有

$$\begin{aligned}\boldsymbol{x}(1)&=\boldsymbol{A}\boldsymbol{x}(0)+\boldsymbol{B}\boldsymbol{u}(0)\\&=\begin{bmatrix}1&0&0\\0&2&-2\\-1&1&0\end{bmatrix}\begin{bmatrix}2\\1\\0\end{bmatrix}+\begin{bmatrix}1\\0\\1\end{bmatrix}\boldsymbol{u}(0)\\&=\begin{bmatrix}2\\2\\-1\end{bmatrix}+\begin{bmatrix}1\\0\\1\end{bmatrix}\boldsymbol{u}(0)\end{aligned}$$

当 $k=1$ 时，有

$$\boldsymbol{x}(2)=\boldsymbol{A}\boldsymbol{x}(1)+\boldsymbol{B}\boldsymbol{u}(1)=\boldsymbol{A}^2\boldsymbol{x}(0)+\boldsymbol{A}\boldsymbol{B}\boldsymbol{u}(0)+\boldsymbol{B}\boldsymbol{u}(1)$$
$$=\begin{bmatrix}1&0&0\\0&2&-2\\-1&1&0\end{bmatrix}\begin{bmatrix}2\\2\\-1\end{bmatrix}+\begin{bmatrix}1&0&0\\0&2&-2\\-1&1&0\end{bmatrix}\begin{bmatrix}1\\0\\1\end{bmatrix}\boldsymbol{u}(0)+\begin{bmatrix}1\\0\\1\end{bmatrix}\boldsymbol{u}(1)$$
$$=\begin{bmatrix}2\\6\\0\end{bmatrix}+\begin{bmatrix}1\\-2\\-1\end{bmatrix}\boldsymbol{u}(0)+\begin{bmatrix}1\\0\\1\end{bmatrix}\boldsymbol{u}(1)$$

当 $k=2$ 时，有

$$\boldsymbol{x}(3)=\boldsymbol{A}\boldsymbol{x}(2)+\boldsymbol{B}\boldsymbol{u}(2)=\boldsymbol{A}^3\boldsymbol{x}(0)+\boldsymbol{A}^2\boldsymbol{B}\boldsymbol{u}(0)+\boldsymbol{A}\boldsymbol{B}\boldsymbol{u}(1)+\boldsymbol{B}\boldsymbol{u}(2)$$
$$=\begin{bmatrix}1&0&0\\0&2&-2\\-1&1&0\end{bmatrix}\begin{bmatrix}2\\6\\0\end{bmatrix}+\begin{bmatrix}1&0&0\\0&2&-2\\-1&1&0\end{bmatrix}\begin{bmatrix}1\\-2\\-1\end{bmatrix}\boldsymbol{u}(0)+\begin{bmatrix}1&0&0\\0&2&-2\\-1&1&0\end{bmatrix}\begin{bmatrix}1\\0\\1\end{bmatrix}\boldsymbol{u}(1)+\begin{bmatrix}1\\0\\1\end{bmatrix}\boldsymbol{u}(2)$$
$$=\begin{bmatrix}2\\12\\4\end{bmatrix}+\begin{bmatrix}1\\-2\\-3\end{bmatrix}\boldsymbol{u}(0)+\begin{bmatrix}1\\-2\\-1\end{bmatrix}\boldsymbol{u}(1)+\begin{bmatrix}1\\0\\1\end{bmatrix}\boldsymbol{u}(2)$$

令 $\boldsymbol{x}(3)=0$，从上式得三个标量方程，求解三个待求量 $\boldsymbol{u}(0)$，$\boldsymbol{u}(1)$，$\boldsymbol{u}(2)$，写成矩阵方程形式，即

$$\begin{bmatrix}1&1&1\\-2&-2&0\\-3&-1&1\end{bmatrix}\begin{bmatrix}\boldsymbol{u}(0)\\\boldsymbol{u}(1)\\\boldsymbol{u}(2)\end{bmatrix}=-\begin{bmatrix}2\\12\\4\end{bmatrix}$$

由于 $\begin{bmatrix}\boldsymbol{u}(0)\\\boldsymbol{u}(1)\\\boldsymbol{u}(2)\end{bmatrix}$ 的系数矩阵 $\begin{bmatrix}1&1&1\\-2&-2&0\\-3&-1&1\end{bmatrix}$ 是非奇异的，其逆存在，所以上述方程有解，其解为

$$\begin{bmatrix}\boldsymbol{u}(0)\\\boldsymbol{u}(1)\\\boldsymbol{u}(2)\end{bmatrix}=-\begin{bmatrix}1&1&1\\-2&-2&0\\-3&-1&1\end{bmatrix}^{-1}\begin{bmatrix}2\\12\\4\end{bmatrix}=\begin{bmatrix}-5\\11\\-8\end{bmatrix}$$

这就是说能找到 $\boldsymbol{u}(0)$，$\boldsymbol{u}(1)$，$\boldsymbol{u}(2)$，使 $\boldsymbol{x}(0)$在第 3 步时，使状态 $\boldsymbol{x}(3)$转移到零，因而为能控系统。

2. 能控性判据

判据 4.8　对于连续定常离散系统(4.47)，完全能控的充分必要条件是能控性矩阵 $\boldsymbol{M}$ 的秩为 n，即

$$\mathrm{rank}\boldsymbol{M}=\mathrm{rank}[\boldsymbol{B}\quad \boldsymbol{A}\boldsymbol{B}\quad \cdots\quad \boldsymbol{A}^{n-1}\boldsymbol{B}]=n \tag{4.48}$$

例 4.15　判断系统 $\boldsymbol{x}(k+1)=\begin{bmatrix}1&2&1\\0&1&0\\1&0&3\end{bmatrix}\boldsymbol{x}(k)+\begin{bmatrix}1&0&0\\0&1&0\\0&0&1\end{bmatrix}\boldsymbol{u}(k)$的能控性。

解 因为

$$\boldsymbol{A}=\begin{bmatrix}1 & 2 & 1\\0 & 1 & 0\\1 & 0 & 3\end{bmatrix},\ \boldsymbol{B}=\begin{bmatrix}1 & 0 & 0\\0 & 1 & 0\\0 & 0 & 1\end{bmatrix}$$

计算

$$\boldsymbol{B}=\begin{bmatrix}1 & 0 & 0\\0 & 1 & 0\\0 & 0 & 1\end{bmatrix},\ \boldsymbol{AB}=\begin{bmatrix}1 & 2 & 1\\0 & 1 & 0\\1 & 0 & 3\end{bmatrix},\ \boldsymbol{A}^2\boldsymbol{B}=\begin{bmatrix}2 & 4 & 4\\0 & 1 & 0\\4 & 2 & 10\end{bmatrix}$$

能控性矩阵 $\boldsymbol{M}$ 为

$$\boldsymbol{M}=[\boldsymbol{B}\quad \boldsymbol{AB}\quad \boldsymbol{A}^2\boldsymbol{B}]=\begin{bmatrix}1 & 0 & 0 & 1 & 2 & 1 & 2 & 4 & 4\\0 & 1 & 0 & 0 & 1 & 0 & 0 & 1 & 0\\0 & 0 & 1 & 1 & 0 & 3 & 4 & 2 & 10\end{bmatrix}$$

因为 $\mathrm{rank}\boldsymbol{M}=3$，系统是能控的。

4.3.2 离散系统的能观性

1. 能观性定义

定义 4.7 线性定常离散系统(4.47)，根据有限采样周期 T 内的输出 $\boldsymbol{y}(k)$，能唯一地确定任意初始状态 $\boldsymbol{x}(0)$，则系统状态是完全能观的。

从方程(4.47)可知

$$\begin{cases}\boldsymbol{x}(k)=\boldsymbol{A}^k\boldsymbol{x}(0)\\ \boldsymbol{y}(k)=\boldsymbol{CA}^k\boldsymbol{x}(0)\end{cases}\tag{4.49}$$

如果系统能观，则当已知 $\boldsymbol{y}(0)$，$\boldsymbol{y}(1)$，…，$\boldsymbol{y}(n-1)$ 时，可以确定 $\boldsymbol{x}(0)=[\boldsymbol{x}_1(0)\quad \boldsymbol{x}_2(0)\quad \cdots\quad \boldsymbol{x}_n(0)]^{\mathrm{T}}$，则可得

$$\begin{cases}\boldsymbol{y}(0)=\boldsymbol{Cx}(0)\\ \boldsymbol{y}(1)=\boldsymbol{CAx}(0)\\ \qquad\vdots\\ \boldsymbol{y}(n-1)=\boldsymbol{CA}^{n-1}\boldsymbol{x}(0)\end{cases}\tag{4.50}$$

写成矩阵的形式为

$$\begin{bmatrix}\boldsymbol{y}(0)\\ \boldsymbol{y}(1)\\ \vdots\\ \boldsymbol{y}(n-1)\end{bmatrix}=\begin{bmatrix}\boldsymbol{C}\\ \boldsymbol{CA}\\ \vdots\\ \boldsymbol{CA}^{n-1}\end{bmatrix}\begin{bmatrix}\boldsymbol{x}_1(0)\\ \boldsymbol{x}_2(0)\\ \vdots\\ \boldsymbol{x}_n(0)\end{bmatrix}\tag{4.51}$$

则 $\boldsymbol{x}(0)$有唯一解的充要条件是其系数矩阵的秩为 n。

2. 能观性判据

判据 4.9 对于线性定常离散系统(4.47)，完全能观的充分必要条件是能观性矩阵 $\boldsymbol{N}$ 的秩为 n，即

$$\text{rank}\boldsymbol{N}=\text{rank}\begin{bmatrix}\boldsymbol{C}\\\boldsymbol{CA}\\\vdots\\\boldsymbol{CA}^{n-1}\end{bmatrix}=n \tag{4.52}$$

例 4.16　判断如下离散系统的能观性。

$$\begin{cases}\boldsymbol{x}(k+1)=\begin{bmatrix}1 & 2 & 1\\0 & 1 & 0\\1 & 0 & 3\end{bmatrix}\boldsymbol{x}(k)+\begin{bmatrix}1 & 0 & 0\\0 & 1 & 0\\0 & 0 & 1\end{bmatrix}\boldsymbol{u}(k)\\\boldsymbol{y}(k)=\begin{bmatrix}0 & -1 & 1\end{bmatrix}\boldsymbol{x}(k)\end{cases}$$

解　因为

$$\boldsymbol{A}=\begin{bmatrix}1 & 2 & 1\\0 & 1 & 0\\1 & 0 & 3\end{bmatrix},\ \boldsymbol{C}=\begin{bmatrix}0 & -1 & 1\end{bmatrix}$$

计算能观性矩阵

$$\boldsymbol{N}=\begin{bmatrix}\boldsymbol{C}\\\boldsymbol{CA}\\\boldsymbol{CA}^2\end{bmatrix}=\begin{bmatrix}0 & -1 & 1\\1 & -1 & 3\\4 & 1 & 8\end{bmatrix}$$

因为 $\text{rank}\boldsymbol{N}=3$，所以系统是能观的。

4.4 对偶原理

系统的能控性与能观性从定义和判据上看都很相似，这种内在关系是由卡尔曼提出的对偶原理确定的，利用对偶关系可以把对系统能控性分析转化为对其对偶系统的能观性分析，也可以把能观性问题转换为对偶系统能控性问题，从而也沟通了最优控制问题和最优估计问题之间的关系。

4.4.1 对偶系统

定义 4.8　若有两个系统，一个系统 $\Sigma_1(\boldsymbol{A}_1,\boldsymbol{B}_1,\boldsymbol{C}_1)$ 为

$$\begin{cases}\dot{\boldsymbol{x}}_1(t)=\boldsymbol{A}_1\boldsymbol{x}_1(t)+\boldsymbol{B}_1\boldsymbol{u}_1(t)\\\boldsymbol{y}_1(t)=\boldsymbol{C}_1\boldsymbol{x}_1(t)\end{cases} \tag{4.53}$$

另一个系统 $\Sigma_2(\boldsymbol{A}_2,\boldsymbol{B}_2,\boldsymbol{C}_2)$ 为

$$\begin{cases}\dot{\boldsymbol{x}}_2(t)=\boldsymbol{A}_2\boldsymbol{x}_2(t)+\boldsymbol{B}_2\boldsymbol{u}_2(t)\\\boldsymbol{y}_2(t)=\boldsymbol{C}_2\boldsymbol{x}_2(t)\end{cases} \tag{4.54}$$

其中，$\boldsymbol{x}_1(t)$、$\boldsymbol{x}_2(t)$为 n 维状态变量，$\boldsymbol{u}_1(t)$、$\boldsymbol{u}_2(t)$分别为 r 维和 m 维输入变量，$\boldsymbol{y}_1(t)$、$\boldsymbol{y}_2(t)$分别为 m 维和 r 维输出变量。$\boldsymbol{A}_1$、$\boldsymbol{A}_2$ 为 $n\times n$ 维系统矩阵，$\boldsymbol{B}_1$、$\boldsymbol{B}_2$ 分别为 $n\times r$ 维和 $n\times m$ 维输入矩阵，$\boldsymbol{C}_1$、$\boldsymbol{C}_2$ 分别为 $m\times n$ 维和 $r\times n$ 维输出矩阵。

若满足下述条件

$$\boldsymbol{A}_2=\boldsymbol{A}_1^{\mathrm{T}},\ \boldsymbol{B}_2=\boldsymbol{C}_1^{\mathrm{T}},\ \boldsymbol{C}_2=\boldsymbol{B}_1^{\mathrm{T}} \tag{4.55}$$

则称 $\Sigma_1(\boldsymbol{A}_1,\boldsymbol{B}_1,\boldsymbol{C}_1)$ 与 $\Sigma_2(\boldsymbol{A}_2,\boldsymbol{B}_2,\boldsymbol{C}_2)$ 互为对偶系统。

显然，$\Sigma_1(\boldsymbol{A}_1,\boldsymbol{B}_1,\boldsymbol{C}_1)$ 是一个 n 维状态、r 维输入、m 维输出的系统，其对偶系统 $\Sigma_2(\boldsymbol{A}_2,\boldsymbol{B}_2,\boldsymbol{C}_2)$ 是一个 n 维状态、m 维输入、r 维输出的系统。图 4.3 是对偶系统 $\Sigma_1(\boldsymbol{A}_1,\boldsymbol{B}_1,\boldsymbol{C}_1)$ 和 $\Sigma_2(\boldsymbol{A}_2,\boldsymbol{B}_2,\boldsymbol{C}_2)$ 的结构图。

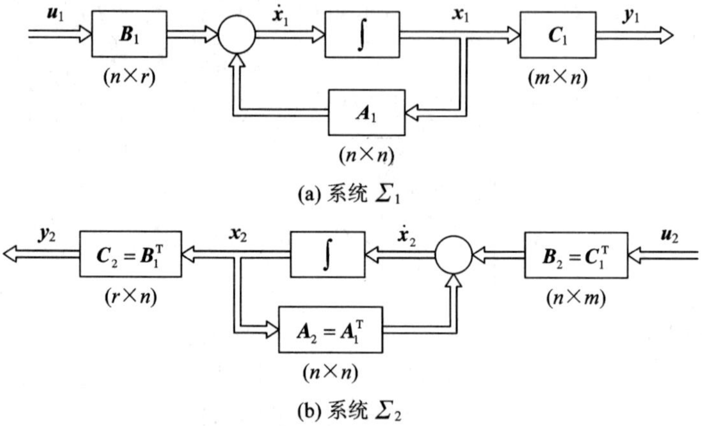

图 4.3　对偶系统

从图 4.3 中可以看出，互为对偶的两系统 $\Sigma_1(\boldsymbol{A}_1,\boldsymbol{B}_1,\boldsymbol{C}_1)$ 和 $\Sigma_2(\boldsymbol{A}_2,\boldsymbol{B}_2,\boldsymbol{C}_2)$，输入端与输出端互换，信号传递方向相反，对应矩阵转置。

下面分析互为对偶系统的性质。

(1) 互为对偶的系统，其特征方程式是相同的，特征向量相同，即

$$|\lambda\boldsymbol{I}-\boldsymbol{A}_1|=|\lambda\boldsymbol{I}-\boldsymbol{A}_2| \tag{4.56}$$

因为

$$|\lambda\boldsymbol{I}-\boldsymbol{A}_2|=|\lambda\boldsymbol{I}-\boldsymbol{A}_1^{\mathrm{T}}|=|\lambda\boldsymbol{I}-\boldsymbol{A}_1| \tag{4.57}$$

(2) 互为对偶系统，其传递函数矩阵互为转置。

根据图 4.3(a)，其传递函数矩阵 $\boldsymbol{W}_1(s)$ 为 $m\times r$ 矩阵：

$$\boldsymbol{W}_1(s)=\boldsymbol{C}_1(s\boldsymbol{I}-\boldsymbol{A}_1)^{-1}\boldsymbol{B}_1 \tag{4.58}$$

根据图 4.3(b)，其传递函数矩阵 $\boldsymbol{W}_2(s)$ 为 $r\times m$ 矩阵：

$$\boldsymbol{W}_2(s)=\boldsymbol{C}_2(s\boldsymbol{I}-\boldsymbol{A}_2)^{-1}\boldsymbol{B}_2=\boldsymbol{B}_1^{\mathrm{T}}(s\boldsymbol{I}-\boldsymbol{A}_1^{\mathrm{T}})^{-1}\boldsymbol{C}_1^{\mathrm{T}}=[\boldsymbol{C}_1(s\boldsymbol{I}-\boldsymbol{A}_1)^{-1}\boldsymbol{B}_1]^{\mathrm{T}} \tag{4.59}$$

对 $\boldsymbol{W}_2(s)$ 取转置得

$$[\boldsymbol{W}_2(s)]^{\mathrm{T}}=\boldsymbol{C}_1(s\boldsymbol{I}-\boldsymbol{A}_1)^{-1}\boldsymbol{B}_1=\boldsymbol{W}_1(s) \tag{4.60}$$

由此可知，对偶系统的传递函数矩阵是互为转置的。

同样可求得系统输入-状态的传递函数矩阵 $(s\boldsymbol{I}-\boldsymbol{A}_1)^{-1}\boldsymbol{B}_1$，是与其对偶系统的状态-输出的传递函数矩阵 $\boldsymbol{C}_2(s\boldsymbol{I}-\boldsymbol{A}_2)^{-1}$ 互为转置的，而原系统的状态-输出的传递函数矩阵 $\boldsymbol{C}_1(s\boldsymbol{I}-\boldsymbol{A}_1)^{-1}$ 是与其对偶系统输入-状态的传递函数矩阵 $(s\boldsymbol{I}-\boldsymbol{A}_2)^{-1}\boldsymbol{B}_2$ 互为转置的。

4.4.2 对偶原理

定理 4.1　系统 $\Sigma_1(\boldsymbol{A}_1, \boldsymbol{B}_1, \boldsymbol{C}_1)$ 和系统 $\Sigma_2(\boldsymbol{A}_2, \boldsymbol{B}_2, \boldsymbol{C}_2)$ 是互为对偶的两个系统，则系统 $\Sigma_1(\boldsymbol{A}_1, \boldsymbol{B}_1, \boldsymbol{C}_1)$ 完全能控(能观)的充分必要条件等价于系统 $\Sigma_2(\boldsymbol{A}_2, \boldsymbol{B}_2, \boldsymbol{C}_2)$ 完全能观(能控)的充分必要条件，即如果系统 $\Sigma_1(\boldsymbol{A}_1, \boldsymbol{B}_1, \boldsymbol{C}_1)$ 是能控(能观)的，则系统 $\Sigma_2(\boldsymbol{A}_2, \boldsymbol{B}_2, \boldsymbol{C}_2)$ 是能观(能控)的。

证明　对系统 $\Sigma_1(\boldsymbol{A}_1, \boldsymbol{B}_1, \boldsymbol{C}_1)$，能控性矩阵和能观性矩阵分别为

$$\boldsymbol{M}_1 = [\boldsymbol{B}_1 \quad \boldsymbol{B}_1\boldsymbol{A}_1 \quad \cdots \quad \boldsymbol{B}_1\boldsymbol{A}_1^{n-1}],\ \boldsymbol{N}_1 = \begin{bmatrix} \boldsymbol{C}_1 \\ \boldsymbol{C}_1\boldsymbol{A}_1 \\ \vdots \\ \boldsymbol{C}_1\boldsymbol{A}_1^{n-1} \end{bmatrix} \tag{4.61}$$

对系统 $\Sigma_2(\boldsymbol{A}_2, \boldsymbol{B}_2, \boldsymbol{C}_2)$，能控性矩阵和能观性矩阵分别为

$$\boldsymbol{M}_2 = [\boldsymbol{B}_2 \quad \boldsymbol{B}_2\boldsymbol{A}_2 \quad \cdots \quad \boldsymbol{B}_2\boldsymbol{A}_2^{n-1}],\ \boldsymbol{N}_2 = \begin{bmatrix} \boldsymbol{C}_2 \\ \boldsymbol{C}_2 A_2 \\ \vdots \\ \boldsymbol{C}_2\boldsymbol{A}_2^{n-1} \end{bmatrix} \tag{4.62}$$

考虑对偶系统的特征 $\boldsymbol{A}_1 = \boldsymbol{A}_2^{\mathrm{T}}$，$\boldsymbol{B}_1 = \boldsymbol{C}_2^{\mathrm{T}}$，$\boldsymbol{C}_1 = \boldsymbol{B}_2^{\mathrm{T}}$，将其代入式(4.61)和式(4.62)，得

$$\boldsymbol{M}_1 = \boldsymbol{N}_2^{\mathrm{T}},\ \boldsymbol{N}_1 = \boldsymbol{M}_2^{\mathrm{T}} \tag{4.63}$$

所以

$$\mathrm{rank}\boldsymbol{M}_1 = \mathrm{rank}\boldsymbol{N}_2,\ \mathrm{rank}\boldsymbol{N}_1 = \mathrm{rank}\boldsymbol{M}_2 \tag{4.64}$$

对偶原理是现代控制理论中一个十分重要的概念，利用对偶原理可以把系统能控性分析方面所得到的结论用于其对偶系统，从而很容易地得到其对偶系统能观性方面的结论。

下面举一个例子说明对偶原理。

例 4.17　分析下面一组对偶系统的能控性和能观性。

$$\Sigma_1: \begin{cases} \dot{\boldsymbol{x}}(t) = \begin{bmatrix} 0 & 3 \\ 1 & -2 \end{bmatrix} \boldsymbol{x}(t) + \begin{bmatrix} 0 \\ 1 \end{bmatrix} \boldsymbol{u}(t) \\ \boldsymbol{y}(t) = [1 \quad 1]\ \boldsymbol{x}(t) \end{cases}$$

$$\Sigma_2: \begin{cases} \dot{\boldsymbol{x}}(t) = \begin{bmatrix} 0 & 1 \\ 3 & -2 \end{bmatrix} \boldsymbol{x}(t) + \begin{bmatrix} 1 \\ 1 \end{bmatrix} \boldsymbol{u}(t) \\ \boldsymbol{y}(t) = [0 \quad 1]\ \boldsymbol{x}(t) \end{cases}$$

解　考虑系统 Σ_1，由于

$$\boldsymbol{A}_1 = \begin{bmatrix} 0 & 3 \\ 1 & -2 \end{bmatrix},\ \boldsymbol{B}_1 = \begin{bmatrix} 0 \\ 1 \end{bmatrix},\ \boldsymbol{C}_1 = [1 \quad 1]$$

能控性矩阵和能观性矩阵分别为

$$M_1=[B_1 \quad A_1B_1]=\begin{bmatrix}0 & 3\\1 & -2\end{bmatrix}$$

$$N_1=\begin{bmatrix}C_1\\C_1A_1\end{bmatrix}=\begin{bmatrix}1 & 1\\1 & 1\end{bmatrix}$$

计算得

$$\text{rank}\,M_1=2,\ \text{rank}\,N_1=1$$

所以系统 Σ_1 能控不能观。

考虑系统 Σ_2，由于

$$A_2=\begin{bmatrix}0 & 1\\3 & -2\end{bmatrix},\ B_2=\begin{bmatrix}1\\1\end{bmatrix},\ C_2=[0 \quad 1]$$

能控性矩阵和能观性矩阵分别为

$$M_2=[B_2 \quad A_2B_2]=\begin{bmatrix}1 & 1\\1 & 1\end{bmatrix}$$

$$N_2=\begin{bmatrix}C_2\\C_2A_2\end{bmatrix}=\begin{bmatrix}0 & 1\\3 & -2\end{bmatrix}$$

计算得

$$\text{rank}\,M_2=1,\ \text{rank}\,N_2=2$$

所以系统 Σ_2 能观不能控。

4.5 线性定常系统的结构分解

如果一个系统是不完全能控的，则其状态空间中所有能控的状态变量构成能控子空间，其余为不能控状态变量构成不能控子空间。同样，如果一个系统是不完全能观的，则其状态空间中所有能观的状态变量构成能观子空间，其余为不能观状态变量构成不能观子空间。但是，在一般形式下，这些子空间并没有被明显地分解出来。本节将讨论如何通过线性变换，将系统的状态空间按能控性和能观性进行结构分解。

把线性系统的状态空间按能控性和能观性进行结构分解是状态空间分析中的一个重要内容。理论上，它揭示了状态空间的本质特征，为最小实现问题提供了理论依据。实践上，它与系统的状态反馈、系统镇定等问题的解决都有密切的关系。

4.5.1 能控性结构性分解

假设线性定常连续系统

$$\begin{cases}\dot{x}(t)=Ax(t)+Bu(t)\\y(t)=Cx(t)\end{cases} \tag{4.65}$$

其中，$x(t)$是 n 维状态向量，$u(t)$是 r 维输入向量，$y(t)$是 m 维的输出向量；A 是 $n\times n$ 维系统矩阵，B 是 $n\times r$ 维输入矩阵，C 是 $m\times n$ 维输出矩阵。

定理 4.2　若线性定常系统(4.65)是不完全能控的，即 $\mathrm{rank}\boldsymbol{M}=n_1<n$，则必存在着一个线性变换矩阵$\boldsymbol{T}_c$，可通过线性变换 $x(t)=\boldsymbol{T}_c\tilde{x}(t)$，使得系统(4.65)变换为(在不引起混淆的情况下，为书写方简单，后面各式中省略时间 t)

$$\begin{cases}\begin{bmatrix}\dot{\tilde{\boldsymbol{x}}}_1\\ \dot{\tilde{\boldsymbol{x}}}_2\end{bmatrix}=\left[\begin{array}{c:c}\tilde{\boldsymbol{A}}_{11} & \tilde{\boldsymbol{A}}_{12}\\ \hdashline \boldsymbol{0} & \tilde{\boldsymbol{A}}_{22}\end{array}\right]\begin{bmatrix}\tilde{\boldsymbol{x}}_1\\ \tilde{\boldsymbol{x}}_2\end{bmatrix}+\begin{bmatrix}\tilde{\boldsymbol{B}}_1\\ \hdashline \boldsymbol{0}\end{bmatrix}\boldsymbol{u}\\ \boldsymbol{y}=\begin{bmatrix}\tilde{\boldsymbol{C}}_1 & \tilde{\boldsymbol{C}}_2\end{bmatrix}\begin{bmatrix}\tilde{\boldsymbol{x}}_1\\ \tilde{\boldsymbol{x}}_2\end{bmatrix}\end{cases}\tag{4.66}$$

其中，n_1 维子系统 $\Sigma_c(\tilde{\boldsymbol{A}}_{11},\tilde{\boldsymbol{B}}_1,\tilde{\boldsymbol{C}}_1)$

$$\begin{cases}\dot{\tilde{\boldsymbol{x}}}_1=\tilde{\boldsymbol{A}}_{11}\tilde{\boldsymbol{x}}_1+\tilde{\boldsymbol{A}}_{12}\tilde{\boldsymbol{x}}_2+\tilde{\boldsymbol{B}}_1\boldsymbol{u}\\ \tilde{\boldsymbol{y}}_1=\tilde{\boldsymbol{C}}_1\tilde{\boldsymbol{x}}_1\end{cases}\tag{4.67}$$

是能控的；

$n-n_1$ 维子系统 $\Sigma_{\bar{c}}(\tilde{\boldsymbol{A}}_{22},\boldsymbol{0},\tilde{\boldsymbol{C}}_2)$

$$\begin{cases}\dot{\tilde{\boldsymbol{x}}}_2=\tilde{\boldsymbol{A}}_{22}\tilde{\boldsymbol{x}}_2\\ \tilde{\boldsymbol{y}}_2=\tilde{\boldsymbol{C}}_2\tilde{\boldsymbol{x}}_2\end{cases}\tag{4.68}$$

是不能控的。

则系统(4.66)称为系统(4.65)的能控性结构分解。其中，线性变换矩阵$\boldsymbol{T}_c$ 的构成为

$$\boldsymbol{T}_c=\begin{bmatrix}\boldsymbol{T}_1 & \boldsymbol{T}_2 & \cdots & \boldsymbol{T}_{n_1} & \boldsymbol{T}_{n_1+1} & \cdots & \boldsymbol{T}_n\end{bmatrix}\tag{4.69}$$

式(4.69)中，$\boldsymbol{T}_1$，$\boldsymbol{T}_2$，…，$\boldsymbol{T}_{n_1}$ 列向量是能控性矩阵 $\boldsymbol{M}$ 中 n_1 维线性无关的列向量，另外$(n-n_1)$维$\boldsymbol{T}_{n_1+1}$，$\boldsymbol{T}_{n_1+2}$，…，$\boldsymbol{T}_n$ 列向量在保证$\boldsymbol{T}_c$ 为非奇异的情况下可以自由选取。

状态能控性结构分解如图 4.4 所示。

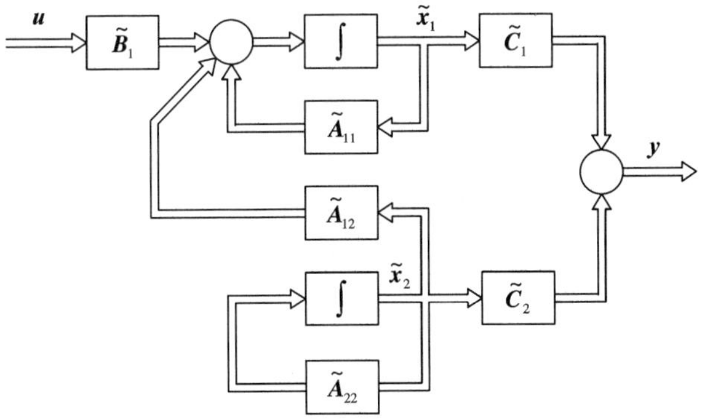

图 4.4　能控性结构分解

如图 4.4 所示，因为输入 $\boldsymbol{u}(t)$通过能控子系统传递到系统输出 $\boldsymbol{y}(t)$，而对不能控子系统毫无影响，即状态$\tilde{\boldsymbol{x}}_2$ 是不能控的。

例 4.18 设线性定常系统如下，判别其能控性，若不是完全能控的，试将该系统按能控性进行结构分解。

$$\begin{cases}\dot{\boldsymbol{x}}(t)=\begin{bmatrix}0 & 0 & -1\\ 1 & 0 & -3\\ 0 & 1 & -3\end{bmatrix}\boldsymbol{x}(t)+\begin{bmatrix}1\\ 1\\ 0\end{bmatrix}\boldsymbol{u}(t)\\ \boldsymbol{y}(t)=\begin{bmatrix}0 & 1 & -2\end{bmatrix}\boldsymbol{x}(t)\end{cases}$$

解 能控性判别矩阵为

$$\boldsymbol{M}=[\boldsymbol{B}\quad \boldsymbol{AB}\quad \boldsymbol{A}^2\boldsymbol{B}]=\begin{bmatrix}1 & 0 & -1\\ 1 & 1 & -3\\ 0 & 1 & -2\end{bmatrix}$$

因为 $\text{rank}\boldsymbol{M}=2<n$，所以系统是不完全能控的。

该系统可按式(4.69)构造线性变换矩阵$\boldsymbol{T}_c$。

因为 $\text{rank}\boldsymbol{M}=2$，所以在 $\boldsymbol{M}$ 中可选择两列线性无关列，如选择第 1、2 列，则

$$\boldsymbol{T}_1=\begin{bmatrix}1\\ 1\\ 0\end{bmatrix},\ \boldsymbol{T}_2=\begin{bmatrix}0\\ 1\\ 1\end{bmatrix}$$

选择$\begin{bmatrix}0\\ 0\\ 1\end{bmatrix}$作为第 3 列，则

$$\boldsymbol{T}_c=\begin{bmatrix}1 & 0 & 0\\ 1 & 1 & 0\\ 0 & 1 & 1\end{bmatrix},\ \boldsymbol{T}_c^{-1}=\begin{bmatrix}1 & 0 & 0\\ -1 & 1 & 0\\ 1 & -1 & 1\end{bmatrix}$$

变换后系统的状态空间表达式为

$$\begin{cases}\dot{\tilde{\boldsymbol{x}}}(t)=\boldsymbol{T}_c^{-1}\boldsymbol{A}\boldsymbol{T}_c\tilde{\boldsymbol{x}}(t)+\boldsymbol{T}_c^{-1}\boldsymbol{B}\boldsymbol{u}(t)=\left[\begin{array}{cc:c}0 & -1 & -1\\ 1 & -2 & -2\\ \hdashline 0 & 0 & -1\end{array}\right]\tilde{\boldsymbol{x}}(t)+\left[\begin{array}{c}1\\ 0\\ \hdashline 0\end{array}\right]\boldsymbol{u}(t)\\ \boldsymbol{y}(t)=\boldsymbol{C}\boldsymbol{T}_c\tilde{\boldsymbol{x}}(t)=\left[\begin{array}{cc:c}1 & -1 & -2\end{array}\right]\tilde{\boldsymbol{x}}(t)\end{cases}$$

从状态空间表达式可以看出，系统分解成两部分，一部分是二维能控子系统，另一部分是一维不能控子系统。其二维能控子空间的状态空间表达式为

$$\begin{cases}\dot{\tilde{\boldsymbol{x}}}_1(t)=\begin{bmatrix}0 & -1\\ 1 & -2\end{bmatrix}\tilde{\boldsymbol{x}}_1(t)+\begin{bmatrix}-1\\ -2\end{bmatrix}\tilde{\boldsymbol{x}}_2(t)+\begin{bmatrix}1\\ 0\end{bmatrix}\boldsymbol{u}(t)\\ \boldsymbol{y}_1(t)=\begin{bmatrix}1 & -1\end{bmatrix}\tilde{\boldsymbol{x}}_1(t)\end{cases}$$

一个不完全能控的系统进行能控性结构分解时，由于线性变换矩阵$\boldsymbol{T}_c$ 的选取由两部分构成，这两部分都是非唯一的，所以结构性分解后的系统不唯一，但是能控性子系统的维数是唯一的。例如在例 4.18 中，$\boldsymbol{T}_c$ 矩阵的前两列可以选取 $\boldsymbol{M}$ 中的第 1 列和第 2 列，即

$$\boldsymbol{T}_1=\begin{bmatrix}1\\1\\0\end{bmatrix},\ \boldsymbol{T}_2=\begin{bmatrix}0\\1\\1\end{bmatrix}$$

构成$\boldsymbol{T}_c$的前两列，第 3 列可以选取

$$\boldsymbol{T}_3=\begin{bmatrix}1\\0\\1\end{bmatrix}$$

则

$$\boldsymbol{T}_c=\begin{bmatrix}1&0&1\\1&1&0\\0&1&1\end{bmatrix},\ \boldsymbol{T}_c^{-1}=\frac{1}{2}\begin{bmatrix}1&1&-1\\-1&1&1\\1&-1&1\end{bmatrix}$$

可以用此线性变换矩阵$\boldsymbol{T}_c$重新对本例中系统进行能控性结构分解。

变换后系统的状态空间表达式为

$$\begin{cases}\dot{\tilde{\boldsymbol{x}}}(t)=\left[\begin{array}{cc:c}0&-1&0\\1&-2&-2\\\hdashline 0&0&-1\end{array}\right]\tilde{\boldsymbol{x}}(t)+\left[\begin{array}{c}1\\0\\\hdashline 0\end{array}\right]\boldsymbol{u}(t)\\ \tilde{\boldsymbol{y}}(t)=\left[\begin{array}{cc:c}1&-1&-2\end{array}\right]\tilde{\boldsymbol{x}}(t)\end{cases}$$

同样，例如在例 4.18 中，$\boldsymbol{T}_c$矩阵的前两列可以选取$\boldsymbol{M}$中的第 1 列和第 3 列，即

$$\boldsymbol{T}_1=\begin{bmatrix}1\\1\\0\end{bmatrix},\ \boldsymbol{T}_2=\begin{bmatrix}-1\\-3\\-2\end{bmatrix}$$

构成$\boldsymbol{T}_c$的前两列，第 3 列可以选取：

$$\boldsymbol{T}_3=\begin{bmatrix}0\\1\\0\end{bmatrix}$$

则

$$\boldsymbol{T}_c=\begin{bmatrix}1&-1&0\\1&-3&1\\0&-2&0\end{bmatrix},\ \boldsymbol{T}_c^{-1}=\begin{bmatrix}1&0&-0.5\\0&0&-0.5\\-1&1&-1\end{bmatrix}$$

可以用此线性变换矩阵$\boldsymbol{T}_c$重新对本例中的系统进行能控性结构分解。

变换后系统的状态空间表达式为

$$\begin{cases}\dot{\tilde{\boldsymbol{x}}}(t)=\left[\begin{array}{cc:c}-0.5&0.5&-0.5\\-0.5&-1.5&-0.5\\\hdashline 0&0&-1\end{array}\right]\tilde{\boldsymbol{x}}(t)+\left[\begin{array}{c}1\\0\\\hdashline 0\end{array}\right]\boldsymbol{u}(t)\\ \tilde{\boldsymbol{y}}(t)=\left[\begin{array}{cc:c}1&1&1\end{array}\right]\tilde{\boldsymbol{x}}(t)\end{cases}$$

4.5.2　能观性结构性分解

定理 4.3　设线性定常连续系统(4.65)不完全能观，即 rank$\boldsymbol{N}=n_1<n$，则必存在着一

个线性变换矩阵$\boldsymbol{T}_o$，可通过线性变换 $x=\boldsymbol{T}_o\hat{\boldsymbol{x}}$，使系统变换为

$$\begin{cases}\begin{bmatrix}\dot{\hat{\boldsymbol{x}}}_1\\ \dot{\hat{\boldsymbol{x}}}_2\end{bmatrix}=\left[\begin{array}{c:c}\hat{\boldsymbol{A}}_{11} & \boldsymbol{0}\\ \hdashline \hat{\boldsymbol{A}}_{21} & \hat{\boldsymbol{A}}_{22}\end{array}\right]\begin{bmatrix}\hat{\boldsymbol{x}}_1\\ \hat{\boldsymbol{x}}_2\end{bmatrix}+\left[\begin{array}{c}\hat{\boldsymbol{B}}_1\\ \hdashline \hat{\boldsymbol{B}}_2\end{array}\right]\boldsymbol{u}\\ \boldsymbol{y}=\begin{bmatrix}\hat{\boldsymbol{C}}_1 & \boldsymbol{0}\end{bmatrix}\begin{bmatrix}\hat{\boldsymbol{x}}_1\\ \hat{\boldsymbol{x}}_2\end{bmatrix}\end{cases} \tag{4.70}$$

其中，n_1 维子系统 $\Sigma_o(\hat{\boldsymbol{A}}_{11},\hat{\boldsymbol{B}}_1,\hat{\boldsymbol{C}}_1)$

$$\begin{cases}\dot{\hat{\boldsymbol{x}}}_1=\hat{\boldsymbol{A}}_{11}\hat{\boldsymbol{x}}_1+\hat{\boldsymbol{B}}_1\boldsymbol{u}\\ \hat{\boldsymbol{y}}_1=\hat{\boldsymbol{C}}_1\hat{\boldsymbol{x}}_1\end{cases} \tag{4.71}$$

是能观的。

$(n-n_1)$ 维子系统 $\Sigma_{\bar{o}}(\hat{\boldsymbol{A}}_{22},\hat{\boldsymbol{B}}_2,\boldsymbol{0})$

$$\dot{\hat{\boldsymbol{x}}}_2=\hat{\boldsymbol{A}}_{21}\hat{\boldsymbol{x}}_1+\hat{\boldsymbol{A}}_{22}\hat{\boldsymbol{x}}_2+\hat{\boldsymbol{B}}_2\boldsymbol{u} \tag{4.72}$$

是不能观的。

则系统(4.70)称为系统(4.65)的能观性结构分解。其中，线性变换矩阵 $\boldsymbol{T}_o^{-1}$的构成为

$$\boldsymbol{T}_o^{-1}=\left[\begin{array}{c}\boldsymbol{T}_1\\ \vdots\\ \boldsymbol{T}_{n_1}\\ \hdashline \boldsymbol{T}_{n_1+1}\\ \vdots\\ \boldsymbol{T}_n\end{array}\right] \tag{4.73}$$

式中，$\boldsymbol{T}_1$，$\boldsymbol{T}_2$，…，$\boldsymbol{T}_{n_1}$行向量是能观性矩阵 $\boldsymbol{N}$ 中 n_1 维线性无关的行向量，另外，$(n-n_1)$维 $\boldsymbol{T}_{n_1+1}$，$\boldsymbol{T}_{n_1+2}$，…，$\boldsymbol{T}_n$ 行向量在保证 $\boldsymbol{T}_o^{-1}$为非奇异的情况下可以自由选取。

状态结构分解如图 4.5 所示。

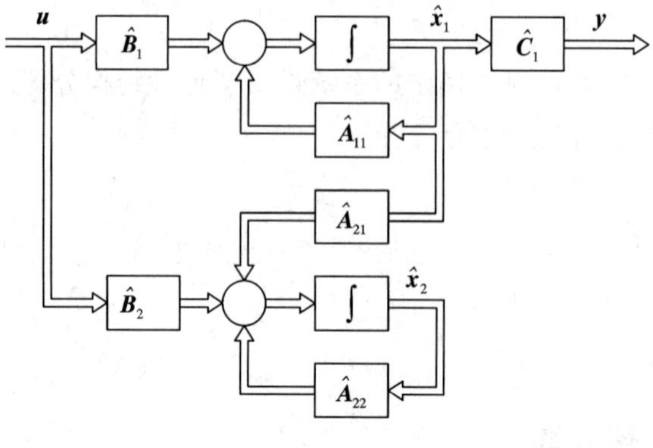

图 4.5　能观性结构分解

如图 4.5 所示，因为输出 $\boldsymbol{y}(t)$ 对 $\hat{\boldsymbol{x}}_2$ 无作用，状态 $\hat{\boldsymbol{x}}_2$ 是不能观的。

例 4.19　设线性定常系统如下，判别其能观性，若不是完全能观的，试将该系统按能观性进行结构分解。

$$\begin{cases}\dot{\boldsymbol{x}}(t)=\begin{bmatrix}0 & 0 & -1\\ 1 & 0 & -3\\ 0 & 1 & -3\end{bmatrix}\boldsymbol{x}(t)+\begin{bmatrix}1\\ 1\\ 0\end{bmatrix}\boldsymbol{u}(t)\\ \boldsymbol{y}(t)=\begin{bmatrix}0 & 1 & -2\end{bmatrix}\boldsymbol{x}(t)\end{cases}$$

解　能观性判别矩阵为

$$\boldsymbol{N}=\begin{bmatrix}\boldsymbol{C}\\ \boldsymbol{CA}\\ \boldsymbol{CA}^2\end{bmatrix}=\begin{bmatrix}0 & 1 & -2\\ 1 & -2 & 3\\ -2 & 3 & -4\end{bmatrix}$$

因为 $\operatorname{rank}\boldsymbol{N}=2<n$，所以系统是不完全能控的。

按式(4.73)构造非奇异变换阵 $\boldsymbol{T}_o^{-1}$。

因为 $\operatorname{rank}\boldsymbol{N}=2$，所以在 $\boldsymbol{N}$ 中可以找到两行线性无关行，如选择第 1、2 行，则

$$\boldsymbol{T}_{o1}=\begin{bmatrix}0 & 1 & -2\end{bmatrix},\ \boldsymbol{T}_{o2}=\begin{bmatrix}1 & -2 & 3\end{bmatrix}$$

选择 $[0\ \ 0\ \ 1]$ 作为第 3 行，则线性变换矩阵为

$$\boldsymbol{T}_o^{-1}=\begin{bmatrix}0 & 1 & -2\\ 1 & -2 & 3\\ 0 & 0 & 1\end{bmatrix},\ \boldsymbol{T}_o=\begin{bmatrix}2 & 1 & 1\\ 1 & 0 & 2\\ 0 & 0 & 1\end{bmatrix}$$

变换后系统的状态空间表达式为

$$\begin{cases}\dot{\hat{\boldsymbol{x}}}(t)=\boldsymbol{T}_o^{-1}\boldsymbol{A}\boldsymbol{T}_o\hat{\boldsymbol{x}}(t)+\boldsymbol{T}_o^{-1}\boldsymbol{B}\boldsymbol{u}(t)=\left[\begin{array}{cc:c}0 & 1 & 0\\ -1 & -2 & 0\\ \hdashline 1 & 0 & -1\end{array}\right]\hat{\boldsymbol{x}}(t)+\left[\begin{array}{c}1\\ -1\\ \hdashline 0\end{array}\right]\boldsymbol{u}(t)\\ \boldsymbol{y}(t)=\boldsymbol{C}\boldsymbol{T}_o\hat{\boldsymbol{x}}(t)=\left[\begin{array}{cc:c}1 & 0 & 0\end{array}\right]\hat{\boldsymbol{x}}(t)\end{cases}$$

从状态空间表达式可以看出，线性变换把系统分解成两部分，一部分是二维能观子系统；另一部分是一维不能观子系统。其二维能观子空间的状态空间表达式为

$$\begin{cases}\dot{\hat{\boldsymbol{x}}}_1(t)=\begin{bmatrix}0 & 1\\ -1 & -2\end{bmatrix}\hat{\boldsymbol{x}}_1(t)+\begin{bmatrix}1\\ -1\end{bmatrix}\boldsymbol{u}(t)\\ \hat{\boldsymbol{y}}_1(t)=\begin{bmatrix}1 & 0\end{bmatrix}\hat{\boldsymbol{x}}_1(t)\end{cases}$$

和能控性结构分解类似，能观性结构分解的线性变换矩阵也是非唯一的，但是能观性子系统的维数是不变的。同样对于上述例题中 $\boldsymbol{T}_o^{-1}$，选择 $\boldsymbol{N}$ 矩阵中的第 1 行和第 2 行后，选择 $[1\ \ 0\ \ 0]$ 作为第 3 行，则线性变换矩阵为

$$\boldsymbol{T}_o^{-1}=\begin{bmatrix}0 & 1 & -2\\ 1 & -2 & 3\\ 1 & 0 & 0\end{bmatrix},\ \boldsymbol{T}_o=\begin{bmatrix}0 & 0 & 1\\ -3 & -2 & 2\\ -2 & -1 & 1\end{bmatrix}$$

变换后系统的状态空间表达式为

$$\begin{cases}\dot{\hat{x}}(t)=T_o^{-1}AT_o\hat{x}(t)+T_o^{-1}Bu(t)=\left[\begin{array}{cc:c}0 & 1 & 0\\ -1 & -2 & 0\\ \hdashline 2 & 1 & -1\end{array}\right]\hat{x}(t)+\left[\begin{array}{c}1\\ -1\\ \hdashline 1\end{array}\right]u(t)\\ y(t)=CT_o\hat{x}(t)=\left[\begin{array}{cc:c}1 & 0 & 0\end{array}\right]\hat{x}(t)\end{cases}$$

同样对于上述例题中 T_o^{-1}，可以选择 $\boldsymbol{N}$ 矩阵中的第 1 行和第 3 行

$$T_{o1}^{-1}=[0\quad 1\quad -2],\ T_{o2}^{-1}=[-2\quad 3\quad -4]$$

另外选取

$$T_{o3}^{-1}=[1\quad 0\quad 0]$$

则能观性结构分解的线性变换矩阵为

$$T_o^{-1}=\begin{bmatrix}0 & 1 & -2\\ -2 & 3 & -4\\ 1 & 0 & 0\end{bmatrix},\ T_o=\begin{bmatrix}0 & 0 & 1\\ -2 & 1 & 2\\ -1.5 & 0.5 & 1\end{bmatrix}$$

可按此变换矩阵进行能观性结构分解。

4.5.3 能控能观性结构分解

如果线性系统是不完全能控不完全能观的，可以对系统进行能控能观性分解，理论上可以把系统分解成能控能观、能控不能观、能观不能控和不能控不能观四个子系统。当然，并非所有系统都能分解成四部分。

定理 4.4 设线性定常连续系统(4.65)既不完全能控也不完全能观，则必存在着一个线性变换矩阵 $\boldsymbol{T}$，通过线性变换，使系统变换为

$$\begin{cases}\dot{\bar{x}}(t)=\bar{A}\bar{x}(t)+\bar{B}u(t)\\ \bar{y}(t)=\bar{C}\bar{x}(t)\end{cases}\tag{4.74}$$

式中

$$\bar{A}=\left[\begin{array}{c:c:cc}\bar{A}_{11} & 0 & \bar{A}_{13} & 0\\ \hdashline \bar{A}_{21} & \bar{A}_{22} & \bar{A}_{23} & \bar{A}_{24}\\ \hdashline 0 & 0 & \bar{A}_{33} & 0\\ \hdashline 0 & 0 & \bar{A}_{43} & \bar{A}_{44}\end{array}\right],\ \bar{B}=\left[\begin{array}{c}\bar{B}_1\\ \hdashline \bar{B}_2\\ \hdashline 0\\ \hdashline 0\end{array}\right],\ \bar{C}=\left[\begin{array}{c:c:c:c}\bar{C}_1 & 0 & \bar{C}_3 & 0\end{array}\right]$$

则系统被分为 4 个子系统，分别如下：

(1) 能控能观子系统 Σ_{co} 为

$$\begin{cases}\dot{\bar{x}}_1=\bar{A}_{11}\bar{x}_1+\bar{A}_{13}\bar{x}_3+\bar{B}_1u\\ \bar{y}_1=\bar{C}_1\bar{x}_1\end{cases}\tag{4.75}$$

(2) 能控不能观子系统 $\Sigma_{c\bar{o}}$ 为

$$\begin{cases}\dot{\bar{x}}_2=\bar{A}_{21}\bar{x}_1+\bar{A}_{22}\bar{x}_2+\bar{A}_{23}\bar{x}_3+\bar{A}_{24}\bar{x}_4+\bar{B}_2u\\ \bar{y}_2=0\end{cases}\tag{4.76}$$

(3) 不能控能观子系统 $\Sigma_{\bar{c}o}$ 为

$$\begin{cases} \dot{\bar{\boldsymbol{x}}}_3 = \bar{\boldsymbol{A}}_{33}\bar{\boldsymbol{x}}_3 \\ \bar{\boldsymbol{y}}_3 = \bar{\boldsymbol{C}}_3\bar{\boldsymbol{x}}_3 \end{cases} \tag{4.77}$$

(4) 不能控不能观子系统 $\Sigma_{\bar{c}\bar{o}}$ 为

$$\begin{cases} \dot{\bar{\boldsymbol{x}}}_4 = \bar{\boldsymbol{A}}_{43}\bar{\boldsymbol{x}}_3 + \bar{\boldsymbol{A}}_{44}\bar{\boldsymbol{x}}_4 \\ \bar{\boldsymbol{y}}_4 = \boldsymbol{0} \end{cases} \tag{4.78}$$

则系统(4.74)称为系统(4.65)的能控能观性结构分解。

按照能控能观性进行结构分解的线性变换矩阵 $\boldsymbol{T}$ 确定的方法较多，下面介绍两种常用的方法，逐步分解法和排列变换法。

1. 逐步分解法

首先将系统 $\Sigma(\boldsymbol{A}, \boldsymbol{B}, \boldsymbol{C})$ 进行能控(观)性结构分解，把系统分解成能控(观)子系统 Σ_c 和不能控(观)子系统 $\Sigma_{\bar{c}}$；然后对能控(观)子系统 Σ_c 进行能观(控)性结构分解，分成能控(观)能观(控)子系统 Σ_{co} 和能控(观)不能观(控)子系统 $\Sigma_{c\bar{o}}$；最后对不能控(观)子系统 $\Sigma_{\bar{c}}$ 进行能观(控)性结构分解，分成不能控能观子系统 $\Sigma_{\bar{c}o}$ 和不能控不能观子系统 $\Sigma_{\bar{c}\bar{o}}$。

例 4.20　对例 4.18 进行能控能观性结构分解。

$$\begin{cases} \dot{\boldsymbol{x}}(t) = \begin{bmatrix} 0 & 0 & -1 \\ 1 & 0 & -3 \\ 0 & 1 & -3 \end{bmatrix} \boldsymbol{x}(t) + \begin{bmatrix} 1 \\ 1 \\ 0 \end{bmatrix} \boldsymbol{u}(t) \\ \boldsymbol{y}(t) = \begin{bmatrix} 0 & 1 & -2 \end{bmatrix} \boldsymbol{x}(t) \end{cases}$$

解　首先进行能控性结构分解。

选取能控性线性变换矩阵

$$\boldsymbol{T}_c = \begin{bmatrix} 1 & 0 & 0 \\ 1 & 1 & 0 \\ 0 & 1 & 1 \end{bmatrix}$$

可将系统变为

$$\begin{cases} \dot{\tilde{\boldsymbol{x}}}(t) = \begin{bmatrix} 0 & -1 & 0 \\ 1 & -2 & -2 \\ 0 & 0 & -1 \end{bmatrix} \tilde{\boldsymbol{x}}(t) + \begin{bmatrix} 1 \\ 0 \\ 0 \end{bmatrix} \boldsymbol{u}(t) \\ \tilde{\boldsymbol{y}}(t) = \begin{bmatrix} 1 & -1 & -2 \end{bmatrix} \tilde{\boldsymbol{x}}(t) \end{cases}$$

从状态空间表达式可以看出，系统分解成两部分，一部分是二维能控子系统 Σ_c；另一部分是一维不能控子系统 $\Sigma_{\bar{c}}$。可以看出，一维不能控子系统中的状态变量 $\tilde{\boldsymbol{x}}_3$ 是能观的。

二维能控子系统 Σ_c 为

$$\Sigma_c:\begin{cases}\dot{\tilde{x}}_1(t)=\begin{bmatrix}0 & -1\\ 1 & -2\end{bmatrix}\tilde{x}_1(t)+\begin{bmatrix}-1\\ -2\end{bmatrix}\tilde{x}_2(t)+\begin{bmatrix}1\\ 0\end{bmatrix}\boldsymbol{u}(t)\\ \tilde{y}_1(t)=\begin{bmatrix}1 & -1\end{bmatrix}\tilde{x}_1(t)\end{cases}$$

下面对二维能控子系统进行能观性结构分解。

判断能控子系统是否能观。

$$\boldsymbol{N}=\begin{bmatrix}\tilde{\boldsymbol{C}}_1\\ \tilde{\boldsymbol{C}}_1\tilde{\boldsymbol{A}}_1\end{bmatrix}=\begin{bmatrix}1 & -1\\ -1 & 1\end{bmatrix}$$

由于 rank$\boldsymbol{N}=1$，可知能控子系统不完全能观，可以进行能观性结构分解，构造线性变换矩阵

$$\boldsymbol{T}_{o1}^{-1}=\begin{bmatrix}1 & -1\\ 0 & 1\end{bmatrix},\ \boldsymbol{T}_{o1}=\begin{bmatrix}1 & 1\\ 0 & 1\end{bmatrix}$$

则

$$\begin{cases}\begin{bmatrix}\dot{\boldsymbol{x}}_{co}\\ \dot{\boldsymbol{x}}_{c\bar{o}}\end{bmatrix}=\begin{bmatrix}1 & -1\\ 0 & 1\end{bmatrix}\begin{bmatrix}0 & -1\\ 1 & -2\end{bmatrix}\begin{bmatrix}1 & 1\\ 0 & 1\end{bmatrix}\begin{bmatrix}\boldsymbol{x}_{co}\\ \boldsymbol{x}_{c\bar{o}}\end{bmatrix}+\begin{bmatrix}1 & -1\\ 0 & 1\end{bmatrix}\begin{bmatrix}-1\\ -2\end{bmatrix}\tilde{x}_2+\begin{bmatrix}1 & -1\\ 0 & 1\end{bmatrix}\begin{bmatrix}1\\ 0\end{bmatrix}\boldsymbol{u}\\ \boldsymbol{y}_1=\begin{bmatrix}1 & -1\end{bmatrix}\begin{bmatrix}1 & 1\\ 0 & 1\end{bmatrix}\begin{bmatrix}\boldsymbol{x}_{co}\\ \boldsymbol{x}_{c\bar{o}}\end{bmatrix}\end{cases}$$

即

$$\begin{cases}\begin{bmatrix}\dot{\boldsymbol{x}}_{co}\\ \dot{\boldsymbol{x}}_{c\bar{o}}\end{bmatrix}=\begin{bmatrix}-1 & 0\\ 1 & -1\end{bmatrix}\begin{bmatrix}\boldsymbol{x}_{co}\\ \boldsymbol{x}_{c\bar{o}}\end{bmatrix}+\begin{bmatrix}-1\\ -2\end{bmatrix}\tilde{x}_2+\begin{bmatrix}1\\ 0\end{bmatrix}\boldsymbol{u}\\ \boldsymbol{y}_1=\begin{bmatrix}1 & 0\end{bmatrix}\begin{bmatrix}\boldsymbol{x}_{co}\\ \boldsymbol{x}_{c\bar{o}}\end{bmatrix}\end{cases}$$

综合两次线性变换，系统按能控能观结构分解为

$$\begin{cases}\begin{bmatrix}\dot{\boldsymbol{x}}_{co}\\ \dot{\boldsymbol{x}}_{c\bar{o}}\\ \dot{\boldsymbol{x}}_{\bar{c}o}\end{bmatrix}=\begin{bmatrix}-1 & 0 & 1\\ 1 & -1 & -2\\ 0 & 0 & -1\end{bmatrix}\begin{bmatrix}\boldsymbol{x}_{co}\\ \boldsymbol{x}_{c\bar{o}}\\ \boldsymbol{x}_{\bar{c}o}\end{bmatrix}+\begin{bmatrix}1\\ 0\\ 0\end{bmatrix}\boldsymbol{u}\\ \boldsymbol{y}=\begin{bmatrix}1 & 0 & -2\end{bmatrix}\begin{bmatrix}\boldsymbol{x}_{co}\\ \boldsymbol{x}_{c\bar{o}}\\ \boldsymbol{x}_{\bar{c}o}\end{bmatrix}\end{cases}$$

从状态空间表达式可以看出，系统分解成三部分：一部分是能控能观子系统 Σ_{co}；一部分是能控不能观子系统 $\Sigma_{c\bar{o}}$；还有一部分是不能控能观子系统 $\Sigma_{\bar{c}o}$。

2. 排列变换法

首先将待分解的系统化为对角标准型或约当标准型，得到新的状态空间表达式；然后按照标准型法判断系统状态变量的能控能观性，把状态变量分为能控能观变量$\boldsymbol{x}_{co}$、能控不

能观变量$\boldsymbol{x}_{c\bar{o}}$、不能控能观变量$\boldsymbol{x}_{\bar{c}o}$和不能控不能观变量$\boldsymbol{x}_{\bar{c}\bar{o}}$；最后按照$\boldsymbol{x}_{co}$、$\boldsymbol{x}_{c\bar{o}}$、$\boldsymbol{x}_{\bar{c}o}$、$\boldsymbol{x}_{\bar{c}\bar{o}}$顺序重写状态空间方程。

例 4.21　对如下系统进行能控能观性结构分解。

$$
\begin{cases}
\begin{bmatrix} \dot{x}_1 \\ \dot{x}_2 \\ \dot{x}_3 \\ \dot{x}_4 \\ \dot{x}_5 \\ \dot{x}_6 \end{bmatrix} = \begin{bmatrix} -4 & 1 & 0 & 0 & 0 & 0 \\ 0 & -4 & 0 & 0 & 0 & 0 \\ 0 & 0 & 3 & 1 & 0 & 0 \\ 0 & 0 & 0 & 3 & 0 & 0 \\ 0 & 0 & 0 & 0 & -1 & 1 \\ 0 & 0 & 0 & 0 & 0 & -1 \end{bmatrix} \begin{bmatrix} x_1 \\ x_2 \\ x_3 \\ x_4 \\ x_5 \\ x_6 \end{bmatrix} + \begin{bmatrix} 1 \\ 5 \\ 7 \\ 0 \\ 1 \\ 0 \end{bmatrix} \boldsymbol{u} \\
\boldsymbol{y} = \begin{bmatrix} 1 & 2 & 0 & 1 & 0 & 0 \end{bmatrix} \boldsymbol{x}
\end{cases}
$$

解　根据能控性和能观性判据可知：

能控能观变量：x_1，x_2，即$\boldsymbol{x}_{co} = \begin{bmatrix} x_1 \\ x_2 \end{bmatrix}$；

能控不能观变量：x_3，x_5，即$\boldsymbol{x}_{c\bar{o}} = \begin{bmatrix} x_3 \\ x_5 \end{bmatrix}$；

不能控能观变量：x_4，即$\boldsymbol{x}_{\bar{c}o} = [x_4]$；

不能控不能观变量：x_6，即$\boldsymbol{x}_{\bar{c}\bar{o}} = [x_6]$。

则原系统可分解为 4 个子系统

$$
\begin{cases}
\begin{bmatrix} \dot{\boldsymbol{x}}_{co} \\ \dot{\boldsymbol{x}}_{c\bar{o}} \\ \dot{\boldsymbol{x}}_{\bar{c}o} \\ \dot{\boldsymbol{x}}_{\bar{c}\bar{o}} \end{bmatrix} = \left[\begin{array}{cc:cc:c:c} -4 & 1 & 0 & 0 & 0 & 0 \\ 0 & -4 & 0 & 0 & 0 & 0 \\ \hdashline 0 & 0 & 3 & 0 & 1 & 0 \\ 0 & 0 & 0 & -1 & 0 & 1 \\ \hdashline 0 & 0 & 0 & 0 & 3 & 0 \\ \hdashline 0 & 0 & 0 & 0 & 0 & -1 \end{array}\right] \begin{bmatrix} \boldsymbol{x}_{co} \\ \boldsymbol{x}_{c\bar{o}} \\ \boldsymbol{x}_{\bar{c}o} \\ \boldsymbol{x}_{\bar{c}\bar{o}} \end{bmatrix} + \left[\begin{array}{c} 1 \\ 5 \\ \hdashline 7 \\ 1 \\ \hdashline 0 \\ \hdashline 0 \end{array}\right] \boldsymbol{u} \\
\boldsymbol{y} = \left[\begin{array}{cc:cc:c:c} 1 & 2 & 0 & 0 & 1 & 0 \end{array}\right] \begin{bmatrix} \boldsymbol{x}_{co} \\ \boldsymbol{x}_{c\bar{o}} \\ \boldsymbol{x}_{\bar{c}o} \\ \boldsymbol{x}_{\bar{c}\bar{o}} \end{bmatrix}
\end{cases}
$$

4.6　线性定常系统的实现

经典控制理论中的数学模型是传递函数，现代控制理论中的传递函数矩阵反映了系统输入与输出信息传递关系，并且只能反映系统中能控能观子系统的动力学行为。对于给定的传递函数矩阵，理论上有无穷多的状态空间表达式与其对应，即一个传递函数矩阵描述着无穷多个内部不同结构的系统，所以由传递函数矩阵建立系统状态空间表达式的实现问题是非唯一的。从工程的观点看，在无穷多个内部不同结构的系统中，其中维数最小的一类系统就是所谓最小实现问题。确定最小实现是一个复杂的问题，本节只对实现问题的基本概念作简单介绍，并通过几个具体例子介绍寻求最小实现的一般步骤。

4.6.1 实现问题的基本概念

1. 实现的定义

定义 4.9 对于给定的传递函数矩阵 $\boldsymbol{W}(s)$，若有相应的线性定常连续系统的状态空间表达式

$$\begin{cases}\dot{\boldsymbol{x}}(t)=\boldsymbol{A}\boldsymbol{x}(t)+\boldsymbol{B}\boldsymbol{u}(t)\\ \boldsymbol{y}(t)=\boldsymbol{C}\boldsymbol{x}(t)+\boldsymbol{D}\boldsymbol{u}(t)\end{cases}\tag{4.79}$$

使得

$$\boldsymbol{W}(s)=\boldsymbol{C}(s\boldsymbol{I}-\boldsymbol{A})^{-1}\boldsymbol{B}+\boldsymbol{D}\tag{4.80}$$

则称系统(4.79)为传递函数矩阵 $\boldsymbol{W}(s)$的一个实现。

应该指出，并不是任意一个传递函数矩阵都可以找到其实现，通常必须满足物理可实现性条件。

2. 实现的基本性质

(1) 实现的存在性。对于任意给定的传递函数矩阵 $\boldsymbol{W}(s)$，只要满足物理可实现性条件，则一定可以找到其实现。

(2) 实现的非唯一性。对于一个传递函数矩阵，理论上有多个实现与之对应。

(3) 实现的形式。当传递函数矩阵 $\boldsymbol{W}(s)$ 所有元素 $W_{ij}(s)$ 均为 s 的严格真有理分式函数时，其实现为形式 $\Sigma(\boldsymbol{A},\boldsymbol{B},\boldsymbol{C})$；传递函数矩阵 $\boldsymbol{W}(s)$ 至少有一个元素 $W_{ij}(s)$ 为 s 的真有理分式函数时，其实现为形式 $\Sigma(\boldsymbol{A},\boldsymbol{B},\boldsymbol{C},\boldsymbol{D})$，且

$$\boldsymbol{D}=\lim_{s\to\infty}\boldsymbol{W}(s)\tag{4.81}$$

4.6.2 能控型实现和能观型实现

前面已经介绍，对于一个单输入-单输出系统，一旦给出系统的传递函数，便可以直接写出其能控型实现或能观型(简称能观型)实现。本小节介绍如何将这些标准型实现推广到多输入-多输出系统中。

1. 单输入-单输出系统的能控型实现和能观型实现

定理 4.5 设线性定常连续系统的传递函数为

$$\boldsymbol{W}(s)=\frac{\boldsymbol{Y}(s)}{\boldsymbol{U}(s)}=\frac{b_{n-1}s^{n-1}+b_{n-2}s^{n-2}+\cdots+b_1s+b_0}{s^n+a_{n-1}s^{n-1}+\cdots+a_1s+a_0}\tag{4.82}$$

式中，a_0，a_1，…，a_{n-1}，b_0，b_1，…，b_{n-1}为实常数。

能控型实现为

$$\begin{cases}\dot{\boldsymbol{x}}(t)=\boldsymbol{A}_c\boldsymbol{x}(t)+\boldsymbol{B}_c\boldsymbol{u}(t)\\ \boldsymbol{y}(t)=\boldsymbol{C}_c\boldsymbol{x}(t)\end{cases}\tag{4.83}$$

其中，$\boldsymbol{x}(t)$是 n 维状态向量，$\boldsymbol{u}(t)$是 1 维输入向量，$\boldsymbol{y}(t)$是 1 维的输出向量；$\boldsymbol{A}_c$ 是 $n\times n$ 维系统矩阵，$\boldsymbol{B}_c$ 是 $n\times 1$ 维输入矩阵，$\boldsymbol{C}_c$ 是 $1\times n$ 维输出矩阵，且

$$A_c=\begin{bmatrix}0 & 1 & \cdots & 0\\ 0 & 0 & \cdots & 0\\ \vdots & \vdots & & \vdots\\ -a_0 & -a_1 & \cdots & -a_{n-1}\end{bmatrix},\ B_c=\begin{bmatrix}0\\0\\ \vdots\\1\end{bmatrix},\ C_c=[b_0\quad b_1\quad\cdots\quad b_{n-1}]$$

能观型实现为

$$\begin{cases}\dot{x}(t)=A_o x(t)+B_o u(t)\\ y(t)=C_o x(t)\end{cases}\tag{4.84}$$

其中，$x(t)$是 n 维状态向量，$u(t)$是 1 维输入向量，$y(t)$是 1 维的输出向量；A_o 是 $n\times n$ 维系统矩阵，B_o 是 $n\times 1$ 维输入矩阵，C_o 是 $1\times n$ 维输出矩阵，且

$$A_o=\begin{bmatrix}0 & 0 & \cdots & -a_0\\ 1 & 0 & \cdots & -a_1\\ \vdots & \vdots & & \vdots\\ 0 & 0 & \cdots & -a_{n-1}\end{bmatrix},\ B_o=\begin{bmatrix}b_0\\b_1\\ \vdots\\b_{n-1}\end{bmatrix},\ C_o=[0\quad 0\quad\cdots\quad 1]$$

证明　先证明能控型实现。把式(4.83)代入式(4.80)($D=0$)，得

$$\begin{aligned}W(s)&=C(sI-A)^{-1}B\\ &=[b_0\quad b_1\quad\cdots\quad b_{n-1}]\left(sI-\begin{bmatrix}0 & 1 & \cdots & 0\\ 0 & 0 & \cdots & 0\\ \vdots & \vdots & & \vdots\\ -a_0 & -a_1 & \cdots & -a_{n-1}\end{bmatrix}\right)^{-1}\begin{bmatrix}0\\0\\ \vdots\\1\end{bmatrix}\\ &=\frac{b_{n-1}s^{n-1}+b_{n-2}s^{n-2}+\cdots+b_1s+b_0}{s^n+a_{n-1}s^{n-1}+\cdots+a_1s+a_0}\end{aligned}$$

同理也能证明能观型实现。

同一单输入-单输出系统的能控型实现和能观型实现是对偶系统。

例 4.22　求传递函数

$$W(s)=\frac{s^2+3s+2}{s^3+2s^2+4s+1}$$

的能控型实现和能观型实现。

解　已知 $a_0=1$，$a_1=4$，$a_2=2$，$b_0=2$，$b_1=3$。

能控型实现为

$$\begin{cases}\dot{x}(t)=\begin{bmatrix}0 & 1 & 0\\ 0 & 0 & 1\\ -1 & -4 & -2\end{bmatrix}x(t)+\begin{bmatrix}0\\0\\1\end{bmatrix}u(t)\\ y(t)=[2\quad 3\quad 1]\,x(t)\end{cases}$$

能观型实现为

$$\begin{cases}\dot{x}(t)=\begin{bmatrix}0 & 0 & -1\\ 1 & 0 & -4\\ 0 & 1 & -2\end{bmatrix}x(t)+\begin{bmatrix}2\\3\\1\end{bmatrix}u(t)\\ y(t)=[0\quad 0\quad 1]x(t)\end{cases}$$

2. 多输入-多输出系统的能控型实现和能观型实现

定理 4.6 设线性定常连续系统的传递函数矩阵为

$$\boldsymbol{W}(s)=\frac{\boldsymbol{\beta}_{n-1}s^{n-1}+\boldsymbol{\beta}_{n-2}s^{n-2}+\cdots+\boldsymbol{\beta}_1 s+\boldsymbol{\beta}_0}{s^n+a_{n-1}s^{n-1}+\cdots+a_1 s+a_0} \tag{4.85}$$

式中，a_0，a_1，…，a_{n-1}是实常数，$\boldsymbol{\beta}_0$，$\boldsymbol{\beta}_1$，…，$\boldsymbol{\beta}_{n-1}$是 $m\times r$ 维常数矩阵，分母特征多项式 $s^n+a_{n-1}s^{n-1}+\cdots+a_1 s+a_0=0$ 是该传递函数矩阵的特征多项式。

则传递函数矩阵的能控型实现为

$$\begin{cases}\dot{\boldsymbol{x}}(t)=\boldsymbol{A}_c\boldsymbol{x}(t)+\boldsymbol{B}_c\boldsymbol{u}(t)\\ \boldsymbol{y}(t)=\boldsymbol{C}_c\boldsymbol{x}(t)\end{cases} \tag{4.86}$$

其中，$\boldsymbol{x}(t)$是 nr 维状态向量，$\boldsymbol{u}(t)$是 r 维输入向量，$\boldsymbol{y}(t)$是 m 维的输出向量；$\boldsymbol{A}_c$ 是 $nr\times nr$ 维系统矩阵，$\boldsymbol{B}_c$ 是 $nr\times r$ 维输入矩阵，$\boldsymbol{C}_c$ 是 $m\times nr$ 维输出矩阵，且

$$\boldsymbol{A}_c=\begin{bmatrix}\boldsymbol{0}_r & \boldsymbol{I}_r & \cdots & \boldsymbol{0}_r\\ \boldsymbol{0}_r & \boldsymbol{0}_r & \cdots & \boldsymbol{0}_r\\ \vdots & \vdots & & \vdots\\ -a_0\boldsymbol{I}_r & -a_1\boldsymbol{I}_r & \cdots & -a_{n-1}\boldsymbol{I}_r\end{bmatrix},\ \boldsymbol{B}_c=\begin{bmatrix}\boldsymbol{0}_r\\ \boldsymbol{0}_r\\ \vdots\\ \boldsymbol{I}_r\end{bmatrix},\ \boldsymbol{C}_c=[\boldsymbol{\beta}_0\quad \boldsymbol{\beta}_1\quad \cdots\quad \boldsymbol{\beta}_{n-1}]$$

$\boldsymbol{0}_r$ 和 $\boldsymbol{I}_r$ 分别为 $r\times r$ 阶零矩阵和 $r\times r$ 阶单位矩阵。

以此类推，其能观型实现为

$$\begin{cases}\dot{\boldsymbol{x}}(t)=\boldsymbol{A}_o\boldsymbol{x}(t)+\boldsymbol{B}_o\boldsymbol{u}(t)\\ \boldsymbol{y}(t)=\boldsymbol{C}_o\boldsymbol{x}(t)\end{cases} \tag{4.87}$$

其中，$\boldsymbol{x}(t)$是 nm 维状态向量，$\boldsymbol{u}(t)$是 r 维输入向量，$\boldsymbol{y}(t)$是 m 维输出向量；$\boldsymbol{A}_o$ 是 $nm\times nm$ 维系统矩阵，$\boldsymbol{B}_o$ 是 $nm\times r$ 维输入矩阵，$\boldsymbol{C}_o$ 是 $m\times nm$ 维输出矩阵，且

$$\boldsymbol{A}_o=\begin{bmatrix}\boldsymbol{0}_m & \boldsymbol{0}_m & \cdots & -a_0\boldsymbol{I}_m\\ \boldsymbol{I}_m & \boldsymbol{0}_m & \cdots & -a_1\boldsymbol{I}_m\\ \vdots & \vdots & & \vdots\\ \boldsymbol{0}_m & \boldsymbol{0}_m & \cdots & -a_{n-1}\boldsymbol{I}_m\end{bmatrix},\ \boldsymbol{B}_o=\begin{bmatrix}\boldsymbol{\beta}_0\\ \boldsymbol{\beta}_1\\ \vdots\\ \boldsymbol{\beta}_{n-1}\end{bmatrix},\ \boldsymbol{C}_o=[\boldsymbol{0}_m\quad \boldsymbol{0}_m\quad \cdots\quad \boldsymbol{I}_m]$$

$\boldsymbol{0}_m$ 和 $\boldsymbol{I}_m$ 分别为 $m\times m$ 阶零矩阵和 $m\times m$ 阶单位矩阵。

显然可见，能控型实现状态变量的维数是 nr，能观型实现状态变量的维数是 nm。最后应指出，多输入-多输出系统的能观型实现并不是其能控型实现的对偶系统，这一点和单输入-单输出系统不同。

例 4.23 试求如下传递函数矩阵

$$\boldsymbol{W}(s)=\begin{bmatrix}\dfrac{s+2}{s+1} & \dfrac{1}{s+3}\\[2ex] \dfrac{s}{s+1} & \dfrac{s+1}{s+2}\end{bmatrix}$$

的能控型实现和能观型实现。

解　首先将 $\boldsymbol{W}(s)$ 化成严格的真有理分式，根据式(4.81)可得

$$\boldsymbol{D}=\lim_{s\to\infty}\boldsymbol{W}(s)=\lim_{s\to\infty}\begin{bmatrix}\dfrac{s+2}{s+1} & \dfrac{1}{s+3}\\ \dfrac{s}{s+1} & \dfrac{s+1}{s+2}\end{bmatrix}=\begin{bmatrix}1 & 0\\ 1 & 1\end{bmatrix}$$

则

$$\boldsymbol{W}(s)=\boldsymbol{C}(s\boldsymbol{I}-\boldsymbol{A})^{-1}\boldsymbol{B}+\boldsymbol{D}=\begin{bmatrix}\dfrac{1}{s+1} & \dfrac{1}{s+3}\\ -\dfrac{1}{s+1} & -\dfrac{1}{s+2}\end{bmatrix}+\begin{bmatrix}1 & 0\\ 1 & 1\end{bmatrix}$$

将 $\boldsymbol{C}(s\boldsymbol{I}-\boldsymbol{A})^{-1}\boldsymbol{B}$ 写成按 s 降幂排列的格式为

$$\begin{aligned}\begin{bmatrix}\dfrac{1}{s+1} & \dfrac{1}{s+3}\\ -\dfrac{1}{s+1} & -\dfrac{1}{s+2}\end{bmatrix}&=\frac{1}{s^3+6s^2+11s+6}\begin{bmatrix}s^2+5s+6 & s^2+3s+2\\ -s^2-5s-6 & -s^2-4s-3\end{bmatrix}\\ &=\frac{1}{s^3+6s^2+11s+6}\left\{\begin{bmatrix}1 & 1\\ -1 & -1\end{bmatrix}s^2+\begin{bmatrix}5 & 3\\ -5 & -4\end{bmatrix}s+\begin{bmatrix}6 & 2\\ -6 & -3\end{bmatrix}\right\}\end{aligned}$$

根据式(4.85)可得

$$a_0=6,\ a_1=11,\ a_2=6$$

$$\boldsymbol{\beta}_0=\begin{bmatrix}6 & 2\\ -6 & -3\end{bmatrix}$$

$$\boldsymbol{\beta}_1=\begin{bmatrix}5 & 3\\ -5 & -4\end{bmatrix}$$

$$\boldsymbol{\beta}_2=\begin{bmatrix}1 & 1\\ -1 & -1\end{bmatrix}$$

将上述系数及矩阵代入式(4.86)，便可得到能控型实现的各系数矩阵：

$$\boldsymbol{A}_c=\begin{bmatrix}\boldsymbol{0}_r & \boldsymbol{I}_r & \boldsymbol{0}_r\\ \boldsymbol{0}_r & \boldsymbol{0}_r & \boldsymbol{I}_r\\ -a_0\boldsymbol{I}_r & -a_1\boldsymbol{I}_r & -a_2\boldsymbol{I}_r\end{bmatrix}=\left[\begin{array}{cc:cc:cc}0 & 0 & 1 & 0 & 0 & 0\\ 0 & 0 & 0 & 1 & 0 & 0\\ \hdashline 0 & 0 & 0 & 0 & 1 & 0\\ 0 & 0 & 0 & 0 & 0 & 1\\ \hdashline -6 & 0 & -11 & 0 & -6 & 0\\ 0 & -6 & 0 & -11 & 0 & -6\end{array}\right]$$

$$\boldsymbol{B}_c=\begin{bmatrix}\boldsymbol{0}_r\\ \boldsymbol{0}_r\\ \boldsymbol{I}_r\end{bmatrix}=\left[\begin{array}{cc}0 & 0\\ 0 & 0\\ \hdashline 0 & 0\\ 0 & 0\\ \hdashline 1 & 0\\ 0 & 1\end{array}\right]$$

$$\boldsymbol{C}_c=[\boldsymbol{\beta}_0\quad \boldsymbol{\beta}_1\quad \boldsymbol{\beta}_2]=\left[\begin{array}{cc:cc:cc}6 & 2 & 5 & 3 & 1 & 1\\ -6 & -3 & -5 & -4 & -1 & -1\end{array}\right]$$

$$\boldsymbol{D}=\begin{bmatrix}1 & 0\\ 1 & 1\end{bmatrix}$$

则能控型实现为

$$\begin{cases}\dot{\boldsymbol{x}}(t)=\begin{bmatrix}0 & 0 & 1 & 0 & 0 & 0\\ 0 & 0 & 0 & 1 & 0 & 0\\ 0 & 0 & 0 & 0 & 1 & 0\\ 0 & 0 & 0 & 0 & 0 & 1\\ -6 & 0 & -11 & 0 & -6 & 0\\ 0 & -6 & 0 & -11 & 0 & -6\end{bmatrix}\boldsymbol{x}(t)+\begin{bmatrix}0 & 0\\ 0 & 0\\ 0 & 0\\ 0 & 0\\ 1 & 0\\ 0 & 1\end{bmatrix}\boldsymbol{u}(t)\\ \boldsymbol{y}(t)=\begin{bmatrix}6 & 2 & 5 & 3 & 1 & 1\\ -6 & -3 & -5 & -4 & -1 & -1\end{bmatrix}\boldsymbol{x}(t)+\begin{bmatrix}1 & 0\\ 1 & 1\end{bmatrix}\boldsymbol{u}(t)\end{cases}$$

类似地，能观型实现的各个系数矩阵为

$$\boldsymbol{A}_o=\begin{bmatrix}\boldsymbol{0}_m & \boldsymbol{0}_m & -a_0\boldsymbol{I}_m\\ \boldsymbol{I}_m & \boldsymbol{0}_m & -a_1\boldsymbol{I}_m\\ \boldsymbol{0}_m & \boldsymbol{I}_m & -a_2\boldsymbol{I}_m\end{bmatrix}=\left[\begin{array}{cc:cc:cc}0 & 0 & 0 & 0 & -6 & 0\\ 0 & 0 & 0 & 0 & 0 & -6\\ \hdashline 1 & 0 & 0 & 0 & -11 & 0\\ 0 & 1 & 0 & 0 & 0 & -11\\ \hdashline 0 & 0 & 1 & 0 & -6 & 0\\ 0 & 0 & 0 & 1 & 0 & -6\end{array}\right]$$

$$\boldsymbol{B}_o=\begin{bmatrix}\boldsymbol{\beta}_0\\ \boldsymbol{\beta}_1\\ \boldsymbol{\beta}_2\end{bmatrix}=\left[\begin{array}{cc}6 & 2\\ -6 & -3\\ \hdashline 5 & 3\\ -5 & -4\\ \hdashline 1 & 1\\ -1 & -1\end{array}\right]$$

$$\boldsymbol{C}_o=[\boldsymbol{0}_m\quad \boldsymbol{0}_m\quad \boldsymbol{I}_m]=\left[\begin{array}{cc:cc:cc}0 & 0 & 0 & 0 & 1 & 0\\ 0 & 0 & 0 & 0 & 0 & 1\end{array}\right]$$

$$\boldsymbol{D}=\begin{bmatrix}1 & 0\\ 1 & 1\end{bmatrix}$$

则能观型实现为

$$\begin{cases}\dot{\boldsymbol{x}}(t)=\begin{bmatrix}0 & 0 & 0 & 0 & -6 & 0\\ 0 & 0 & 0 & 0 & 0 & -6\\ 1 & 0 & 0 & 0 & -11 & 0\\ 0 & 1 & 0 & 0 & 0 & -11\\ 0 & 0 & 1 & 0 & -6 & 0\\ 0 & 0 & 0 & 1 & 0 & -6\end{bmatrix}\boldsymbol{x}(t)+\begin{bmatrix}6 & 2\\ -6 & -3\\ 5 & 3\\ -5 & -4\\ 1 & 1\\ -1 & -1\end{bmatrix}\boldsymbol{u}(t)\\ \boldsymbol{y}(t)=\begin{bmatrix}0 & 0 & 0 & 0 & 1 & 0\\ 0 & 0 & 0 & 0 & 0 & 1\end{bmatrix}\boldsymbol{x}(t)+\begin{bmatrix}1 & 0\\ 1 & 1\end{bmatrix}\boldsymbol{u}(t)\end{cases}$$

所得结果也进一步表明，多变量系统的能控型实现和能观型实现之间并不是一个简单的对偶关系。

4.6.3 最小实现

传递函数矩阵只能反映系统中能控能观子系统的动力学行为。对于一个可实现的传递函数矩阵来说，有无穷多的状态空间表达式与之对应。从工程角度看，如何寻求维数最小的一类实现，具有重要的现实意义。

1. 最小实现的定义

定义 4.10　设传递函数矩阵 $\boldsymbol{W}(s)$ 的一个实现为

$$\begin{cases}\dot{\boldsymbol{x}}(t)=\boldsymbol{A}\boldsymbol{x}(t)+\boldsymbol{B}\boldsymbol{u}(t)\\ \boldsymbol{y}(t)=\boldsymbol{C}\boldsymbol{x}(t)\end{cases}\tag{4.88}$$

如果不存在其他实现

$$\begin{cases}\dot{\tilde{\boldsymbol{x}}}(t)=\tilde{\boldsymbol{A}}\tilde{\boldsymbol{x}}(t)+\tilde{\boldsymbol{B}}\boldsymbol{u}(t)\\ \boldsymbol{y}(t)=\tilde{\boldsymbol{C}}\tilde{\boldsymbol{x}}(t)\end{cases}\tag{4.89}$$

使 $\tilde{\boldsymbol{x}}(t)$ 的维数小于 $\boldsymbol{x}(t)$ 的维数，则称式(4.88)为 $\boldsymbol{W}(s)$ 的最小实现。

由于传递函数矩阵只能反映系统中能控能观子系统的动力学行为，因此把系统中不能控或不能观的状态分量消去，将不会影响系统的传递函数矩阵。也就是说，这些不能控或不能观状态分量的存在将使系统不能成为最小实现。根据上述分析，有如下判别最小实现的方法。

2. 判别最小实现的方法

定理 4.7　设传递函数矩阵 $\boldsymbol{W}(s)$ 的一个实现

$$\begin{cases}\dot{\boldsymbol{x}}(t)=\boldsymbol{A}\boldsymbol{x}(t)+\boldsymbol{B}\boldsymbol{u}(t)\\ \boldsymbol{y}(t)=\boldsymbol{C}\boldsymbol{x}(t)\end{cases}\tag{4.90}$$

为系统最小实现的充分必要条件是系统(4.90)既能控又能观。

这个定理证明从略。

根据这个定理可以方便地确定任何一个具有严格的真有理分式的传递函数矩阵 $\boldsymbol{W}(s)$ 的最小实现。一般可以按照如下步骤来进行。

(1) 对给定传递函数矩阵 $\boldsymbol{W}(s)$，先初选出一种实现 $\Sigma(\boldsymbol{A}, \boldsymbol{B}, \boldsymbol{C})$，通常最方便的是选取能控型实现或能观型实现。

(2) 对上面初选的实现 $\Sigma(\boldsymbol{A}, \boldsymbol{B}, \boldsymbol{C})$，找出其完全能控且能观部分，这个能控能观部分就是最小实现。

例 4.24　试求传递函数矩阵

$$\boldsymbol{W}(s)=\begin{bmatrix}\dfrac{1}{(s+1)(s+2)} & \dfrac{1}{(s+2)(s+3)}\end{bmatrix}$$

的最小实现。

解 $\boldsymbol{W}(s)$是严格的真有理分式，直接将它写成按 s 降幂排列的标准形式：

$$\boldsymbol{W}(s)=\begin{bmatrix}\dfrac{(s+3)}{(s+1)(s+2)(s+3)} & \dfrac{(s+1)}{(s+1)(s+2)(s+3)}\end{bmatrix}$$

$$=\frac{1}{(s+1)(s+2)(s+3)}\begin{bmatrix}s+3 & s+1\end{bmatrix}$$

$$=\frac{1}{s^3+6s^2+11s+6}\{\begin{bmatrix}1 & 1\end{bmatrix}s+\begin{bmatrix}3 & 1\end{bmatrix}\}$$

对照式(4.85)知

$$a_0=6,\ a_{11}=11,\ a_2=6$$

$$\boldsymbol{\beta}_0=\begin{bmatrix}3 & 1\end{bmatrix},\ \boldsymbol{\beta}_1=\begin{bmatrix}1 & 1\end{bmatrix},\ \boldsymbol{\beta}_2=\begin{bmatrix}0 & 0\end{bmatrix}$$

输出向量维数 $m=1$，输入向量维数 $r=2$，所以采用能观型实现。

$$\boldsymbol{A}_o=\begin{bmatrix}\boldsymbol{0}_m & \boldsymbol{0}_m & -a_0\boldsymbol{I}_m\\ \boldsymbol{I}_m & \boldsymbol{0}_m & -a_1\boldsymbol{I}_m\\ \boldsymbol{0}_m & \boldsymbol{I}_m & -a_2\boldsymbol{I}_m\end{bmatrix}=\begin{bmatrix}0 & 0 & -6\\ 1 & 0 & -11\\ 0 & 1 & -6\end{bmatrix}$$

$$\boldsymbol{B}_o=\begin{bmatrix}\boldsymbol{\beta}_0\\ \boldsymbol{\beta}_1\\ \boldsymbol{\beta}_2\end{bmatrix}=\begin{bmatrix}3 & 1\\ 1 & 1\\ 0 & 0\end{bmatrix}$$

$$\boldsymbol{C}_o=\begin{bmatrix}\boldsymbol{0}_m & \boldsymbol{0}_m & \boldsymbol{I}_m\end{bmatrix}=\begin{bmatrix}0 & 0 & 1\end{bmatrix}$$

则能观型实现的状态空间表达式为

$$\begin{cases}\dot{\boldsymbol{x}}(t)=\begin{bmatrix}0 & 0 & -6\\ 1 & 0 & -11\\ 0 & 1 & -6\end{bmatrix}\boldsymbol{x}(t)+\begin{bmatrix}3 & 1\\ 1 & 1\\ 0 & 0\end{bmatrix}\boldsymbol{u}(t)\\ \boldsymbol{y}(t)=\begin{bmatrix}0 & 0 & 1\end{bmatrix}\boldsymbol{x}(t)\end{cases}$$

检验所求能观型实现 $\Sigma(\boldsymbol{A}_o,\boldsymbol{B}_o,\boldsymbol{C}_o)$ 是否能控。

$$\boldsymbol{M}=\begin{bmatrix}\boldsymbol{B}_o & \boldsymbol{A}_o\boldsymbol{B}_o & \boldsymbol{A}_o^2\boldsymbol{B}_o\end{bmatrix}=\begin{bmatrix}3 & 1 & 0 & 0 & -6 & -6\\ 1 & 1 & 3 & 1 & -11 & -11\\ 0 & 0 & 1 & 1 & -3 & -5\end{bmatrix}$$

由于

$$\text{rank}\boldsymbol{M}=3=n$$

所以 $\Sigma(\boldsymbol{A}_o,\ \boldsymbol{B}_o,\ \boldsymbol{C}_o)$ 是能控且能观的，为最小实现。

例 4.25 试求下列传递函数矩阵的最小实现。

$$\boldsymbol{W}(s)=\begin{bmatrix}\dfrac{s+2}{s+1} & \dfrac{1}{s+3}\\ \dfrac{s}{s+1} & \dfrac{s+1}{s+2}\end{bmatrix}$$

解 (1) 将 $\boldsymbol{W}(s)$化成严格的真有理分式有理函数，并写出相应的能控型(或能观型实现)。本题所求系统的能控型实现已经在例 4.22 中求出。

$$\begin{cases}\dot{\boldsymbol{x}}(t)=\boldsymbol{A}_c\boldsymbol{x}(t)+\boldsymbol{B}_c\boldsymbol{u}(t)\\ \boldsymbol{y}(t)=\boldsymbol{C}_c\boldsymbol{x}(t)+\boldsymbol{D}\boldsymbol{u}(t)\end{cases}$$

其中

$$\boldsymbol{A}_c=\begin{bmatrix}0&0&1&0&0&0\\0&0&0&1&0&0\\0&0&0&0&1&0\\0&0&0&0&0&1\\-6&0&-11&0&-6&0\\0&-6&0&-11&0&-6\end{bmatrix},\ \boldsymbol{B}_c=\begin{bmatrix}0&0\\0&0\\0&0\\0&0\\1&0\\0&1\end{bmatrix}$$

$$\boldsymbol{C}_c=\begin{bmatrix}6&2&5&3&1&1\\-6&-3&-5&-4&-1&-1\end{bmatrix},\ \boldsymbol{D}=\begin{bmatrix}1&0\\1&1\end{bmatrix}$$

(2) 判别该能控型实现的状态是否完全能观。

$$\boldsymbol{N}\big|_{12\times 6}=\begin{bmatrix}\boldsymbol{C}\\\boldsymbol{CA}\\\boldsymbol{CA}^2\\\boldsymbol{CA}^3\\\boldsymbol{CA}^4\\\boldsymbol{CA}^5\end{bmatrix}=\begin{bmatrix}6&2&5&3&1&1\\-6&-3&-5&-4&-1&-1\\-6&-6&-5&-9&-1&-3\\6&6&5&8&1&2\\6&18&5&27&1&9\\-6&-12&-5&-16&-1&-4\\\vdots&\vdots&\vdots&\vdots&\vdots&\vdots\end{bmatrix}$$

因为 rank$\boldsymbol{N}=3<6$，所以该能控型实现不是最小实现，为此必须进行能观性结构分解。

(3) 根据式(4.73)构造变换矩阵$\boldsymbol{T}_o^{-1}$，将系统按能观性进行分解。选取

$$\boldsymbol{T}_o^{-1}=\left[\begin{array}{cccccc}6&2&5&3&1&1\\-6&-3&-5&-4&-1&-1\\-6&-6&-5&-9&-1&-3\\\hdashline 1&0&0&0&0&0\\0&1&0&0&0&0\\0&0&1&0&0&0\end{array}\right]$$

利用分块矩阵的求逆公式，求得

$$\boldsymbol{T}_o=\begin{bmatrix}0&0&0&1&0&0\\0&0&0&0&1&0\\0&0&0&0&0&1\\-1&-1&0&0&-1&0\\\frac{3}{2}&0&\frac{1}{2}&-6&0&-5\\\frac{5}{2}&3&-\frac{1}{2}&0&1&0\end{bmatrix}$$

则

$$\hat{A}=T_o^{-1}AT_o=\left[\begin{array}{ccc:ccc} 0 & 0 & 1 & 0 & 0 & 0 \\ -\frac{3}{2} & -2 & -\frac{1}{2} & 0 & 0 & 0 \\ -3 & 0 & -4 & 0 & 0 & 0 \\ \hdashline 0 & 0 & 0 & 0 & 0 & 1 \\ -1 & -1 & 0 & 0 & -1 & 0 \\ \frac{3}{2} & 0 & \frac{1}{2} & -6 & 0 & -5 \end{array}\right]=\left[\begin{array}{c:c} \hat{A}_{11} & \mathbf{0} \\ \hdashline \hat{A}_{21} & \hat{A}_{22} \end{array}\right]$$

$$\hat{B}=T_o^{-1}B=\left[\begin{array}{cc} 1 & 1 \\ -1 & -1 \\ -1 & -3 \\ \hdashline 0 & 0 \\ 0 & 0 \\ 0 & 0 \end{array}\right]=\left[\begin{array}{c} \hat{B}_1 \\ \hdashline \mathbf{0} \end{array}\right]$$

$$\hat{C}=CT_o=\left[\begin{array}{ccc:ccc} 1 & 0 & 0 & 0 & 0 & 0 \\ 0 & 1 & 0 & 0 & 0 & 0 \end{array}\right]=\left[\begin{array}{c:c} \hat{C}_1 & \mathbf{0} \end{array}\right]$$

经检验 $\Sigma(\hat{A}_{11}, \hat{B}_1, \hat{C}_1)$ 是能控且能观的子系统，因此，$W(s)$ 的最小实现为

$$\begin{cases} \dot{x}(t)=\begin{bmatrix} 0 & 0 & 1 \\ -\frac{3}{2} & -2 & -\frac{1}{2} \\ -3 & 0 & -4 \end{bmatrix}x(t)+\begin{bmatrix} 1 & 1 \\ -1 & -1 \\ -1 & -3 \end{bmatrix}u(t) \\ y(t)=\begin{bmatrix} 1 & 0 & 0 \\ 0 & 1 & 0 \end{bmatrix}x(t)+\begin{bmatrix} 1 & 0 \\ 1 & 1 \end{bmatrix}u(t) \end{cases}$$

若根据上式求系统传递函数矩阵，则可检验所得结果。

$$\hat{C}_1(sI-\hat{A}_{11})^{-1}\hat{B}_1+D=\begin{bmatrix} 1 & 0 & 0 \\ 0 & 1 & 0 \end{bmatrix}\begin{bmatrix} s & 0 & -1 \\ \frac{3}{2} & s+2 & \frac{1}{2} \\ 3 & 0 & s+4 \end{bmatrix}\begin{bmatrix} 1 & 1 \\ -1 & -1 \\ -1 & -3 \end{bmatrix}+\begin{bmatrix} 1 & 0 \\ 1 & 1 \end{bmatrix}$$

$$=\begin{bmatrix} \frac{s+2}{s+1} & \frac{1}{s+3} \\ \frac{s}{s+1} & \frac{s+1}{s+2} \end{bmatrix}$$

同理，对于该系统也可先写出能观型实现，然后判断其能控性；如果不能控，则进行能控性结构分解，找出其能控能观子系统。

能观型实现 $\Sigma(A_o, B_o, C_o)$ 为

$$\begin{cases} \dot{x}(t)=A_o x(t)+B_o u(t) \\ y(t)=C_o x(t)+Du(t) \end{cases}$$

其中：

$$
\boldsymbol{A}_o=\begin{bmatrix}0&0&0&0&-6&0\\0&0&0&0&0&-6\\1&0&0&0&-11&0\\0&1&0&0&0&-11\\0&0&1&0&-6&0\\0&0&0&1&0&-6\end{bmatrix},\ \boldsymbol{B}_o=\begin{bmatrix}6&2\\-6&-3\\5&3\\-5&-4\\1&1\\-1&-1\end{bmatrix}
$$

$$
\boldsymbol{C}_o=\begin{bmatrix}0&0&0&0&1&0\\0&0&0&0&0&1\end{bmatrix},\ \boldsymbol{D}=\begin{bmatrix}1&0\\0&1\end{bmatrix}
$$

然后将 $\Sigma(\boldsymbol{A}_o, \boldsymbol{B}_o, \boldsymbol{C}_o)$ 按能控性分解，根据式(4.69) 选择变换矩阵 $\boldsymbol{T}_c$：

$$
\boldsymbol{T}_c=\begin{bmatrix}6&2&6&1&0&0\\-6&-3&-6&0&1&0\\5&3&-9&0&0&1\\-5&-4&-8&0&0&0\\1&1&-3&0&0&0\\-1&-1&2&0&0&0\end{bmatrix}
$$

并算得

$$
\boldsymbol{T}_c^{-1}=\begin{bmatrix}0&0&0&-1&0&4\\0&0&0&1&-2&-7\\0&0&0&0&-1&-1\\1&0&0&4&-2&-16\\0&1&0&-3&0&9\\0&0&1&2&-3&8\end{bmatrix}
$$

于是

$$
\widetilde{\boldsymbol{A}}=\boldsymbol{T}_c^{-1}\boldsymbol{A}\,\boldsymbol{T}_c=\left[\begin{array}{ccc:ccc}0&0&1&0&0&0\\1&0&0&0&-1&0\\0&0&-6&0&1&-2\\\hdashline 0&1&-5&0&0&-1\\0&0&0&0&-3&0\\0&0&0&1&2&-3\end{array}\right]=\left[\begin{array}{c:c}\widetilde{\boldsymbol{A}}_{11}&\widetilde{\boldsymbol{A}}_{12}\\\hdashline \boldsymbol{0}&\widetilde{\boldsymbol{A}}_{22}\end{array}\right]
$$

$$
\widetilde{\boldsymbol{B}}=\boldsymbol{T}_c^{-1}\boldsymbol{B}=\left[\begin{array}{cc}1&0\\0&1\\0&0\\\hdashline 0&0\\0&0\\0&0\end{array}\right]=\begin{bmatrix}\widetilde{\boldsymbol{B}}_1\\\boldsymbol{0}\end{bmatrix}
$$

$$\tilde{C}=CT_c=\left[\begin{array}{ccc:ccc}1 & 1 & -3 & 0 & 0 & 0\\ -1 & -1 & 2 & 0 & 0 & 0\end{array}\right]=\begin{bmatrix}\tilde{C}_1 & \mathbf{0}\end{bmatrix}$$

经检验 $\Sigma(\tilde{A}_{11},\tilde{B}_1,\tilde{C}_1)$ 是能控且能观的子系统，因此，$W(s)$ 的最小实现为

$$\begin{cases}\dot{\tilde{x}}(t)=\tilde{A}_{11}\tilde{x}(t)+\tilde{B}_1u(t)\\ \tilde{y}(t)=\tilde{C}_1\tilde{x}(t)+Du(t)\end{cases}$$

其中：

$$\tilde{A}_{11}=\begin{bmatrix}1 & 0 & 0\\ 0 & 0 & -6\\ 0 & 1 & -5\end{bmatrix},\ \tilde{B}_1=\begin{bmatrix}1 & 0\\ 0 & 1\\ 0 & 0\end{bmatrix},\ \tilde{C}_1=\begin{bmatrix}1 & 1 & -3\\ -1 & -1 & 2\end{bmatrix},\ D=\begin{bmatrix}1 & 0\\ 0 & 1\end{bmatrix}$$

若根据上式求系统传递函数矩阵，则可检验所得结果。

$$\tilde{C}_1(sI-\tilde{A}_{11})^{-1}\tilde{B}_1+D=\begin{bmatrix}\dfrac{s+2}{s+1} & \dfrac{1}{s+3}\\ \dfrac{s}{s+1} & \dfrac{s+1}{s+2}\end{bmatrix}$$

通过以上计算，进一步说明传递函数矩阵的实现不是唯一的，最小实现也不是唯一的，只是最小实现的维数是唯一的。可以证明，如果 $\Sigma(\hat{A}_{11},\hat{B}_1,\hat{C}_1)$ 和 $\Sigma(\tilde{A}_{11},\tilde{B}_1,\tilde{C}_1)$ 是传递函数矩阵 $W(s)$ 的两个最小实现，那么它们之间必存在线性变换，也就是说同一传递函数矩阵的最小实现是相互等价的。

注意：本节所介绍的寻求最小实现的方法虽然易于理解，但计算量是相当大的。还有不少其他算法，读者可参阅有关资料。

4.7 传递函数中零极点对消与能控性、能观性的关系

既然系统的能控能观性与其传递函数矩阵的最小实现是同义的，那么能否通过系统传递函数矩阵的特征来判别其状态的能控性和能观性呢？可以证明，对于单输入-单输出系统，要使系统是能控能观的充要条件是其传递函数的分子、分母间没有对消的零极点。对于多输入-多输出系统来说，传递函数矩阵没有零极点对消，只是系统最小实现的充分条件。也就是说，即使出现零极点对消，这种系统仍有可能是能控和能观的。鉴于这个原因，本节只限于讨论单输入-单输出系统传递函数中对消零极点与状态能控能观之间的关系。

定理 4.8 对于一个单输入-单输出系统 $\Sigma(A,B,C)$：

$$\begin{cases}\dot{x}(t)=Ax(t)+Bu(t)\\ y(t)=Cx(t)\end{cases}\tag{4.91}$$

其中，$x(t)$是 n 维状态向量，$u(t)$是 1 维输入向量，$y(t)$是 1 维的输出向量；A 是 $n\times n$ 维系统矩阵，B 是 $n\times 1$ 维输入矩阵，C 是 $1\times n$ 维输出矩阵。

其能控能观的充要条件是传递函数

$$\boldsymbol{W}(s)=\boldsymbol{C}(s\boldsymbol{I}-\boldsymbol{A})^{-1}\boldsymbol{B} \tag{4.92}$$

没有对消的零极点。

证明　先证必要性。如果 $\boldsymbol{W}(s)$ 不是系统(4.91) 的最小实现，则必存在另一个系统 $\Sigma(\hat{\boldsymbol{A}},\ \hat{\boldsymbol{B}},\ \hat{\boldsymbol{C}})$：

$$\begin{cases}\dot{\hat{\boldsymbol{x}}}(t)=\hat{\boldsymbol{A}}\hat{\boldsymbol{x}}(t)+\hat{\boldsymbol{B}}\boldsymbol{u}(t)\\ \boldsymbol{y}(t)=\hat{\boldsymbol{C}}\hat{\boldsymbol{x}}(t)\end{cases} \tag{4.93}$$

有更少的维数，使得

$$\hat{\boldsymbol{C}}(s\boldsymbol{I}-\hat{\boldsymbol{A}})^{-1}\hat{\boldsymbol{B}}=\boldsymbol{C}(s\boldsymbol{I}-\boldsymbol{A})^{-1}\boldsymbol{B}=\boldsymbol{W}(s) \tag{4.94}$$

由于 $\hat{\boldsymbol{x}}(t)$的阶次比 $\boldsymbol{x}(t)$低，于是多项式 $\det(\lambda\boldsymbol{I}-\hat{\boldsymbol{A}})$的阶次也一定比 $\det(\lambda\boldsymbol{I}-\boldsymbol{A})$的阶次低。但欲使式(4.94)成立，必然是 $\boldsymbol{C}(s\boldsymbol{I}-\boldsymbol{A})^{-1}\boldsymbol{B}$ 的分子、分母之间出现对消的零极点。于是必要性得证。

再证充分性。

如果 $\boldsymbol{C}(s\boldsymbol{I}-\boldsymbol{A})^{-1}\boldsymbol{B}$ 的分子、分母间不出现零极点对消，则 $\Sigma(\boldsymbol{A},\ \boldsymbol{B},\ \boldsymbol{C})$ 一定是能控能观的。

如果 $\boldsymbol{C}(s\boldsymbol{I}-\boldsymbol{A})^{-1}\boldsymbol{B}$ 的分子、分母间出现零极点对消，那么 $\boldsymbol{C}(s\boldsymbol{I}-\boldsymbol{A})^{-1}\boldsymbol{B}$ 将退化为降阶的传递函数。根据这个降阶的没有零极点对消的传递函数，可以找到一个更小维数的实现。假设 $\boldsymbol{C}(s\boldsymbol{I}-\boldsymbol{A})^{-1}\boldsymbol{B}$ 的分子、分母间没有对消零极点，于是对应的 $\Sigma(\boldsymbol{A},\ \boldsymbol{B},\ \boldsymbol{C})$ 一定是最小实现，即 $\Sigma(\boldsymbol{A},\ \boldsymbol{B},\ \boldsymbol{C})$ 是能控能观的。充分性得证。

利用这个关系可以根据传递函数的分子和分母是否出现零极点对消，判别相应的实现是否是能控能观的。但是，如果传递函数出现了零极点对消现象，还不能确定系统是不能控的、不能观的，还是既不能控又不能观的。

下面举例说明。

例如，系统的传递函数为

$$\boldsymbol{W}(s)=\frac{\boldsymbol{Y}(s)}{\boldsymbol{U}(s)}=\frac{(s+2.5)}{(s+2.5)(s-1)}$$

分子、分母有相同因式，系统状态是不完全能控或不完全能观，或是既不完全能控又不完全能观的。上述传递函数的实现可以是

$$\begin{cases}\dot{\boldsymbol{x}}(t)=\begin{bmatrix}1 & 0\\ 0 & -2.5\end{bmatrix}\boldsymbol{x}(t)+\begin{bmatrix}1\\ 1\end{bmatrix}\boldsymbol{u}(t)\\ \boldsymbol{y}(t)=\begin{bmatrix}1 & 0\end{bmatrix}\boldsymbol{x}(t)\end{cases}$$

可见系统是能控的，但不能观。因此，上述实现不是最小实现，相应的结构图如图 4.6 所示。

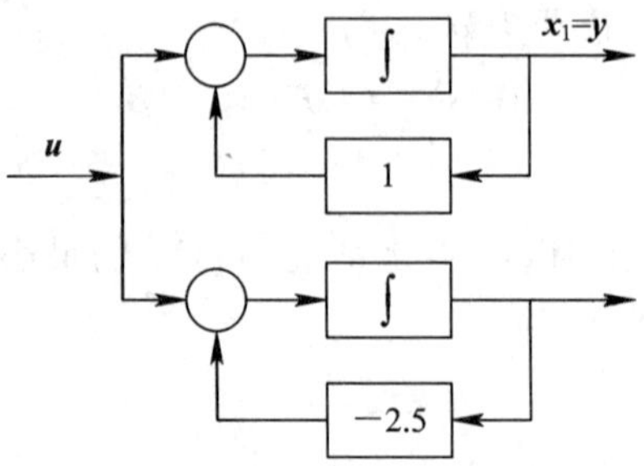

图 4.6　能控不能观系统结构图

上述传递函数的实现又可以是

$$\begin{cases}\dot{\boldsymbol{x}}(t)=\begin{bmatrix}1 & 0\\0 & -2.5\end{bmatrix}\boldsymbol{x}(t)+\begin{bmatrix}1\\0\end{bmatrix}\boldsymbol{u}(t)\\ \boldsymbol{y}(t)=\begin{bmatrix}1 & 1\end{bmatrix}\boldsymbol{x}(t)\end{cases}$$

这时系统是不能控但却是能观的。相应的系统结构如图 4.7 所示。

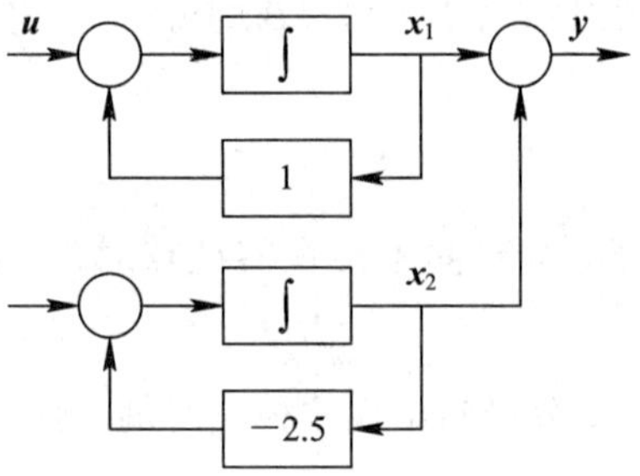

图 4.7　不能控能观系统结构图

上述传递函数的实现还可以是

$$\begin{cases}\dot{\boldsymbol{x}}(t)=\begin{bmatrix}1 & 0\\0 & -2.5\end{bmatrix}\boldsymbol{x}(t)+\begin{bmatrix}1\\0\end{bmatrix}\boldsymbol{u}(t)\\ \boldsymbol{y}(t)=\begin{bmatrix}1 & 0\end{bmatrix}\boldsymbol{x}(t)\end{cases}$$

系统是既不能控又不能观的。系统结构如图 4.8 所示。

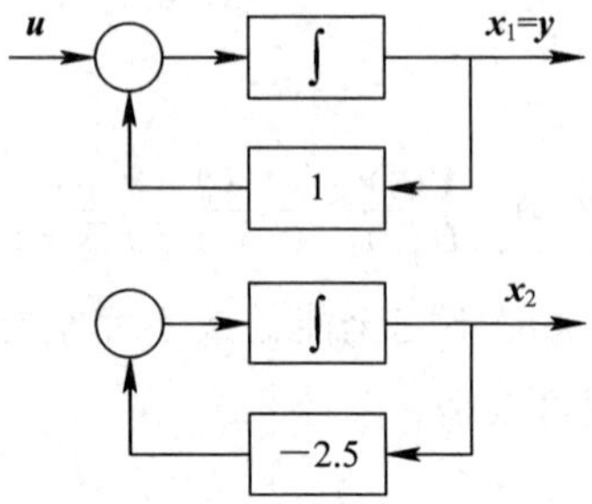

图 4.8　不能控不能观系统结构图

通过这个例子可以看到，在经典控制理论中基于传递函数零极点对消原则的设计方法虽然简单直观，但是它破坏了系统状态的能控性或能观性。不能控部分的作用在某些情况下会引起系统品质变坏，甚至使系统不稳定。

4.8 基于 MATLAB 分析系统的能控性和能观性

MATLAB 控制系统工具箱中提供了很多函数用来分析系统的能控性和能观性。

4.8.1 系统的能控性和能观性分析

系统的能控性与能观性可以根据能控性矩阵 $\boldsymbol{M}$ 和能观性矩阵 $\boldsymbol{N}$ 的秩来判断，在 MATLAB 中能控性矩阵 $\boldsymbol{M}$ 和能观性矩阵 $\boldsymbol{N}$ 由控制系统工具箱中的函数 ctrb()和函数 obsv()产生，调用格式分别为

M=ctrb(A,B)

N=obsv(A,C)

根据 MATLAB 中计算矩阵秩的指令，即 rankM，rankN，就可以判断系统的能控能观性。

如果系统不完全能控或不完全能观，可以利用 MATLAB 函数进行结构分解。控制系统工具箱里提供了函数 ctrbf()和函数 obsvf()，函数调用格式分别为

$[A_c,\ B_c,\ C_c,\ T,\ K]$=ctrbf(A, B, C)

$[A_o,\ B_o, C_o,\ T,\ K]$=obsvf(A, B, C)

式中，(A, B, C) 为给定系统状态空间表达式的各个参数矩阵，返回矩阵(A_c, B_c, C_c) 包含能控子系统 $\Sigma(\boldsymbol{A}_c,\ \boldsymbol{B}_c,\ \boldsymbol{C}_c)$，$\boldsymbol{A}_c=\begin{bmatrix}\boldsymbol{A}_{11} & \boldsymbol{A}_{12}\\ \boldsymbol{0} & \boldsymbol{A}_{22}\end{bmatrix}$，$\boldsymbol{B}_c=\begin{bmatrix}\boldsymbol{B}_1\\ \boldsymbol{0}\end{bmatrix}$，$\boldsymbol{C}_c=[\boldsymbol{C}_1\quad \boldsymbol{C}_2]$；返回矩阵($A_o$, B_o, C_o) 包含能观子系统

$$\Sigma(\boldsymbol{A}_o,\ \boldsymbol{B}_o,\ \boldsymbol{C}_o),\quad \boldsymbol{A}_o=\begin{bmatrix}\boldsymbol{A}_{11} & \boldsymbol{0}\\ \boldsymbol{A}_{21} & \boldsymbol{A}_{22}\end{bmatrix},\quad \boldsymbol{B}_o=\begin{bmatrix}\boldsymbol{B}_1\\ \boldsymbol{B}_2\end{bmatrix},\quad \boldsymbol{C}_o=[\boldsymbol{C}_1\quad \boldsymbol{0}]$$

T 为该变换的线性变换矩阵；向量 K 为各子块矩阵的秩。

例 4.26　已知线性定常系统如下，判断系统的能控性和能观性。

$$\begin{cases}\dot{\boldsymbol{x}}(t)=\begin{bmatrix}1 & 2 & -1\\ 0 & 1 & 0\\ 1 & -4 & 3\end{bmatrix}\boldsymbol{x}(t)+\begin{bmatrix}0\\ 0\\ 1\end{bmatrix}\boldsymbol{u}(t)\\ \boldsymbol{y}(t)=[1\quad -1\quad 1]\,\boldsymbol{x}(t)\end{cases}$$

解　MATLAB 程序如下：

```
>> A=[1 2 −1; 0 1 0; 1 −4 3]; B=[0; 0; 1]; C=[1  −1  1];
M=ctrb(A, B);
rm=rank(M);
n=size(A);
if rm==n
    disp ('System is controlled.')
else if rm<n
     disp ('System is no controlled.')
```

```
        end
    end
    N=obsv(A,C);
    rn=rank(N);
    if rn==n
        disp ('System is observable.')
    else if rn<n
        disp ('System is no observable.')
        end
    end
```

程序运行结果如下：

```
System is no controlled.
System is no observable.
```

以上结果表明，系统既不能控又不能观。

4.8.2 系统的能控标准型和能观标准型

在 MATLAB 中，可根据变换系统为标准型的有关计算步骤将系统化为标准型。下面举例说明。

例 4.27 已知线性系统状态方程如下，试将系统状态方程化为能控标准型。

$$\dot{\boldsymbol{x}}(t)=\begin{bmatrix}-2 & 2 & -1\\ 0 & -2 & 0\\ 1 & -4 & 0\end{bmatrix}\boldsymbol{x}(t)+\begin{bmatrix}0\\1\\1\end{bmatrix}\boldsymbol{u}(t)$$

解 MATLAB 程序如下：

```
>> A=[-2  2  -1; 0  -2  0; 1  -4  0]; B=[0; 1; 1];
M=ctrb(A, B);
n=rank(A);
if  det(M)~=0
    p1=inv(M);
end
p1=p1(n,:)
p=[p1; p1*A; p1*A*A];
Ac=p*A*inv(p)
Bc=p*B
```

程序运行结果如下：

```
Ac=
      0    1    0
      0    0    1
     -2   -5   -4
Bc=
```

```
0
0
1
```

例 4.28　已知线性系统状态空间表达式如下，试将系统化为能观标准型。

$$\begin{cases}\dot{\boldsymbol{x}}(t)=\begin{bmatrix}1 & -1\\1 & 1\end{bmatrix}\boldsymbol{x}(t)+\begin{bmatrix}-1\\1\end{bmatrix}\boldsymbol{u}(t)\\ \boldsymbol{y}(t)=[1\quad 1]\,\boldsymbol{x}(t)\end{cases}$$

解　MATLAB 程序如下：

```
>> A=[1  -1; 1  1]; B=[-1; 1];C=[1  1];
N=obsv(A,C);
n=rank(A);
T1=inv(N);
T1=T1(:,n);
T=[T1  A*T1];
Ao=inv(T)*A*T
Bo= inv(T)*B
Co=C*T
```

结果显示：

```
Ao =
     0    -2
     1     2
Bo =
    -2
     0
Co =
   0     1
```

4.8.3　系统的结构分解

在 MATLAB 中，可利用能控性或能观性分解的有关步骤将系统进行结构分解。下面举例说明。

例 4.29　已知线性系统状态空间表达式如下，试将系统进行能控性结构分解。

$$\begin{cases}\dot{\boldsymbol{x}}(t)=\begin{bmatrix}0 & 0 & -1\\1 & 0 & -3\\0 & 1 & -3\end{bmatrix}\boldsymbol{x}(t)+\begin{bmatrix}1\\1\\0\end{bmatrix}\boldsymbol{u}(t)\\ \boldsymbol{y}(t)=[0\quad 1\quad -2]\,\boldsymbol{x}(t)\end{cases}$$

解　MATLAB 程序如下：

```
>>A=[0  0  -1; 1  0  -3; 0  1  -3]; B=[1; 1; 0]; C=[0 1 -2];
    M=ctrb(A,B);
    rm=rank(M);
```

```
    n=size(A);
    if  rm==n
        disp('System is controlled.')
    else if  rm<n
            T1=B;T2=A*B;T3=[0;0;1];
            Tc=[T1 T2 T3];
            A1=inv(Tc)*A*Tc
            B1=inv(Tc)*B
            C1=C*Tc
    end
end
```

结果显示：

```
A1 =
     0   -1   -1
     1   -2   -2
     0    0   -1
B1 =
     1
     0
     0
C1 =
     1   -1   -2
```

由程序结果可知，系统可分解为

$$\begin{cases}\dot{\boldsymbol{x}}(t)=\begin{bmatrix}0 & -1 & -1\\ 1 & -2 & -2\\ 0 & 0 & -1\end{bmatrix}\boldsymbol{x}(t)+\begin{bmatrix}1\\ 0\\ 0\end{bmatrix}\boldsymbol{u}(t)\\ \boldsymbol{y}(t)=\begin{bmatrix}1 & -1 & -2\end{bmatrix}\boldsymbol{x}(t)\end{cases}$$

例 4.30 已知线性系统状态空间表达式如下，试将系统进行能观性结构分解。

$$\begin{cases}\dot{\boldsymbol{x}}(t)=\begin{bmatrix}0 & 0 & -1\\ 1 & 0 & -3\\ 0 & 1 & -3\end{bmatrix}\boldsymbol{x}(t)+\begin{bmatrix}1\\ 1\\ 0\end{bmatrix}\boldsymbol{u}(t)\\ \boldsymbol{y}(t)=\begin{bmatrix}0 & 1 & -2\end{bmatrix}\boldsymbol{x}(t)\end{cases}$$

解 MATLAB 程序如下：

```
>>A=[0 0 -1; 1 0 -3; 0 1 -3]; B=[1; 1; 0]; C=[0 1 -2];
  N=obsv(A,C); rn=rank(N); n=size(A);
  if  rn==n
          disp('System is observable.')
  else if  rn<n
```

```
            T1=C; T2=C*A; T3=[0 0 1];
            T=[T1; T2; T3];   To=inv(T);
            A1=T*A*To
            B1=T*B
            C1=C*To
        end
    end
```

结果显示：

```
    A1 =
          0     1     0
         -1    -2     0
          1     0    -1
    B1 =
          1
         -1
          0
    C1 =
          1     0     0
```

由程序结果可知，系统可分解为

$$
\begin{cases}
\dot{\boldsymbol{x}}(t)=\begin{bmatrix}0 & 1 & 0\\ -1 & -2 & 0\\ 1 & 0 & -1\end{bmatrix}\boldsymbol{x}(t)+\begin{bmatrix}1\\ -1\\ 0\end{bmatrix}\boldsymbol{u}(t)\\
\boldsymbol{y}(t)=\begin{bmatrix}1 & 0 & 0\end{bmatrix}\boldsymbol{x}(t)
\end{cases}
$$

本章小结

能控性与能观性是现代控制理论中两个基本的概念，是系统分析和设计的理论基础。本章主要介绍了能控性与能观性的定义，能控性与能观性的判别方法，能控标准型与能观标准型的变换方法等。系统的能控标准型和能观标准型对系统的分析和综合有着十分重要的意义。系统的能控性与能观性无论从定义还是从判据来看都很相似，它们之间的内在关系是由对偶原理确定的。系统的结构分解是状态空间分析中的又一个重要内容，它揭示了状态空间的本质特性，并与系统的状态反馈、系统镇定等问题的解决都有密切的关系。读者可以通过系统传递函数阵的特征来判别其状态的能控性和能观性。如果确定了系统的传递函数(传递函数阵)，可以根据传递函数(或脉冲响应)建立系统的状态方程和输出方程，即传递函数阵的实现。

另外，本章也对线性定常离散系统的能控性与能观性进行了分析，以及简要介绍了MATLAB在能控性与能观性中的应用。

本章知识点如图 4.9 所示。

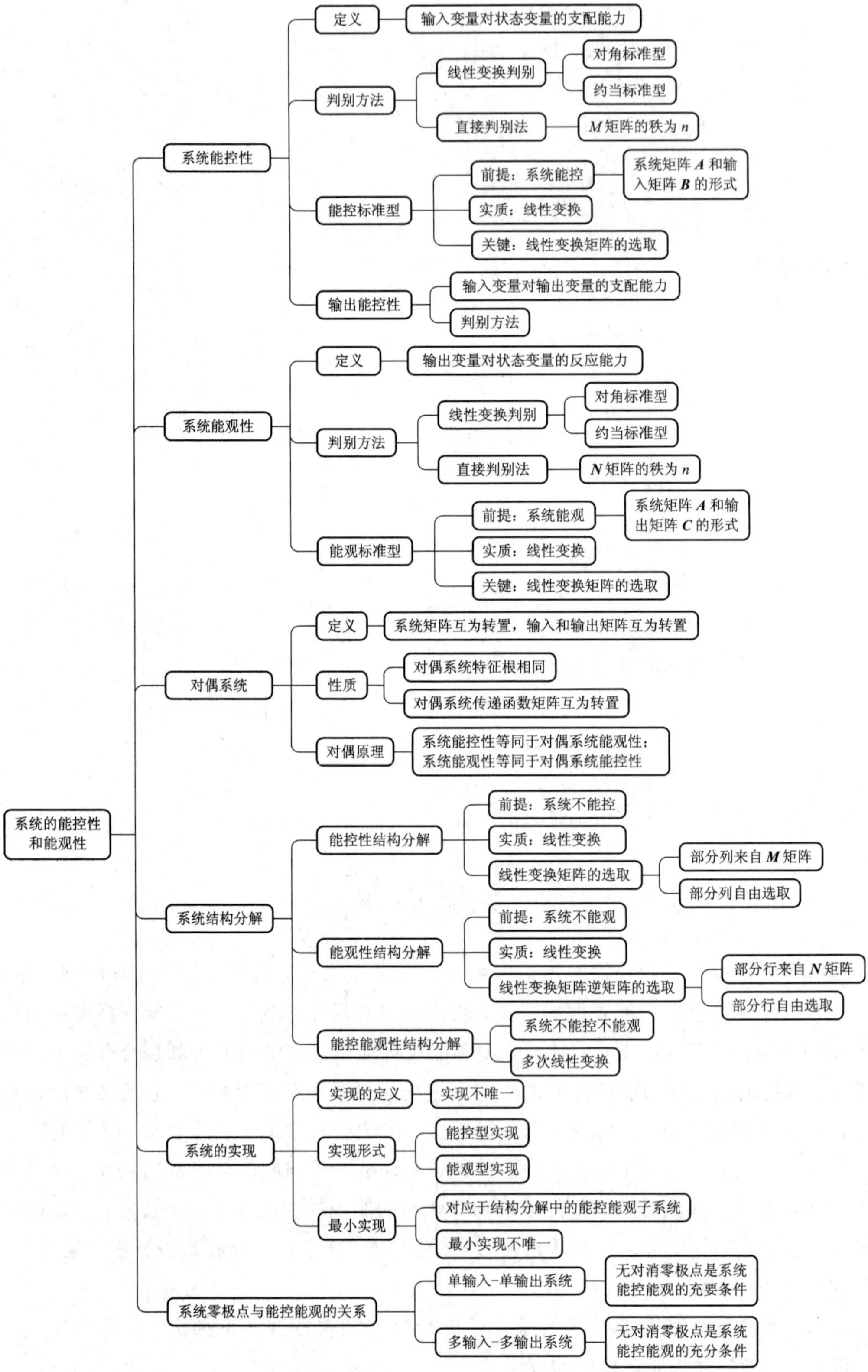
系统的能控性
和能观性
系统能控性
定义
输入变量对状态变量的支配能力
判别方法
线性变换判别
对角标准型
约当标准型
直接判别法
M矩阵的秩为n
能控标准型
前提：系统能控
系统矩阵A和输
入矩阵B的形式
实质：线性变换
关键：线性变换矩阵的选取
输出能控性
输入变量对输出变量的支配能力
判别方法
系统能观性
定义
输出变量对状态变量的反应能力
判别方法
线性变换判别
对角标准型
约当标准型
直接判别法
N矩阵的秩为n
能观标准型
前提：系统能观
系统矩阵A和输
出矩阵C的形式
实质：线性变换
关键：线性变换矩阵的选取
对偶系统
定义
系统矩阵互为转置，输入和输出矩阵互为转置
性质
对偶系统特征根相同
对偶系统传递函数矩阵互为转置
对偶原理
系统能控性等同于对偶系统能观性；
系统能观性等同于对偶系统能控性
系统结构分解
能控性结构分解
前提：系统不能控
实质：线性变换
线性变换矩阵的选取
部分列来自M矩阵
部分列自由选取
能观性结构分解
前提：系统不能观
实质：线性变换
线性变换矩阵逆矩阵的选取
部分行来自N矩阵
部分行自由选取
能控能观性结构分解
系统不能控不能观
多次线性变换
系统的实现
实现的定义
实现不唯一
实现形式
能控型实现
能观型实现
最小实现
对应于结构分解中的能控能观子系统
最小实现不唯一
系统零极点与能控能观的关系
单输入-单输出系统
无对消零极点是系统
能控能观的充要条件
多输入-多输出系统
无对消零极点是系统
能控能观的充分条件

图 4.9　第 4 章知识点

习　题

4.1　判别如下系统的能控性与能观性。系统中的(a，b，c，d)取值与能控性、能观性是否有关，若有关其取值条件如何？

$$\begin{cases}\dot{\boldsymbol{x}}(t)=\begin{bmatrix}-1 & 1 & 0\\ 0 & -1 & 0\\ 0 & 0 & -2\end{bmatrix}\boldsymbol{x}(t)+\begin{bmatrix}2 & 1\\ a & 0\\ b & 0\end{bmatrix}\boldsymbol{u}(t)\\ \boldsymbol{y}(t)=\begin{bmatrix}c & 0 & d\\ 0 & 0 & 0\end{bmatrix}\boldsymbol{x}(t)\end{cases}$$

4.2　线性定常连续系统为

$$\begin{cases}\dot{\boldsymbol{x}}(t)=\begin{bmatrix}-3 & 1\\ 1 & -3\end{bmatrix}\boldsymbol{x}(t)+\begin{bmatrix}1 & 1\\ 1 & 1\end{bmatrix}\boldsymbol{u}(t)\\ \boldsymbol{y}(t)=\begin{bmatrix}1 & 1\\ 1 & -1\end{bmatrix}\boldsymbol{x}(t)\end{cases}$$

试用两种方法判别其能控性与能观性。

4.3　确定是下列系统为状态完全能控和完全能观的待定常数 α_i，β_i。

(1) $\boldsymbol{A}=\begin{bmatrix}\alpha_1 & 0\\ 0 & \alpha_2\end{bmatrix}$，$\boldsymbol{B}=\begin{bmatrix}1\\ 1\end{bmatrix}$，$\boldsymbol{C}=[1\quad -1]$；

(2) $\boldsymbol{A}=\begin{bmatrix}\alpha_1 & \alpha_2\\ \alpha_3 & \alpha_4\end{bmatrix}$，$\boldsymbol{B}=\begin{bmatrix}1\\ 1\end{bmatrix}$，$\boldsymbol{C}=[1\quad 0]$；

(3) $\boldsymbol{A}=\begin{bmatrix}0 & 0 & 2\\ 1 & 0 & -3\\ 0 & 1 & -4\end{bmatrix}$，$\boldsymbol{B}=\begin{bmatrix}1\\ \beta_2\\ \beta_3\end{bmatrix}$，$\boldsymbol{C}=[0\quad 0\quad 1]$。

4.4　线性系统的传递函数为

$$\boldsymbol{W}(s)=\frac{\boldsymbol{y}(s)}{\boldsymbol{u}(s)}=\frac{s+\alpha}{s^3+10s^2+27s+18}$$

(1) 试确定 α 的取值，使系统为不能控或为不能观。

(2) 在上述 α 的取值下，求使系统为能控的状态空间表达式。

(3) 在上述 α 的取值下，求使系统为能观的状态空间表达式。

4.5　已知系统的微分方程为

$$\dddot{\boldsymbol{y}}+6\ddot{\boldsymbol{y}}+11\dot{\boldsymbol{y}}+6\boldsymbol{y}=6\boldsymbol{u}$$

试写出其对偶系统的状态空间表达式及其传递函数。

4.6　已知系统的状态空间表达式为

$$\begin{cases}\dot{\boldsymbol{x}}(t)=\begin{bmatrix}1 & -2\\ 3 & 4\end{bmatrix}\boldsymbol{x}(t)+\begin{bmatrix}1\\ 1\end{bmatrix}\boldsymbol{u}(t)\\ \boldsymbol{y}(t)=[1\quad 1]\,\boldsymbol{x}(t)\end{cases}$$

试判断系统的能控性，若系统能控，将该系统变换为能控标准型。

4.7　已知系统的状态表达式为

$$\begin{cases}\dot{\boldsymbol{x}}(t)=\begin{bmatrix}1 & -1\\ 1 & 1\end{bmatrix}\boldsymbol{x}(t)+\begin{bmatrix}2\\ 1\end{bmatrix}\boldsymbol{u}(t)\\ \boldsymbol{y}(t)=\begin{bmatrix}-1 & 1\end{bmatrix}\boldsymbol{x}(t)\end{cases}$$

试判断系统的能观性，若系统能观，将该系统变换为能观标准型。

4.8　已知系统的传递函数为

$$\boldsymbol{W}(s)=\frac{s^2+6s+8}{s^2+4s+3}$$

试求其能控标准型和能观标准型。

4.9　给定下列状态空间表达式，试判别其能否变换为能控标准型和能观标准型。

$$\begin{cases}\dot{\boldsymbol{x}}(t)=\begin{bmatrix}0 & 1 & 0\\ -2 & -3 & 0\\ 1 & 1 & -3\end{bmatrix}\boldsymbol{x}(t)+\begin{bmatrix}0\\ 1\\ 2\end{bmatrix}\boldsymbol{u}(t)\\ \boldsymbol{y}(t)=\begin{bmatrix}0 & 0 & 1\end{bmatrix}\boldsymbol{x}(t)\end{cases}$$

4.10　试将下列系统进行能控性结构分解。

(1) $\begin{cases}\dot{\boldsymbol{x}}(t)=\begin{bmatrix}1 & 2 & -1\\ 0 & 1 & 0\\ 0 & -4 & 3\end{bmatrix}\boldsymbol{x}(t)+\begin{bmatrix}0\\ 0\\ 1\end{bmatrix}\boldsymbol{u}(t)\\ \boldsymbol{y}(t)=\begin{bmatrix}1 & -1 & 1\end{bmatrix}\boldsymbol{x}(t)\end{cases}$；

(2) $\begin{cases}\dot{\boldsymbol{x}}(t)=\begin{bmatrix}-2 & 2 & -1\\ 0 & -2 & 0\\ 1 & -4 & 0\end{bmatrix}\boldsymbol{x}(t)+\begin{bmatrix}0\\ 0\\ 1\end{bmatrix}\boldsymbol{u}(t)\\ \boldsymbol{y}(t)=\begin{bmatrix}1 & -1 & 1\end{bmatrix}\boldsymbol{x}(t)\end{cases}$。

4.11　试将下列系统进行能观性结构分解。

(1) $\begin{cases}\dot{\boldsymbol{x}}(t)=\begin{bmatrix}1 & 2 & -1\\ 0 & 1 & 0\\ 0 & -4 & 3\end{bmatrix}\boldsymbol{x}(t)+\begin{bmatrix}0\\ 0\\ 1\end{bmatrix}\boldsymbol{u}(t)\\ \boldsymbol{y}(t)=\begin{bmatrix}1 & -1 & 1\end{bmatrix}\boldsymbol{x}(t)\end{cases}$；

(2) $\begin{cases}\dot{\boldsymbol{x}}(t)=\begin{bmatrix}-2 & 2 & -1\\ 0 & -2 & 0\\ 1 & -4 & 0\end{bmatrix}\boldsymbol{x}(t)+\begin{bmatrix}0\\ 0\\ 1\end{bmatrix}\boldsymbol{u}(t)\\ \boldsymbol{y}(t)=\begin{bmatrix}1 & -1 & 1\end{bmatrix}\boldsymbol{x}(t)\end{cases}$。

4.12　试将下列系统进行能控能观性结构分解。

$$\begin{cases}\dot{\boldsymbol{x}}(t)=\begin{bmatrix}1 & 0 & 0\\ 2 & 2 & 3\\ -2 & 0 & 1\end{bmatrix}\boldsymbol{x}(t)+\begin{bmatrix}1\\ 2\\ 2\end{bmatrix}\boldsymbol{u}(t)\\ \boldsymbol{y}(t)=\begin{bmatrix}1 & 1 & 2\end{bmatrix}\boldsymbol{x}(t)\end{cases}$$

4.13　求下列传递函数阵的最小实现。

(1) $\boldsymbol{W}(s)=\begin{bmatrix}\dfrac{1}{s+1} & \dfrac{1}{s+1}\\ \dfrac{1}{s+1} & \dfrac{1}{s+1}\end{bmatrix}$；　　(2) $\boldsymbol{W}(s)=\begin{bmatrix}\dfrac{1}{s} & \dfrac{1}{s^2}\\ \dfrac{1}{s^2} & \dfrac{1}{s^3}\end{bmatrix}$。

4.14　设两个能控且能观的系统如下：

$$\Sigma_1(\boldsymbol{A}_1,\boldsymbol{B}_1,\boldsymbol{C}_1):\ \boldsymbol{A}_1=\begin{bmatrix}0 & 1\\ -3 & -4\end{bmatrix},\ \boldsymbol{B}_1=\begin{bmatrix}0\\1\end{bmatrix},\ \boldsymbol{C}_1=[2\quad 1]$$

$$\Sigma_2(\boldsymbol{A}_2,\boldsymbol{B}_2,\boldsymbol{C}_2):\ \boldsymbol{A}_2=-2,\ \boldsymbol{B}_2=1,\ \boldsymbol{C}_2=1$$

(1) 试分析 Σ_1 和 Σ_2 所组成的串联系统的能控性和能观性，并写出其传递函数矩阵。

(2) 试分析 Σ_1 和 Σ_2 所组成的并联系统的能控性和能观性，并写出其传递函数矩阵。

4.15　已知系统的微分方程为

$$\ddot{\boldsymbol{y}}+4\dot{\boldsymbol{y}}+3\boldsymbol{y}=\ddot{\boldsymbol{u}}+6\dot{\boldsymbol{u}}+8\boldsymbol{u}$$

试分别求出满足下述要求的状态空间表达式。

(1) 系统为能控能观的对角标准型；

(2) 系统为能控不能观的；

(3) 系统为能观不能控的；

(4) 系统为既不能控又不能观的。

4.16　已知系统的状态空间表达式为

$$\begin{cases}\dot{\boldsymbol{x}}(t)=\begin{bmatrix}1 & 0 & 0\\ 2 & 2 & 3\\ -2 & 0 & 1\end{bmatrix}\boldsymbol{x}(t)+\begin{bmatrix}0\\2\\-2\end{bmatrix}\boldsymbol{u}(t)\\ \boldsymbol{y}(t)=[1\quad 1\quad 2]\,\boldsymbol{x}(t)\end{cases}$$

利用线性变换

$$\boldsymbol{x}(t)=\boldsymbol{T}\tilde{\boldsymbol{x}}(t)$$

式中

$$\boldsymbol{T}=\begin{bmatrix}2 & 0 & -1\\ 2 & 0 & 0\\ -4 & 1 & 3\end{bmatrix}$$

对系统进行结构分解。试回答以下问题：

(1) 不能控但能观，状态变量以 x_1，x_2，x_3 的线性组合表示；

(2) 能控且能观，状态变量以 x_1，x_2，x_3 的线性组合表示；

(3) 试求这个系统的传递函数。

第5章 控制系统的稳定性分析

自动控制系统最重要的特性是稳定性，因为一个不稳定的系统是无法完成预期控制任务的，因此如何判别一个系统是否稳定以及怎样改善其稳定性是系统分析与设计的一个重要问题。系统的稳定性表示系统在受到外界扰动的影响下，系统自身保证正常工作状态的能力。在经典控制理论中，对于单输入-单输出线性定常系统，劳斯(Routh)判据、赫尔维茨(Hurwitz)判据、奈奎斯特(H. Nyquist)判据及根轨迹判据等都是判断系统稳定性的方法。上述方法都是以分析系统特征方程在根轨迹平面上根的分布为基础的，但对于非线性系统和时变系统，这些判据就不适用了。

1892年，俄国数学家李雅普诺夫(Lyapunov)提出将判定系统稳定性的问题归纳为两种方法：李雅普诺夫第一法和李雅普诺夫第二法。

李雅普诺夫第一法是通过求解系统微分方程，然后根据解的性质来判定系统的稳定性。它的基本思路和分析方法与经典理论是一致的。

李雅普诺夫第二法的特点是不用求解系统方程，而是通过李雅普诺夫函数来直接判定系统的稳定性，适用于那些难以求解的非线性系统和时变系统。李雅普诺夫第二法除用于对系统进行稳定性分析外，还可用于对系统瞬态响应的质量进行评价以及求解参数最优化问题。

此外，在现代控制理论的许多方面，例如最优系统设计、最优估值、最优滤波以及自适应控制系统设计等，李雅普诺夫理论都有广泛的应用。本章主要介绍李雅普诺夫第二法关于稳定性分析的理论和应用。

5.1 李雅普诺夫关于稳定性的定义

从经典控制理论可知，线性系统的稳定性只取决于系统的结构和参数而与系统的初始条件及外界扰动的大小无关。但非线性系统的稳定性与初始条件及外界扰动的大小有关。在经典控制理论中没有给出稳定性的一般定义。在现代控制理论中，以系统的平衡状态为基础，给出了对系统普遍适用的李雅普诺夫稳定性的一般定义。

5.1.1 系统的平衡状态

设一个系统不受外部作用，其齐次状态方程为

$$\dot{\boldsymbol{x}}(t)=f(\boldsymbol{x}(t),t) \tag{5.1}$$

其中，$\boldsymbol{x}(t)$为n维状态向量；$f(\cdot)$为n维向量函数，是状态变量x_1，x_2，…，x_n和时间t的

函数。一般地，$f(\cdot)$为时变非线性函数，如果不显含 t，则为定常的非线性函数。

设方程（5.1）在给定初始条件 $\boldsymbol{x}(t_0)=\boldsymbol{x}_0$ 下有唯一解

$$\boldsymbol{x}(t)=\boldsymbol{\Phi}(t;\ \boldsymbol{x}_0,\ t_0) \tag{5.2}$$

式中，$\boldsymbol{x}_0$ 表示 $\boldsymbol{x}$ 在初始时刻 t_0 时的状态；t 是从 t_0 开始的时间变量。式(5.2)实际上描述了系统(5.1)在 n 维状态空间中从初始状态 $\boldsymbol{x}_0$ 出发的一条状态运动的轨迹，简称系统的运动或状态轨线。

若系统(5.1)存在状态向量 $\boldsymbol{x}_e$，对所有时间 t 都满足

$$f(\boldsymbol{x}_e,\ t)\equiv 0 \tag{5.3}$$

则称$\boldsymbol{x}_e$ 为系统的平衡状态，由平衡状态在状态空间中所确定的点称为平衡点。通过解代数方程组 $f(\boldsymbol{x}_e,\ t)\equiv 0$ 即可得到系统的平衡状态。

对于一个任意系统，不一定都存在平衡状态，有时即使存在也未必是唯一的。例如对线性定常系统

$$\dot{\boldsymbol{x}}(t)=f(\boldsymbol{x}(t),\ t)=\boldsymbol{A}\boldsymbol{x}(t) \tag{5.4}$$

当矩阵 $\boldsymbol{A}$ 为非奇异矩阵时，满足 $\dot{\boldsymbol{x}}(t)=\boldsymbol{A}\boldsymbol{x}(t)$的解$\boldsymbol{x}_e\equiv\boldsymbol{0}$ 是系统唯一存在的一个平衡状态；而当 $\boldsymbol{A}$ 为奇异矩阵时，则系统 $\dot{\boldsymbol{x}}(t)=\boldsymbol{A}\boldsymbol{x}(t)$有无穷多个平衡状态。

对非线性系统，通常可有一个或多个平衡状态，其平衡状态是由方程式 $f(\boldsymbol{x}_e,\ t)\equiv 0$ 所确定的常值解。

例如，系统状态方程为

$$\begin{cases}\dot{x}_1(t)=-x_1(t)\\ \dot{x}_2(t)=x_1(t)+x_2(t)-x_2^3(t)\end{cases}$$

其平衡状态满足 $f(\boldsymbol{x}_e,\ t)\equiv 0$，即

$$\begin{cases}-x_1=0\\ x_1+x_2-x_2^3=0\end{cases}$$

于是有三个平衡状态分别为

$$\boldsymbol{x}_{e1}=\begin{bmatrix}0\\0\end{bmatrix},\ \boldsymbol{x}_{e2}=\begin{bmatrix}0\\-1\end{bmatrix},\ \boldsymbol{x}_{e3}=\begin{bmatrix}0\\1\end{bmatrix}$$

由于任意一个已知的平衡状态都可以通过坐标变换将其转移到状态空间原点$\boldsymbol{x}_e=\boldsymbol{0}$ 处，所以今后将只讨论系统在状态空间原点处的稳定性。

稳定性研究的是系统在平衡状态下受到扰动后，系统自由运动的性质。因此，系统的稳定性问题都是相对于某个平衡状态而言的。线性定常系统由于只有唯一的一个平衡状态，所以才笼统地说系统稳定性问题；对任一系统则由于可能存在多个平衡状态，而不同平衡状态可能表现出不同的稳定性，因此必须逐个地分别加以讨论。对于控制系统，一般不能直接说系统是稳定的，而是要基于平衡状态来讨论其邻域的稳定性。

5.1.2 李雅普诺夫稳定性定义

李雅普诺夫稳定性定义是用欧几里得范数来描述的。

若用欧几里得范数 $\|\boldsymbol{x}-\boldsymbol{x}_e\|$ 表示状态向量 $\boldsymbol{x}$ 与平衡状态$\boldsymbol{x}_e$ 的距离，用点集 $S(\varepsilon)$表示以$\boldsymbol{x}_e$ 为球心，ε 为半径的超球体，那么 $\boldsymbol{x}\in S(\varepsilon)$，有

$$\|\boldsymbol{x}-\boldsymbol{x}_e\|\leqslant\varepsilon \tag{5.5}$$

式中，$\|\boldsymbol{x}-\boldsymbol{x}_e\|$ 为欧几里德范数，在 n 维状态空间中，有

$$\|\boldsymbol{x}-\boldsymbol{x}_e\|=\sqrt{(x_1-x_{1e})^2+(x_2-x_{2e})^2+\cdots+(x_n-x_{ne})^2} \tag{5.6}$$

当 ε 很小时，称 $S(\varepsilon)$为 $\boldsymbol{x}_e$ 的邻域。因此，若有$\boldsymbol{x}_0\in S(\varepsilon)$，则意味着 $\|\boldsymbol{x}_0-\boldsymbol{x}_e\|\leqslant\delta$。

同理，若系统(5.1)的解 $\boldsymbol{\Phi}(t;\ \boldsymbol{x}_0,\ t_0)$位于球域 $S(\varepsilon)$内，便有

$$\|\boldsymbol{\Phi}(t;\ \boldsymbol{x}_0,\ t_0)-\boldsymbol{x}_e\|\leqslant\varepsilon,\ t\geqslant t_0 \tag{5.7}$$

式(5.7)表明齐次方程式 $\dot{\boldsymbol{x}}(t)=f(\boldsymbol{x}(t),t)$内初始状态$\boldsymbol{x}_0$ 或短暂扰动所引起的自由响应是有界的。李雅普诺夫根据系统自由响应是否有界把系统的稳定性定义为以下四种情况。

1. 李雅普诺夫定义下的稳定性

定义 5.1 如果系统 $\dot{\boldsymbol{x}}(t)=f(\boldsymbol{x}(t),t)$，对于任意选定的实数 $\varepsilon>0$，都对应存在另一实数 $\delta(\varepsilon,t_0)>0$，使得当

$$\|\boldsymbol{x}_0-\boldsymbol{x}_e\|\leqslant\delta(\varepsilon,\ t_0) \tag{5.8}$$

时，从任意初始状态 $\boldsymbol{x}_0$ 出发的解都满足

$$\|\boldsymbol{\Phi}(t;\ \boldsymbol{x}_0,\ t_0)-\boldsymbol{x}_e\|\leqslant\varepsilon,\ t_0\leqslant t<\infty \tag{5.9}$$

则称平衡状态 $\boldsymbol{x}_e$ 为李雅普诺夫意义下的稳定。其中实数 δ 与 ε 有关，一般情况下也与 t_0 有关。如果 δ 与 t_0 无关，则称这种平衡状态是一致稳定的。

图 5.1 表示二阶系统稳定的平衡状态 $\boldsymbol{x}_e$ 以及从初始状态$\boldsymbol{x}_0\in S(\delta)$出发的轨线 $\boldsymbol{x}\in S(\varepsilon)$。从图 5.1 可知，若对应于每一个 $S(\varepsilon)$，都存在一个 $S(\delta)$，使当 t 无限增长时，从$S(\delta)$出发的状态轨线(系统的响应)总不离开 $S(\varepsilon)$，即系统响应的幅值是有界的，则称平衡状态 $\boldsymbol{x}_e$ 为李雅普诺夫意义下稳定，简称为李氏稳定。

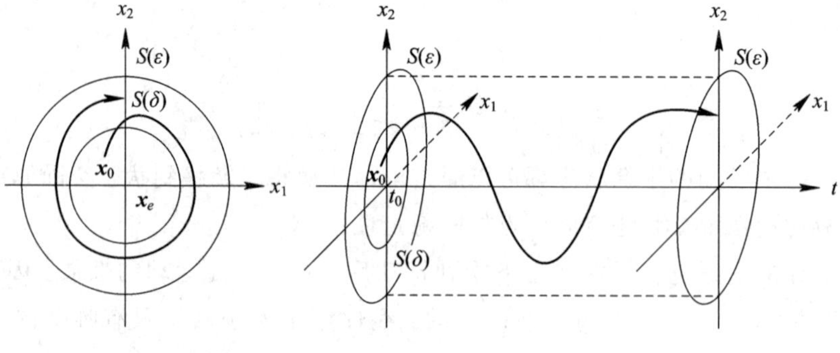

图 5.1 李雅普诺夫稳定的状态轨线

2. 渐近稳定

定义 5.2 如果系统 $\dot{\boldsymbol{x}}(t)=f(\boldsymbol{x}(t),\ t)$，对于任意选定的实数 $\varepsilon>0$，都对应存在另一实数 $\delta(\varepsilon,\ t_0)>0$，使得当 $\|\boldsymbol{x}_0-\boldsymbol{x}_e\|\leqslant\delta(\varepsilon,\ t_0)$时，从任意初始状态 $\boldsymbol{x}_0$ 出发的解都满足

$$\|\boldsymbol{\Phi}(t;\ \boldsymbol{x}_0,\ t_0)-\boldsymbol{x}_e\|\leqslant\varepsilon,\ t_0\leqslant t<\infty \tag{5.10}$$

而且最终收敛于平衡状态 $\boldsymbol{x}_e$：

$$\lim_{t\to\infty}\|\boldsymbol{\Phi}(t;\ \boldsymbol{x}_0,\ t_0)-\boldsymbol{x}_e\|=0 \tag{5.11}$$

则称系统的平衡状态 $\boldsymbol{x}_e$ 是渐近稳定的。

如果平衡状态 $\boldsymbol{x}_e$ 是李雅普诺夫定义下稳定的，而且当 t 无限增长时，状态轨线不仅不超出 $S(\varepsilon)$，而且最终收敛于$\boldsymbol{x}_e$，则称系统平衡状态 $\boldsymbol{x}_e$ 是渐近稳定的。

图 5.2 表示了渐近稳定情况在二维空间中的几何解释。

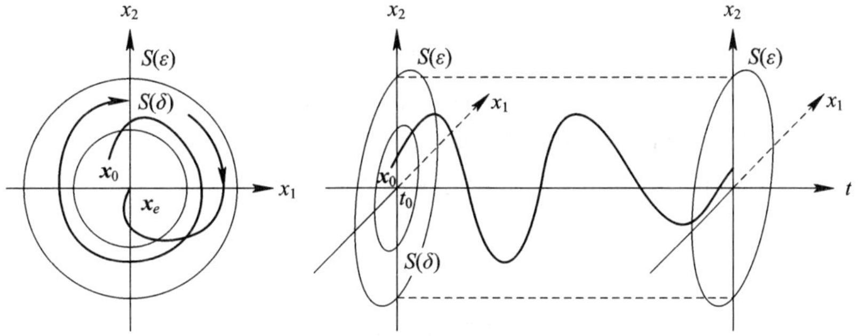

图 5.2　渐近稳定的平衡状态及状态轨线

李雅普诺夫定义下的系统渐近稳定性，也就是经典控制理论中所说的稳定性，而如果在李雅普诺夫定义下是稳定的，但不是渐近稳定的，在经典控制理论中称为不稳定或临界稳定。在经典控制理论中，也只有线性系统的稳定性才有明确的定义。

从工程意义上说，渐近稳定比李雅普诺夫稳定更重要。但由于渐近稳定是一个局部概念，通常只确定某平衡状态的渐近稳定性并不意味着整个系统就能正常运行。因此如何确定渐近稳定的最大区域，并且尽量扩大其范围是尤其重要的。

3. 大范围渐近稳定

定义 5.3　对于系统 $\dot{\boldsymbol{x}}(t)=f(\boldsymbol{x}(t),\ t)$，如果平衡状态 $\boldsymbol{x}_e$ 是稳定的，而且从状态空间中所有初始状态$\boldsymbol{x}_0$ 出发的轨线都具有渐近稳定性，则称这种平衡状态 $\boldsymbol{x}_e$ 大范围渐近稳定。

显然，大范围渐近稳定的必要条件是在整个状态空间只有一个平衡状态。对于线性系统来说，如果平衡状态是渐近稳定的，则必然也是大范围渐近稳定的，在这种情况下，可以简称系统是渐近稳定的。对于非线性系统，使 $\boldsymbol{x}_e$ 为渐近稳定平衡状态的球域 $S(\delta)$ 一般是不大的，常称这种平衡状态为小范围渐近稳定。

4. 不稳定

定义 5.4　如果系统 $\dot{\boldsymbol{x}}(t)=f(\boldsymbol{x}(t),\ t)$对于任意选定的实数 $\varepsilon>0$ 和任一实数 $\delta(\varepsilon,\ t_0)>0$，不管这两个实数多么小，在 $S(\delta)$内总存在着一个初始状态 $\boldsymbol{x}_0$，使

$$\|\boldsymbol{\Phi}(t;\ \boldsymbol{x}_0,\ t_0)-\boldsymbol{x}_e\|>\varepsilon,\ t_0\leqslant t<\infty \tag{5.12}$$

则称系统的平衡状态 $\boldsymbol{x}_e$ 不稳定。

不稳定情况在二维空间的几何解析如图 5.3 所示。

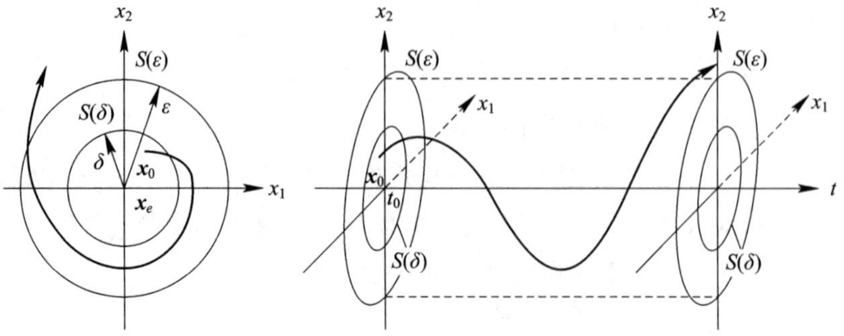

图 5.3　不稳定的平衡状态及状态轨线

从上述定义看出，在李雅普诺夫稳定定义中，球域 $S(\delta)$ 限制了系统初始状态 $\boldsymbol{x}_0$ 的取值，球域 $S(\varepsilon)$ 规定了系统自由响应 $\boldsymbol{x}(t)=\boldsymbol{\Phi}(t;\ \boldsymbol{x}_0,\ t_0)$ 的边界。简单地说，如果 $\boldsymbol{x}(t)$ 有界，则称平衡状态 $\boldsymbol{x}_e$ 为李雅普诺夫稳定。如果不仅有界且 $\lim\limits_{t\to\infty}\boldsymbol{x}(t)=0$，即收敛于原点，则称平衡状态 $\boldsymbol{x}_e$ 渐近稳定。如果 $\boldsymbol{x}(t)$ 无界，则称平衡状态 $\boldsymbol{x}_e$ 不稳定。

5.2　李雅普诺夫第一法

李雅普诺夫第一法又称间接法，其基本思路是通过系统状态方程的解来判别系统的稳定性。对于线性定常系统，只需解出特征方程的根即可作出稳定性判断。对于非线性不很严重的系统，则可通过线性化处理，得到其近似线性化方程，再根据其特征根来判断系统的稳定性。

5.2.1　线性系统的稳定判据

假设线性定常连续系统的状态空间表达式为

$$\begin{cases}\dot{\boldsymbol{x}}(t)=\boldsymbol{A}\boldsymbol{x}(t)+\boldsymbol{B}\boldsymbol{u}(t)\\ \boldsymbol{y}(t)=\boldsymbol{C}\boldsymbol{x}(t)\end{cases}\tag{5.13}$$

其中，$\boldsymbol{x}(t)$ 是 n 维状态向量，$\boldsymbol{u}(t)$ 是 r 维输入向量，$\boldsymbol{y}(t)$ 是 m 维输出向量；$\boldsymbol{A}$ 是 $n\times n$ 维系统矩阵，$\boldsymbol{B}$ 是 $n\times r$ 维输入矩阵，$\boldsymbol{C}$ 是 $m\times n$ 维输出矩阵。

判据 5.1　线性定常连续系统(5.13)平衡状态 $\boldsymbol{x}_e=\boldsymbol{0}$ 是渐近稳定的充分必要条件是系统矩阵 $\boldsymbol{A}$ 的所有特征值均具有负实部。

以上讨论的都是指系统的状态稳定性，或称内部稳定性。但从工程意义上看，往往更重视系统的输出稳定性。

如果系统对于有界输入 $\boldsymbol{u}(t)$ 所引起的输出 $\boldsymbol{y}(t)$ 是有界的，则称系统为输出稳定。

判据 5.2　线性定常连续系统(5.13)是输出稳定的充分必要条件是其传递函数矩阵

$$\boldsymbol{W}(s)=\boldsymbol{C}(s\boldsymbol{I}-\boldsymbol{A})^{-1}\boldsymbol{B}\tag{5.14}$$

的极点全部位于 s 的左半平面。

例 5.1　设系统的状态空间表达式为

$$\begin{cases}\dot{\boldsymbol{x}}(t)=\begin{bmatrix}-1 & 0\\ 0 & 1\end{bmatrix}\boldsymbol{x}(t)+\begin{bmatrix}1\\ 1\end{bmatrix}\boldsymbol{u}(t)\\ \boldsymbol{y}(t)=\begin{bmatrix}1 & 0\end{bmatrix}\boldsymbol{x}(t)\end{cases}$$

试分析系统的状态稳定性与输出稳定性。

解 (1) 由 $\boldsymbol{A}$ 矩阵的特征方程

$$\det|\lambda \boldsymbol{I}-\boldsymbol{A}|=(\lambda+1)(\lambda-1)=0$$

可得特征值 $\lambda_1=-1$，$\lambda_2=1$，故系统的状态不是渐近稳定的。

(2) 由系统的传递函数

$$\begin{aligned}\boldsymbol{W}(s)&=\boldsymbol{C}(s\boldsymbol{I}-\boldsymbol{A})^{-1}\boldsymbol{B}\\&=\begin{bmatrix}1 & 0\end{bmatrix}\begin{bmatrix}s+1 & 0\\ 0 & s-1\end{bmatrix}^{-1}\begin{bmatrix}1\\1\end{bmatrix}=\frac{s-1}{(s+1)(s-1)}=\frac{1}{s+1}\end{aligned}$$

可见，传递函数的极点 $s=-1$ 位于 s 的左半平面，故系统输出稳定。这是因为具有正实部的特征值 $\lambda_2=+1$ 被系统的零点 $z=+1$ 对消了，所以在系统的输入、输出特性中没被表现出来。由此可见，只有当系统的传递函数 $\boldsymbol{W}(s)$ 不出现零极点对消现象，并且矩阵 $\boldsymbol{A}$ 的特征值与系统传递函数 $\boldsymbol{W}(s)$ 的极点相同，此时系统的状态稳定性才与其输出稳定性相一致。

5.2.2 非线性系统的稳定性

设非线性系统的状态方程为

$$\dot{\boldsymbol{x}}(t)=\boldsymbol{f}(\boldsymbol{x}(t),\ t) \tag{5.15}$$

其中，$\boldsymbol{x}_e$ 为其平衡状态，$\boldsymbol{f}(\boldsymbol{x}(t),\ t)$ 为与 $\boldsymbol{x}(t)$ 同维的向量函数，且 $\boldsymbol{x}(t)$ 存在连续的偏导数。

为讨论系统在平衡状态 $\boldsymbol{x}_e$ 处的稳定性，可将非线性向量函数 $f(\boldsymbol{x}(t),\ t)$ 在 $\boldsymbol{x}_e$ 邻域内展成泰勒级数，得

$$\dot{\boldsymbol{x}}(t)=\frac{\partial \boldsymbol{f}}{\partial \boldsymbol{x}}(\boldsymbol{x}(t)-\boldsymbol{x}_e)+R(\boldsymbol{x}) \tag{5.16}$$

式中，$R(\boldsymbol{x})$ 为级数展开式中的高阶导数项。而

$$\frac{\partial \boldsymbol{f}}{\partial \boldsymbol{x}}=\begin{bmatrix}\dfrac{\partial f_1}{\partial x_1} & \dfrac{\partial f_1}{\partial x_2} & \cdots & \dfrac{\partial f_1}{\partial x_n}\\ \dfrac{\partial f_2}{\partial x_1} & \dfrac{\partial f_2}{\partial x_2} & \cdots & \dfrac{\partial f_2}{\partial x_n}\\ \vdots & \vdots & & \vdots\\ \dfrac{\partial f_n}{\partial x_1} & \dfrac{\partial f_n}{\partial x_2} & \cdots & \dfrac{\partial f_n}{\partial x_n}\end{bmatrix}_{n\times n} \tag{5.17}$$

称为雅可比(Jacobian)矩阵。

若令 $\Delta\boldsymbol{x}=\boldsymbol{x}-\boldsymbol{x}_e$，并取式(5.16)的一次近似式，可得系统的线性化方程：

$$\Delta\dot{\boldsymbol{x}}=\boldsymbol{A}\Delta\boldsymbol{x} \tag{5.18}$$

其中

$$\boldsymbol{A}=\left.\frac{\partial \boldsymbol{f}}{\partial \boldsymbol{x}}\right|_{\boldsymbol{x}=\boldsymbol{x}_e}$$

在线性近似的基础上，李雅普诺夫给出下列结论：

(1) 如果方程式(5.18)中系数矩阵 $\boldsymbol{A}$ 的所有特征值都具有负实部，则原非线性系统(5.15)在平衡状态 $\boldsymbol{x}_e$ 是渐近稳定的，而且系统的稳定性与 $R(\boldsymbol{x})$ 无关。

(2) 如果矩阵 $\boldsymbol{A}$ 的特征值至少有一个具有正实部，则原非线性系统的平衡状态 $\boldsymbol{x}_e$ 是不

稳定的。

(3) 如果矩阵 $\boldsymbol{A}$ 的特征值至少有一个的实部为零，系统处于临界情况，那么原非线性系统的平衡状态 $\boldsymbol{x}_e$ 的稳定性将取决于高阶导数项 $R(\boldsymbol{x})$，而不能由矩阵 $\boldsymbol{A}$ 的特征值符号来确定。

例 5.2 设系统状态方程为

$$\begin{cases} \dot{x}_1(t)=x_1(t)-x_1(t)x_2(t) \\ \dot{x}_2(t)=-x_2(t)+x_1(t)x_2(t) \end{cases}$$

试分析系统在平衡状态处的稳定性。

解 系统有两个平衡状态

$$\boldsymbol{x}_{e1}=\begin{bmatrix}0\\0\end{bmatrix},\ \boldsymbol{x}_{e2}=\begin{bmatrix}1\\1\end{bmatrix}$$

已知

$$\begin{cases} f_1(t)=x_1(t)-x_1(t)x_2(t) \\ f_2(t)=-x_2(t)+x_1(t)x_2(t) \end{cases}$$

则雅克比矩阵为

$$\frac{\partial \boldsymbol{f}}{\partial \boldsymbol{x}}=\begin{bmatrix}\dfrac{\partial f_1}{\partial x_1} & \dfrac{\partial f_1}{\partial x_2} \\ \dfrac{\partial f_2}{\partial x_1} & \dfrac{\partial f_2}{\partial x_2}\end{bmatrix}=\begin{bmatrix}1-x_2 & -x_1 \\ x_2 & -1+x_1\end{bmatrix}$$

在 $\boldsymbol{x}_{e1}=\begin{bmatrix}0\\0\end{bmatrix}$ 处将其线性化，得

$$\boldsymbol{A}=\begin{bmatrix}1 & 0\\0 & -1\end{bmatrix}$$

其特征值为 $\lambda_1=-1$，$\lambda_2=1$，可见原非线性系统在平衡状态 $\boldsymbol{x}_{e1}$ 处是不稳定的。

在 $\boldsymbol{x}_{e2}=\begin{bmatrix}1\\1\end{bmatrix}$ 处将其线性化，得

$$\boldsymbol{A}=\begin{bmatrix}0 & -1\\1 & 0\end{bmatrix}$$

其特征值为 $\pm\mathrm{j}$，实部为零，因而不能由线性化方程得出原系统在平衡状态 $\boldsymbol{x}_{e2}$ 处稳定性的结论。这种情况要应用下面将要讨论的李雅普诺夫第二法进行判断。

5.3 李雅普诺夫第二法

李雅普诺夫第二法又称直接法，其基本思路不是通过求解系统的运动方程，而是借助于李雅普诺夫函数来直接对系统平衡状态的稳定性作出判断，从能量观点进行稳定性分析。如果一个系统被激励后，其储存的能量随着时间的推移逐渐衰减，到达平衡状态时，能量将达最小值，那么，这个平衡状态是渐近稳定的。反之，如果系统不断地从外界吸收能量，储能越来越大，那么这个平衡状态就是不稳定的。如果系统的储能既不增加也不消耗，那么这个平衡状态就是李雅普诺夫定义下的稳定。

例如图 5.4 所示曲面上的小球 B，受到扰动作用后，偏离平衡状态 A 到达状态 C，获得一定的能量(能量是系统状态的函数)，然后便开始围绕平衡状态 A 来回振荡。如果曲面表面绝对光滑，运动过程不消耗能量，也不再从外界吸收能量，储能对时间也没有变化，那么振荡将等幅地一直维持下去，这就是李雅普诺夫定义下的稳定。如果曲面表面有摩擦，振荡过程将消耗能量，储能对时间的变化率为负值，那么振荡幅值将越来越小，直至最后小球又回到平衡状态 A。根据定义，这个平衡状态便是渐近稳定的。由此可见，按照系统运动过程中能量变化趋势的观点来分析的稳定性是直观而方便的。

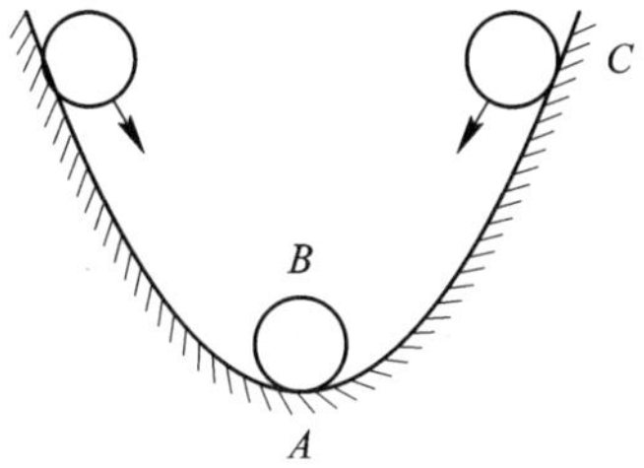

图 5.4　小球运动分析图

由于系统的复杂性和多样性，往往不能直观地找到一个能量函数来描述系统的能量关系，于是李雅普诺夫定义了一个正定的标量函数 $V(x)$，作为虚构的广义能量函数，根据 $V(x)$ 导数的符号特征来判别系统的稳定性。对于一个给定系统，如果能找到一个正定的标量函数 $V(x)$，而 $\dot{V}(x)$ 是负定的，则这个系统是渐近稳定的。这个正定函数 $V(x)$ 就是李雅普诺夫函数。实际上，任何一个标量函数只要满足李雅普诺夫稳定性判据所假设的条件，均可作为李雅普诺夫函数。

由此可见，应用李雅普诺夫第二法的关键问题便可归结为寻找李雅普诺夫函数 $V(x)$ 的问题。过去寻找李雅普诺夫函数主要是靠试探，几乎完全凭借设计者的经验和技巧，这曾经严重地阻碍着李雅普诺夫第二法的推广应用。现在，随着计算机技术的发展，借助数字计算机不仅可以找到所需要的李雅普诺夫函数，而且还能确定系统的稳定区域。但是要想找到一套对任何系统都普遍适用的方法仍很困难。

5.3.1　预备知识

1. 标量函数的符号性质

设 $V(\boldsymbol{x})$ 为由 n 维向量 $\boldsymbol{x}$ 所定义的标量函数，$\boldsymbol{x}\in\boldsymbol{\Omega}$，且在 $\boldsymbol{x}=\boldsymbol{0}$ 处，恒有 $V(\boldsymbol{x})\equiv 0$。所有区域 $\boldsymbol{\Omega}$ 中的任何非零向量 $\boldsymbol{x}$，如果

(1) $V(\boldsymbol{x})>0$，则称 $V(\boldsymbol{x})$ 为正定的，例如 $V(\boldsymbol{x})=x_1^2+x_2^2$；

(2) $V(\boldsymbol{x})\geqslant 0$，则称 $V(\boldsymbol{x})$ 为半正定(或非负定)的，例如 $V(\boldsymbol{x})=(x_1+x_2)^2$；

(3) $V(\boldsymbol{x})<0$，则称 $V(\boldsymbol{x})$ 为负定的，例如 $V(\boldsymbol{x})=-(x_1^2+x_2^2)$；

(4) $V(\boldsymbol{x})\leqslant 0$，则称 $V(\boldsymbol{x})$ 为半负定(或非正定)的，例如 $V(\boldsymbol{x})=-(x_1+x_2)^2$；

(5) $V(\boldsymbol{x})>0$ 或 $V(\boldsymbol{x})<0$，则称 $V(\boldsymbol{x})$ 为不定的，例如 $V(\boldsymbol{x})=x_1+x_2$。

例 5.3　设 $\boldsymbol{x}=[x_1\quad x_2\quad x_3]^{\mathrm{T}}$，判别下列各函数的符号性质。

(1) $V(\boldsymbol{x})=(x_1+x_2)^2+x_3^2$；(2) $V(\boldsymbol{x})=x_1^2+x_2^2$。

解　(1) 标量函数为

$$V(\boldsymbol{x})=(x_1+x_2)^2+x_3^2$$

当 $\boldsymbol{x}=\boldsymbol{0}$ 时，有 $V(\boldsymbol{0})=0$，且对 $\boldsymbol{x}\neq\boldsymbol{0}$，如 $\boldsymbol{x}=[a\quad -a\quad 0]^{\mathrm{T}}$ 也使 $V(\boldsymbol{x})=0$，所以 $V(\boldsymbol{x})$ 为半正定(或非负定)的。

(2) 标量函数为

$$V(\boldsymbol{x})=x_1^2+x_2^2$$

当 $\boldsymbol{x}=\boldsymbol{0}$ 时，有 $V(\boldsymbol{0})=0$，且对 $\boldsymbol{x}\neq\boldsymbol{0}$，如 $\boldsymbol{x}=[0\quad 0\quad a]^{\mathrm{T}}$ 也使 $V(\boldsymbol{x})=0$，所以 $V(\boldsymbol{x})$ 为半正定的。

2. 二次型标量函数

二次型函数在李雅普诺夫第二法分析系统的稳定性中起着很重要的作用。

设 x_1，x_2，…，x_n 为 n 个变量，定义二次型标量函数为

$$\begin{aligned}V(\boldsymbol{x}) &= p_{11}x_1^2+p_{12}x_1x_2+\cdots+p_{22}x_2^2+\cdots+p_{2n}x_2x_n+\cdots+p_{n1}x_nx_1+\cdots+p_{nn}x_n^2\\ &=\sum_{i,j=1}^{n}p_{ij}x_ix_j\end{aligned}\tag{5.19}$$

式中，p_{ij} 是常数，为二次型函数的系数。二次型函数用矩阵表示为

$$V(\boldsymbol{x})=\boldsymbol{x}^{\mathrm{T}}\boldsymbol{P}\boldsymbol{x}=[x_1\quad x_2\quad\cdots\quad x_n]\begin{bmatrix}p_{11} & p_{12} & \cdots & p_{1n}\\ p_{21} & p_{22} & \cdots & p_{2n}\\ \vdots & \vdots & & \vdots\\ p_{n1} & p_{n2} & \cdots & p_{nn}\end{bmatrix}\begin{bmatrix}x_1\\ x_2\\ \vdots\\ x_n\end{bmatrix}\tag{5.20}$$

其中，$\boldsymbol{P}$ 为实对称矩阵，即 $p_{ij}=p_{ji}$。

例如

$$V(\boldsymbol{x})=x_1^2+2x_1x_2+x_2^2+x_3^2=[x_1\quad x_2\quad x_3]\begin{bmatrix}1 & 1 & 0\\ 1 & 1 & 0\\ 0 & 0 & 1\end{bmatrix}\begin{bmatrix}x_1\\ x_2\\ x_3\end{bmatrix}$$

对二次型函数 $V(\boldsymbol{x})=\boldsymbol{x}^{\mathrm{T}}\boldsymbol{P}\boldsymbol{x}$，若 $\boldsymbol{P}$ 为实对称矩阵，则必存在正交矩阵 $\boldsymbol{T}$，通过变换 $\boldsymbol{x}=\boldsymbol{T}\bar{\boldsymbol{x}}$，使之化为

$$\begin{aligned}V(\boldsymbol{x}) &= \boldsymbol{x}^{\mathrm{T}}\boldsymbol{P}\boldsymbol{x}=\bar{\boldsymbol{x}}^{\mathrm{T}}\boldsymbol{T}^{\mathrm{T}}\boldsymbol{P}\boldsymbol{T}\bar{\boldsymbol{x}}=\bar{\boldsymbol{x}}^{\mathrm{T}}(\boldsymbol{T}^{-1}\boldsymbol{P}\boldsymbol{T})\bar{\boldsymbol{x}}\\ &= \bar{\boldsymbol{x}}^{\mathrm{T}}\bar{\boldsymbol{P}}\bar{\boldsymbol{x}}=\bar{\boldsymbol{x}}^{\mathrm{T}}\begin{pmatrix}\lambda_1 & 0 & \cdots & 0\\ 0 & \lambda_2 & \cdots & 0\\ \vdots & \vdots & & \vdots\\ 0 & 0 & \cdots & \lambda_n\end{pmatrix}\bar{\boldsymbol{x}}\\ &= \sum_{i=1}^{n}\lambda_i\bar{x}_i^2\end{aligned}\tag{5.21}$$

称式(5.21)为二次型函数 $V(\boldsymbol{x})$ 的标准型，只包含变量的平方项，其中 $\lambda_i(i=1,2,\cdots,n)$ 为对称矩阵 $\boldsymbol{P}$ 的互异特征根，且均为实数，则 $V(\boldsymbol{x})$ 正定的充要条件是对称矩阵 $\boldsymbol{P}$ 的所有特征值 λ_i 均大于零。

3. 二次型标量函数的符号性

设 $\boldsymbol{x}$ 是 $\boldsymbol{\Omega}$ 域状态空间中的非零向量，$V(\boldsymbol{x})$是向量 $\boldsymbol{x}$ 的标量函数，$\boldsymbol{P}$ 是 $n\times n$ 维实对称

矩阵，$V(\boldsymbol{x})$是由矩阵所决定的二次型函数，即 $V(\boldsymbol{x})=\boldsymbol{x}^{\mathrm{T}}\boldsymbol{P}\boldsymbol{x}$。

对称矩阵 $\boldsymbol{P}$ 的符号性质定义如下：

(1) 若 $V(\boldsymbol{x})$正定，则称 $\boldsymbol{P}$ 为正定，记作 $\boldsymbol{P}>0$；

(2) 若 $V(\boldsymbol{x})$负定，则称 $\boldsymbol{P}$ 为负定，记作 $\boldsymbol{P}<0$；

(3) 若 $V(\boldsymbol{x})$半正定(非负定)，则称 $\boldsymbol{P}$ 为半正定(非负定)，记作 $\boldsymbol{P}\geqslant 0$；

(4) 若 $V(\boldsymbol{x})$半负定(非正定)，则称 $\boldsymbol{P}$ 为半负定(非正定)，记作 $\boldsymbol{P}\leqslant 0$。

由此可见，矩阵 $\boldsymbol{P}$ 的符号性质与由其所决定的二次型函数 $V(\boldsymbol{x})=\boldsymbol{x}^{\mathrm{T}}\boldsymbol{P}\boldsymbol{x}$ 的符号性质完全一致。因此，要判别 $V(\boldsymbol{x})$的符号只要判别矩阵 $\boldsymbol{P}$ 的符号即可，$\boldsymbol{P}$ 的符号可由希尔维斯特(Sylvester)判据进行判定。

4. 希尔维斯特判据

设实对称矩阵

$$\boldsymbol{P}=\begin{bmatrix} p_{11} & p_{12} & \cdots & p_{1n} \\ p_{21} & p_{22} & \cdots & p_{2n} \\ \vdots & \vdots & & \vdots \\ p_{n1} & p_{n2} & \cdots & p_{nn} \end{bmatrix}$$

其中：$\Delta_i(i=1, 2, \cdots, n)$为其各阶顺序主子行列式，即

$$\Delta_1=p_{11},\ \Delta_2=\begin{vmatrix} p_{11} & p_{12} \\ p_{21} & p_{22} \end{vmatrix},\quad \cdots,\quad \Delta_n=|\boldsymbol{P}| \tag{5.22}$$

判断矩阵 $\boldsymbol{P}$ (或 $V(\boldsymbol{x})$)符号性质的充要条件是

(1) 若 $\Delta_i>0$，$i=1, 2, \cdots, n$，则 $\boldsymbol{P}$(或 $V(\boldsymbol{x})$)是正定的；

(2) 若 $\Delta_i\begin{cases} >0, & i=2, 4, \cdots \\ <0, & i=1, 3, \cdots \end{cases}$，则 $\boldsymbol{P}$(或 $V(\boldsymbol{x})$)是负定的；

(3) 若 $\Delta_i\begin{cases} \geqslant 0, & i=1, 2, \cdots \\ =0, & i=n \end{cases}$，则 $\boldsymbol{P}$ (或 $V(\boldsymbol{x})$)是半正定(非负定)的；

(4) 若 $\Delta_i\begin{cases} \geqslant 0, & i=2, 4, \cdots \\ <0, & i=1, 3, \cdots \\ =0, & i=n \end{cases}$，则 $\boldsymbol{P}$(或 $V(\boldsymbol{x})$)是半负定(非正定)的。

例 5.4　判别下列二次型标量函数的符号性质。

$$V(\boldsymbol{x})=10x_1^2+4x_2^2+x_3^2+2x_1x_2-2x_2x_3-4x_1x_3$$

解　二次型标量函数 $V(\boldsymbol{x})$可写为

$$V(\boldsymbol{x})=\boldsymbol{x}^{\mathrm{T}}\boldsymbol{P}\boldsymbol{x}=[x_1 \quad x_2 \quad x_3]\begin{bmatrix} 10 & 1 & -2 \\ 1 & 4 & -1 \\ -2 & -1 & 1 \end{bmatrix}\begin{bmatrix} x_1 \\ x_2 \\ x_3 \end{bmatrix}$$

利用希尔维斯特判据，可得

$$\Delta_1=10>0,\ \Delta_2=\begin{vmatrix} 10 & 1 \\ 1 & 4 \end{vmatrix}=39>0,\ \Delta_3=\begin{vmatrix} 10 & 1 & -2 \\ 1 & 4 & -1 \\ -2 & -1 & 1 \end{vmatrix}=17>0$$

矩阵所有主子式都大于零，所以 $V(\boldsymbol{x})$ 是正定的。

5.3.2 几个稳定性判据

用李雅普诺夫第二法分析系统的稳定性，可概括为以下几个稳定性判据。

判据 5.3 (李雅普诺夫稳定判据) 设连续系统的状态方程为

$$\dot{\boldsymbol{x}}(t)=f(\boldsymbol{x}(t)) \tag{5.23}$$

其中，$\boldsymbol{x}(t)$ 为 n 维状态向量；$f(\boldsymbol{x}, t)$ 为 n 维向量函数，是状态变量 x_1, x_2, …, x_n 和时间 t 的函数。平衡状态为 $\boldsymbol{x}_e=\boldsymbol{0}$，满足 $f(\boldsymbol{x}_e)=0$。

如果存在一个标量函数 $V(\boldsymbol{x})$ 且满足

(1) $V(\boldsymbol{x})$ 对所有 $\boldsymbol{x}$ 都具有连续的一阶偏导数；

(2) $V(\boldsymbol{x})$ 是正定的；

(3) $V(\boldsymbol{x})$ 沿状态轨迹方向的时间导数 $\dot{V}(\boldsymbol{x})$ 为半负定，即 $\dot{V}(\boldsymbol{x})\leqslant 0$，那么平衡状态 $\boldsymbol{x}_e$ 为在李雅普诺夫定义下稳定。

例 5.5 已知系统状态方程 $\dot{\boldsymbol{x}}(t)=\begin{bmatrix}0 & 1\\ -1 & -1\end{bmatrix}\boldsymbol{x}(t)$，试分析平衡状态的稳定性。

解 从状态方程可知，原点 $\boldsymbol{x}_e=\begin{bmatrix}0\\0\end{bmatrix}$ 是系统唯一的平衡状态。

选取李雅普诺夫函数

$$V(\boldsymbol{x})=x_1^2+x_2^2>0$$

则

$$\dot{V}(\boldsymbol{x})=2x_1\dot{x}_1+2x_2\dot{x}_2=-2x_2^2\leqslant 0$$

那么，可知 $\dot{V}(\boldsymbol{x})$ 是半负定的，所以可知系统在平衡状态 $\boldsymbol{x}_e$ 处为李雅普诺夫稳定。

值得注意的是：李雅普诺夫稳定在经典控制理论中称为不稳定或临界稳定。

例 5.6 设闭环系统如图 5.5 所示，试分析系统平衡状态的稳定性。

解 由经典控制理论可知，系统是一个结构不稳定系统，闭环系统有两个纯虚根，属于临界稳定，它的自由解是一个等幅的正弦振荡。要想使这个系统稳定，必须改变系统的结构。

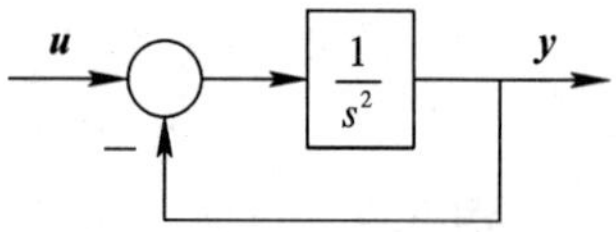

图 5.5 系统结构图

闭环系统的状态方程为

$$\dot{\boldsymbol{x}}(t)=\begin{bmatrix}0 & 1\\ -1 & 0\end{bmatrix}\boldsymbol{x}(t)+\begin{bmatrix}0\\1\end{bmatrix}\boldsymbol{u}(t)$$

其齐次方程为

$$\begin{cases}\dot{x}_1=x_2\\ \dot{x}_2=-x_1\end{cases}$$

显然，原点为系统唯一的平衡状态。

试选李雅普诺夫函数

$$V(\boldsymbol{x})=x_1^2+x_2^2>0$$

则有

$$\dot{V}(\boldsymbol{x})=2x_1\dot{x}_1+2x_2\dot{x}_2=2(x_1x_1-x_2x_2)\equiv 0$$

可见，$\dot{V}(\boldsymbol{x})$在任意 $\boldsymbol{x}\neq\boldsymbol{0}$ 的值上均可保持为零，而 $V(\boldsymbol{x})$保持为某常数，

$$V(\boldsymbol{x})=x_1^2+x_2^2=C$$

这表示系统运动的相轨迹是一系列以原点为圆心，$\sqrt{C}$为半径的圆。这时系统为李雅普诺夫定义下的稳定。但在经典控制理论中，这种情况属于不稳定。

判据 5.4　(渐近稳定判据)　设连续系统的状态方程为

$$\dot{\boldsymbol{x}}(t)=f(\boldsymbol{x}(t)) \tag{5.24}$$

其中，$\boldsymbol{x}(t)$为 n 维状态向量；$f(\boldsymbol{x},t)$为 n 维向量函数，是状态变量 x_1，x_2，…，x_n 和时间 t 的函数。平衡状态为$\boldsymbol{x}_e=\boldsymbol{0}$，满足 $f(\boldsymbol{x}_e)=0$。

如果存在一个标量函数 $V(\boldsymbol{x})$满足

(1) $V(\boldsymbol{x})$对所有 $\boldsymbol{x}$ 都具有连续的一阶偏导数；

(2) $V(\boldsymbol{x})$是正定的

(3) $V(\boldsymbol{x})$沿状态轨迹方向的时间导数 $\dot{V}(\boldsymbol{x})$为负定；或虽然 $\dot{V}(\boldsymbol{x})$为半负定，但对任意初始状态 $\boldsymbol{x}(t_0)\neq\boldsymbol{0}$ 来说，除 $\boldsymbol{x}=\boldsymbol{0}$ 外，对 $\boldsymbol{x}\neq\boldsymbol{0}$，$\dot{V}(\boldsymbol{x})$不恒为零，那么平衡状态$\boldsymbol{x}_e$ 是渐近稳定的。

如果系统只有一个平衡状态，且当 $\|\boldsymbol{x}\|\to\infty$时，$V(\boldsymbol{x})\to\infty$，则系统是大范围渐近稳定的。

下面对渐近稳定判据中当 $\dot{V}(\boldsymbol{x})$为半负定时的附加条件 $\dot{V}(\boldsymbol{x})$不恒等于零作出说明。

因为 $\dot{V}(\boldsymbol{x})$为半负定，所以在 $\boldsymbol{x}\neq\boldsymbol{0}$ 时可能会出现 $\dot{V}(\boldsymbol{x})=\boldsymbol{0}$。这时系统可能有两种运动情况，如图 5.6 所示。

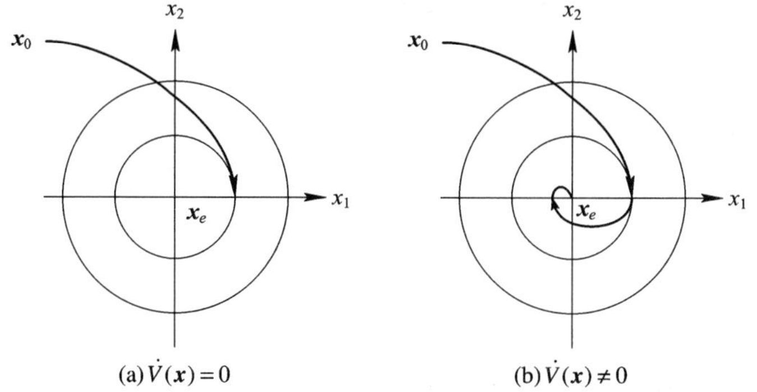

(a) $\dot{V}(\boldsymbol{x})=0$　　　(b) $\dot{V}(\boldsymbol{x})\neq 0$

图 5.6　运动分析

(1) $\dot{V}(\boldsymbol{x})\equiv\boldsymbol{0}$，这时运动轨迹降落在某个特定的曲面 $V(\boldsymbol{x})=C$ 上，如图 5.6(a)所示。这意味着运动轨迹不会收敛于原点。这种情况可能对应于非线性系统中出现的极限环或线性系统中的临界稳定。

(2) $\dot{V}(\boldsymbol{x})$不恒等于零，这时运动轨迹只在某个时刻与某个特定曲面 $V(\boldsymbol{x})=C$ 相切，如

图 5.6(b)所示。运动轨迹通过切点后并不停留而继续向原点收敛，因此，这种情况仍属于渐近稳定。

例 5.7 已知系统状态方程 $\dot{\boldsymbol{x}}(t)=\begin{bmatrix}0 & 1\\ -1 & -1\end{bmatrix}\boldsymbol{x}(t)$，试分析系统平衡状态的稳定性。

解 选取李雅普诺夫函数为

$$V(\boldsymbol{x})=x_1^2+x_2^2>0$$

则

$$\dot{V}(\boldsymbol{x})=2x_1\dot{x}_1+2x_2\dot{x}_2=-2x_2^2\leqslant 0$$

原点 $\boldsymbol{x}_e=\begin{bmatrix}0\\0\end{bmatrix}$ 是系统唯一的平衡状态，系统在平衡状态处为李雅普诺夫稳定。

进一步分析：对 $\boldsymbol{x}\neq\boldsymbol{0}$，$\dot{V}(\boldsymbol{x})$ 是否恒为零。

如果假设 $\dot{V}(\boldsymbol{x})=-2x_2^2$ 恒等于零，必然要求 x_2 在 $t>t_0$ 时恒等于零；而 x_2 恒等于零又要求 $\dot{x}_2$ 恒等于零。但从状态方程 $\dot{x}_2=-x_1-x_2$ 可知，当 $t>t_0$ 时，若要求 $\dot{x}_2=0$ 和 $x_2=0$ 时，$\dot{V}(\boldsymbol{x})=0$，则 $x_1=0$。因此，当 $\boldsymbol{x}\neq\boldsymbol{0}$ 时 $\dot{V}(\boldsymbol{x})$ 不会恒等于零。

所以，系统在原点处为渐近稳定的。

又由于 $\|\boldsymbol{x}\|\to\infty$ 时，有 $V(\boldsymbol{x})\to\infty$，故系统在原点处为大范围渐近稳定的，即系统是渐近稳定的。

如果对于例 5.7 的系统状态方程，选取李雅普诺夫函数为

$$V(\boldsymbol{x})=\frac{1}{2}[(x_1+x_2)^2+2x_1^2+x_2^2]=[x_1\quad x_2]\begin{bmatrix}\frac{3}{2} & \frac{1}{2}\\ \frac{1}{2} & 1\end{bmatrix}\begin{bmatrix}x_1\\x_2\end{bmatrix}$$

由希尔维斯特判据可知 $V(\boldsymbol{x})>0$，而

$$\dot{V}(\boldsymbol{x})=-(x_1^2+x_2^2)<0$$

$\dot{V}(\boldsymbol{x})$ 是负定的，且当 $\|\boldsymbol{x}\|\to\infty$ 时，有 $V(\boldsymbol{x})\to\infty$，因而也能得出原点是大范围渐近稳定的结论。

例 5.8 已知系统状态方程 $\begin{cases}\dot{x}_1=x_2-x_1(x_1^2+x_2^2)\\ \dot{x}_2=-x_1-x_2(x_1^2+x_2^2)\end{cases}$，试分析系统平衡状态的稳定性。

解 由方程

$$\begin{cases}x_2-x_1(x_1^2+x_2^2)=0\\ -x_1-x_2(x_1^2+x_2^2)=0\end{cases}$$

可解出原点 $\boldsymbol{x}_e=\begin{bmatrix}0\\0\end{bmatrix}$ 是系统唯一的平衡状态。

选取李雅普诺夫函数，即

$$V(\boldsymbol{x})=x_1^2+x_2^2>0$$

则沿着任意轨迹 $V(\boldsymbol{x})$ 对时间求导，有

$$\dot{V}(\boldsymbol{x})=2x_1\dot{x}_1+2x_2\dot{x}_2=-2(x_1^2+x_2^2)<0$$

所以，系统在原点处为渐近稳定的。

又由于 $\|\boldsymbol{x}\|\to\infty$ 时，有 $V(\boldsymbol{x})\to\infty$，故系统在原点处为大范围渐近稳定的。

判据 5.5　(不稳定判据)　设连续系统的状态方程为

$$\dot{\boldsymbol{x}}(t)=f(\boldsymbol{x}(t)) \tag{5.25}$$

其中，$\boldsymbol{x}(t)$ 为 n 维状态向量，$f(\boldsymbol{x}, t)$ 为 n 维向量函数，是状态变量 $x_1, x_2, \cdots, x_n$ 和时间 t 的函数。平衡状态为 $\boldsymbol{x}_e=\boldsymbol{0}$，满足 $f(\boldsymbol{x}_e)=0$。

如果存在一个标量函数 $V(\boldsymbol{x})$ 满足

(1) $V(\boldsymbol{x})$ 对所有 $\boldsymbol{x}$ 都具有连续的一阶偏导数；

(2) $V(\boldsymbol{x})$ 是正定的；

(3) $V(\boldsymbol{x})$ 沿状态轨迹方向的时间导数 $\dot{V}(\boldsymbol{x})$ 为正定，那么平衡状态 $\boldsymbol{x}_e$ 是不稳定的。

例 5.9　设系统状态方程为

$$\dot{\boldsymbol{x}}(t)=\begin{bmatrix}1 & 1\\ -1 & 1\end{bmatrix}\boldsymbol{x}(t)$$

试分析平衡状态的稳定性。

解　已知原点 $\boldsymbol{x}_e=\begin{bmatrix}0\\0\end{bmatrix}$ 是系统唯一的平衡状态。选取

$$V(\boldsymbol{x})=x_1^2+x_2^2>0$$

则有

$$\dot{V}(\boldsymbol{x})=2x_1\dot{x}_1+2x_2\dot{x}_2=2(x_1^2+x_2^2)>0$$

所以在 $\boldsymbol{x}_e=\boldsymbol{0}$ 处是不稳定的。

实际上，根据李雅普诺夫第一法可知，由特征方程

$$\det|\lambda\boldsymbol{I}-\boldsymbol{A}|=\det\begin{vmatrix}\lambda-1 & -1\\ 1 & \lambda-1\end{vmatrix}=\lambda^2-2\lambda+2=0$$

可知，方程各系数不同号，系统必然不稳定。

例 5.10　设系统状态方程为

$$\begin{cases}\dot{x}_1=x_2\\ \dot{x}_2=-(1-|x_1|)x_2-x_1\end{cases}$$

试确定系统平衡状态的稳定性。

解　原点是系统唯一的平衡状态。

选取

$$V(\boldsymbol{x})=x_1^2+x_2^2>0$$

则有

$$\dot{V}(\boldsymbol{x})=-2x_2^2(1-|x_1|)$$

当 $|x_1|=1$ 时，$\dot{V}(\boldsymbol{x})=0$；当 $|x_1|>1$ 时，$\dot{V}(\boldsymbol{x})>0$，可见该系统在单位圆外是不稳定的。

但在单位圆 $x_1^2+x_2^2=1$ 内，由于 $|x_1|<1$，此时，$\dot{V}(\boldsymbol{x})$ 是负定的。因此，在这个范围内系统平衡状态是渐近稳定的，这个单位圆称为不稳定的极限环。

应当指出，上述判据只给出了判断系统稳定性的充分条件，而非充要条件。就是说，对于给定系统，如果找到满足判据条件的李雅普诺夫函数，就能对系统的稳定性作出肯定的

结论。但是却不能因为没有找到这样的李雅普诺夫函数，就作出否定的结论。

5.3.3 关于李雅普诺夫函数的讨论

由稳定性判据可知，运用李雅普诺夫第二法的关键在于寻找一个满足判据条件的李雅普诺夫函数 $V(\boldsymbol{x})$。但是李雅普诺夫稳定性理论本身并没有提供构造 $V(\boldsymbol{x})$ 的一般方法。尽管李雅普诺夫第二法原理上很简单，但应用起来却很不容易。因此，有必要对 $V(\boldsymbol{x})$ 的属性作一些讨论。

(1) $V(\boldsymbol{x})$ 是满足稳定性判据条件的一个正定的标量函数，且对 $\boldsymbol{x}$ 应具有连续的一阶偏导数。

(2) 对于一个给定系统，如果 $V(\boldsymbol{x})$ 是可找到的，那么通常是非唯一的，但这并不影响结论的一致性。

(3) $V(\boldsymbol{x})$ 的最简单形式是二次型函数：

$$V(\boldsymbol{x})=\boldsymbol{x}^{\mathrm{T}}\boldsymbol{P}\boldsymbol{x}$$

其中，$\boldsymbol{P}$ 为实对称方阵，其元素可以是定常的或时变的，但 $V(\boldsymbol{x})$ 并不一定都是简单的二次型。

(4) $V(\boldsymbol{x})$ 函数值表示系统在平衡状态附近某邻域内局部运动的稳定情况，并不能提供与外部运动的任何信息。

(5) 由于构造 $V(\boldsymbol{x})$ 函数需要较多技巧，因此，李雅普诺夫第二法主要用于确定那些使用别的方法无效或难以判别其稳定性的问题。例如，高阶的非线性系统或时变系统。

5.4 李雅普诺夫方法在线性定常系统中的应用

李雅普诺夫第二法不仅用于分析线性定常连续系统的稳定性，而且对线性定常离散系统以及线性时变系统也能给出相应的稳定性判据。

5.4.1 线性定常连续系统渐近稳定判据

设线性定常连续系统状态方程为

$$\dot{\boldsymbol{x}}(t)=\boldsymbol{A}\boldsymbol{x}(t) \tag{5.26}$$

其中，$\boldsymbol{x}(t)$ 是 n 维状态向量，$\boldsymbol{A}$ 是 $n\times n$ 维系统矩阵。

线性定常连续系统状态方程具有以下特点

(1) 当系统矩阵 $\boldsymbol{A}$ 为非奇异常数矩阵时，系统仅存在唯一的平衡状态 $\boldsymbol{x}_e=\boldsymbol{0}$。

(2) 如果系统在状态空间中包括 $\boldsymbol{x}_e=\boldsymbol{0}$ 在内的某个域 $\boldsymbol{\Omega}$ 上是渐近稳定的，则系统一定是大范围渐近稳定的。

(3) 平衡状态 $\boldsymbol{x}_e=\boldsymbol{0}$ 为大范围渐近稳定的充要条件是：矩阵 $\boldsymbol{A}$ 的特征根均具有负实部。

判据 5.6 设线性定常连续系统状态方程为

$$\dot{\boldsymbol{x}}(t)=\boldsymbol{A}\boldsymbol{x}(t) \tag{5.27}$$

式中，$\boldsymbol{x}(t)$ 是 n 维状态向量，$\boldsymbol{A}$ 是 $n\times n$ 维非奇异常数矩阵，则系统在平衡状态 $\boldsymbol{x}_e=\boldsymbol{0}$ 为大范围渐近稳定的充分必要条件是

对任意给定的正定对称矩阵 $\boldsymbol{Q}$，必存在着一个正定对称矩阵 $\boldsymbol{P}$，且满足矩阵方程：

$$\boldsymbol{A}^{\mathrm{T}}\boldsymbol{P}+\boldsymbol{PA}=-\boldsymbol{Q} \tag{5.28}$$

且标量函数 $V(\boldsymbol{x})=\boldsymbol{x}^{\mathrm{T}}\boldsymbol{Px}$ 是系统的一个二次型李雅普诺夫函数。

证明　必要性证明(如果系统在 $\boldsymbol{x}_e=\boldsymbol{0}$ 是渐近稳定的，则必存在着矩阵 $\boldsymbol{P}$ 满足 $\boldsymbol{A}^{\mathrm{T}}\boldsymbol{P}+\boldsymbol{PA}=-\boldsymbol{Q}$)。

选取的矩阵 $\boldsymbol{P}$ 具有以下形式

$$\boldsymbol{P}=\int_0^{+\infty}\mathrm{e}^{\boldsymbol{A}^{\mathrm{T}}t}\boldsymbol{Q}\mathbf{e}^{\boldsymbol{A}t}\,\mathrm{d}t \tag{5.29}$$

其中，被积函数 $\mathrm{e}^{\boldsymbol{A}^{\mathrm{T}}t}\boldsymbol{Q}\mathrm{e}^{\boldsymbol{A}t}$ 一定是具有 $t^k\mathrm{e}^{\lambda t}$ 形式的诸项之和，如系统是渐近稳定的，矩阵 $\boldsymbol{A}$ 的特征值 $\lambda_i(i=1, 2, \cdots, n)$ 必满足 $\mathrm{Re}(\lambda_i)<0$，因此积分一定存在。

若将 $\boldsymbol{P}>0$ 的积分形式代入矩阵方程(若系统是渐近稳定的，特征值 λ_i 的实部必为负，则 $\lim\limits_{t\to\infty}\mathrm{e}^{\boldsymbol{A}t}=0$)，即

$$\begin{aligned}\boldsymbol{A}^{\mathrm{T}}\boldsymbol{P}+\boldsymbol{PA}&=\boldsymbol{A}^{\mathrm{T}}\int_0^{+\infty}\mathrm{e}^{\boldsymbol{A}^{\mathrm{T}}t}\boldsymbol{Q}\mathrm{e}^{\boldsymbol{A}t}\,\mathrm{d}t+\int_0^{+\infty}\mathrm{e}^{\boldsymbol{A}^{\mathrm{T}}t}\boldsymbol{Q}\mathrm{e}^{\boldsymbol{A}t}\boldsymbol{A}\,\mathrm{d}t\\&=\int_0^{+\infty}(\boldsymbol{A}^{\mathrm{T}}\mathrm{e}^{\boldsymbol{A}^{\mathrm{T}}t}\boldsymbol{Q}\mathrm{e}^{\boldsymbol{A}t}+\mathrm{e}^{\boldsymbol{A}^{\mathrm{T}}t}\boldsymbol{Q}\mathrm{e}^{\boldsymbol{A}t}\boldsymbol{A})\,\mathrm{d}t\\&=\int_0^{+\infty}\mathrm{d}(\mathrm{e}^{\boldsymbol{A}^{\mathrm{T}}t}\boldsymbol{Q}\mathrm{e}^{\boldsymbol{A}t})=\mathrm{e}^{\boldsymbol{A}^{\mathrm{T}}t}\boldsymbol{Q}\mathrm{e}^{\boldsymbol{A}t}\Big|_0^{+\infty}=-\boldsymbol{Q}\end{aligned} \tag{5.30}$$

充分性证明(如果满足 $\boldsymbol{A}^{\mathrm{T}}\boldsymbol{P}+\boldsymbol{PA}=-\boldsymbol{Q}$ 的矩阵 $\boldsymbol{P}$ 存在，则系统在 $\boldsymbol{x}_e=\boldsymbol{0}$ 是渐近稳定的)。

设矩阵 $\boldsymbol{P}$ 是存在的，且为 $n\times n$ 维正定对称矩阵，则选取

$$V(\boldsymbol{x})=\boldsymbol{x}^{\mathrm{T}}\boldsymbol{Px}>0 \tag{5.31}$$

且 $V(\boldsymbol{x})$ 沿着状态轨迹对时间的导数为

$$\begin{aligned}\dot{V}(\boldsymbol{x})&=\frac{\mathrm{d}}{\mathrm{d}t}(\boldsymbol{x}^{\mathrm{T}}\boldsymbol{Px})=\dot{\boldsymbol{x}}^{\mathrm{T}}\boldsymbol{Px}+\boldsymbol{x}^{\mathrm{T}}\boldsymbol{P}\dot{\boldsymbol{x}}=(\boldsymbol{Ax})^{\mathrm{T}}\boldsymbol{Px}+\boldsymbol{x}^{\mathrm{T}}\boldsymbol{P}(\boldsymbol{Ax})\\&=\boldsymbol{x}^{\mathrm{T}}(\boldsymbol{A}^{\mathrm{T}}\boldsymbol{P}+\boldsymbol{PA})\boldsymbol{x}=-\boldsymbol{x}^{\mathrm{T}}\boldsymbol{Qx}<0\end{aligned} \tag{5.32}$$

由此可知，$\dot{V}(\boldsymbol{x})$ 是负定的，因此系统在平衡状态 $\boldsymbol{x}_e=\boldsymbol{0}$ 是渐近稳定的。

在应用该判据时应注意：

(1) 实际应用时，通常是先选取一个正定矩阵 $\boldsymbol{Q}$，代入李雅普诺夫方程式(5.28)，解出矩阵 $\boldsymbol{P}$，然后根据希尔维斯特判据判定 $\boldsymbol{P}$ 的符号性质。

(2) 若 $\dot{V}(\boldsymbol{x})$ 沿任意轨迹不恒等于零，那么矩阵 $\boldsymbol{Q}$ 可取为半正定的。

(3) 矩阵 $\boldsymbol{Q}$ 只要选为正定的(或根据实际情况选为半正定的)，最终的结果与矩阵 $\boldsymbol{Q}$ 的选取无关。

(4) 为了计算方便，常取 $\boldsymbol{Q}=\boldsymbol{I}$，矩阵 $\boldsymbol{P}$ 应满足如下连续李雅普诺夫方程

$$\boldsymbol{A}^{\mathrm{T}}\boldsymbol{P}+\boldsymbol{PA}=-\boldsymbol{I} \tag{5.33}$$

式中，$\boldsymbol{I}$ 为 n 维单位矩阵。

(5) 上述判据所确定的条件与矩阵 $\boldsymbol{A}$ 的特征值具有负实部的条件(李雅普诺法第一法)等价，因而判据所给出的条件是充分必要的。因为设 $\boldsymbol{A}=\boldsymbol{\Lambda}$(或通过变换)，若取 $V(\boldsymbol{x})=\|\boldsymbol{x}\|=\boldsymbol{x}^{\mathrm{T}}\boldsymbol{x}$，则 $\boldsymbol{Q}=-(\boldsymbol{A}^{T}+\boldsymbol{A})=-2\boldsymbol{A}=-2\boldsymbol{\Lambda}$，显然只有当 $\boldsymbol{\Lambda}$ 全为负值时，$\boldsymbol{Q}$ 才是正定的。

例 5.11　已知系统状态方程

$$\dot{\boldsymbol{x}}(t)=\begin{bmatrix}0 & 1\\ -2 & -3\end{bmatrix}\boldsymbol{x}(t)$$

试分析系统平衡状态的稳定性。

解 已知系统有唯一的平衡状态，即坐标原点$\boldsymbol{x}_e=\begin{bmatrix}0\\0\end{bmatrix}$。

设对称矩阵

$$\boldsymbol{P}=\begin{bmatrix}p_{11} & p_{12}\\ p_{12} & p_{22}\end{bmatrix},\ \boldsymbol{Q}=\boldsymbol{I}=\begin{bmatrix}1 & 0\\ 0 & 1\end{bmatrix}$$

代入李雅普诺夫方程(5.28)得

$$\begin{aligned}\boldsymbol{A}^{\mathrm{T}}\boldsymbol{P}+\boldsymbol{P}\boldsymbol{A}&=\begin{bmatrix}0 & -2\\ 1 & -3\end{bmatrix}\begin{bmatrix}p_{11} & p_{12}\\ p_{12} & p_{22}\end{bmatrix}+\begin{bmatrix}p_{11} & p_{12}\\ p_{12} & p_{22}\end{bmatrix}\begin{bmatrix}0 & 1\\ -2 & -3\end{bmatrix}\\ &=\begin{bmatrix}-1 & 0\\ 0 & -1\end{bmatrix}\end{aligned}$$

将上式展开，并令各对应元素相等，可解得

$$\boldsymbol{P}=\frac{1}{4}\begin{bmatrix}5 & 1\\ 1 & 1\end{bmatrix}$$

根据希尔维斯特判据知

$$\Delta_1=\frac{5}{4}>0,\ \Delta_2=|\boldsymbol{P}|=\frac{1}{4}>0$$

故矩阵 $\boldsymbol{P}$ 是正定的，因而系统的平衡状态是大范围渐近稳定的。同时也可知，系统的李雅普诺夫函数可选取为

$$V(\boldsymbol{x})=\boldsymbol{x}^{\mathrm{T}}\boldsymbol{P}\boldsymbol{x}=\frac{1}{4}(5x_1^2+2x_1x_2+x_2^2)$$

例 5.12 试确定图 5.7 所示的系统渐近稳定时增益 $K(K>0)$的取值范围。

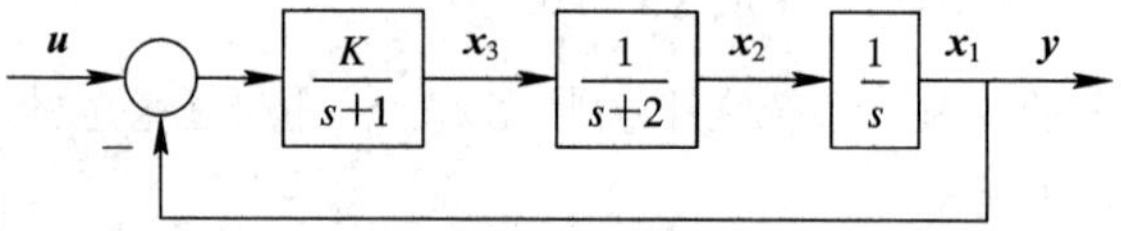

图 5.7 控制系统结构图

解 选择状态变量 x_1，x_2，x_3，列写系统的状态方程：

$$\dot{\boldsymbol{x}}(t)=\begin{bmatrix}0 & 1 & 0\\ 0 & -2 & 1\\ -K & 0 & -1\end{bmatrix}\boldsymbol{x}(t)+\begin{bmatrix}0\\0\\K\end{bmatrix}\boldsymbol{u}(t)$$

由于线性定常系统的稳定性是自身特性，与输入无关，可令 $\boldsymbol{u}(t)=\boldsymbol{0}$。考虑$|\boldsymbol{A}|=-K$，所以系统矩阵 $\boldsymbol{A}$ 为非奇异矩阵，则坐标原点$\boldsymbol{x}_e=\boldsymbol{0}$ 为系统唯一的平衡状态。

假设选取半正定的实对称矩阵 $\boldsymbol{Q}$ 为

$$\boldsymbol{Q}=\begin{bmatrix}0 & 0 & 0\\ 0 & 0 & 0\\ 0 & 0 & 1\end{bmatrix}$$

为了说明这样选取半正定矩阵 $\boldsymbol{Q}$ 是正确的，尚需证明 $\dot{V}(\boldsymbol{x})$沿任意轨迹应不恒等于零。

由于

$$\dot{V}(\boldsymbol{x})=-\boldsymbol{x}^{\mathrm{T}}\boldsymbol{Q}\boldsymbol{x}=x_3^2$$

如果 $\dot{V}(\boldsymbol{x})\equiv 0$ 的条件是 $x_3\equiv 0$，但由状态方程可推知，此时 $x_1=x_2=x_3\equiv 0$。这表明只有在原点，即在平衡状态 $\boldsymbol{x}_e=\boldsymbol{0}$ 处才使得 $\dot{V}(\boldsymbol{x})\equiv 0$，而沿任意轨迹 $\dot{V}(\boldsymbol{x})$ 均不会恒等于零。因此，允许选取矩阵 $\boldsymbol{Q}$ 为半正定的。

根据式(5.28)，有

$$\begin{bmatrix}0 & 0 & -K\\ 1 & -2 & 0\\ 0 & 1 & -1\end{bmatrix}\begin{bmatrix}p_{11} & p_{12} & p_{13}\\ p_{12} & p_{22} & p_{23}\\ p_{13} & p_{23} & p_{33}\end{bmatrix}+\begin{bmatrix}p_{11} & p_{12} & p_{12}\\ p_{12} & p_{22} & p_{23}\\ p_{13} & p_{23} & p_{33}\end{bmatrix}\begin{bmatrix}0 & 1 & 0\\ 0 & -2 & 1\\ -K & 0 & -1\end{bmatrix}=\begin{bmatrix}0 & 0 & 0\\ 0 & 0 & 0\\ 0 & 0 & -1\end{bmatrix}$$

可解出矩阵

$$\boldsymbol{P}=\frac{1}{12-2K}\begin{bmatrix}K^2+12K & 6K & 0\\ 6K & 3K & K\\ 0 & K & 6\end{bmatrix}$$

为了使 $\boldsymbol{P}$ 为正定矩阵，根据希尔维斯特判据，其充要条件为

$$\begin{cases}12-2K>0\\ K>0\end{cases}$$

即

$$0<K<6$$

由于系统是线性定常连续系统，所以当 $0<K<6$ 时，系统在平衡状态处是大范围渐近稳定的。

5.4.2　线性定常离散系统渐近稳定判据

设线性定常离散系统的状态方程为

$$\boldsymbol{x}(k+1)=\boldsymbol{A}\boldsymbol{x}(k) \tag{5.34}$$

其中，$\boldsymbol{x}(t)$是 n 维状态向量，$\boldsymbol{A}$ 是 $n\times n$ 维非奇异常数矩阵。线性定常离散系统具有以下特点

(1) 当系统矩阵 $\boldsymbol{A}$ 为非奇异常数矩阵时，系统仅存在唯一的平衡状态 $\boldsymbol{x}_e=\boldsymbol{0}$。

(2) 如果在状态空间中包括 $\boldsymbol{x}_e=\boldsymbol{0}$ 在内的某个域 $\boldsymbol{\Omega}$ 上是渐近稳定的，则系统一定是大范围渐近稳定的。

(3) 平衡状态 $\boldsymbol{x}_e=\boldsymbol{0}$ 为大范围渐近稳定的充要条件是：系统矩阵 $\boldsymbol{A}$ 的特征根均在单位开圆盘内。

判据 5.7　设线性定常离散系统状态方程为

$$\boldsymbol{x}(k+1)=\boldsymbol{A}\boldsymbol{x}(k) \tag{5.35}$$

式中，$\boldsymbol{x}(t)$是 n 维状态向量，$\boldsymbol{A}$ 是 $n\times n$ 维非奇异常数矩阵，则系统在平衡状态 $\boldsymbol{x}_e=\boldsymbol{0}$ 为大范围渐近稳定的充分必要条件是

对任意给定的正定对称矩阵 $\boldsymbol{Q}$，必存在着一个正定对称矩阵 $\boldsymbol{P}$，且满足离散李雅普诺夫方程

$$\boldsymbol{A}^{\mathrm{T}}\boldsymbol{P}\boldsymbol{A}-\boldsymbol{P}=-\boldsymbol{Q} \tag{5.36}$$

且标量函数 $V(\boldsymbol{x})=\boldsymbol{x}^{\mathrm{T}}\boldsymbol{P}\boldsymbol{x}$ 是系统的一个二次型李雅普诺夫函数。

证明 充分性证明。选取离散系统的李雅普诺夫函数为

$$V(\boldsymbol{k})=\boldsymbol{x}^{\mathrm{T}}(k)\boldsymbol{P}\boldsymbol{x}(k) \tag{5.37}$$

其中，$\boldsymbol{P}$ 是正定对称矩阵。

求取李雅普诺夫函数的差分

$$\begin{aligned}\Delta V(k)&=V(k+1)-V(k)\\&=\boldsymbol{x}^{\mathrm{T}}(k+1)\boldsymbol{P}\boldsymbol{x}(k+1)-\boldsymbol{x}^{\mathrm{T}}(k)\boldsymbol{P}\boldsymbol{x}(k)\\&=(\boldsymbol{A}\boldsymbol{x}(k))^{\mathrm{T}}\boldsymbol{P}(\boldsymbol{A}\boldsymbol{x}(k))-\boldsymbol{x}^{\mathrm{T}}(k)\boldsymbol{P}\boldsymbol{x}(k)\\&=\boldsymbol{x}^{\mathrm{T}}(k)(\boldsymbol{A}^{\mathrm{T}}\boldsymbol{P}\boldsymbol{A}-\boldsymbol{P})\boldsymbol{x}(k)\\&=-\boldsymbol{x}^{\mathrm{T}}(k)\boldsymbol{Q}\boldsymbol{x}(k)\end{aligned} \tag{5.38}$$

由于 $V(k)$ 选为正定的，而根据渐近稳定的条件又要求

$$\Delta V(k)=-\boldsymbol{x}^{\mathrm{T}}(k)\boldsymbol{Q}\boldsymbol{x}(k)<0 \tag{5.39}$$

因此矩阵

$$\boldsymbol{Q}=-(\boldsymbol{A}^{\mathrm{T}}\boldsymbol{P}\boldsymbol{A}-\boldsymbol{P})>0 \tag{5.40}$$

必须是正定的。

必要性证明略去。

与线性定常连续系统相类似，如果 $\Delta V(k)=-\boldsymbol{x}^{\mathrm{T}}(k)\boldsymbol{Q}\boldsymbol{x}(k)$ 沿任一解的序列不恒为零，那么 $\boldsymbol{Q}$ 也可取为半正定矩阵。

在具体应用判据时，可先给定一个正定实对称矩阵 $\boldsymbol{Q}$，例如选 $\boldsymbol{Q}=\boldsymbol{I}$，然后判断由离散李雅普诺夫方程

$$\boldsymbol{A}^{\mathrm{T}}\boldsymbol{P}\boldsymbol{A}-\boldsymbol{P}=-\boldsymbol{I} \tag{5.41}$$

所确定的实对称矩阵 $\boldsymbol{P}$ 是否正定，从而作出稳定性的结论。

例 5.13 设线性离散系统状态方程为 $\boldsymbol{x}(k+1)=\begin{bmatrix}\lambda_1 & 0\\0 & \lambda_2\end{bmatrix}\boldsymbol{x}(k)$，$\lambda_1\neq0$，$\lambda_2\neq0$，试确定系统在平衡状态处渐近稳定的条件。

解 因为 $\boldsymbol{A}=\begin{bmatrix}\lambda_1 & 0\\0 & \lambda_2\end{bmatrix}$，$\lambda_1\neq0$，$\lambda_2\neq0$，所以系统有唯一平衡状态 $\boldsymbol{x}_e=\begin{bmatrix}0\\0\end{bmatrix}$。

选取矩阵 $\boldsymbol{Q}=\boldsymbol{I}$，设实对称矩阵为

$$\boldsymbol{P}=\begin{bmatrix}p_{11} & p_{12}\\p_{12} & p_{22}\end{bmatrix}$$

由离散李雅普诺夫方程(5.41)可得

$$\boldsymbol{A}^{\mathrm{T}}\boldsymbol{P}\boldsymbol{A}-\boldsymbol{P}=\begin{bmatrix}\lambda_1 & 0\\0 & \lambda_2\end{bmatrix}\begin{bmatrix}p_{11} & p_{12}\\p_{12} & p_{22}\end{bmatrix}\begin{bmatrix}\lambda_1 & 0\\0 & \lambda_2\end{bmatrix}-\begin{bmatrix}p_{11} & p_{12}\\p_{12} & p_{22}\end{bmatrix}=\begin{bmatrix}-1 & 0\\0 & -1\end{bmatrix}$$

将上式展开，并化简整理后得

$$\begin{cases}p_{11}(1-\lambda_1^2)=1\\p_{12}(1-\lambda_1\lambda_2)=0\\p_{22}(1-\lambda_2^2)=1\end{cases}$$

可解出

$$P=\begin{bmatrix}\dfrac{1}{1-\lambda_1^2} & 0\\ 0 & \dfrac{1}{1-\lambda_2^2}\end{bmatrix}$$

要使 $\boldsymbol{P}$ 为正定的实对称矩阵，必须满足

$$|\lambda_1|<1 \text{ 和 } |\lambda_2|<1$$

可见，只有当系统的特征根落在单位圆内时，系统在平衡状态处才是大范围渐近稳定的。这个结论与由离散控制系统稳定判据分析的结论是一致的。

5.5 MATLAB 在线性系统稳定性分析中的应用

5.5.1 利用特征根判断系统稳定性

MATLAB 工具箱中提供了求解系统矩阵特征根的函数：poly( )，roots( )。

例 5.14 已知线性定常连续系统状态方程为

$$\dot{\boldsymbol{x}}(t)=\begin{bmatrix}0 & 1\\ 2 & -1\end{bmatrix}\boldsymbol{x}(t)$$

试用特征根分析系统的渐近稳定性。

解 MATLAB 程序如下：

```
>>A=[0 1;2 -1];
   P=poly(A)
   V=roots(P)
```

程序运行结果如下：

```
P=

    1  1  -2
V=

    -2

     1
```

特征根为－2 和 1，故系统是不稳定的。

5.5.2 利用李雅普诺夫第二法判断系统稳定性

求解李雅普诺夫方程的函数有 lyap( )，dlyap( )，lyap2( ) 。lyap( )求解连续李雅普诺夫方程，dlyap( )求解离散李雅普诺夫方程，lyap2( )是采用特征根分解技术来求解李雅普诺夫方程，其运算速度比 lyap( )快得多。它们的调用格式为

```
x=lyap(A, C)
x=dlyap(A, C)
x=lyap2(A, C)
```

其中，输入变量 $\boldsymbol{A}$ 是系统矩阵，$\boldsymbol{C}$ 是给定的正定实对称矩阵 $\boldsymbol{Q}$，返回的输出变量是李雅普诺

夫方程的解，即正定实对称矩阵 $\boldsymbol{P}$。

例 5.15 已知线性定常连续系统状态方程为

$$\dot{\boldsymbol{x}}(t)=\begin{bmatrix}0 & 1\\ -1 & -1\end{bmatrix}\boldsymbol{x}(t)$$

试利用李雅普诺夫函数确定系统的稳定性并求李雅普诺夫函数。

解 首先选择正定实对称矩阵 $\boldsymbol{Q}$ 为单位矩阵，即

$$\boldsymbol{Q}=\begin{bmatrix}1 & 0\\ 0 & 1\end{bmatrix}$$

MATLAB 程序如下：

```
>> A=[0 1;-1 -1]; Q=[1 0; 0  1];
if  det(A)~=0
    P=lyap(A, Q)
    det1=det(P(1, 1))
    det2=det(P)
end
```

MATLAB 程序运行结果为

```
P=
          1.5000      -0.5000
         -0.5000       1.0000
det1 =
      1.5000
det2 =
      1.2500
```

李雅普诺夫方程的解为

$$\boldsymbol{P}=\begin{bmatrix}1.5 & -0.5\\ -0.5 & 1\end{bmatrix}$$

MATLAB 程序已对各主子行列式(det1，detp)进行了计算。计算结果说明 $\boldsymbol{P}$ 矩阵是正定矩阵。李雅普诺夫函数为

$$V(\boldsymbol{x})=\boldsymbol{x}^{\mathrm{T}}\boldsymbol{P}\boldsymbol{x}=[x_1 \quad x_2]\begin{bmatrix}1.5 & -0.5\\ -0.5 & 1\end{bmatrix}\begin{bmatrix}x_1\\ x_2\end{bmatrix}=\frac{1}{2}(3x_1^2-2x_1x_2+2x_2^2)$$

是正定的，而

$$\dot{V}(\boldsymbol{x})=\mathrm{x}^{\mathrm{T}}(\boldsymbol{A}^{\mathrm{T}}\boldsymbol{P}+\boldsymbol{P}\boldsymbol{A})\boldsymbol{x}=\boldsymbol{x}^{\mathrm{T}}(-\boldsymbol{I})\boldsymbol{x}=-x_1^2-x_2^2$$

是负定的。另有，当 $\|\boldsymbol{x}\|\to\infty$ 时，有 $v(\boldsymbol{x})\to\infty$，因此系统在原点处的平衡状态是大范围渐近稳定的。

例 5.16 已知线性定常离散系统状态方程为

$$\boldsymbol{x}(k+1)=\begin{bmatrix}0 & 1\\ -0.5 & 1.6\end{bmatrix}\boldsymbol{x}(k)$$

试用李雅普诺夫方程来确定系统的稳定性。

解 系统有唯一平衡状态 $\boldsymbol{x}_e=[0 \quad 0]^{\mathrm{T}}$。选择正定实对称矩阵 $\boldsymbol{Q}$ 为单位矩阵，即

$$Q=\begin{bmatrix}1 & 0\\0 & 1\end{bmatrix}$$

MATLAB 程序如下：

```
>>A=[0  1; -0.5  1.6]; Q=[1 0; 0  1];
  if  det(A)~=0
      P=dlyap(A, Q)
      det1=det(P(1, 1))
      det2=det(P)
  end
```

MATLAB 程序运行结果为

```
P =
   -11.0968   -12.9032
   -12.9032   -12.0968
det1 =
   -11.0968
det2 =
   -32.2581
```

可知，系统在平衡状态处是不稳定的。

本章小结

本章主要介绍用李雅普诺夫直接法来判断线性系统和非线性系统的稳定性。需要掌握李雅普诺夫稳定性的几个定义：李雅普诺夫稳定、渐近稳定、大范围渐近稳定和不稳定。

李雅普诺夫第一法称为间接法，类似于经典控制理论中的判断方法，主要适用于线性定常系统，通过系统的特征根来判断系统平衡点邻域的稳定性。

李雅普诺夫第二法称为直接法，包括四个基本定理。定理对于线性系统、非线性系统、定常系统及时变系统都适用，是判定系统稳定性的一个最基本的定理。定理只是判定系统稳定性的充分条件，而不是充分必要条件。李雅普诺夫第二法分析系统的稳定性，关键在于寻找一个满足定理判据条件的李雅普诺夫函数 $V(\boldsymbol{x})$。

李雅普诺夫函数具有几个突出性质：李雅普诺夫函数是一个正定的标量函数；对于一个给定的系统，满足定理判据条件的李雅普诺夫函数总是存在的；对于一个给定的系统，李雅普诺夫函数不是唯一的。

对于线性定常系统，李雅普诺夫第二法具有以下几个特点：

(1) 线性系统稳定性的范围，均属于大范围。

(2) 线性系统可用最简单的二次型标量函数来构造，即 $V(\boldsymbol{x})=\boldsymbol{x}^{\mathrm{T}}\boldsymbol{P}\boldsymbol{x}$。

(3) 线性定常系统的二次型李雅普诺夫函数，可通过统一的公式来确定。其中选取 $\boldsymbol{Q}$ 为 $n\times n$ 维实对称阵，可以是正定的或半正定的，为了便于计算，可取 $\boldsymbol{Q}=\boldsymbol{I}$。线性定常连续系统 $V(\boldsymbol{x})=\boldsymbol{x}^{\mathrm{T}}\boldsymbol{P}\boldsymbol{x}$ 满足 $\boldsymbol{A}^{\mathrm{T}}\boldsymbol{P}+\boldsymbol{P}\boldsymbol{A}=-\boldsymbol{I}$；线性定常离散系统 $V(\boldsymbol{x})=\boldsymbol{x}^{\mathrm{T}}\boldsymbol{P}\boldsymbol{x}$ 满足 $\boldsymbol{A}^{\mathrm{T}}\boldsymbol{P}\boldsymbol{A}-\boldsymbol{P}=-\boldsymbol{I}$。

（4）通过上述公式确定矩阵 $\boldsymbol{P}$，利用希尔维斯特判据检验矩阵 $\boldsymbol{P}$ 的正定性，来判定系统的稳定性（充分条件）。

（5）矩阵 $\boldsymbol{Q}$ 只要选为正定的（或根据情况选为半正定的），那么最终的判定结果将与矩阵 $\boldsymbol{Q}$ 的数值选取无关。

本章知识点如图 5.8 所示。

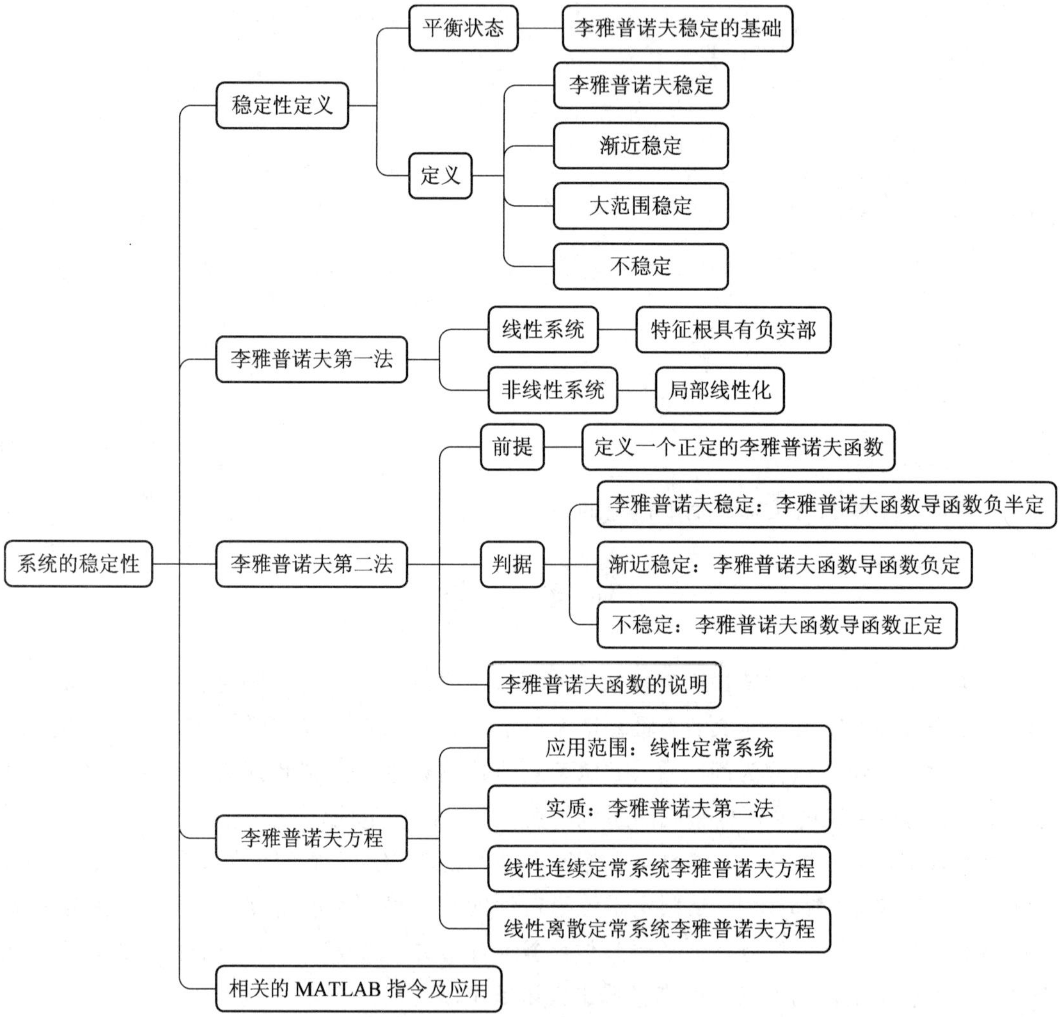

图 5.8　第 5 章知识点

习　题

5.1　判断下列二次型函数的符号性。

（1）$V(\boldsymbol{x})=x_1^2+4x_2^2+x_3^2+2x_1x_2-6x_2x_3-2x_1x_3$；

（2）$V(\boldsymbol{x})=-x_1^2-10x_2^2-4x_3^2+6x_1x_2+2x_2x_3$；

（3）$V(\boldsymbol{x})=-x_1^2-3x_2^2-11x_3^2+2x_1x_2-4x_2x_3-2x_1x_3$；

（4）$V(\boldsymbol{x})=x+5x_2^2+x_3^2+4x_1x_2+2x_2x_3$。

5.2　试确定系统的稳定性。

$$\begin{cases}\dot{x}_1=-x_1+x_2\\\dot{x}_2=-x_1-x_2\end{cases}$$

5.3　试确定系统平衡状态的稳定性。

$$\begin{cases}\dot{x}_1=-x_1+x_2+x_1(x_1^2+x_2^2)\\\dot{x}_2=-x_1-x_2+x_2(x_1^2+x_2^2)\end{cases}$$

5.4　试用李雅普诺夫第二法判断下面系统平衡状态的稳定性。

(1) $\dot{\boldsymbol{x}}(t)=\begin{bmatrix}-1 & 1\\-2 & -3\end{bmatrix}\boldsymbol{x}(t)$；　　(2) $\dot{\boldsymbol{x}}(t)=\begin{bmatrix}0 & 1\\-1 & -1\end{bmatrix}\boldsymbol{x}(t)$；

(3) $\dot{\boldsymbol{x}}(t)=\begin{bmatrix}-1 & 1\\-1 & -1\end{bmatrix}\boldsymbol{x}(t)$；　　(4) $\dot{\boldsymbol{x}}(t)=\begin{bmatrix}1 & 0\\0 & -1\end{bmatrix}\boldsymbol{x}(t)$。

5.5　试确定系统平衡状态的稳定性。

$$\begin{cases}x_1(k+1)=x_1(k)+3x_2(k)\\x_2(k+1)=-3x_1(k)-2x_2(k)-3x_3(k)\\x_3(k+1)=x_1(k)\end{cases}$$

5.6　设系统的齐次状态方程为

$$\dot{\boldsymbol{x}}(t)=\begin{bmatrix}a_{11} & a_{12}\\a_{21} & a_{22}\end{bmatrix}\boldsymbol{x}(t)$$

试确定系统在平衡状态处大范围渐近稳定的条件。

5.7　设线性离散系统的齐次状态方程为

$$\boldsymbol{x}(k+1)=\begin{bmatrix}0 & 1 & 0\\0 & 0 & 1\\1 & -K & 0\end{bmatrix}\boldsymbol{x}(k)$$

试确定系统在平衡状态处渐近稳定的 K 值范围。

5.8　已知非线性系统的状态方程为

$$\begin{cases}\dot{x}_1=-2x_1+2x_2^4\\\dot{x}_2=-x_2\end{cases}$$

试用李雅普诺夫第二法判断系统的稳定性。

5.9　已知非线性系统的状态方程为

$$\begin{cases}\dot{x}_1=x_2\\\dot{x}_2=-x_1-x_2-x_1^5\end{cases}$$

试用李雅普诺夫第二法判断系统的稳定性。

第6章　线性控制系统的状态空间综合

前几章分别介绍了控制系统的状态空间模型和基于状态空间模型的系统分析。本章将针对线性定常系统，基于系统状态空间模型并根据系统性能要求进行控制系统的设计。

本章以线性定常连续系统作为研究对象，介绍反馈控制器的设计方法。首先介绍反馈控制的类型、结构及其对系统性能的影响；其次介绍系统控制器设计的极点配置方法及基于状态观测器的设计方法；最后通过一些实例说明这些方法的应用。

6.1　线性反馈控制系统的基本结构

在经典控制理论中，系统分析的数学模型是传递函数，传递函数描述的是输出与输入之间的关系，因此只能采用系统的输出作为反馈信号。然而，现代控制理论是以系统内部的状态空间模型作为数学模型，除了输出信号外，还可以用状态变量作为反馈信号。根据反馈信号，相应的反馈可分为状态反馈、输出反馈和输出到状态导数的反馈。

假设线性定常连续系统 $\Sigma_0(\boldsymbol{A}, \boldsymbol{B}, \boldsymbol{C})$ 的状态空间表达式为

$$\begin{cases}\dot{\boldsymbol{x}}(t)=\boldsymbol{A}\boldsymbol{x}(t)+\boldsymbol{B}\boldsymbol{u}(t)\\ \boldsymbol{y}(t)=\boldsymbol{C}\boldsymbol{x}(t)\end{cases} \tag{6.1}$$

其中，$\boldsymbol{x}(t)$是 n 维状态向量，$\boldsymbol{u}(t)$是 r 维输入向量，$\boldsymbol{y}(t)$是 m 维输出向量；$\boldsymbol{A}$ 是$n\times n$ 维系统矩阵，$\boldsymbol{B}$ 是 $n\times r$ 维输入矩阵，$\boldsymbol{C}$ 是 $m\times n$ 维输出矩阵。

6.1.1　状态反馈

状态反馈是将系统的每一个状态变量按一定的反馈系数，反馈到输入端与参考输入一起形成反馈。其结构如图 6.1 所示。

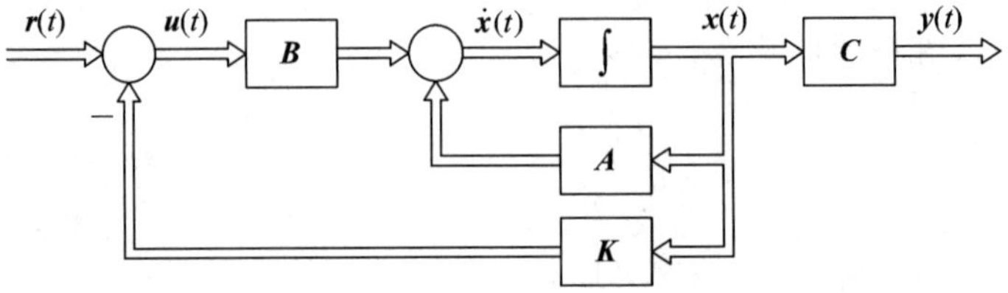

图 6.1　状态反馈系统结构图

设状态线性反馈控制律 $\boldsymbol{u}(t)$为

$$\boldsymbol{u}(t)=-\boldsymbol{K}\boldsymbol{x}(t)+\boldsymbol{r}(t) \tag{6.2}$$

其中，$\boldsymbol{r}(t)$是 r 维参考输入向量；$\boldsymbol{K}$ 是 $r\times n$ 维状态反馈增益矩阵。对于单输入系统而言，$\boldsymbol{K}$ 是 $1\times n$ 维常数矩阵。

把式(6.2)代入式(6.1)，则由状态反馈构成的闭环控制系统的状态空间表达式为

$$\begin{cases}\dot{\boldsymbol{x}}(t)=(\boldsymbol{A}-\boldsymbol{BK})\boldsymbol{x}(t)+\boldsymbol{Br}(t)\\ \boldsymbol{y}(t)=\boldsymbol{Cx}(t)\end{cases} \tag{6.3}$$

记为 $\Sigma_c(\boldsymbol{A}-\boldsymbol{BK},\boldsymbol{B},\boldsymbol{C})$。

状态反馈闭环系统 $\Sigma_c(\boldsymbol{A}-\boldsymbol{BK},\boldsymbol{B},\boldsymbol{C})$ 的传递函数矩阵为

$$\boldsymbol{W}_c(s)=\boldsymbol{C}[s\boldsymbol{I}-(\boldsymbol{A}-\boldsymbol{BK})]^{-1}\boldsymbol{B} \tag{6.4}$$

比较开环系统 $\Sigma_0(\boldsymbol{A},\boldsymbol{B},\boldsymbol{C})$ 与闭环系统 $\Sigma_c(\boldsymbol{A}-\boldsymbol{BK},\boldsymbol{B},\boldsymbol{C})$ 可见，状态反馈增益矩阵 $\boldsymbol{K}$ 的引入，并不增加系统的维数，即没有增加新的状态变量。但可以通过反馈增益矩阵 $\boldsymbol{K}$ 的选取改变闭环系统的特征值，从而获得系统所需要的性能。

6.1.2　输出反馈

输出反馈是采用输出量构成反馈控制律。在经典控制系统中主要讨论这种形式的反馈，其结构图如图 6.2 所示。

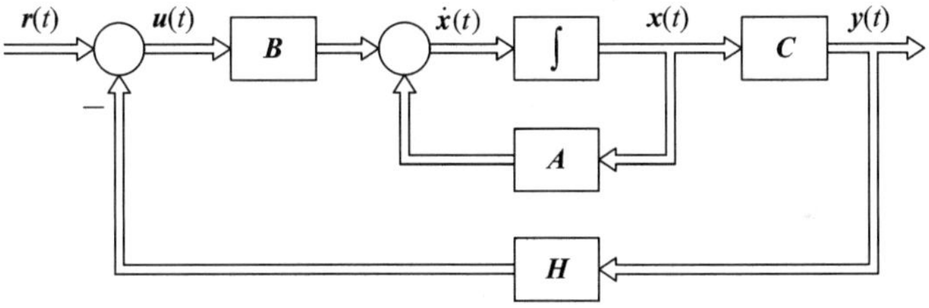

图 6.2　状态反馈系统结构图

输出反馈控制律为

$$\boldsymbol{u}(t)=-\boldsymbol{Hy}(t)+\boldsymbol{r}(t) \tag{6.5}$$

其中，$\boldsymbol{H}$ 是 $r\times m$ 维输出反馈增益矩阵。对于单输出系统而言，$\boldsymbol{H}$ 是 $r\times 1$ 维常数矩阵。

把式(6.5)代入式(6.1)，则由输出反馈构成的闭环控制系统的状态空间表达式为

$$\begin{cases}\dot{\boldsymbol{x}}(t)=(\boldsymbol{A}-\boldsymbol{BHC})\boldsymbol{x}(t)+\boldsymbol{Br}(t)\\ \boldsymbol{y}(t)=\boldsymbol{Cx}(t)\end{cases} \tag{6.6}$$

简记为系统 $\Sigma_c(\boldsymbol{A}-\boldsymbol{BHC},\boldsymbol{B},\boldsymbol{C})$。同样，由式(6.6)可知，通过选择输出反馈增益矩阵 $\boldsymbol{H}$ 也可以改变闭环系统的特征值，从而改变系统性能。

输出反馈闭环控制系统 $\Sigma_c(\boldsymbol{A}-\boldsymbol{BHC},\boldsymbol{B},\boldsymbol{C})$ 的传递函数矩阵为

$$\boldsymbol{W}_c(s)=\boldsymbol{C}[s\boldsymbol{I}-(\boldsymbol{A}-\boldsymbol{BHC})]^{-1}\boldsymbol{B} \tag{6.7}$$

比较上述两种基本形式的反馈可以看出，输出反馈中的常数矩阵 $\boldsymbol{HC}$ 与状态反馈中常数矩阵 $\boldsymbol{K}$ 相当。但是由于一般情况下 $m<n$，所以输出反馈增益矩阵 $\boldsymbol{H}$ 可供选择的自由度远小于状态反馈增益矩阵 $\boldsymbol{K}$，因而输出反馈只能相当于一种部分状态反馈。只有当 $\boldsymbol{C}=\boldsymbol{I}$

时，$\boldsymbol{HC}=\boldsymbol{K}$，才能等同于全状态反馈。因此，在不增加补偿器的条件下，输出反馈的效果显然不如状态反馈系统好，但是输出反馈在技术实现上的方便性则是其突出的优点。

6.1.3 输出到状态导数的反馈

从系统输出 $\boldsymbol{y}(t)$到状态导数 $\dot{\boldsymbol{x}}(t)$的线性反馈形式在状态观测器中有很大的应用。图 6.3 表示了这种反馈结构。

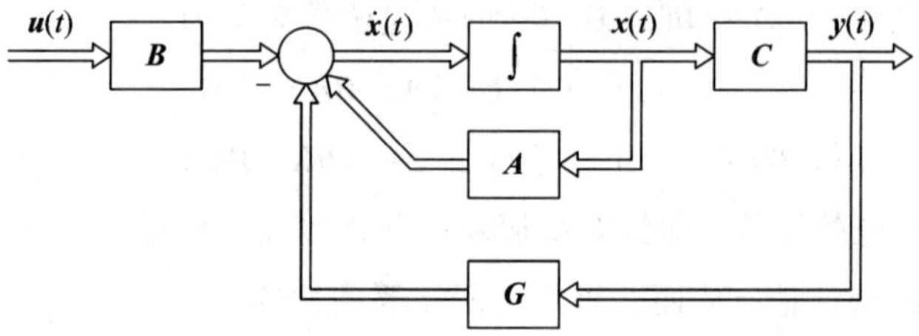

图 6.3 输出到状态向量导数的反馈系统结构图

其中，$\boldsymbol{G}$ 是 $n\times m$ 维输出到状态导数的反馈增益矩阵。对于单输出系统而言，$\boldsymbol{G}$ 是 $n\times 1$ 维的常数矩阵。

由反馈增益矩阵 $\boldsymbol{G}$ 构成的闭环控制系统为

$$\begin{cases}\dot{\boldsymbol{x}}(t)=\boldsymbol{A}\boldsymbol{x}(t)-\boldsymbol{G}\boldsymbol{y}(t)+\boldsymbol{B}\boldsymbol{u}(t)\\ \boldsymbol{y}(t)=\boldsymbol{C}\boldsymbol{x}(t)\end{cases} \tag{6.8}$$

把 $\boldsymbol{y}(t)=\boldsymbol{C}\boldsymbol{x}(t)$代入式(6.8)整理得

$$\begin{cases}\dot{\boldsymbol{x}}(t)=(\boldsymbol{A}-\boldsymbol{G}\boldsymbol{C})\boldsymbol{x}(t)+\boldsymbol{B}\boldsymbol{u}(t)\\ \boldsymbol{y}(t)=\boldsymbol{C}\boldsymbol{x}(t)\end{cases} \tag{6.9}$$

简记为系统 $\Sigma_c((\boldsymbol{A}-\boldsymbol{G}\boldsymbol{C}),\ \boldsymbol{B},\ \boldsymbol{C})$。同样可知，通过选择反馈增益矩阵 $\boldsymbol{G}$ 可改变闭环系统的特征值，从而改变系统性能。

闭环系统 $\Sigma_c((\boldsymbol{A}-\boldsymbol{G}\boldsymbol{C}),\ \boldsymbol{B},\ \boldsymbol{C})$ 的传递函数矩阵为

$$\boldsymbol{W}_c(s)=\boldsymbol{C}\left[s\boldsymbol{I}-(\boldsymbol{A}-\boldsymbol{G}\boldsymbol{C})\right]^{-1}\boldsymbol{B} \tag{6.10}$$

6.1.4 线性反馈的性质

由上所述，可以看出三种反馈基本结构的共同点是，不增加新的状态变量，开环系统与闭环系统同维。另外，反馈增益矩阵都是常数矩阵，为线性反馈。

在复杂情况下，常常要通过引入一个动态子系统来改善系统性能。这种动态子系统称为动态补偿器。如图 6.4 所示，动态补偿器与受控系统 $\Sigma_0(\boldsymbol{A},\ \boldsymbol{B},\ \boldsymbol{C})$ 的连接方式有串联连接(见图 6.4(a))和反馈连接(见图 6.4(b))两种方式。

这类系统的典型例子是使用状态观测器的状态反馈系统，这类系统的维数等于受控系统与动态补偿器二者维数之和。这部分内容将在 6.5 节讲解。

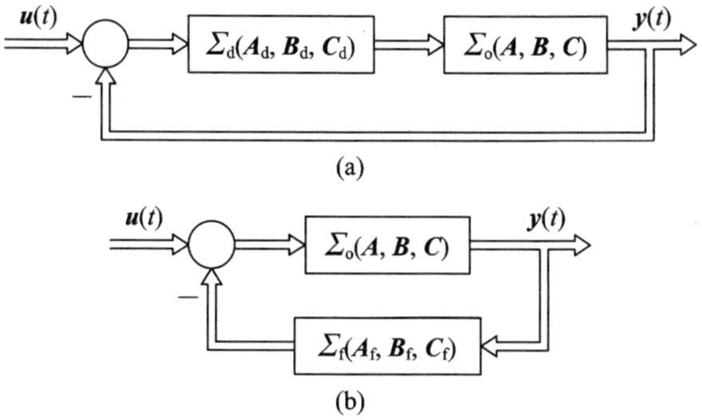

图 6.4　带动态补偿器的闭环系统结构

6.1.5　闭环系统的能控性和能观性

当受控开环系统 $\Sigma_o(\boldsymbol{A}, \boldsymbol{B}, \boldsymbol{C})$ 引入上述三种反馈后，就成为闭环控制系统。下面就对这三类闭环系统的能控性和能观性与开环系统能控性和能观性之间的关联进行分析。

定理 6.1　状态反馈不改变原受控系统 $\boldsymbol{\Sigma}_o(\boldsymbol{A}, \boldsymbol{B}, \boldsymbol{C})$ 的能控性，但可能改变原系统的能观性。

证明　只证能控性不变。

欲证明其能控性不变，只需证明开环系统和闭环系统的能控性矩阵有相同的秩即可。

开环系统 $\Sigma_o(\boldsymbol{A}, \boldsymbol{B}, \boldsymbol{C})$ 的能控性矩阵为

$$\boldsymbol{M}_o = [\boldsymbol{B} \quad \boldsymbol{AB} \quad \cdots \quad \boldsymbol{A}^{n-1}\boldsymbol{B}] \tag{6.11}$$

闭环系统 $\Sigma_c(\boldsymbol{A}-\boldsymbol{BK}, \boldsymbol{B}, \boldsymbol{C})$ 的能控性矩阵为

$$\boldsymbol{M}_c = [\boldsymbol{B} \quad (\boldsymbol{A}-\boldsymbol{BK})\boldsymbol{B} \quad \cdots \quad (\boldsymbol{A}-\boldsymbol{BK})^{n-1}\boldsymbol{B}] \tag{6.12}$$

由于$(\boldsymbol{A}-\boldsymbol{BK})\boldsymbol{B}=\boldsymbol{AB}-\boldsymbol{BKB}$，其中 $\boldsymbol{KB}$ 是常数矩阵，这说明$(\boldsymbol{A}-\boldsymbol{BK})\boldsymbol{B}$ 的列向量可由$[\boldsymbol{B} \quad \boldsymbol{AB}]$的列向量线性组合表示。$(\boldsymbol{A}-\boldsymbol{BK})^2\boldsymbol{B}$ 的列向量可由$[\boldsymbol{B} \quad \boldsymbol{AB} \quad \boldsymbol{A}^2\boldsymbol{B}]$的列向量线性组合表示。以此类推，$[\boldsymbol{B} \quad (\boldsymbol{A}-\boldsymbol{BK})\boldsymbol{B} \quad \cdots \quad (\boldsymbol{A}-\boldsymbol{BK})^{n-1}\boldsymbol{B}]$的列向量可由$[\boldsymbol{B} \quad \boldsymbol{AB} \quad \cdots \quad \boldsymbol{A}^{n-1}\boldsymbol{B}]$的列向量的线性组合表示。

由上可知

$$\text{rank}[\boldsymbol{B} \quad (\boldsymbol{A}-\boldsymbol{BK})\boldsymbol{B} \quad \cdots \quad (\boldsymbol{A}-\boldsymbol{BK})^{n-1}\boldsymbol{B}] \leqslant \text{rank}[\boldsymbol{B} \quad \boldsymbol{AB} \quad \cdots \quad \boldsymbol{A}^{n-1}\boldsymbol{B}] \tag{6.13}$$

而原受控系统 $\Sigma_o(\boldsymbol{A}, \boldsymbol{B}, \boldsymbol{C})$ 又可以认为是系统 $\Sigma_c(\boldsymbol{A}-\boldsymbol{BK}, \boldsymbol{B}, \boldsymbol{C})$ 通过增益矩阵 $\boldsymbol{K}$ 反馈构成的状态反馈系统，于是有

$$\text{rank}[\boldsymbol{B} \quad \boldsymbol{AB} \quad \cdots \quad \boldsymbol{A}^{n-1}\boldsymbol{B}] \leqslant \text{rank}[\boldsymbol{B} \quad (\boldsymbol{A}-\boldsymbol{BK})\boldsymbol{B} \quad \cdots \quad (\boldsymbol{A}-\boldsymbol{BK})^{n-1}\boldsymbol{B}] \tag{6.14}$$

若使式(6.14)和式(6.13)同时成立，必有

$$\text{rank}[\boldsymbol{B} \quad \boldsymbol{AB} \quad \cdots \quad \boldsymbol{A}^{n-1}\boldsymbol{B}] = \text{rank}[\boldsymbol{B} \quad (\boldsymbol{A}-\boldsymbol{BK})\boldsymbol{B} \quad \cdots \quad (\boldsymbol{A}-\boldsymbol{BK})^{n-1}\boldsymbol{B}] \tag{6.15}$$

所以，状态反馈前后系统的能控性不变。

定理 6.2　输出反馈既不改变原受控系统 $\Sigma_o(\boldsymbol{A}, \boldsymbol{B}, \boldsymbol{C})$ 的能控性，也不改变原系统的能观性。

定理 6.3 输出到状态导数的反馈不改变原受控系统 $\Sigma_0(\boldsymbol{A},\boldsymbol{B},\boldsymbol{C})$ 的能观性，但可能改变原系统的能控性。

例 6.1 设线性定常系统的状态空间表达式为

$$\begin{cases}\dot{\boldsymbol{x}}(t)=\begin{bmatrix}1 & 2\\3 & 1\end{bmatrix}\boldsymbol{x}(t)+\begin{bmatrix}0\\1\end{bmatrix}\boldsymbol{u}(t)\\ \boldsymbol{y}(t)=\begin{bmatrix}1 & 2\end{bmatrix}\boldsymbol{x}(t)\end{cases}$$

若已知状态反馈矩阵 $\boldsymbol{K}=[3\quad 1]$、输出反馈矩阵 $\boldsymbol{H}=[2]$ 和输出到状态导数的增益矩阵 $\boldsymbol{G}=\begin{bmatrix}1\\1\end{bmatrix}$。试分析该系统在上述三种反馈下所构成的闭环系统的能控性和能观性。

解 开环系统 $\Sigma_0(\boldsymbol{A},\boldsymbol{B},\boldsymbol{C})$ 的能控性矩阵和能观性矩阵的秩分别为

$$\text{rank}[\boldsymbol{B}\quad \boldsymbol{AB}]=\text{rank}\begin{bmatrix}0 & 2\\1 & 1\end{bmatrix}=2$$

$$\text{rank}\begin{bmatrix}\boldsymbol{C}\\ \boldsymbol{CA}\end{bmatrix}=\text{rank}\begin{bmatrix}1 & 2\\7 & 4\end{bmatrix}=2$$

所以开环系统为状态既能控又能观的系统。

(1) 经状态反馈 $\boldsymbol{u}(t)=-\boldsymbol{Kx}(t)+\boldsymbol{r}(t)$ 后的闭环系统 $\Sigma_c(\boldsymbol{A}-\boldsymbol{BK},\boldsymbol{B},\boldsymbol{C})$ 的状态空间表达式为

$$\begin{cases}\dot{\boldsymbol{x}}(t)=(\boldsymbol{A}-\boldsymbol{BK})\boldsymbol{x}(t)+\boldsymbol{Br}(t)=\begin{bmatrix}1 & 2\\0 & 0\end{bmatrix}\boldsymbol{x}(t)+\begin{bmatrix}0\\1\end{bmatrix}\boldsymbol{r}(t)\\ \boldsymbol{y}(t)=\boldsymbol{Cx}(t)=\begin{bmatrix}1 & 2\end{bmatrix}\boldsymbol{x}(t)\end{cases}$$

其能控性矩阵和能观性矩阵的秩分别为

$$\text{rank}[\boldsymbol{B}\quad (\boldsymbol{A}-\boldsymbol{BK})\boldsymbol{B}]=\text{rank}\begin{bmatrix}0 & 2\\1 & 0\end{bmatrix}=2$$

$$\text{rank}\begin{bmatrix}\boldsymbol{C}\\ \boldsymbol{C}(\boldsymbol{A}-\boldsymbol{BK})\end{bmatrix}=\text{rank}\begin{bmatrix}1 & 2\\1 & 2\end{bmatrix}=1<2$$

所以状态反馈闭环系统为状态能控但不能观的系统，即状态反馈不改变系统的能控性，但可能改变原系统状态的能观性。

(2) 经输出反馈 $\boldsymbol{u}(t)=-\boldsymbol{Hy}(t)+\boldsymbol{r}(t)$ 后的闭环系统的状态空间表达式为

$$\begin{cases}\dot{\boldsymbol{x}}(t)=(\boldsymbol{A}-\boldsymbol{BHC})\boldsymbol{x}(t)+\boldsymbol{Br}(t)=\begin{bmatrix}1 & 2\\1 & -3\end{bmatrix}\boldsymbol{x}(t)+\begin{bmatrix}0\\1\end{bmatrix}\boldsymbol{r}(t)\\ \boldsymbol{y}(t)=\boldsymbol{Cx}(t)=\begin{bmatrix}1 & 2\end{bmatrix}\boldsymbol{x}(t)\end{cases}$$

其能控性矩阵和能观性矩阵的秩分别为

$$\text{rank}[\boldsymbol{B}\quad (\boldsymbol{A}-\boldsymbol{BHC})\boldsymbol{B}]=\text{rank}\begin{bmatrix}0 & 2\\1 & -3\end{bmatrix}=2$$

$$\text{rank}\begin{bmatrix}\boldsymbol{C}\\ \boldsymbol{C}(\boldsymbol{A}-\boldsymbol{BHC})\end{bmatrix}=\text{rank}\begin{bmatrix}1 & 2\\3 & -4\end{bmatrix}=2$$

所以输出反馈闭环系统为状态能控又能观的系统，即输出反馈不改变原系统的能控性和能观性。

(3) 经输出到状态反馈后的闭环系统 $\Sigma_c(\boldsymbol{A}-\boldsymbol{GC},\ \boldsymbol{B},\ \boldsymbol{C})$ 的状态空间表达式为

$$\begin{cases}\dot{\boldsymbol{x}}(t)=(\boldsymbol{A}-\boldsymbol{GC})x(t)+\boldsymbol{Bu}(t)=\begin{bmatrix}0 & 0\\ 2 & -1\end{bmatrix}\boldsymbol{x}(t)+\begin{bmatrix}0\\ 1\end{bmatrix}\boldsymbol{u}(t)\\ \boldsymbol{y}(t)=\boldsymbol{Cx}(t)=[1\quad 2]\boldsymbol{x}(t)\end{cases}$$

其能控性矩阵和能观性矩阵的秩分别为

$$\text{rank}[\boldsymbol{B}\quad(\boldsymbol{A}-\boldsymbol{GC})\boldsymbol{B}]=\text{rank}\begin{bmatrix}0 & 0\\ 1 & -1\end{bmatrix}=1$$

$$\text{rank}\begin{bmatrix}\boldsymbol{C}\\ \boldsymbol{C}(\boldsymbol{A}-\boldsymbol{GC})\end{bmatrix}=\text{rank}\begin{bmatrix}1 & 2\\ 4 & -2\end{bmatrix}=2$$

所以闭环系统为状态能观但不能控的，即输出到状态导数的反馈不改变系统的能观性，但可能改变原系统状态的能控性。

6.2　极点配置

系统闭环极点对系统的控制品质在很大程度上起决定性的作用，系统的性能指标往往要通过选择合适的闭环极点，或是根据时域指标转换成一组等价的期望极点来实现。在经典控制理论中，采用根轨迹法分析设计系统时，就是通过改变系统的一个参数，在系统根轨迹上选择合适的闭环极点，进行极点配置。在现代控制理论中，极点配置问题就通过选择反馈增益矩阵，将系统闭环极点配置在所希望的位置，以获得所期望的性能。

由于单输入一单输出系统根据指定极点所设计的反馈增益矩阵是唯一的，所以在不作特殊说明的情况下，本节讨论的系统均为单输入-单输出系统。

6.2.1　状态反馈实现极点配置

1. 实现极点配置的条件

定理 6.4　设受控线性系统(6.1) $\Sigma_0(\boldsymbol{A},\ \boldsymbol{B},\ \boldsymbol{C})$，可以通过状态反馈实现闭环极点任意配置的充分必要条件是受控系统 $\Sigma_0(\boldsymbol{A},\ \boldsymbol{B},\ \boldsymbol{C})$ 的状态完全能控。

证明　(1) 充分性。

系统 $\Sigma_0(\boldsymbol{A},\ \boldsymbol{B},\ \boldsymbol{C})$ 的空间表达式为

$$\begin{cases}\dot{\boldsymbol{x}}(t)=\boldsymbol{Ax}(t)+\boldsymbol{Bu}(t)\\ \boldsymbol{y}(t)=\boldsymbol{Cx}(t)\end{cases}\tag{6.16}$$

因为系统 $\Sigma_0(\boldsymbol{A},\ \boldsymbol{B},\ \boldsymbol{C})$ 完全能控，一定可以通过线性变换 $\boldsymbol{x}(t)=\boldsymbol{P}\tilde{\boldsymbol{x}}(t)$ 化为能控标准型，即

$$\begin{cases}\dot{\tilde{\boldsymbol{x}}}(t)=\tilde{\boldsymbol{A}}\tilde{\boldsymbol{x}}(t)+\tilde{\boldsymbol{B}}\tilde{\boldsymbol{u}}(t)\\ \tilde{\boldsymbol{y}}(t)=\tilde{\boldsymbol{C}}\tilde{\boldsymbol{x}}(t)\end{cases}\tag{6.17}$$

其中，$\tilde{\boldsymbol{A}}=\begin{bmatrix} 0 & 1 & \cdots & 0 \\ \vdots & \vdots & & \vdots \\ 0 & 0 & \cdots & 1 \\ -a_0 & -a_1 & \cdots & -a_{n-1} \end{bmatrix}$，$\tilde{\boldsymbol{B}}=\begin{bmatrix} 0 \\ \vdots \\ 0 \\ 1 \end{bmatrix}$，$\tilde{\boldsymbol{C}}=[b_0 \quad b_1 \quad \cdots \quad b_{n-1}]$

可知系统 $\Sigma_o(\boldsymbol{A}, \boldsymbol{B}, \boldsymbol{C})$ 的传递函数为

$$\boldsymbol{W}_o(s)=\frac{b_{n-1}s^{n-1}+\cdots+b_1s+b_0}{s^n+a_{n-1}s^{n-1}+\cdots+a_1s+a_0} \tag{6.18}$$

设对应状态 $\tilde{\boldsymbol{x}}(t)$的状态反馈增益矩阵为

$$\tilde{\boldsymbol{K}}=[\tilde{k}_0 \quad \tilde{k}_1 \quad \cdots \quad \tilde{k}_{n-1}] \tag{6.19}$$

则闭环系统 $\Sigma_c(\tilde{\boldsymbol{A}}-\tilde{\boldsymbol{B}}\tilde{\boldsymbol{K}}, \tilde{\boldsymbol{B}}, \tilde{\boldsymbol{C}})$ 的系统矩阵$(\tilde{\boldsymbol{A}}-\tilde{\boldsymbol{B}}\tilde{\boldsymbol{K}})$ 为

$$\tilde{\boldsymbol{A}}-\tilde{\boldsymbol{B}}\tilde{\boldsymbol{K}}=\begin{bmatrix} 0 & 1 & \cdots & 0 \\ \vdots & \vdots & & \vdots \\ 0 & 0 & \cdots & 1 \\ -a_0-\tilde{k}_0 & -a_1-\tilde{k}_1 & \cdots & -a_{n-1}-\tilde{k}_{n-1} \end{bmatrix} \tag{6.20}$$

其系统特征多项式为

$$f(\lambda)=|\lambda\boldsymbol{I}-(\tilde{\boldsymbol{A}}-\tilde{\boldsymbol{B}}\tilde{\boldsymbol{K}})|=\lambda^n+(a_{n-1}+\tilde{k}_{n-1})\lambda^{n-1}+\cdots+(a_1+\tilde{k}_1)\lambda+(a_0+\tilde{k}_0) \tag{6.21}$$

则闭环系统 $\Sigma_c(\tilde{\boldsymbol{A}}-\tilde{\boldsymbol{B}}\tilde{\boldsymbol{K}}, \tilde{\boldsymbol{B}}, \tilde{\boldsymbol{C}})$ 的传递函数为

$$\boldsymbol{W}_c(s)=\frac{b^{n-1}s^{n-1}+\cdots+b_1s+b_0}{s^n+(a_{n-1}+\tilde{k}_{n-1})s^{n-1}+\cdots+(a_1+\tilde{k}_1)s+(a_0+\tilde{k}_0)} \tag{6.22}$$

设系统期望的闭环极点为 $\lambda_1, \lambda_2, \cdots, \lambda_n$，则期望的闭环特征多项式为

$$f^*(\lambda)=(\lambda-\lambda_1)\cdots(\lambda-\lambda_n)=\lambda^n+a_{n-1}^*\lambda^{n-1}+\cdots+a_1^*\lambda+a_0^* \tag{6.23}$$

比较式(6.21)和式(6.23)，若二者相等，则闭环极点就是期望极点。比较两式同次幂的系数，可得

$$\begin{cases} a_0+\tilde{k}_0=a_0^* \\ a_1+\tilde{k}_1=a_1^* \\ \quad\vdots \\ a_{n-1}+\tilde{k}_{n-1}=a_{n-1}^* \end{cases} \tag{6.24}$$

其中，$a_0, a_1, \cdots, a_{n-1}$ 为开环系统 $\Sigma_o(\boldsymbol{A}, \boldsymbol{B}, \boldsymbol{C})$ 特征多项式的系数，$a_0^*, a_1^*, \cdots, a_{n-1}^*$ 为期望特征闭环特征多项式的系数，从而可以求得状态反馈增益矩阵为

$$\tilde{\boldsymbol{K}}=[\tilde{k}_0 \quad \tilde{k}_1 \quad \cdots \quad \tilde{k}_{n-1}]=[a_0^*-a_0 \quad a_1^*-a_1 \quad \cdots \quad a_{n-1}^*-a_{n-1}] \tag{6.25}$$

考虑线性变换 $\boldsymbol{x}(t)=\boldsymbol{P}\tilde{\boldsymbol{x}}(t)$，由

$$\boldsymbol{u}(t)=\boldsymbol{r}(t)-\boldsymbol{K}\boldsymbol{x}(t)=\boldsymbol{r}(t)-\boldsymbol{K}\boldsymbol{P}\tilde{\boldsymbol{x}}(t)=\boldsymbol{r}(t)-\tilde{\boldsymbol{K}}\tilde{\boldsymbol{x}}(t) \tag{6.26}$$

可得到原系统 $\Sigma_o(\boldsymbol{A}, \boldsymbol{B}, \boldsymbol{C})$ 的状态反馈矩阵为

$$\boldsymbol{K}=\tilde{\boldsymbol{K}}\boldsymbol{P}^{-1} \tag{6.27}$$

因而只要系统完全能控，总可以找到能实现极点任意配置的状态反馈增益矩阵。

(2) 必要性。假设系统状态不完全能控，则可对原系统 $\Sigma_o(\boldsymbol{A}, \boldsymbol{B}, \boldsymbol{C})$ 进行能控性结构分解，即

$$\begin{cases}\dot{\tilde{\boldsymbol{x}}}(t)=\begin{bmatrix}\boldsymbol{A}_{11} & \boldsymbol{A}_{12}\\ \boldsymbol{0} & \boldsymbol{A}_{22}\end{bmatrix}\tilde{\boldsymbol{x}}(t)+\begin{bmatrix}\boldsymbol{B}_1\\ \boldsymbol{0}\end{bmatrix}\boldsymbol{u}(t)\\ \boldsymbol{y}(t)=[\boldsymbol{C}_1 \quad \boldsymbol{C}_2]\tilde{\boldsymbol{x}}(t)\end{cases} \tag{6.28}$$

引入状态反馈

$$\boldsymbol{u}(t)=\boldsymbol{r}(t)-\boldsymbol{K}\tilde{\boldsymbol{x}}(t) \tag{6.29}$$

式中

$$\boldsymbol{K}=[\boldsymbol{K}_c \quad \boldsymbol{K}_{\bar{c}}]$$

则闭环系统为

$$\begin{cases}\dot{\tilde{\boldsymbol{x}}}(t)=\begin{bmatrix}\boldsymbol{A}_{11}-\boldsymbol{B}_1\boldsymbol{K}_c & \boldsymbol{A}_{12}-\boldsymbol{B}_1\boldsymbol{K}_c\\ \boldsymbol{0} & \boldsymbol{A}_{22}\end{bmatrix}\tilde{\boldsymbol{x}}(t)+\begin{bmatrix}\boldsymbol{B}_1\\ \boldsymbol{0}\end{bmatrix}\boldsymbol{u}(t)\\ \tilde{\boldsymbol{y}}(t)=[\boldsymbol{C}_1 \quad \boldsymbol{C}_2]\tilde{\boldsymbol{x}}(t)\end{cases} \tag{6.30}$$

则对应的特征多项式为

$$\begin{aligned}|\lambda\boldsymbol{I}-(\boldsymbol{A}-\boldsymbol{B}\boldsymbol{K})| &= \begin{vmatrix}\lambda\boldsymbol{I}-(\boldsymbol{A}_{11}-\boldsymbol{B}_1\boldsymbol{K}_c) & -(\boldsymbol{A}_{12}-\boldsymbol{B}_1\boldsymbol{K}_c)\\ \boldsymbol{0} & \lambda\boldsymbol{I}-\boldsymbol{A}_{22}\end{vmatrix}\\ &= |\lambda\boldsymbol{I}-(\boldsymbol{A}_{11}-\boldsymbol{B}_1\boldsymbol{K}_c)|\cdot|\lambda\boldsymbol{I}-\boldsymbol{A}_{22}|\end{aligned} \tag{6.31}$$

从上式可以看出，利用状态反馈只能改变系统能控子系统的极点，而不能改变系统不能控子系统的极点。所以对于不完全能控系统，状态反馈不能实现任意极点的配置。因此假设不成立，所以系统完全能控。必要性得证。

2. 状态反馈增益矩阵的求解方法

一般而言，状态反馈增益矩阵 $\boldsymbol{K}$ 的求解方法有两种。

(1) 间接法。上述证明过程的充分性就是其中的一种方法，也称为标准型方法。

首先，判断系统 $\Sigma_o(\boldsymbol{A}, \boldsymbol{B}, \boldsymbol{C})$ 的能控性，求能控标准型的线性变换矩阵 $\boldsymbol{P}$；

然后，根据原系统特征多项式系数 a_0，a_1，…，a_{n-1} 和期望特征多项式系数 a_0^*，a_1^*，…，a_{n-1}^*，计算状态反馈增益矩阵：

$$\tilde{\boldsymbol{K}}=[\tilde{k}_0 \quad \tilde{k}_1 \quad \cdots \quad \tilde{k}_{n-1}]=[a_0^*-a_0 \quad a_1^*-a_1 \quad \cdots \quad a_{n-1}^*-a_{n-1}]$$

最后，根据 $\boldsymbol{K}=\tilde{\boldsymbol{K}}\boldsymbol{P}^{-1}=[k_0 \quad k_1 \quad \cdots \quad k_{n-1}]$ 计算出反馈增益矩阵 $\boldsymbol{K}$。

这种方法计算比较麻烦，但是对于高阶系统而言这是一种通用的计算方法。

(2) 直接法。

首先，判定原系统 $\Sigma_o(\boldsymbol{A}, \boldsymbol{B}, \boldsymbol{C})$ 能控性，设状态反馈增益矩阵 $\boldsymbol{K}=[k_0 \quad k_1 \quad \cdots \quad k_{n-1}]$，则闭环系统的特征多项式为

$$f(\lambda)=|\lambda\boldsymbol{I}-(\boldsymbol{A}-\boldsymbol{B}\boldsymbol{K})|$$

然后，根据给定期望极点列写理想的特征多项式：

$$f^*(\lambda)=(\lambda-\lambda_1)\cdots(\lambda-\lambda_n)=\lambda^n+a_{n-1}^*\lambda^{n-1}+\cdots+a_1^*\lambda+a_0^*$$

最后，比较 $f(\lambda)$和 $f^*(\lambda)$各对应系数，即可求出状态反馈增益矩阵 $\boldsymbol{K}$。

这种方法适合于低阶系统。

例 6.2 设线性定常系统 $\Sigma_0(\boldsymbol{A},\boldsymbol{B},\boldsymbol{C})$ 的状态空间表达式为

$$\begin{cases}\dot{\boldsymbol{x}}(t)=\begin{bmatrix}0&1&0\\0&-1&1\\0&0&-2\end{bmatrix}\boldsymbol{x}(t)+\begin{bmatrix}0\\0\\1\end{bmatrix}\boldsymbol{u}(t)\\ \boldsymbol{y}(t)=\begin{bmatrix}8&0&0\end{bmatrix}\boldsymbol{x}(t)\end{cases}$$

试设计状态反馈阵 $\boldsymbol{K}$，使闭环极点分别配置在-2，$-1\pm \mathrm{j}$ 处。

解 判断系统能控性。考虑系统能控性矩阵

$$\boldsymbol{M}=[\boldsymbol{B}\quad \boldsymbol{AB}\quad \boldsymbol{A}^2\boldsymbol{B}]=\begin{bmatrix}0&0&1\\0&1&-3\\1&-2&4\end{bmatrix}\quad\Rightarrow\quad \mathrm{rank}\boldsymbol{M}=3$$

由于系统是完全能控的，所以可以通过状态反馈实现闭环极点的任意配置。

(1) 间接法。原受控开环系统的特征多项式为

$$f(\lambda)=|\lambda\boldsymbol{I}-\boldsymbol{A}|=\begin{vmatrix}\lambda&-1&0\\0&\lambda+1&-1\\0&0&\lambda+2\end{vmatrix}=\lambda(\lambda+1)(\lambda+2)=\lambda^3+3\lambda^2+2\lambda$$

开环特征多项式系数为

$$a_0=0,\ a_1=2,\ a_2=3$$

期望的特征多项式为

$$f^*(\lambda)=(\lambda+2)(\lambda+1+\mathrm{j})(\lambda+1-\mathrm{j})=\lambda^3+4\lambda^2+6\lambda+4$$

期望的特征多项式系数为

$$a_0^*=4,\ a_1^*=6,\ a_2^*=4$$

则状态反馈增益矩阵为

$$\tilde{\boldsymbol{K}}=[\tilde{k}_0\quad \tilde{k}_1\quad \tilde{k}_2]=[a_0^*-a_0\quad a_1^*-a_1\quad a_2^*-a_2]=[4\quad 4\quad 1]$$

由于将原系统变为能控标准型的线性变换矩阵为

$$\boldsymbol{P}=\begin{bmatrix}1&0&0\\0&1&0\\0&1&1\end{bmatrix},\ \boldsymbol{P}^{-1}=\begin{bmatrix}1&0&0\\0&1&0\\0&-1&1\end{bmatrix}$$

则要设计的状态反馈增益矩阵为

$$\boldsymbol{K}=\tilde{\boldsymbol{K}}\boldsymbol{P}^{-1}=[4\quad 4\quad 1]\begin{bmatrix}1&0&0\\0&1&0\\0&-1&1\end{bmatrix}=[4\quad 3\quad 1]$$

(2) 直接法。设系统状态反馈增益矩阵为

$$\boldsymbol{K}=[k_0 \quad k_1 \quad k_2]$$

状态反馈下闭环系统的特征多项式为

$$f(\lambda)=|\lambda\boldsymbol{I}-(\boldsymbol{A}-\boldsymbol{BK})|=\begin{vmatrix}\lambda & -1 & 0\\ 0 & \lambda+1 & -1\\ k_0 & k_1 & \lambda+2+k_2\end{vmatrix}=\lambda^3+(3+k_2)\lambda^2+(2+k_1+k_2)\lambda+k_0$$

期望的特征多项式为

$$f^*(\lambda)=(\lambda+2)(\lambda+1+\mathrm{j})(\lambda+1-\mathrm{j})=\lambda^3+4\lambda^2+6\lambda+4$$

比较对应的系数，则状态反馈增益矩阵为

$$\boldsymbol{K}=[4 \quad 3 \quad 1]$$

说明：

(1) 期望极点的确定，要充分考虑对于系统性能的主导影响及其与零点分布状况的关系，同时要兼顾系统抗干扰能力和对参数漂移低敏感性的要求。

(2) 对于单输入控制系统，只要系统完全能控，必定可以通过状态反馈实现极点的任意配置，而且不影响原系统零点的分布。

(3) 对于多输入控制系统，只要系统能控，也可以通过状态反馈实现极点的任意配置，但具体设计要困难很多，且状态反馈矩阵非唯一，还可能改变系统的零点。

6.2.2　输出反馈实现极点配置

定理 6.5　设受控线性系统(6.1)$\Sigma_o(\boldsymbol{A}, \boldsymbol{B}, \boldsymbol{C})$，不能通过输出反馈实现闭环系统极点的任意配置。

证明 对单输入-单输出反馈系统 $\Sigma_c(\boldsymbol{A}-\boldsymbol{BHC}, \boldsymbol{B}, \boldsymbol{C})$，闭环传递函数为

$$\boldsymbol{W}_c(\boldsymbol{s})=\boldsymbol{C}[s\boldsymbol{I}-(\boldsymbol{A}-\boldsymbol{BHC})]^{-1}\boldsymbol{B}=\frac{\boldsymbol{W}_o(s)}{1+\boldsymbol{H}\boldsymbol{W}_o(s)} \tag{6.32}$$

式中，$\boldsymbol{W}_o(s)=\boldsymbol{C}[s\boldsymbol{I}-\boldsymbol{A}]^{-1}\boldsymbol{B}$ 为受控的开环传递函数。

由闭环系统特征方程可得闭环根轨迹方程为

$$\boldsymbol{H}\boldsymbol{W}_o(s)=-1 \tag{6.33}$$

当$\boldsymbol{W}_o(s)$已知时，以 h(从 0 到∞)为参变量，可求得闭环系统的一组特征根。很显然，不管怎样选择 h，也不能使根轨迹落在那些不属于根轨迹的期望极点位置上。由此得证。

如果要通过输出反馈实现极点的任意配置，必须加校正网络，即在输出反馈时，在受控系统中串联或反馈连接补偿器，通过增加开环系统零极点来实现极点的任意配置。

定理 6.6　设受控线性系统(6.1)$\Sigma_o(\boldsymbol{A}, \boldsymbol{B}, \boldsymbol{C})$ 是完全能控的，通过带动态补偿器的输出反馈实现闭环极点任意配置的充要条件是

(1) 系统完全能观；

(2) 动态补偿器的阶数为 $n-1$。

证明　略。

需要注意的是，动态补偿器的阶数 $n-1$ 是实现极点任意配置的条件之一，但在处理具体问题时，有时可适当降低阶次。

6.2.3 从输出到状态导数的反馈实现极点配置

定理 6.7 设受控线性系统(6.1)$\Sigma_0(\boldsymbol{A},\boldsymbol{B},\boldsymbol{C})$，可以通过输出到状态导数 $\dot{\boldsymbol{x}}(t)$ 反馈实现闭环极点任意配置的充分必要条件是开环系统 $\Sigma_0(\boldsymbol{A},\boldsymbol{B},\boldsymbol{C})$ 的状态完全能观。

证明 根据对偶原理，如果系统状态完全能观，则对偶系统 $\tilde{\Sigma}_0(\boldsymbol{A}^{\mathrm{T}},\boldsymbol{C}^{\mathrm{T}},\boldsymbol{B}^{\mathrm{T}})$ 必定能控，因此可以任意配置$(\boldsymbol{A}^{\mathrm{T}}-\boldsymbol{C}^{\mathrm{T}}\boldsymbol{G}^{\mathrm{T}})$的特征值。而$(\boldsymbol{A}^{\mathrm{T}}-\boldsymbol{C}^{\mathrm{T}}\boldsymbol{G}^{\mathrm{T}})$的特征值与$(\boldsymbol{A}-\boldsymbol{GC})$的特征值完全相同，故当且仅当$\Sigma_0(\boldsymbol{A},\boldsymbol{B},\boldsymbol{C})$能观时，可以任意配置$(\boldsymbol{A}-\boldsymbol{GC})$的特征值。定理由此得证。

该定理可以和定理 6.4 一样用线性变换为能观标准型的类似步骤来证明。反馈增益矩阵 $\boldsymbol{G}$ 的设计方法也可以用间接法和直接法求解。

具体步骤如下：

(1) 判断系统能观性；

(2) 设反馈增益矩阵 $\boldsymbol{G}=\begin{bmatrix} g_0 \\ g_1 \\ \vdots \\ g_{n-1} \end{bmatrix}$，计算闭环系统的特征多项式为

$$f(\lambda)=|\lambda\boldsymbol{I}-(\boldsymbol{A}-\boldsymbol{GC})|$$

(3) 根据给定的期望极点列写理想的特征多项式：

$$f^*(\lambda)=(\lambda-\lambda_1)\cdots(\lambda-\lambda_n)=\lambda^n+a_{n-1}^*\lambda^{n-1}+\cdots+a_1^*\lambda+a_0^*$$

(4) 比较 $f(\lambda)$和 $f^*(\lambda)$各对应系数，即可求出反馈增益矩阵 $\boldsymbol{G}$。

例 6.3 设线性定常系统的状态空间表达式为

$$\begin{cases} \dot{\boldsymbol{x}}(t)=\begin{bmatrix} 0 & 1 \\ -1 & 0 \end{bmatrix}\boldsymbol{x}(t)+\begin{bmatrix} 0 \\ 1 \end{bmatrix}\boldsymbol{u}(t) \\ \boldsymbol{y}(t)=\begin{bmatrix} 1 & 0 \end{bmatrix}\boldsymbol{x}(t) \end{cases}$$

试设计输出到状态导数的反馈增益矩阵 $\boldsymbol{G}$，并使闭环极点分别配置在-5，-8 处。

解 判断系统能观性。系统能观性矩阵为

$$\boldsymbol{N}=\begin{bmatrix} \boldsymbol{C} \\ \boldsymbol{CA} \end{bmatrix}=\begin{bmatrix} 1 & 0 \\ 0 & 1 \end{bmatrix}\Rightarrow \mathrm{rank}\boldsymbol{N}=2$$

可知系统是完全能观的，所以可以通过输出到状态导数的反馈实现极点的任意配置。

设系统反馈增益矩阵为

$$\boldsymbol{G}=\begin{bmatrix} g_0 \\ g_1 \end{bmatrix}$$

闭环系统的特征多项式为

$$f(\lambda)=|\lambda\boldsymbol{I}-(\boldsymbol{A}-\boldsymbol{GC})|=\begin{bmatrix} \lambda+g_0 & -1 \\ 1+g_1 & \lambda \end{bmatrix}=\lambda^2+g_0\lambda+(1+g_1)$$

期望的特征多项式为

$$f^*(\lambda)=(\lambda+5)(\lambda+8)=\lambda^2+13\lambda+40$$

比较对应的系数，则反馈增益矩阵为

$$G=\begin{bmatrix}13\\39\end{bmatrix}$$

6.3 系统解耦

解耦问题是多输入-多输出系统综合理论中的重要组成部分。对于一般的多输入-多输出受控系统来说，系统的每个输入分量通常与各个输出分量都互相关联(耦合)，即一个输入分量可以控制多个输出分量。或反过来说，一个输出分量受多个输入分量的控制，这给系统的分析和设计带来了很大的麻烦。解耦控制设计的目的是寻求适当的控制律，使输入、输出相互关联的多变量系统实现每一个输出仅受相应的一个输入所控制，每一个输入也仅能控制相应的一个输出，这样的问题称为解耦问题。所谓解耦控制就是寻求合适的控制规律，使闭环系统实现一个输出分量仅仅受一个输入分量的控制，从而解除输入与输出间的耦合。

6.3.1 解耦的定义

定义 6.1　设线性定常连续系统 $\Sigma(\boldsymbol{A}, \boldsymbol{B}, \boldsymbol{C})$

$$\begin{cases}\dot{\boldsymbol{x}}(t)=\boldsymbol{A}\boldsymbol{x}(t)+\boldsymbol{B}\boldsymbol{u}(t)\\ \boldsymbol{y}(t)=\boldsymbol{C}\boldsymbol{x}(t)\end{cases} \tag{6.34}$$

其中，$\boldsymbol{x}(t)$是 n 维状态向量，$\boldsymbol{u}(t)$是 m 维输入向量，$\boldsymbol{y}(t)$是 m 维的输出向量；$\boldsymbol{A}$ 是 $n\times n$ 维系统矩阵，$\boldsymbol{B}$ 是 $n\times m$ 维输入矩阵，$\boldsymbol{C}$ 是 $m\times n$ 维输出矩阵。

若 $m\times m$ 维传递函数矩阵 $\boldsymbol{W}(s)$是非奇异对角矩阵

$$\boldsymbol{W}(s)=\begin{bmatrix}w_{11}(s) & 0 & \cdots & 0\\ 0 & w_{22}(s) & \cdots & 0\\ \vdots & \vdots & & \vdots\\ 0 & 0 & \cdots & w_{mm}(s)\end{bmatrix} \tag{6.35}$$

则称系统 $\Sigma(\boldsymbol{A}, \boldsymbol{B}, \boldsymbol{C})$ 是解耦系统。

当系统 $\Sigma(\boldsymbol{A}, \boldsymbol{B}, \boldsymbol{C})$ 为解耦系统时，其输出为

$$\boldsymbol{y}(s)=\boldsymbol{W}(s)\boldsymbol{u}(s)=\begin{bmatrix}w_{11}(s) & 0 & \cdots & 0\\ 0 & w_{22}(s) & \cdots & 0\\ \vdots & \vdots & & \vdots\\ 0 & 0 & \cdots & w_{mm}(s)\end{bmatrix}\begin{bmatrix}u_1(s)\\ u_2(s)\\ \vdots\\ u_m(s)\end{bmatrix} \tag{6.36}$$

整理可得到

$$\begin{cases} y_1(s) = w_{11}(s)u_1(s) \\ y_2(s) = w_{22}(s)u_2(s) \\ \quad\vdots \\ y_m(s) = w_{mm}(s)u_m(s) \end{cases} \tag{6.37}$$

由此可知，解耦的实质就是实现每一个输出仅受相应的一个输入所控制，也就是每一个输入也仅能控制相应的一个输出。通过解耦可将系统分解成多个独立的单输入-单输出系统。解耦控制系统要求原系统输入、输出同维，即传递函数矩阵 $\boldsymbol{W}(s)$ 是 m 维非奇异方阵。

一个多变量系统实现解耦以后，可被看作一组相互独立的单变量系统，从而可实现自主控制。要完全解决上述解耦控制问题，必须考虑两方面的问题：一是确定系统能够被解耦的充分必要条件，也称为能解耦的判别问题；二是确定解耦控制律和解耦系统的结构，即解耦控制的具体综合问题。这两个问题随着解耦方法的不同而有所不同。

实现解耦控制的方法有两类，一类称为串联补偿器解耦，另一类称为状态反馈解耦。前者是频域方法，后者是时域方法。

6.3.2 串联补偿器解耦

所谓串联补偿器解耦，就是在原反馈系统的前向通道上串联一个补偿器 $\boldsymbol{W}_d(s)$，使得闭环传递矩阵 $\boldsymbol{W}(s)$ 变为对角型矩阵，系统的结构图如图 6.5 所示。

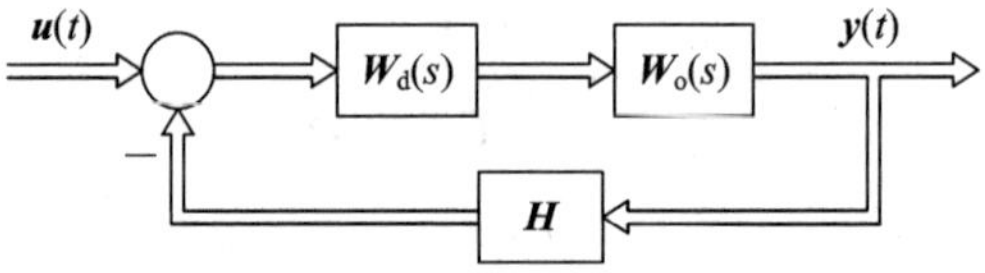

图 6.5 串联补偿器解耦

其中，$\boldsymbol{W}_o(s)$ 是受控对象前向通道的传递函数矩阵，$\boldsymbol{H}$ 为输出反馈矩阵，$\boldsymbol{W}_p(s)=\boldsymbol{W}_o(s)\boldsymbol{W}_d(s)$ 为闭环系统前向通道传递函数矩阵。

为简单起见，设各传递函数矩阵均为严格真有理分式，闭环系统传递函数矩阵为

$$\boldsymbol{W}_c(s)=\frac{\boldsymbol{W}_p(s)}{\boldsymbol{I}+\boldsymbol{W}_p(s)\boldsymbol{H}} \tag{6.38}$$

所以

$$\boldsymbol{W}_p(s)=\boldsymbol{W}_c(s)[\boldsymbol{I}-\boldsymbol{H}\boldsymbol{W}_c(s)]^{-1} \tag{6.39}$$

把 $\boldsymbol{W}_p(s)=\boldsymbol{W}_o(s)\boldsymbol{W}_d(s)$ 代入式(6.39)，串联补偿器的传递函数矩阵为

$$\boldsymbol{W}_d(s)=\boldsymbol{W}_o^{-1}(s)\boldsymbol{W}_c(s)[\boldsymbol{I}-\boldsymbol{H}\boldsymbol{W}_c(s)]^{-1} \tag{6.40}$$

若是单位反馈矩阵 $\boldsymbol{H}=\boldsymbol{I}$，则

$$\boldsymbol{W}_d(s)=\boldsymbol{W}_o^{-1}(s)\boldsymbol{W}_c(s)[\boldsymbol{I}-\boldsymbol{W}_c(s)]^{-1} \tag{6.41}$$

一般来讲，只要 $\boldsymbol{W}_o(s)$ 是非奇异的，系统就可以通过串联补偿器实现解耦，也即 $\det(\boldsymbol{W}_o(s))\neq 0$ 是通过串联补偿器实现解耦控制的一个充分条件。

例 6.4　设串联补偿器解耦系统的结构图如图 6.5 所示，其中反馈矩阵 $\boldsymbol{H}=\boldsymbol{I}$。受控对象$\boldsymbol{W}_o(s)$和解耦后的闭环传递函数矩阵$\boldsymbol{W}_c(s)$分别为

$$\boldsymbol{W}_o(s)=\begin{bmatrix}\dfrac{1}{2s+1} & \dfrac{1}{s+1}\\ \dfrac{2}{2s+1} & \dfrac{1}{s+1}\end{bmatrix},\ \boldsymbol{W}_c(s)=\begin{bmatrix}\dfrac{1}{s+2} & 0\\ 0 & \dfrac{1}{s+5}\end{bmatrix}$$

求串联补偿器$\boldsymbol{W}_d(s)$。

解　由式(6.41)可知

$$\begin{aligned}\boldsymbol{W}_d(s)&=\boldsymbol{W}_o^{-1}(s)\boldsymbol{W}_c(s)[\boldsymbol{I}-\boldsymbol{W}_c(s)]^{-1}\\ &=\begin{bmatrix}\dfrac{1}{2s+1} & \dfrac{1}{s+1}\\ \dfrac{2}{2s+1} & \dfrac{1}{s+1}\end{bmatrix}^{-1}\begin{bmatrix}\dfrac{1}{s+2} & 0\\ 0 & \dfrac{1}{s+5}\end{bmatrix}\begin{bmatrix}\dfrac{s+1}{s+2} & 0\\ 0 & \dfrac{s+4}{s+5}\end{bmatrix}^{-1}\\ &=\begin{bmatrix}-\dfrac{2s+1}{s+1} & \dfrac{2s+1}{s+4}\\ 2 & -\dfrac{s+1}{s+4}\end{bmatrix}\end{aligned}$$

解耦后系统结构图如图 6.6 所示。

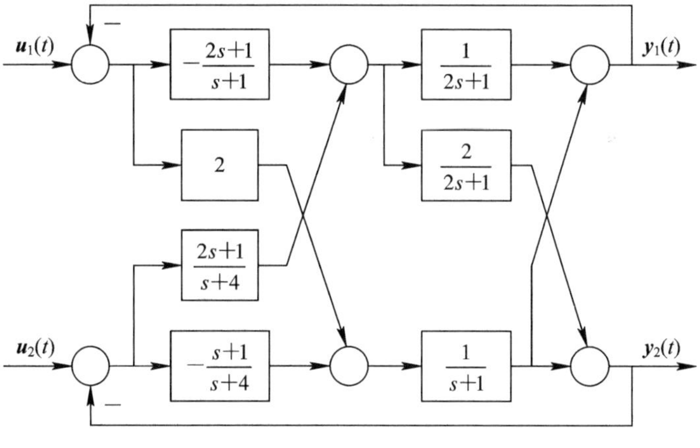

图 6.6　串联补偿器解耦系统结构图

串联补偿解耦，只需要在待解耦系统的前面串联一个前馈补偿器，使得组合系统的传递函数矩阵成为对角型矩阵。但是这种方法会增加系统状态变量的维数。

6.3.3　状态反馈解耦

1. 状态反馈解耦系统结构

设状态反馈解耦系统结构图如图 6.7 所示。

其状态空间表达式为

$$\begin{cases}\dot{\boldsymbol{x}}(t)=(\boldsymbol{A}-\boldsymbol{BK})\boldsymbol{x}(t)+\boldsymbol{BFr}(t)\\ \boldsymbol{y}(t)=\boldsymbol{Cx}(t)\end{cases}\tag{6.42}$$

其中，$\boldsymbol{x}(t)$是n维状态向量，$\boldsymbol{r}(t)$是m维输入向量，$\boldsymbol{y}(t)$是m维输出向量；$\boldsymbol{A}$是$n\times n$维系统矩阵，$\boldsymbol{B}$是$n\times m$维输入矩阵，$\boldsymbol{C}$是$m\times n$维输出矩阵，$\boldsymbol{K}$是$m\times n$维状态反馈增益矩阵，$\boldsymbol{F}$是$m\times m$维输入变换矩阵。

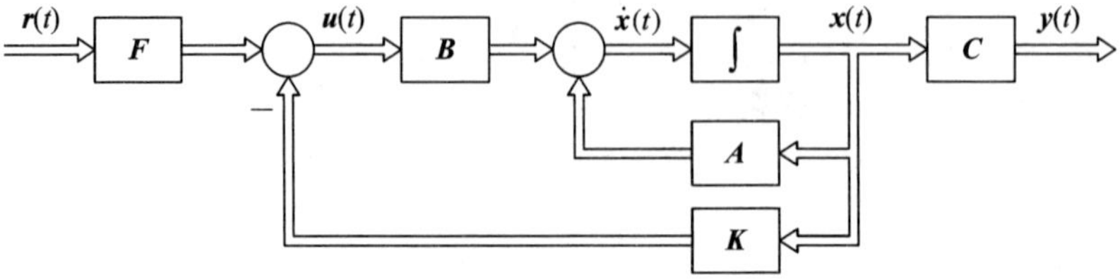

图 6.7　状态反馈解耦系统结构图

设系统状态反馈控制律为

$$\boldsymbol{u}(t)=-\boldsymbol{K}\boldsymbol{x}(t)+\boldsymbol{F}\boldsymbol{r}(t) \tag{6.43}$$

传递函数矩阵为

$$\boldsymbol{W}(s)=\boldsymbol{C}(s\boldsymbol{I}-(\boldsymbol{A}-\boldsymbol{B}\boldsymbol{K}))^{-1}\boldsymbol{B}\boldsymbol{F} \tag{6.44}$$

如果存在着状态反馈增益矩阵$\boldsymbol{K}$和输入变换矩阵$\boldsymbol{F}$，使得$\boldsymbol{W}(s)$是非奇异对角矩阵，则系统就可以实现解耦。关于状态反馈解耦控制的理论问题比较复杂，下面直接给出求解状态反馈解耦的充要条件及矩阵$\boldsymbol{K}$和矩阵$\boldsymbol{F}$的求解方法。应注意，使系统解耦的状态反馈矩阵$\boldsymbol{K}$并不唯一，这种非唯一性可满足极点配置的要求。

下面给出几个解耦系统的特征量。

(1) 定义d_i。d_i是满足不等式

$$\boldsymbol{C}_i\boldsymbol{A}^l\boldsymbol{B}\neq 0 \quad (l=0,\ 1,\ \cdots,\ m-1) \tag{6.45}$$

且介于0和$m-1$之间的一个最小整数l。式中，$\boldsymbol{C}_i$表示系统输出矩阵$\boldsymbol{C}$中第i行向量($i=1,\ 2,\ \cdots,\ m$)，因此d_i的下标i表示行数。

(2) 根据d_i定义下列矩阵：

$$\boldsymbol{D}=\begin{bmatrix}\boldsymbol{C}_1\boldsymbol{A}^{d_1}\\ \boldsymbol{C}_2\boldsymbol{A}^{d_2}\\ \vdots\\ \boldsymbol{C}_m\boldsymbol{A}^{d_m}\end{bmatrix} \tag{6.46}$$

$$\boldsymbol{E}=\boldsymbol{D}\boldsymbol{B}=\begin{bmatrix}\boldsymbol{C}_1\boldsymbol{A}^{d_1}\boldsymbol{B}\\ \boldsymbol{C}_2\boldsymbol{A}^{d_2}\boldsymbol{B}\\ \vdots\\ \boldsymbol{C}_m\boldsymbol{A}^{d_m}\boldsymbol{B}\end{bmatrix} \tag{6.47}$$

$$\boldsymbol{L}=\boldsymbol{D}\boldsymbol{A}=\begin{bmatrix}\boldsymbol{C}_1\boldsymbol{A}^{(d_1+1)}\\ \boldsymbol{C}_2\boldsymbol{A}^{(d_2+1)}\\ \vdots\\ \boldsymbol{C}_m\boldsymbol{A}^{(d_m+1)}\end{bmatrix} \tag{6.48}$$

例 6.5　已知系统 $\Sigma(\boldsymbol{A},\ \boldsymbol{B},\ \boldsymbol{C})$

$$\begin{cases}\dot{\boldsymbol{x}}(t)=\begin{bmatrix}0 & 1 & 0 & 0\\ 3 & 0 & 0 & 2\\ 0 & 0 & 0 & 1\\ 0 & -2 & 0 & 0\end{bmatrix}\boldsymbol{x}(t)+\begin{bmatrix}0 & 0\\ 1 & 0\\ 0 & 0\\ 0 & 1\end{bmatrix}\boldsymbol{u}(t)\\ \boldsymbol{y}(t)=\begin{bmatrix}1 & 0 & 0 & 0\\ 0 & 0 & 1 & 0\end{bmatrix}\boldsymbol{x}(t)\end{cases}$$

试计算 $d_i(i=1,\ 2)$和矩阵 $\boldsymbol{D},\ \boldsymbol{E},\ \boldsymbol{L}$。

解　先计算 $d_i(i=1,\ 2)$，由式(6.45)可知

$$\boldsymbol{C}_1\boldsymbol{A}^0\boldsymbol{B}=[0\quad 0]$$

$$\boldsymbol{C}_1\boldsymbol{A}^1\boldsymbol{B}=[1\quad 0]$$

所以

$$d_1=1$$

同样计算 d_2：

$$\boldsymbol{C}_2\boldsymbol{A}^0\boldsymbol{B}=[0\quad 0]$$

$$\boldsymbol{C}_2\boldsymbol{A}^1\boldsymbol{B}=[0\quad 1]$$

所以

$$d_2=1$$

计算矩阵 $\boldsymbol{D},\ \boldsymbol{E},\ \boldsymbol{L}$：

$$\boldsymbol{D}=\begin{bmatrix}\boldsymbol{C}_1\boldsymbol{A}^{d_1}\\ \boldsymbol{C}_2\boldsymbol{A}^{d_2}\end{bmatrix}=\begin{bmatrix}\boldsymbol{C}_1\boldsymbol{A}\\ \boldsymbol{C}_2\boldsymbol{A}\end{bmatrix}=\begin{bmatrix}0 & 1 & 0 & 0\\ 0 & 0 & 0 & 1\end{bmatrix}$$

$$\boldsymbol{E}=\begin{bmatrix}\boldsymbol{C}_1\boldsymbol{A}^{d_1}\boldsymbol{B}\\ \boldsymbol{C}_2\boldsymbol{A}^{d_2}\boldsymbol{B}\end{bmatrix}=\begin{bmatrix}\boldsymbol{C}_1\boldsymbol{A}\boldsymbol{B}\\ \boldsymbol{C}_2\boldsymbol{A}\boldsymbol{B}\end{bmatrix}=\begin{bmatrix}1 & 0\\ 0 & 1\end{bmatrix}$$

$$\boldsymbol{L}=\begin{bmatrix}\boldsymbol{C}_1\boldsymbol{A}^{(d_1+1)}\\ \boldsymbol{C}_2\boldsymbol{A}^{(d_2+1)}\end{bmatrix}=\begin{bmatrix}\boldsymbol{C}_1\boldsymbol{A}^2\\ \boldsymbol{C}_2\boldsymbol{A}^2\end{bmatrix}=\begin{bmatrix}3 & 0 & 0 & 2\\ 0 & -2 & 0 & 0\end{bmatrix}$$

2. 解耦性判据

定理 6.8　受控系统(6.34)$\Sigma(\boldsymbol{A},\ \boldsymbol{B},\ \boldsymbol{C})$ 能够采用状态反馈解耦的充分必要条件是：$m\times m$ 维解耦判别矩阵 $\boldsymbol{E}$ 是非奇异的，即

$$\det\boldsymbol{E}=\det\begin{vmatrix}\boldsymbol{C}_1\boldsymbol{A}^{d_1}\boldsymbol{B}\\ \boldsymbol{C}_2\boldsymbol{A}^{d_2}\boldsymbol{B}\\ \vdots\\ \boldsymbol{C}_m\boldsymbol{A}^{d_m}\boldsymbol{B}\end{vmatrix}\neq 0 \tag{6.49}$$

例如，例 6.5 所讨论的系统，由于 $\boldsymbol{E}=\begin{bmatrix}1 & 0\\ 0 & 1\end{bmatrix}$是非奇异的，所以该系统可以通过状态反馈实现解耦。

3. 积分型解耦系统

定理 6.9 受控系统(6.34)$\Sigma(\boldsymbol{A}, \boldsymbol{B}, \boldsymbol{C})$ 如果可以通过状态反馈解耦，则闭环系统

$$\begin{cases} \dot{\boldsymbol{x}}(t)=(\boldsymbol{A}-\boldsymbol{BK})\boldsymbol{x}(t)+\boldsymbol{BFr}(t) \\ \boldsymbol{y}(t)=\boldsymbol{Cx}(t) \end{cases} \tag{6.50}$$

是一个积分型解耦系统。其中状态反馈增益矩阵为

$$\boldsymbol{K}=-\boldsymbol{E}^{-1}\boldsymbol{L} \tag{6.51}$$

输入变换矩阵为

$$\boldsymbol{F}=\boldsymbol{E}^{-1} \tag{6.52}$$

闭环传递函数矩阵为

$$\boldsymbol{W}_c(s)=\boldsymbol{C}(s\boldsymbol{I}-(\boldsymbol{A}-\boldsymbol{BK}))^{-1}\boldsymbol{BF}=\begin{bmatrix} \frac{1}{s^{(d_1+1)}} & 0 & \cdots & 0 \\ 0 & \frac{1}{s^{(d_2+1)}} & \cdots & 0 \\ \vdots & \vdots & & \vdots \\ 0 & 0 & \cdots & \frac{1}{s^{(d_m+1)}} \end{bmatrix} \tag{6.53}$$

由式(6.53)可以看出，解耦后的系统实现了一对一控制，并且每一个输入与输出之间都是积分关系，所以称这种形式的解耦控制为积分型解耦控制。

由于积分解耦的极点都在 s 平面的原点，所以解耦后系统是不稳定系统，无法在实际中应用。因此，在积分解耦的基础上，对每一个子系统按单输入-单输出系统的极点配置方法，用状态反馈把位于原点的极点配置到期望的位置上。这样不但实现了系统解耦，而且也能满足性能指标的要求。

例 6.6 试求例 6.5 所示系统 $\Sigma(\boldsymbol{A}, \boldsymbol{B}, \boldsymbol{C})$ 的状态反馈解耦系统。

解 由例 6.5 知

$$d_1=1,\ d_2=1,\ \boldsymbol{E}=\begin{bmatrix} 1 & 0 \\ 0 & 1 \end{bmatrix}$$

将其代入式(6.51)和式(6.52)得

$$\boldsymbol{K}=-\boldsymbol{E}^{-1}\boldsymbol{L}=\begin{bmatrix} -3 & 0 & 0 & -2 \\ 0 & 2 & 0 & 0 \end{bmatrix}$$

$$\boldsymbol{F}=\boldsymbol{E}^{-1}=\begin{bmatrix} 1 & 0 \\ 0 & 1 \end{bmatrix}$$

所以闭环系统的状态空间表达式为

$$\begin{cases} \dot{\boldsymbol{x}}(t)=(\boldsymbol{A}-\boldsymbol{BK})\boldsymbol{x}(t)+\boldsymbol{BFr}(t)=\begin{bmatrix} 0 & 1 & 0 & 0 \\ 0 & 0 & 0 & 0 \\ 0 & 0 & 0 & 1 \\ 0 & 0 & 0 & 0 \end{bmatrix}\boldsymbol{x}(t)+\begin{bmatrix} 0 & 0 \\ 1 & 0 \\ 0 & 0 \\ 0 & 1 \end{bmatrix}\boldsymbol{r}(t) \\ \boldsymbol{y}(t)=\boldsymbol{Cx}(t)=\begin{bmatrix} 1 & 0 & 0 & 0 \\ 0 & 0 & 1 & 0 \end{bmatrix}\boldsymbol{x}(t) \end{cases}$$

闭环传递函数为

$$\boldsymbol{W}_c(s)=\boldsymbol{C}(s\boldsymbol{I}-(\boldsymbol{A}-\boldsymbol{BK}))^{-1}\boldsymbol{BF}=\begin{bmatrix}\dfrac{1}{s^{(d_1+1)}} & 0\\ 0 & \dfrac{1}{s^{(d_2+1)}}\end{bmatrix}=\begin{bmatrix}\dfrac{1}{s^2} & 0\\ 0 & \dfrac{1}{s^2}\end{bmatrix}$$

6.4 状态观测器

从前几节的讨论可知，要实现闭环极点的任意配置或系统解耦，以及下一章的最优控制都离不开全状态反馈控制。但是系统的状态变量并不都是易于直接检测得到的，有些状态甚至无法检测。要实现状态反馈，首先要解决状态变量的检测问题，就是状态观测或者状态重构问题。龙伯格(Luenberger)提出的状态观测器理论解决了在确定条件下受控系统的状态重构问题，从而使状态反馈成为一种可实现的控制律。

6.4.1 观测器的定义

设线性定常连续系统 $\Sigma(\boldsymbol{A},\boldsymbol{B},\boldsymbol{C})$

$$\begin{cases}\dot{\boldsymbol{x}}(t)=\boldsymbol{Ax}(t)+\boldsymbol{Bu}(t)\\ \boldsymbol{y}(t)=\boldsymbol{Cx}(t)\end{cases}\tag{6.54}$$

其中，$\boldsymbol{x}(t)$是 n 维状态向量，$\boldsymbol{u}(t)$是 r 维输入向量，$\boldsymbol{y}(t)$是 m 维的输出向量；$\boldsymbol{A}$ 是 $n\times n$ 维系统矩阵，$\boldsymbol{B}$ 是 $n\times r$ 维输入矩阵，$\boldsymbol{C}$ 是 $m\times n$ 维输出矩阵。状态变量 x_1，x_2，…，x_n 不能完全直接检测。

先设计一个相似系统$\hat{\Sigma}(\boldsymbol{A},\boldsymbol{B},\boldsymbol{C})$，其状态空间表达式为

$$\begin{cases}\dot{\hat{\boldsymbol{x}}}(t)=\boldsymbol{A}\hat{\boldsymbol{x}}(t)+\boldsymbol{Bu}(t)\\ \hat{\boldsymbol{y}}(t)=\boldsymbol{C}\hat{\boldsymbol{x}}(t)\end{cases}\tag{6.55}$$

其状态变量 $\hat{x}_1$，$\hat{x}_2$，…，$\hat{x}_n$ 全部可以直接检测，并且使 $\hat{\boldsymbol{x}}(t)$逼近 $\boldsymbol{x}(t)$。

由于式 (6.54)和式 (6.55)有相同的输入 $\boldsymbol{u}(t)$和系数矩阵 $\boldsymbol{A}$、$\boldsymbol{B}$，将上述二式相减，可得

$$(\dot{\hat{\boldsymbol{x}}}(t)-\dot{\boldsymbol{x}}(t))=\boldsymbol{A}(\hat{\boldsymbol{x}}(t)-\boldsymbol{x}(t))\tag{6.56}$$

设 $\boldsymbol{x}(t)$和 $\hat{\boldsymbol{x}}(t)$的初始值为$\boldsymbol{x}_0$ 和$\hat{\boldsymbol{x}}_0$，则式(6.56)的解为

$$\hat{\boldsymbol{x}}(t)-\boldsymbol{x}(t)=\mathrm{e}^{\boldsymbol{A}t}(\hat{\boldsymbol{x}}_0-\boldsymbol{x}_0)\tag{6.57}$$

下面分情况讨论：

(1) 若$\hat{\boldsymbol{x}}_0=\boldsymbol{x}_0$，则$\hat{\boldsymbol{x}}_0-\boldsymbol{x}_0\equiv\boldsymbol{0}$，即 $\hat{\boldsymbol{x}}(t)=\boldsymbol{x}(t)$。这表明 $\hat{\boldsymbol{x}}(t)$ 完全复现 $\boldsymbol{x}(t)$，但要求系统 $\Sigma(\boldsymbol{A},\boldsymbol{B},\boldsymbol{C})$ 的初始状态$\hat{\boldsymbol{x}}_0$ 和系统 $\Sigma(\boldsymbol{A},\boldsymbol{B},\boldsymbol{C})$ 初始状态$\boldsymbol{x}_0$ 完全相同，但在实际上这几乎

不可能。

(2) 若矩阵 $\boldsymbol{A}$ 的特征值中均有负实部，则式(6.57)是渐近稳定的，即必有

$$\lim_{t\to\infty}[\boldsymbol{x}(t)-\hat{\boldsymbol{x}}(t)]=\boldsymbol{0}$$

这说明$\hat{\boldsymbol{x}}(t)$将不断逼近 $\boldsymbol{x}(t)$，最终复现 $\boldsymbol{x}(t)$。

(3) 若矩阵 $\boldsymbol{A}$ 的特征值中至少有一个有正实部，则式(6.57)是不稳定的，或者矩阵 $\boldsymbol{A}$ 的特征值虽然有负实部，但是 $\hat{\boldsymbol{x}}(t)$逼近 $\boldsymbol{x}(t)$的速度不够理想。

所以上述(2) 和(3) 这两种情况需要对系统 $\Sigma(\boldsymbol{A},\boldsymbol{B},\boldsymbol{C})$ 进行控制，就是要把开环系统 $\Sigma(\boldsymbol{A},\boldsymbol{B},\boldsymbol{C})$ 变换成带有反馈的闭环系统。

由于系统 $\Sigma(\boldsymbol{A},\boldsymbol{B},\boldsymbol{C})$ 和系统$\hat{\Sigma}(\boldsymbol{A},\boldsymbol{B},\boldsymbol{C})$ 的输出变量 $\boldsymbol{y}(t)$ 和 $\hat{\boldsymbol{y}}(t)$ 都是能够直接测量的量，对于完全能观的系统，其每个状态变量都能从输出中唯一地确定。因而系统$\hat{\Sigma}(\boldsymbol{A},\boldsymbol{B},\boldsymbol{C})$ 和 $\Sigma(\boldsymbol{A},\boldsymbol{B},\boldsymbol{C})$ 输出量之间的误差就直接反映了状态变量之间的误差，即

$$\hat{\boldsymbol{y}}(t)-\boldsymbol{y}(t)=\boldsymbol{C}[\hat{\boldsymbol{x}}(t)-\boldsymbol{x}(t)] \tag{6.58}$$

利用输出误差来构成反馈，则

$$\dot{\hat{\boldsymbol{x}}}(t)=\boldsymbol{A}\hat{\boldsymbol{x}}(t)+\boldsymbol{Bu}(t)+\boldsymbol{G}(\boldsymbol{y}(t)-\hat{\boldsymbol{y}}(t))=(\boldsymbol{A}-\boldsymbol{GC})\hat{\boldsymbol{x}}(t)+\boldsymbol{Bu}(t)+\boldsymbol{GCx}(t) \tag{6.59}$$

式中，$\boldsymbol{G}$ 为 $n\times m$ 维输出误差反馈矩阵。对于单输出系统，$\boldsymbol{G}$ 是一个 $n\times 1$ 维列矩阵，即

$$\boldsymbol{G}=\begin{bmatrix} g_1 \\ g_2 \\ \vdots \\ g_{n-1} \end{bmatrix}$$

将式(6.59)和 $\dot{\boldsymbol{x}}(t)=\boldsymbol{Ax}(t)+\boldsymbol{Bu}(t)$相减，可得

$$(\dot{\boldsymbol{x}}(t)-\dot{\hat{\boldsymbol{x}}}(t))=(\boldsymbol{A}-\boldsymbol{GC})(\boldsymbol{x}(t)-\hat{\boldsymbol{x}}(t)) \tag{6.60}$$

方程(6.60)的解为

$$(\dot{\boldsymbol{x}}(t)-\dot{\hat{\boldsymbol{x}}}(t))=\mathrm{e}^{(\boldsymbol{A}-\boldsymbol{GC})t}(\boldsymbol{x}_0-\hat{\boldsymbol{x}}_0) \tag{6.61}$$

可见，只要选择适当的反馈矩阵 $\boldsymbol{G}$，就可以达到所要求的 $\hat{\boldsymbol{x}}(t)$ 逼近 $\boldsymbol{x}(t)$ 的速度。

定义 6.2 设系统 $\Sigma(\boldsymbol{A},\boldsymbol{B},\boldsymbol{C})$ 的状态变量 $\boldsymbol{x}(t)$ 不能直接检测，可构造系统$\hat{\Sigma}(\boldsymbol{A},\boldsymbol{B},\boldsymbol{C})$，则$\hat{\Sigma}(\boldsymbol{A},\boldsymbol{B},\boldsymbol{C})$ 以 $\Sigma(\boldsymbol{A},\boldsymbol{B},\boldsymbol{C})$ 的输入 $\boldsymbol{u}(t)$ 和输出 $\boldsymbol{y}(t)$ 为输入，其输出$\hat{\boldsymbol{x}}(t)$ 满足

$$\lim_{t\to\infty}[\boldsymbol{x}(t)-\hat{\boldsymbol{x}}(t)]=\boldsymbol{0}$$

则称系统$\hat{\Sigma}(\boldsymbol{A},\boldsymbol{B},\boldsymbol{C})$ 为系统 $\Sigma(\boldsymbol{A},\boldsymbol{B},\boldsymbol{C})$ 的状态观测器。

带有状态观测器的控制系统如图 6.8 所示。

状态观测器方程为

$$\dot{\hat{\boldsymbol{x}}}(t)=\boldsymbol{A}\hat{\boldsymbol{x}}(t)+\boldsymbol{G}(\boldsymbol{y}(t)-\hat{\boldsymbol{y}}(t))+\boldsymbol{Bu}(t)=(\boldsymbol{A}-\boldsymbol{GC})\hat{\boldsymbol{x}}(t)+\boldsymbol{GCx}(t)+\boldsymbol{Bu}(t) \tag{6.62}$$

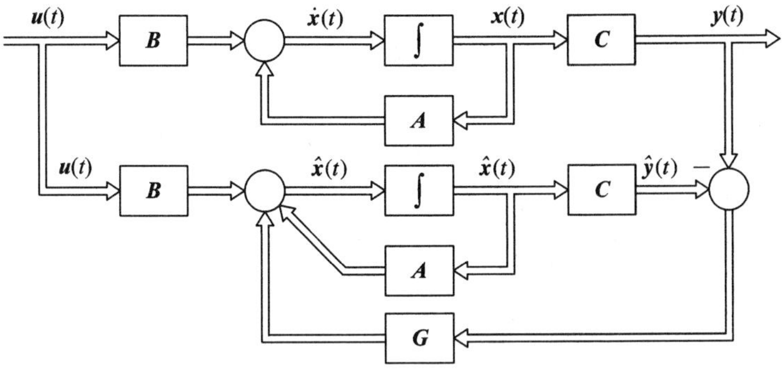

图 6.8　带有状态观测器的控制系统结构图

构造观测器的原则：

(1) 观测器 $\hat{\Sigma}(\boldsymbol{A}, \boldsymbol{B}, \boldsymbol{C})$ 的输入为原系统 $\Sigma(\boldsymbol{A}, \boldsymbol{B}, \boldsymbol{C})$ 的输入 $\boldsymbol{u}(t)$ 和输出 $\boldsymbol{y}(t)$。

(2) 为满足 $\lim\limits_{t\to\infty}[\boldsymbol{x}(t)-\hat{\boldsymbol{x}}(t)]=\boldsymbol{0}$，原系统 $\Sigma(\boldsymbol{A}, \boldsymbol{B}, \boldsymbol{C})$ 必须能观，或者不能观子系统是渐近稳定的。

(3) 观测器 $\hat{\Sigma}(\boldsymbol{A}, \boldsymbol{B}, \boldsymbol{C})$ 输出 $\hat{\boldsymbol{x}}(t)$ 应以足以快的速度渐近于状态变量 $\boldsymbol{x}(t)$，即观测器 $\hat{\Sigma}(\boldsymbol{A}, \boldsymbol{B}, \boldsymbol{C})$ 应有足够宽的频带，但从抑制干扰的角度而言，又希望频带不要太宽。

(4) $\hat{\Sigma}(\boldsymbol{A}, \boldsymbol{B}, \boldsymbol{C})$ 在结构上应尽量简单，维数尽可能低，以便于物理实现。

6.4.2　观测器的设计方法

由于观测器 $\hat{\Sigma}(\boldsymbol{A}, \boldsymbol{B}, \boldsymbol{C})$ 的输出 $\hat{\boldsymbol{x}}(t)$ 逼近系统 $\Sigma(\boldsymbol{A}, \boldsymbol{B}, \boldsymbol{C})$ 的状态变量 $\boldsymbol{x}(t)$ 的速度取决于 $(\boldsymbol{A}-\boldsymbol{GC})$ 的特征值，所以观测器的设计涉及 $(\boldsymbol{A}-\boldsymbol{GC})$ 特征值的配置问题。

定理 6.10　对于线性定常连续系统(6.54) $\Sigma(\boldsymbol{A}, \boldsymbol{B}, \boldsymbol{C})$，其状态观测器可以实现极点的任意配置，即具有任意逼近速度的充分必要条件是系统完全能观。

证明　观测器极点由特征方程

$$|\lambda\boldsymbol{I}-(\boldsymbol{A}-\boldsymbol{GC})|=0 \tag{6.63}$$

的根决定。

由于矩阵的行列式等于其转置矩阵的行列式，即

$$|\lambda\boldsymbol{I}-(\boldsymbol{A}-\boldsymbol{GC})|=|(\lambda\boldsymbol{I}-\boldsymbol{A}+\boldsymbol{GC})^{\mathrm{T}}|=|\lambda\boldsymbol{I}-\boldsymbol{A}^{\mathrm{T}}+\boldsymbol{C}^{\mathrm{T}}\boldsymbol{G}^{\mathrm{T}}| \tag{6.64}$$

这样对 $(\boldsymbol{A}-\boldsymbol{GC})$ 的极点配置问题就转化为对 $(\boldsymbol{A}^{\mathrm{T}}-\boldsymbol{C}^{\mathrm{T}}\boldsymbol{G}^{\mathrm{T}})$ 的极点配置问题。

注意到 $\boldsymbol{C}^{\mathrm{T}}$ 和 $\boldsymbol{G}^{\mathrm{T}}$ 的维数分别是 $n\times m$ 和 $m\times n$，于是对 $(\boldsymbol{A}^{\mathrm{T}}-\boldsymbol{C}^{\mathrm{T}}\boldsymbol{G}^{\mathrm{T}})$ 的极点配置问题，在形式上就和在状态反馈中对 $(\boldsymbol{A}-\boldsymbol{BK})$ 的极点配置问题一样。所以要使 $(\boldsymbol{A}^{\mathrm{T}}-\boldsymbol{C}^{\mathrm{T}}\boldsymbol{G}^{\mathrm{T}})$ 的极点能任意配置，其充分条件是 $(\boldsymbol{A}^{\mathrm{T}}, \boldsymbol{C}^{\mathrm{T}})$ 能控，即

$$\mathrm{rank}[\boldsymbol{C}^{\mathrm{T}} \quad \boldsymbol{A}^{\mathrm{T}}\boldsymbol{C}^{\mathrm{T}} \quad \cdots \quad (\boldsymbol{A}^{\mathrm{T}})^{n-1}\boldsymbol{C}^{\mathrm{T}}]=n \tag{6.65}$$

由于矩阵转置后秩不变，故上式等价于

$$\operatorname{rank}\begin{bmatrix} \boldsymbol{C} \\ \boldsymbol{CA} \\ \vdots \\ \boldsymbol{CA}^{n-1} \end{bmatrix}=n \tag{6.66}$$

这正是系统完全能观的充要条件。

例 6.7 已知系统传递函数矩阵为

$$\boldsymbol{W}(s)=\frac{2}{(s+1)(s+2)}$$

试设计状态观测器，使得观测器的极点分别为-8，-5。

解 由于系统传递函数没有对消的零极点，所以系统既能控又能观。

系统能控标准型为

$$\begin{cases} \dot{\boldsymbol{x}}(t)=\begin{bmatrix} 0 & 1 \\ -2 & -3 \end{bmatrix}\boldsymbol{x}(t)+\begin{bmatrix} 0 \\ 1 \end{bmatrix}\boldsymbol{u}(t) \\ \boldsymbol{y}(t)=[2 \quad 0]\,\boldsymbol{x}(t) \end{cases}$$

设反馈矩阵为

$$\boldsymbol{G}=\begin{bmatrix} g_0 \\ g_1 \end{bmatrix}$$

则观测器的特征多项式为

$$f(\lambda)=|\lambda\boldsymbol{I}-(\boldsymbol{A}-\boldsymbol{GC})|=\begin{bmatrix} \lambda+2g_0 & -1 \\ 2+2g_1 & \lambda+3 \end{bmatrix}=\lambda^2+(2g_0+3)\lambda+(6g_0+2+2g_1)$$

期望的特征多项式为

$$f^*(\lambda)=(\lambda+8)(\lambda+5)=\lambda^2+13\lambda+40$$

令 $f(\lambda)=f^*(\lambda)$，则

$$g_0=5,\ g_1=4$$

系统状态观测器的状态方程为

$$\begin{aligned} \dot{\hat{\boldsymbol{x}}}(t)&=(\boldsymbol{A}-\boldsymbol{GC})\hat{\boldsymbol{x}}(t)+\boldsymbol{GCx}(t)+\boldsymbol{Bu}(t) \\ &=\begin{bmatrix} -10 & 1 \\ -10 & -3 \end{bmatrix}\hat{\boldsymbol{x}}(t)+\begin{bmatrix} 10 & 0 \\ 8 & 0 \end{bmatrix}\boldsymbol{x}(t)+\begin{bmatrix} 0 \\ 1 \end{bmatrix}\boldsymbol{u}(t) \end{aligned}$$

6.4.3 降维观测器

以上介绍的观测器，其维数等于实际系统状态变量 $\boldsymbol{x}(t)$的维数 n，称为全维观测器。实际上，系统的输出变量 $\boldsymbol{y}(t)$是能够测量到的，可以考虑利用系统的输出变量 $\boldsymbol{y}(t)$直接产生部分状态变量，从而降低观测器的维数。可以证明，当系统是能观的，输出变量是 m 维，待观测的状态为 n 维，则当 $\operatorname{rank}\boldsymbol{C}=m$ 时，观测器的维数可以减少$(n-m)$维，这样的观测器就是降维观测器。

定理 6.11 已知线性定常连续系统 $\Sigma(\boldsymbol{A},\boldsymbol{B},\boldsymbol{C})$

$$\begin{cases}\dot{\boldsymbol{x}}(t)=\boldsymbol{A}\boldsymbol{x}(t)+\boldsymbol{B}\boldsymbol{u}(t)\\ \boldsymbol{y}(t)=\boldsymbol{C}\boldsymbol{x}(t)\end{cases}\tag{6.67}$$

其中，$\boldsymbol{x}(t)$是 n 维状态向量，$\boldsymbol{u}(t)$是 r 维输入向量，$\boldsymbol{y}(t)$是 m 维的输出向量，$\boldsymbol{A}$ 是 $n\times n$ 维系统矩阵，$\boldsymbol{B}$ 是 $n\times r$ 维输入矩阵，$\boldsymbol{C}$ 是 $m\times n$ 维输出矩阵。

假设系统是能观的，且 rank$\boldsymbol{C}=m$，则存在$(n-m)$维状态观测器

$$\begin{cases}\dot{\boldsymbol{z}}=(\overline{\boldsymbol{A}}_{22}-\boldsymbol{G}\overline{\boldsymbol{A}}_{12})\boldsymbol{z}+[(\overline{\boldsymbol{A}}_{22}-\boldsymbol{G}\overline{\boldsymbol{A}}_{12})\boldsymbol{G}+(\overline{\boldsymbol{A}}_{12}-\boldsymbol{G}\overline{\boldsymbol{A}}_{21})\boldsymbol{y}+(\overline{\boldsymbol{B}}_2-\boldsymbol{G}\overline{\boldsymbol{B}}_1)\boldsymbol{u}\\ \hat{\bar{\boldsymbol{x}}}_2=\boldsymbol{z}+\boldsymbol{G}\boldsymbol{y}\end{cases}\tag{6.68}$$

于是状态变量 $\boldsymbol{x}(t)$的估计值为

$$\hat{\boldsymbol{x}}=\boldsymbol{T}\hat{\bar{\boldsymbol{x}}}=\boldsymbol{T}\begin{bmatrix}\hat{\bar{\boldsymbol{x}}}_1\\ \hat{\bar{\boldsymbol{x}}}_2\end{bmatrix}=\boldsymbol{T}\begin{bmatrix}\boldsymbol{y}\\ \boldsymbol{z}+\boldsymbol{G}\boldsymbol{y}\end{bmatrix}$$

其中，

$$\boldsymbol{T}^{-1}=\begin{bmatrix}\boldsymbol{C}\\ \boldsymbol{C}_2\end{bmatrix},\ \overline{\boldsymbol{A}}=\boldsymbol{T}^{-1}\boldsymbol{A}\boldsymbol{T}=\begin{bmatrix}\overline{\boldsymbol{A}}_{11} & \overline{\boldsymbol{A}}_{12}\\ \overline{\boldsymbol{A}}_{21} & \overline{\boldsymbol{A}}_{22}\end{bmatrix},\ \overline{\boldsymbol{B}}=\boldsymbol{T}^{-1}\boldsymbol{B}=\begin{bmatrix}\overline{\boldsymbol{B}}_1\\ \overline{\boldsymbol{B}}_2\end{bmatrix},\ \overline{\boldsymbol{C}}=\boldsymbol{C}\boldsymbol{T}=[\boldsymbol{I}_m\quad \boldsymbol{0}]$$

$\boldsymbol{C}_2$ 是在保证 rank $\boldsymbol{T}^{-1}=n$ 前提下任选的$(n-m)\times n$ 维常数矩阵。

证明　对原系统 $\Sigma(\boldsymbol{A},\boldsymbol{B},\boldsymbol{C})$，为构造$(n-m)$维降维观测器，首先将和 m 维输出变量对应的状态变量分离出来。

令

$$\boldsymbol{T}^{-1}=\begin{bmatrix}\boldsymbol{C}\\ \boldsymbol{C}_2\end{bmatrix}=\begin{bmatrix}\boldsymbol{C}_{11} & \boldsymbol{C}_{12}\\ \boldsymbol{C}_{21} & \boldsymbol{C}_{22}\end{bmatrix}$$

其中，$\boldsymbol{C}_{11}$和 $\boldsymbol{C}_{12}$分别为 $m\times m$ 维和 $m\times(n-m)$维矩阵，$\boldsymbol{C}_{21}$和 $\boldsymbol{C}_{22}$分别为$(n-m)\times m$ 维和$(n-m)\times(n-m)$维矩阵。

令线性变换矩阵具有和 $\boldsymbol{T}^{-1}$相同的分块形式：

$$\boldsymbol{T}=\begin{bmatrix}\boldsymbol{C}_{11} & \boldsymbol{C}_{12}\\ \boldsymbol{C}_{21} & \boldsymbol{C}_{22}\end{bmatrix}^{-1}=\begin{bmatrix}\boldsymbol{E}_{11} & \boldsymbol{E}_{12}\\ \boldsymbol{E}_{21} & \boldsymbol{E}_{22}\end{bmatrix}$$

则

$$\boldsymbol{T}^{-1}\boldsymbol{T}=\begin{bmatrix}\boldsymbol{C}_{11} & \boldsymbol{C}_{12}\\ \boldsymbol{C}_{21} & \boldsymbol{C}_{22}\end{bmatrix}\cdot\begin{bmatrix}\boldsymbol{E}_{11} & \boldsymbol{E}_{12}\\ \boldsymbol{E}_{21} & \boldsymbol{E}_{22}\end{bmatrix}=\begin{bmatrix}\boldsymbol{I}_m & \boldsymbol{0}\\ \boldsymbol{0} & \boldsymbol{I}_{n-m}\end{bmatrix}$$

由线性变换

$$\boldsymbol{x}=\boldsymbol{T}\bar{\boldsymbol{x}}$$

则系统(6.67)可变换为

$$\begin{cases}\dot{\bar{\boldsymbol{x}}}(t)=\overline{\boldsymbol{A}}\,\bar{\boldsymbol{x}}(t)+\overline{\boldsymbol{B}}\boldsymbol{u}(t)\\ \boldsymbol{y}(t)=\overline{\boldsymbol{C}}\,\bar{\boldsymbol{x}}(t)\end{cases}\tag{6.69}$$

其中

$$\overline{\boldsymbol{A}}=\boldsymbol{T}^{-1}\boldsymbol{A}\boldsymbol{T}=\begin{bmatrix}\overline{\boldsymbol{A}}_{11} & \overline{\boldsymbol{A}}_{12}\\ \overline{\boldsymbol{A}}_{21} & \overline{\boldsymbol{A}}_{22}\end{bmatrix},\ \overline{\boldsymbol{B}}=\boldsymbol{T}^{-1}\boldsymbol{B}=\begin{bmatrix}\overline{\boldsymbol{B}}_1\\ \overline{\boldsymbol{B}}_2\end{bmatrix},\ \overline{\boldsymbol{C}}=\boldsymbol{C}\boldsymbol{T}=[\boldsymbol{I}_m\quad \boldsymbol{0}]$$

则系统(6.69)可转换为

$$\begin{cases}\dot{\bar{\boldsymbol{x}}}_1=\bar{\boldsymbol{A}}_{11}\bar{\boldsymbol{x}}_1+\bar{\boldsymbol{A}}_{12}\bar{\boldsymbol{x}}_2+\bar{\boldsymbol{B}}_1\boldsymbol{u}\\ \dot{\bar{\boldsymbol{x}}}_2=\bar{\boldsymbol{A}}_{21}\bar{\boldsymbol{x}}_1+\bar{\boldsymbol{A}}_{22}\bar{\boldsymbol{x}}_2+\bar{\boldsymbol{B}}_2\boldsymbol{u}\\ \boldsymbol{y}=\bar{\boldsymbol{x}}_1\end{cases}\tag{6.70}$$

由式(6.70)可知，状态$\bar{\boldsymbol{x}}_1$ 可以直接由输出变量 $\boldsymbol{y}$ 获得，而不需要通过观测器，所以只需要估计状态 $\bar{\boldsymbol{x}}_2$ 的值，将$(n-m)$维状态变量由观测器进行重构。

由式(6.70)可知，状态变量的表达式为

$$\begin{cases}\dot{\bar{\boldsymbol{x}}}_2=\bar{\boldsymbol{A}}_{21}\bar{\boldsymbol{x}}_1+\bar{\boldsymbol{A}}_{22}\bar{\boldsymbol{x}}_2+\bar{\boldsymbol{B}}_2\boldsymbol{u}\\ \dot{\boldsymbol{y}}=\bar{\boldsymbol{A}}_{11}\bar{\boldsymbol{x}}_1+\bar{\boldsymbol{A}}_{12}\bar{\boldsymbol{x}}_2+\bar{\boldsymbol{B}}_1\boldsymbol{u}\end{cases}\tag{6.71}$$

令

$$\begin{cases}\bar{\boldsymbol{u}}=\bar{\boldsymbol{A}}_{21}\boldsymbol{y}+\bar{\boldsymbol{B}}_2\boldsymbol{u}\\ \boldsymbol{w}=\dot{\boldsymbol{y}}-\bar{\boldsymbol{A}}_{11}\boldsymbol{y}-\bar{\boldsymbol{B}}_1\boldsymbol{u}\end{cases}\tag{6.72}$$

则有

$$\begin{cases}\dot{\bar{\boldsymbol{x}}}_2=\bar{\boldsymbol{A}}_{22}\bar{\boldsymbol{x}}_2+\bar{\boldsymbol{u}}\\ \boldsymbol{w}=\bar{\boldsymbol{A}}_{12}\bar{\boldsymbol{x}}_2\end{cases}\tag{6.73}$$

式(6.73)是 n 维系统式(6.70)的$(n-m)$维子系统，其中 $\bar{\boldsymbol{u}}$ 是输入变量，$\boldsymbol{w}$ 是输出变量。由于系统式(6.70)是能观的，所以其子系统式(6.72)也是能观的。

则系统式(6.73)的观测器方程为

$$\dot{\hat{\bar{\boldsymbol{x}}}}_2=(\bar{\boldsymbol{A}}_{22}-\boldsymbol{G}\bar{\boldsymbol{A}}_{12})\hat{\bar{\boldsymbol{x}}}_2+\bar{\boldsymbol{u}}+\boldsymbol{G}\boldsymbol{w}\tag{6.74}$$

其中，$\boldsymbol{G}$ 是$(n-m)\times m$ 维的降维观测器增益矩阵。

将式(6.72)代入式(6.74)，得

$$\dot{\hat{\bar{\boldsymbol{x}}}}_2=(\bar{\boldsymbol{A}}_{22}-\boldsymbol{G}\bar{\boldsymbol{A}}_{12})\hat{\bar{\boldsymbol{x}}}_2+\bar{\boldsymbol{A}}_{21}\boldsymbol{y}+\bar{\boldsymbol{B}}_2\boldsymbol{u}+\boldsymbol{G}(\dot{\boldsymbol{y}}-\bar{\boldsymbol{A}}_{11}\boldsymbol{y}-\bar{\boldsymbol{B}}_1\boldsymbol{u})\tag{6.75}$$

为消除输出变量 $\boldsymbol{y}$ 的导数项 $\dot{\boldsymbol{y}}$，选取

$$\boldsymbol{z}=\hat{\bar{\boldsymbol{x}}}_2-\boldsymbol{G}\boldsymbol{y}\tag{6.76}$$

将式(6.76)代入式(6.75)，得

$$\dot{\boldsymbol{z}}=(\bar{\boldsymbol{A}}_{22}-\boldsymbol{G}\bar{\boldsymbol{A}}_{12})(\boldsymbol{z}+\boldsymbol{G}\boldsymbol{y})+(\bar{\boldsymbol{A}}_{21}-\boldsymbol{G}\bar{\boldsymbol{A}}_{11})\boldsymbol{y}+(\bar{\boldsymbol{B}}_2-\boldsymbol{G}\bar{\boldsymbol{B}}_1)\boldsymbol{u}\tag{6.77}$$

则有

$$\begin{cases}\dot{\boldsymbol{z}}=(\bar{\boldsymbol{A}}_{22}-\boldsymbol{G}\bar{\boldsymbol{A}}_{12})(\boldsymbol{z}+\boldsymbol{G}\boldsymbol{y})+(\bar{\boldsymbol{A}}_{21}-\boldsymbol{G}\bar{\boldsymbol{A}}_{11})\boldsymbol{y}+(\bar{\boldsymbol{B}}_2-\boldsymbol{G}\bar{\boldsymbol{B}}_1)\boldsymbol{u}\\ \hat{\bar{\boldsymbol{x}}}_2=\boldsymbol{z}+\boldsymbol{G}\boldsymbol{y}\end{cases}$$

由上述证明过程可知，对状态变量 $\boldsymbol{z}$ 进行估计，则可通过$\hat{\bar{\boldsymbol{x}}}_2=\boldsymbol{z}+\boldsymbol{G}\boldsymbol{y}$ 得到$\hat{\bar{\boldsymbol{x}}}_2$，即状态变量$\bar{\boldsymbol{x}}_2$ 的估计值，其中 $\boldsymbol{G}$ 就是降维观测器的反馈矩阵。

经过线性变换后系统状态变量的估计值可表示为

$$\hat{\bar{x}}=\begin{bmatrix}\hat{\bar{x}}_1\\ \hat{\bar{x}}_2\end{bmatrix}=\begin{bmatrix}\boldsymbol{y}\\ \boldsymbol{z}+\boldsymbol{G}\boldsymbol{y}\end{bmatrix} \tag{6.78}$$

而原系统的状态变量估计值为

$$\hat{\boldsymbol{x}}=\boldsymbol{T}\hat{\bar{\boldsymbol{x}}}=\boldsymbol{T}\begin{bmatrix}\boldsymbol{y}\\ \boldsymbol{z}+\boldsymbol{G}\boldsymbol{y}\end{bmatrix} \tag{6.79}$$

例 6.8 已知系统 $\Sigma(\boldsymbol{A}, \boldsymbol{B}, \boldsymbol{C})$ 为

$$\begin{cases}\dot{\boldsymbol{x}}(t)=\begin{bmatrix}0 & 1 & 0\\ 0 & 0 & 1\\ -6 & -11 & -6\end{bmatrix}\boldsymbol{x}(t)+\begin{bmatrix}0\\ 0\\ 1\end{bmatrix}\boldsymbol{u}(t)\\ \boldsymbol{y}(t)=\begin{bmatrix}1 & 0 & 0\\ 0 & 1 & 0\end{bmatrix}\boldsymbol{x}(t)\end{cases}$$

试设计极点为−5 的降维观测器。

解 判断系统能观性。由于 rank$\boldsymbol{N}=3$，则系统完全能观，所以存在状态观测器。

又知 rank$\boldsymbol{C}=2$，所以降维观测器为 1 维。

(1) 构造线性变换矩阵 $\boldsymbol{T}$。

$$\boldsymbol{T}^{-1}=\begin{bmatrix}\boldsymbol{C}\\ \boldsymbol{C}_2\end{bmatrix}=\begin{bmatrix}1 & 0 & 0\\ 0 & 1 & 0\\ 0 & 0 & 1\end{bmatrix},\ \boldsymbol{T}=\begin{bmatrix}1 & 0 & 0\\ 0 & 1 & 0\\ 0 & 0 & 1\end{bmatrix}$$

(2) 求线性变换后的系数矩阵。

$$\bar{\boldsymbol{A}}=\boldsymbol{T}^{-1}\boldsymbol{A}\boldsymbol{T}=\begin{bmatrix}0 & 1 & 0\\ 0 & 0 & 1\\ -6 & -11 & -6\end{bmatrix},\ \bar{\boldsymbol{B}}=\boldsymbol{T}^{-1}\boldsymbol{B}=\begin{bmatrix}0\\ 0\\ 1\end{bmatrix}$$

(3) 计算分块矩阵。

$$\bar{\boldsymbol{A}}_{11}=\begin{bmatrix}0 & 1\\ 0 & 0\end{bmatrix},\ \bar{\boldsymbol{A}}_{12}=\begin{bmatrix}0\\ 1\end{bmatrix},\ \bar{\boldsymbol{A}}_{21}=\begin{bmatrix}-6 & -11\end{bmatrix},\ \bar{\boldsymbol{A}}_{22}=\begin{bmatrix}-6\end{bmatrix}$$

$$\bar{\boldsymbol{B}}_1=\begin{bmatrix}0\\ 0\end{bmatrix},\ \bar{\boldsymbol{B}}_2=\begin{bmatrix}1\end{bmatrix}$$

(4) 求降维观测器的增益矩阵 $\boldsymbol{G}$。设 $\boldsymbol{G}=[g_0\quad g_1]$，则降维观测器的特征多项式为

$$f(\lambda)=\det|\lambda\boldsymbol{I}-(\bar{\boldsymbol{A}}_{22}-\boldsymbol{G}\bar{\boldsymbol{A}}_{12})|=\left|\lambda-\left(-6-[g_0\quad g_1]\begin{bmatrix}0\\ 1\end{bmatrix}\right)\right|=\lambda+6+g_1$$

期望的特征多项式为

$$f^*(\lambda)=\lambda+5$$

比较上两式，则可知 $g_1=-1$，而 g_0 可以任意选取，如选取 $g_0=0$，则观测器增益矩阵为

$$\boldsymbol{G}=[0\quad -1]$$

(5) 降维观测器方程为

$$\begin{cases}\dot{z}=(\bar{A}_{22}-G\bar{A}_{12})z+[(\bar{A}_{22}-G\bar{A}_{12})G+(\bar{A}_{12}-G\bar{A}_{21})y+(\bar{B}_2-G\bar{B}_1)u \\ \quad=-5z-6y_1-6y_2+u \\ \hat{\bar{x}}_2=z+Gy=z-y_2\end{cases}$$

(6) 状态变量的估计值为

$$\hat{\bar{x}}=\begin{bmatrix}\hat{\bar{x}}_1\\ \hat{\bar{x}}_2\end{bmatrix}=\begin{bmatrix}y\\ z+Gy\end{bmatrix}=\begin{bmatrix}y\\ z-y_2\end{bmatrix}=\begin{bmatrix}y_1\\ y_2\\ z-y_2\end{bmatrix}$$

而原系统的状态变量估计值为

$$\hat{x}=T\hat{\bar{x}}=\hat{\bar{x}}=\begin{bmatrix}y_1\\ y_2\\ z-y_2\end{bmatrix}$$

6.5 基于状态观测器的状态反馈系统

状态观测器解决了受控系统 $\Sigma(A, B, C)$ 的状态重构问题，可使状态反馈系统得以实现。那么，基于状态观测器的状态反馈系统和直接用状态反馈的控制系统之间，到底有什么不同，这就是本节要讨论的问题。

6.5.1 系统结构

设线性定常连续系统 $\Sigma(A, B, C)$

$$\begin{cases}\dot{x}(t)=Ax(t)+Bu(t)\\ y(t)=Cx(t)\end{cases} \tag{6.80}$$

是能控又能观的。其中，$x(t)$是 n 维状态向量，$u(t)$是 r 维输入向量，$y(t)$是 m 维输出向量；A 是 $n\times n$ 维系统矩阵，B 是 $n\times r$ 维输入矩阵，C 是 $m\times n$ 维输出矩阵。

现在要对系统 $\Sigma(A, B, C)$ 进行状态反馈，但如果系统的状态变量不能全部测量，需要先设计状态观测器。由式(6.80)，其全维状态观测器方程为

$$\begin{cases}\dot{\hat{x}}(t)=(A-GC)\hat{x}(t)+Gy(t)+Bu(t)\\ \hat{y}(t)=C\hat{x}(t)\end{cases} \tag{6.81}$$

其中，G 是 $n\times m$ 维观测器增益矩阵。

利用状态观测器，引入状态反馈控制律：

$$u(t)=-K\hat{x}(t)+r(t) \tag{6.82}$$

其中，K 是 $r\times n$ 维状态反馈增益矩阵。

将式(6.82)和式(6.81)代入式(6.80)，可得

$$\begin{cases}\dot{\boldsymbol{x}}(t)=\boldsymbol{A}\boldsymbol{x}(t)-\boldsymbol{B}\boldsymbol{K}\boldsymbol{x}(t)+\boldsymbol{B}\boldsymbol{r}(t)\\ \dot{\hat{\boldsymbol{x}}}(t)=(\boldsymbol{A}-\boldsymbol{G}\boldsymbol{C})\hat{\boldsymbol{x}}(t)+\boldsymbol{G}\boldsymbol{C}\boldsymbol{x}(t)-\boldsymbol{B}\boldsymbol{K}\hat{\boldsymbol{x}}(t)+\boldsymbol{B}\boldsymbol{r}(t)\end{cases} \tag{6.83}$$

则带有观测器的状态反馈闭环系统的状态方程为

$$\begin{cases}\begin{bmatrix}\dot{\boldsymbol{x}}(t)\\ \dot{\hat{\boldsymbol{x}}}(t)\end{bmatrix}=\begin{bmatrix}\boldsymbol{A} & -\boldsymbol{B}\boldsymbol{K}\\ \boldsymbol{G}\boldsymbol{C} & \boldsymbol{A}-\boldsymbol{G}\boldsymbol{C}-\boldsymbol{B}\boldsymbol{K}\end{bmatrix}\begin{bmatrix}\boldsymbol{x}(t)\\ \hat{\boldsymbol{x}}(t)\end{bmatrix}+\begin{bmatrix}\boldsymbol{B}\\ \boldsymbol{B}\end{bmatrix}\boldsymbol{r}(t)\\ \boldsymbol{y}(t)=\begin{bmatrix}\boldsymbol{C} & \boldsymbol{0}\end{bmatrix}\begin{bmatrix}\boldsymbol{x}(t)\\ \hat{\boldsymbol{x}}(t)\end{bmatrix}\end{cases} \tag{6.84}$$

很显然，这是一个 $2n$ 维的闭环控制系统，对应系统的框图如图 6.9 所示。

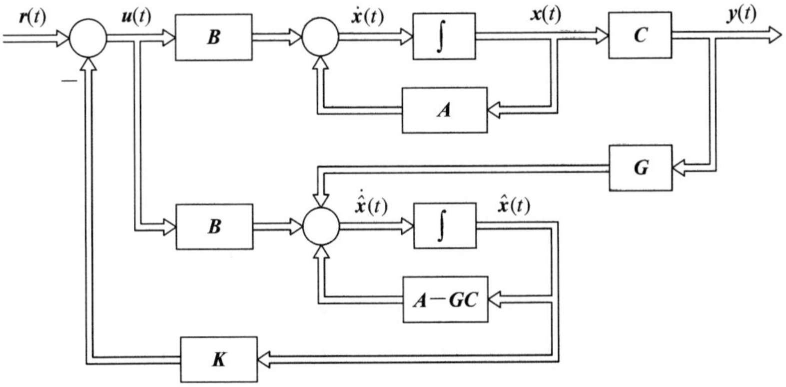

图 6.9　带有状态观测器的状态反馈系统

6.5.2　闭环系统的基本特性

闭环系统(6.84)的极点包括直接状态反馈系统的极点和观测器的极点两部分。为了进一步分析，引入状态估计误差 $\tilde{\boldsymbol{x}}(t)=\boldsymbol{x}(t)-\hat{\boldsymbol{x}}(t)$，即

$$\begin{bmatrix}\boldsymbol{x}(t)\\ \tilde{\boldsymbol{x}}(t)\end{bmatrix}=\begin{bmatrix}\boldsymbol{I} & \boldsymbol{0}\\ \boldsymbol{I} & -\boldsymbol{I}\end{bmatrix}\begin{bmatrix}\boldsymbol{x}(t)\\ \hat{\boldsymbol{x}}(t)\end{bmatrix}=\begin{bmatrix}\boldsymbol{x}(t)\\ \boldsymbol{x}(t)-\hat{\boldsymbol{x}}(t)\end{bmatrix} \tag{6.85}$$

构造线性变换矩阵

$$\boldsymbol{T}=\begin{bmatrix}\boldsymbol{I} & \boldsymbol{0}\\ \boldsymbol{I} & -\boldsymbol{I}\end{bmatrix},\ \boldsymbol{T}^{-1}=\begin{bmatrix}\boldsymbol{I} & \boldsymbol{0}\\ \boldsymbol{I} & -\boldsymbol{I}\end{bmatrix} \tag{6.86}$$

经线性变换后的系统为

$$\begin{cases}\begin{bmatrix}\dot{\boldsymbol{x}}(t)\\ \dot{\tilde{\boldsymbol{x}}}(t)\end{bmatrix}=\begin{bmatrix}\boldsymbol{A}-\boldsymbol{B}\boldsymbol{K} & \boldsymbol{B}\boldsymbol{K}\\ \boldsymbol{0} & \boldsymbol{A}-\boldsymbol{G}\boldsymbol{C}\end{bmatrix}\begin{bmatrix}\boldsymbol{x}(t)\\ \tilde{\boldsymbol{x}}(t)\end{bmatrix}+\begin{bmatrix}\boldsymbol{B}\\ \boldsymbol{0}\end{bmatrix}\boldsymbol{r}(t)\\ \boldsymbol{y}(t)=\begin{bmatrix}\boldsymbol{C} & \boldsymbol{0}\end{bmatrix}\begin{bmatrix}\boldsymbol{x}(t)\\ \tilde{\boldsymbol{x}}(t)\end{bmatrix}\end{cases} \tag{6.87}$$

其等效结构图如图 6.10 所示。

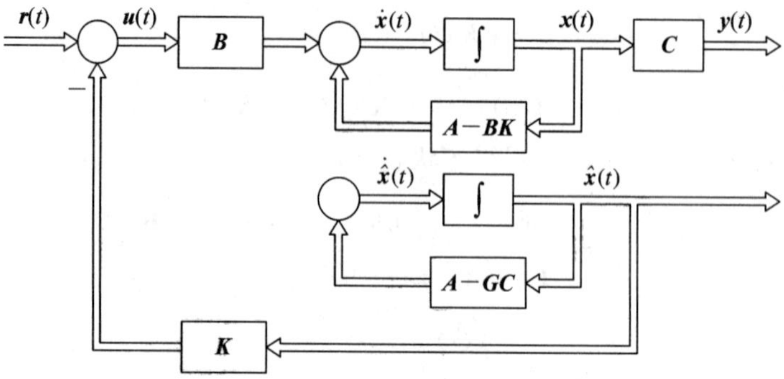

图 6.10　等效结构图

由于线性变换不改变系统的极点，所以有

$$\det\left|\lambda \boldsymbol{I}-\begin{bmatrix}\boldsymbol{A} & -\boldsymbol{BK}\\ \boldsymbol{GC} & \boldsymbol{A}-\boldsymbol{GC}-\boldsymbol{BK}\end{bmatrix}\right|=\det\left|\lambda \boldsymbol{I}-\begin{bmatrix}\boldsymbol{A}-\boldsymbol{BK} & -\boldsymbol{BK}\\ \boldsymbol{0} & \boldsymbol{A}-\boldsymbol{GC}\end{bmatrix}\right|$$
$$=\det|\lambda \boldsymbol{I}-(\boldsymbol{A}-\boldsymbol{BK})|\cdot\det|\lambda \boldsymbol{I}-(\boldsymbol{A}-\boldsymbol{GC})| \tag{6.88}$$

由此可得出以下几点结论：

(1) 基于 n 维状态观测器的状态反馈系统是 $2n$ 维，其特征多项式为

$$|\lambda \boldsymbol{I}-(\boldsymbol{A}-\boldsymbol{BK})|\cdot|\lambda \boldsymbol{I}-(\boldsymbol{A}-\boldsymbol{GC})|$$

可见，闭环系统的极点为直接状态反馈时的闭环极点加上观测器极点，因此只要系统 $\Sigma(\boldsymbol{A}, \boldsymbol{B}, \boldsymbol{C})$ 能控能观，则系统的状态反馈矩阵 $\boldsymbol{K}$ 和状态观测器反馈矩阵 $\boldsymbol{G}$ 可以独立设计，这种特性称为分离原理。

(2) $\tilde{\boldsymbol{x}}(t)$ 是观测器的输出状态 $\hat{\boldsymbol{x}}(t)$ 和原系统的状态变量 $\boldsymbol{x}(t)$ 之差，当 $\hat{\boldsymbol{x}}(0)=\boldsymbol{x}(0)$ 时，有

$$\tilde{\boldsymbol{x}}(t)\equiv\boldsymbol{0}$$

此时有

$$\dot{\boldsymbol{x}}(t)=(\boldsymbol{A}-\boldsymbol{BK})\boldsymbol{x}(t)+\boldsymbol{Br}(t)$$

和直接反馈时相同。当 $\hat{\boldsymbol{x}}(0)\neq\boldsymbol{x}(0)$ 时，$\tilde{\boldsymbol{x}}(t)$ 将按照 $e^{(\boldsymbol{A}-\boldsymbol{GC})t}$ 所决定的速度收敛到零。

(3) 采用 n 维观测器进行状态反馈后，系统的传递函数矩阵和直接状态反馈时相同。

基于观测器的状态反馈系统的传递函数矩阵为

$$\boldsymbol{W}(s)=[\boldsymbol{C}\quad \boldsymbol{0}]\left(s\boldsymbol{I}-\begin{bmatrix}\boldsymbol{A}-\boldsymbol{BK} & \boldsymbol{BK}\\ \boldsymbol{0} & \boldsymbol{A}-\boldsymbol{GC}\end{bmatrix}\right)^{-1}\begin{bmatrix}\boldsymbol{B}\\ \boldsymbol{0}\end{bmatrix}$$
$$=\boldsymbol{C}(s\boldsymbol{I}-(\boldsymbol{A}-\boldsymbol{BK}))^{-1}\boldsymbol{B}$$

例 6.9　已知系统传递函数

$$\boldsymbol{W}(s)=\frac{100}{s(s+5)}$$

如果状态不能直接测量，试采用状态观测器实现状态反馈控制，使闭环系统的极点配置在 $-7.07\pm j7.07$ 处。

解　(1) 由于系统没有对消的零极点，所以系统既能控又能观。

列写系统状态空间表达式

$$\begin{cases}\dot{\boldsymbol{x}}(t)=\begin{bmatrix}0 & 1\\0 & -5\end{bmatrix}\boldsymbol{x}(t)+\begin{bmatrix}0\\100\end{bmatrix}\boldsymbol{u}(t)\\ \boldsymbol{y}(t)=[1 \quad 0]\ \boldsymbol{x}(t)\end{cases}$$

(2) 按照分离特性，先根据指定的闭环极点设计状态反馈矩阵 $\boldsymbol{K}$，设

$$\boldsymbol{K}=[k_0 \quad k_1]$$

则

$$f(\lambda)=|\lambda\boldsymbol{I}-(\boldsymbol{A}-\boldsymbol{BK})|=\lambda^2+(5+100k_1)\lambda+100k_0$$

期望的特征多项式为

$$f^*(\lambda)=(\lambda+7.07-\mathrm{j}7.07)(\lambda+7.07+\mathrm{j}7.07)=\lambda^2+14.14\lambda+100$$

令 $f(\lambda)=f^*(\lambda)$，得

$$k_0=1,\ k_1=0.0914$$

(3) 求状态观测器的反馈矩阵 $\boldsymbol{G}$，为了使观测器的响应速度稍快于系统响应，选择观测器的特征值 $s_1=s_2=-50$，设

$$\boldsymbol{G}=\begin{bmatrix}g_0\\g_1\end{bmatrix}$$

则观测器的特征多项式为

$$f(\lambda)=|\lambda\boldsymbol{I}-(\boldsymbol{A}-\boldsymbol{GC})|=\lambda^2+(5+g_0)\lambda+5g_0+g_1$$

期待的观测器特征多项式为

$$f^*(\lambda)=(\lambda+50)(\lambda+50)=\lambda^2+100\lambda+2500$$

令 $f(\lambda)=f^*(\lambda)$，得

$$g_0=95,\ g_1=2025$$

闭环系统的结构图如图 6.11 所示。

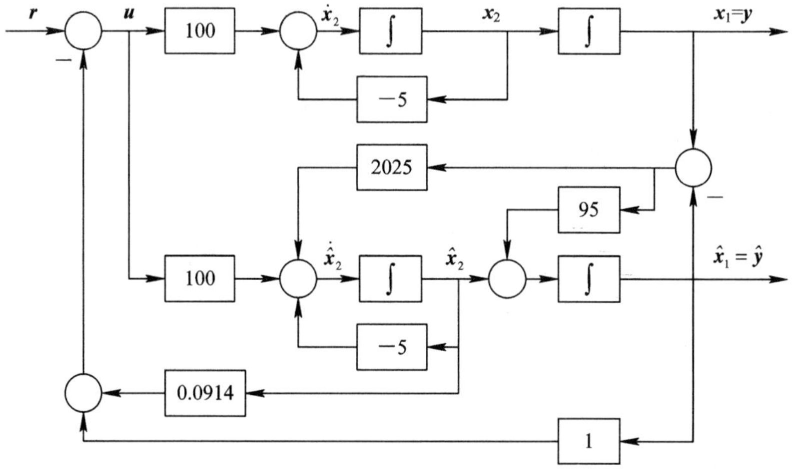

图 6.11　例 6.9 闭环系统结构图

6.6 MATLAB在系统综合中的应用

6.6.1 MATLAB实现极点配置

1. 极点配置的MATLAB函数

在MATLAB控制工具箱内，直接用于系统极点配置设计的函数有acker和place。

函数acker是基于Ackermann算法求解反馈增益矩阵K。一般仅用于单输入-单输出系统，调用格式为

K=acker(A, B, P)

其中，A、B为系统系数矩阵，P为期望极点向量，K为反馈增益矩阵。

函数place用于单输入或多输入系统，在给定系统A、B和期望极点P的情况下，求反馈增益矩阵K。place算法比acker算法具有更好的鲁棒性，调用格式为

K=place(A, B, P)

[K, prec, message]=place(A, B, P)

其中，prec为实际极点偏离期望极点的误差，message为当有一非零的极点偏离期望极点位置大于10%时系统给出的警告信息。在进行极点配置之前，一般要先验证原系统是否能控和能观，这时要用到判断能控性和能观性的两个函数：ctrb()和obsv()，这两个函数在前面章节已经介绍过了，此处不再赘述。

2. 利用MATLAB实现极点配置

利用MATLAB实现极点配置的步骤为：先求得系统的状态空间模型，根据系统性能指标的要求找到期望的极点配置P，然后利用MATLAB极点配置函数求取状态反馈增益矩阵K，最后验证系统性能。

下面通过一个例子说明如何用MATLAB实现极点配置。

例6.10 系统传递函数为$W(s)=\dfrac{1}{s(s+6)(s+12)}$，通过状态反馈实现系统的闭环极点配置在$-100$，$-7.07\pm j7.07$，求状态反馈增益矩阵$\boldsymbol{K}$。

解 MATLAB程序如下：

```
>>sys=zpk([],[0,-6,-12],1);
  P =[-100,-7.07+7.07i, -7.07-7.07i]
  sys=ss(sys);
  [A,B,C,D]=ssdata(sys);
  disp('Feedback gain:')
  K=acker(A,B,P)
  sysopen=ss(A,B,K,0);
  sysclose=ss(A-B*K,B,C,D);
  disp('Pole of new close-loop system:');
  poles=pole(sysclose)
  step(sysclose/dcgain(sysclose),2);
```

程序运行结果如下：

```
P =
          1.0e+02 *
    -1.0000 + 0.0000i   -0.0707 + 0.0707i   -0.0707 - 0.0707i
Feedback gain:
K =
    1.0e+03 *
    9.9970      0.8651      0.0961
Pole of new close-loop system:
poles =
    1.0e+02 *
      -1.0000 + 0.0000i
      -0.0707 + 0.0707i
      -0.0707 - 0.0707i
```

系统的单位阶跃响应如图 6.12 所示。

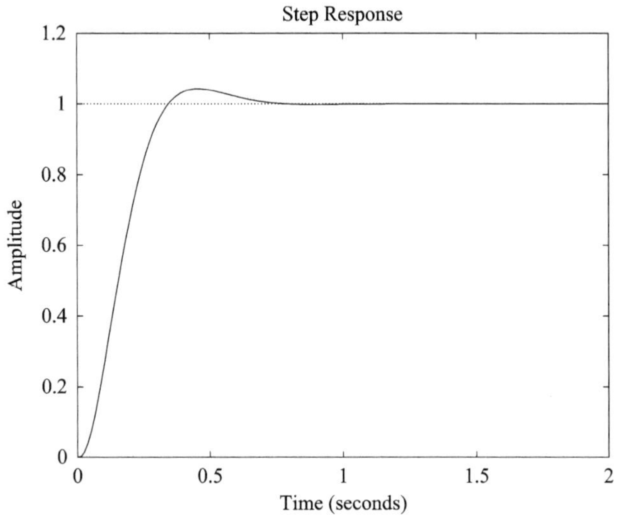

图 6.12　闭环系统单位阶跃响应

6.6.2　状态观测器设计

1. 设计状态观测器函数

由于状态观测器反馈矩阵 $\boldsymbol{G}$ 的求法和极点配置类似，所以 MATLAB 设计状态观测器函数还是 place 或 acker 函数，格式为

G=place(A′, C′, P)

G=acker(A′, C′, P)

式中，P 为观测器的期望配置极点。

2. 设计状态观测器

设计时，要注意状态观测器期望极点配置 P 的选择。为了保证状态观测器输出的状态

估计值$\hat{\boldsymbol{x}}(t)$快速跟踪实际状态值$\boldsymbol{x}(t)$，极点的绝对值应大些，但是如果极点的绝对值过大，会使系统产生饱和或引起噪声干扰。

例 6.11 设系统的状态空间表达式为

$$\begin{cases}\dot{\boldsymbol{x}}(t)=\begin{bmatrix}0 & 0 & -2\\1 & 0 & 9\\0 & 1 & 0\end{bmatrix}\boldsymbol{x}(t)+\begin{bmatrix}3\\2\\1\end{bmatrix}\boldsymbol{u}(t)\\ \boldsymbol{y}(t)=\begin{bmatrix}0 & 0 & 1\end{bmatrix}\boldsymbol{x}(t)\end{cases}$$

设计状态观测器，使其极点配置在−3，−4，−5。

解 首先检测系统是否状态能观，如能，则采用全维状态观测器。

MATLAB 源程序如下：

```
>>A=[0 0 -2;1 0 9;0 1 0];
    B=[3 2 1]';
    C=[0 0 1];
    D=0;
    P0=[-3,-4,-5];
    sys=ss(A,B,C,D);
    Ob=obsv(sys);
    unob=length(A)-rank(Ob);
    if unob~=0
       disp('The system is unobservable.')
    else
       disp('The system is observable.')
    end
       disp('gain matrix of the observer:')
    G=acker(A',C',P0)
    disp('Model of the observer:')
    A0=A-G'*C
    B0=B
    G0=G'
```

程序运行结果如下：

```
The system is observable.
Gain matrix of the observer:
  G=
       58    56    12
Model of the observer:
  A0=
      0   0   -60
```

```
    1   0   -47
    0   1   -12
B0=
   3
   2
   1
G0=
   58
   56
   12
```

6.6.3　带有状态观测器的状态反馈闭环系统

利用 MATLAB 可方便地构造状态方程并进行闭环系统的时域和频域分析。上例中，若系统的期望极点为$-2+j$，$-2-j$，-15，用极点配置法求系统的状态反馈增益矩阵以及带状态观测器的闭环系统特征值。

MATLAB 源程序如下：

```
>>A=[0 0 -2; 1 0 9; 0 1 0];
   B=[3 2 1]';
   C=[0 0 1];
   D=0;
   Ps=[-2+i, -2-i, -15];
   P0=[-3, -4, -5];
   sys=ss(A, B, C, D);
   G=acker(A', C', P0);
   A0=A-G' * C;
   B0=B;
   G0=G';
   K=acker(A, B, Ps);
   disp('Poles of tclosed-loop system without observer');
   sysc=ss(A - B * K,B,C,D);
   poles=pole(sysc)
   disp('Poles of the closed-loop system with observer')
   A11=A;
   A12=B * K;
   A21=G' * C;
   A22=A- G' * C-B * K;
   Ac=[A11 -A12; A21 A22];
   Bc=[B; B];
```

```
[nl, nc]=size(B);
C2=zeros(nl,nc);
Cc=[C C2'];
sysc1=ss(Ac,Bc,Cc,D);
poles=pole(sysc1)
step(sysc,sysc1)
save sysmod sysc1
```

程序运行结果如下：

```
Poles of closed-loop system without observer
  poles =
        -15.0000 + 0.0000i
        -2.0000 + 1.0000i
        -2.0000 - 1.0000i
Poles of the closed-loop system with observer
  poles =
        -15.0000 + 0.0000i
        -5.0000 + 0.0000i
        -2.0000 + 1.0000i
        -2.0000 - 1.0000i
        -4.0000 + 0.0000i
        -3.0000 + 0.0000i
```

本章小结

本章介绍了控制系统综合设计的方法，讨论了控制系统极点配置的问题。极点配置有状态反馈、输出反馈和从输出到状态导数的反馈三种方法，这三种反馈都是线性反馈。当系统状态完全能控时，可以通过状态反馈实现系统极点的任意配置；当系统状态完全能观时，可以通过输出到状态导数反馈实现极点的任意配置。设计方法有直接计算法和线性变换的间接方法。

系统耦合现象普遍存在，本章主要介绍了输入-输出存在耦合的控制系统的解耦问题。常用的解耦方法有前馈补偿解耦和状态反馈解耦。前者要求系统的传递函数矩阵的逆阵存在，后者则要求解耦性判别矩阵 $\boldsymbol{E}$ 的逆阵存在。

在实现状态反馈时，首先要解决的是状态的测取问题。在没有随机干扰的情况下，可由状态观测器来实现；如有随机干扰时，可由卡尔曼滤波器来实现。当系统能观时，可以通过构造观测器来实现状态重构。对于观测器极点选取，要兼顾逼近速度和抗干扰性两个方面。通常要求观测器的速度稍快于被观测系统的响应速度。观测器可分为全维观测器和降维观测器。基于状态观测器来设计实现状态反馈时，依据的是分离原理，即观测器增益矩阵和状态反馈增益矩阵可分别设计，互不影响。

本章知识点如图 6.13 所示。

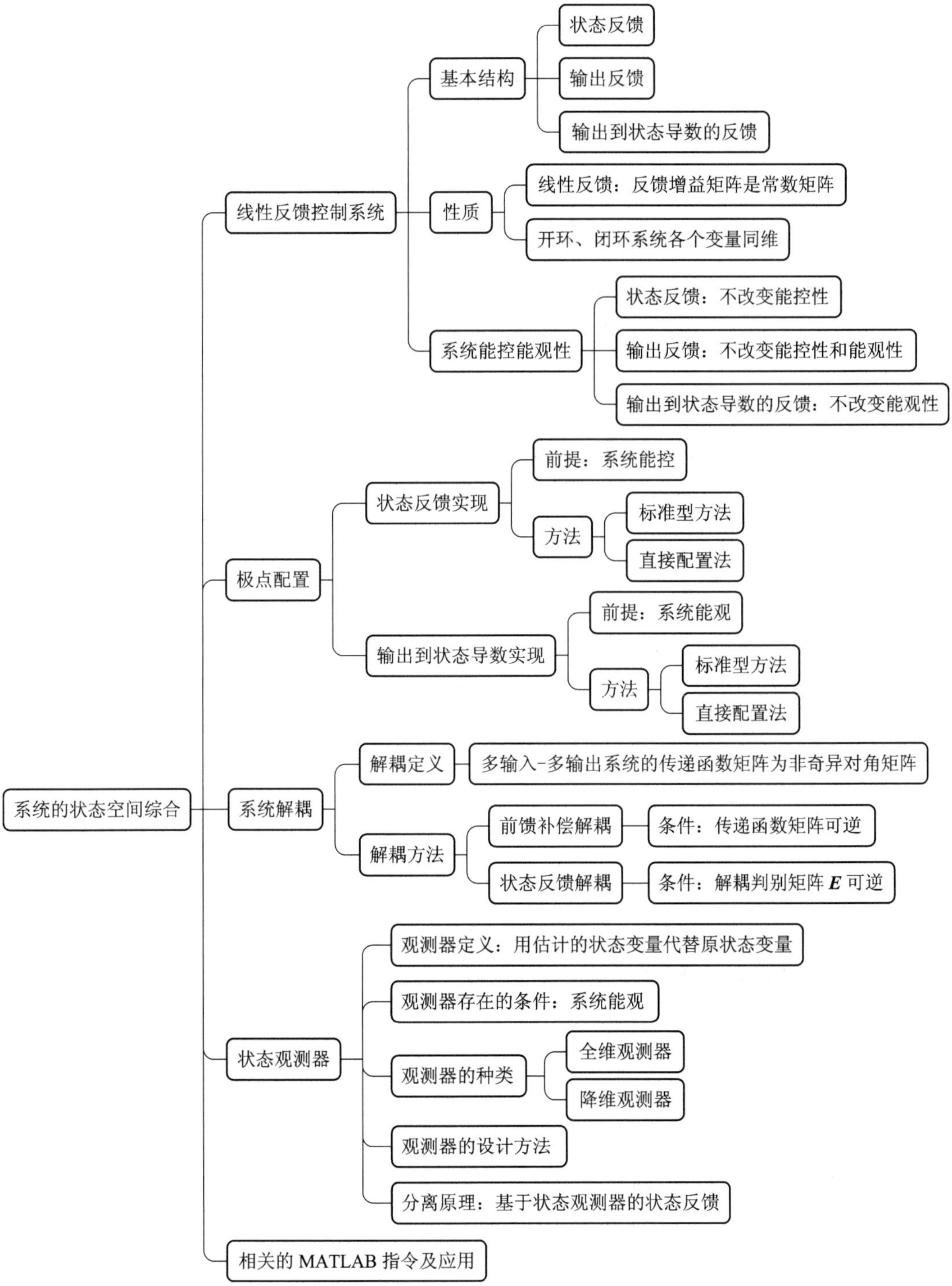

图 6.13　第 6 章知识点

习 题

6.1 已知系统的状态空间表达式为

$$\dot{\boldsymbol{x}}(t)=\begin{bmatrix}1 & -1 & 1\\0 & 1 & 1\\1 & 0 & 1\end{bmatrix}\boldsymbol{x}(t)+\begin{bmatrix}0\\0\\1\end{bmatrix}\boldsymbol{u}(t)$$

试设计状态反馈增益矩阵使得闭环极点配置在－1，－2，－3 处。

6.2 已知系统状态方程为

$$\dot{\boldsymbol{x}}(t)=\begin{bmatrix}0 & 1 & 0\\0 & -1 & 1\\0 & -1 & -10\end{bmatrix}\boldsymbol{x}(t)+\begin{bmatrix}0\\0\\10\end{bmatrix}\boldsymbol{u}(t)$$

试设计状态反馈增益矩阵使得闭环极点配置在－10，$-1\pm \mathrm{j}\sqrt{3}$处。

6.3 已知系统的状态空间表达式为

$$\begin{cases}\dot{\boldsymbol{x}}(t)=\begin{bmatrix}-2 & 1\\0 & -1\end{bmatrix}\boldsymbol{x}(t)+\begin{bmatrix}0\\1\end{bmatrix}\boldsymbol{u}(t)\\ \boldsymbol{y}(t)=\begin{bmatrix}1 & 0\end{bmatrix}\boldsymbol{x}(t)\end{cases}$$

(1) 画出模拟结构图；

(2) 若动态性能不能满足，可否任意配置极点？

(3) 若指定极点为－3，－3，求状态反馈增益矩阵。

6.4 已知系统的传递函数为

$$\boldsymbol{W}(s)=\frac{(s-1)(s+2)}{(s+1)(s-2)(s+3)}$$

试问可否能用状态反馈将其传递函数变为

$$\boldsymbol{W}(s)=\frac{s-1}{(s+2)(s+3)}$$

若有可能，试求状态反馈矩阵，并画出系统结构图。

6.5 设计前馈补偿器，使系统

$$\boldsymbol{W}(s)=\begin{bmatrix}\dfrac{1}{s+1} & \dfrac{1}{s+2}\\ \dfrac{1}{s(s+1)} & \dfrac{1}{s}\end{bmatrix}$$

解耦，且解耦后的极点为－1，－1，－2，－2。

6.6 已知系统的状态空间表达式为

$$\begin{cases}\dot{\boldsymbol{x}}(t)=\begin{bmatrix}-1 & 0 & 0\\0 & -2 & -3\\1 & 0 & 1\end{bmatrix}\boldsymbol{x}(t)+\begin{bmatrix}1 & 0\\0 & 1\\0 & -1\end{bmatrix}\boldsymbol{u}(t)\\ \boldsymbol{y}(t)=\begin{bmatrix}1 & 0 & 0\\0 & 1 & 1\end{bmatrix}\boldsymbol{x}(t)\end{cases}$$

（1）判断系统能否用状态反馈实现解耦；

（2）设计状态反馈使系统解耦，且解耦后的极点为－1，－2，－3。

6.7　已知系统的状态空间表达式为

$$\begin{cases}\dot{\boldsymbol{x}}(t)=\begin{bmatrix}-2 & 1\\ 0 & -1\end{bmatrix}\boldsymbol{x}(t)+\begin{bmatrix}0\\1\end{bmatrix}\boldsymbol{u}(t)\\ \boldsymbol{y}(t)=\begin{bmatrix}1 & 0\end{bmatrix}\boldsymbol{x}(t)\end{cases}$$

试设计全维观测器，将观测器极点配置到－3，－3。

6.8　已知系统的状态空间表达式为

$$\begin{cases}\dot{\boldsymbol{x}}(t)=\begin{bmatrix}0 & 1 & 0\\ 0 & 0 & 1\\ -6 & -11 & -6\end{bmatrix}\boldsymbol{x}(t)+\begin{bmatrix}0\\0\\1\end{bmatrix}\boldsymbol{u}(t)\\ \boldsymbol{y}(t)=\begin{bmatrix}1 & 0 & 0\end{bmatrix}\boldsymbol{x}(t)\end{cases}$$

设计一降维观测器，使得观测器极点配置到$-2\pm2\sqrt{3}\mathrm{j}$处。

6.9　已知系统的传递函数为$\dfrac{1}{s^3}$；

（1）设计状态反馈，使得闭环极点配置在－3，$-\dfrac{1}{2}\pm\mathrm{j}\dfrac{\sqrt{3}}{2}$处；

（2）设计极点为－5，－5 的降维观测器。

6.10　已知系统的传递函数为$G(s)=\dfrac{1}{s(s+1)(s+2)}$；

（1）设计状态反馈矩阵，使得闭环极点配置在－3，$-\dfrac{1}{2}\pm\mathrm{j}\dfrac{\sqrt{3}}{2}$处；

（2）设计全维观测器，并使观测器极点全配置在－5 处；

（3）设计降维观测器，并使观测器极点配置在－5 处。

6.11　已知的状态空间表达式为

$$\begin{cases}\dot{\boldsymbol{x}}(t)=\begin{bmatrix}-5 & -1\\ -6 & 0\end{bmatrix}\boldsymbol{x}(t)+\begin{bmatrix}0\\2\end{bmatrix}\boldsymbol{u}(t)\\ \boldsymbol{y}(t)=\begin{bmatrix}0 & 1\end{bmatrix}\boldsymbol{x}(t)\end{cases}$$

（1）画出系统的模拟结构图；

（2）求系统的传递函数矩阵；

（3）判断系统的能控性和能观性；

（4）求系统的状态转移矩阵；

（5）当$\boldsymbol{x}(0)=\begin{bmatrix}0\\3\end{bmatrix}$，$\boldsymbol{u}(t)=\boldsymbol{0}$时，求系统的输出$\boldsymbol{y}(t)$；

（6）设计全维状态观测器，使得极点配置在$-10\pm10\mathrm{j}$处；

（7）在(6)的基础上，设计状态反馈，使得系统闭环极点配置到$-5\pm5\mathrm{j}$处；

（8）绘制系统总体结构图。

第7章 最优控制系统

对于给定的系统或对象，寻找在一定条件下的最佳控制规律，就是最优控制问题。随着计算机技术和现代控制理论的发展，最优控制理论得到迅速发展，并在控制工程、经济管理与决策等领域得到了成功的应用。最优控制研究的主要问题是根据已建立的被控对象的数学模型，选择一个容许控制律，使得被控对象按照预定要求运行，并使给定的某一性能指标达到极小值(或极大值)。

7.1 最优控制的一般概念

在经典控制理论中，反馈控制系统传统的设计方法有很多局限性，其中最主要的缺点就是方法不严密，大量地依靠试探法。对于多输入-多输出系统以及复杂系统，这种设计方法不能得到令人满意的设计结果。近年来，由于对系统控制质量的要求越来越高，以及计算机在控制领域的应用越来越广泛，最优控制受到很大重视。

7.1.1 最优控制问题

最优控制是一门工程背景很强的学科分支，其研究问题都是从具体工程实践中归纳和提炼出来的，尤其与航空、航天、航海领域中的制导、导航和控制技术密不可分。例如美国的阿波罗登月计划实现了人类历史的首次载人登月飞行，任务要求登月舱在月球表面实现软着陆，即登月舱到达月球表面的速度为零。同时在登月过程中选择登月舱发动机推力的最优控制律，使燃料消耗最小。由于登月舱发动机的最大推力是有限的，因而这是一个控制有闭集约束的最小燃耗控制问题。

飞船依靠发动机产生一个与月球重力方向相反的推力 $f(t)$，以实现控制飞船软着陆。问题要求选择发动机推力 $f(t)$的最优控制律，使燃料消耗最小。

设飞船质量为 $m(t)$，其高度和垂直速度分别为 $h(t)$和 $v(t)$，月球的重力加速度为常数 g，飞船自身质量及所带燃料分别是 M 和 $F(t)$。

若飞船在 $t=0$ 时刻开始进入着陆过程，其运动方程为

$$\begin{cases}\dot{h}(t)=v(t)\\ \dot{V}(t)=\dfrac{f(t)}{m(t)}-g\\ \dot{m}(t)=-kf(t)\end{cases}\tag{7.1}$$

其中，k 是一个常数。

要求控制飞船从初时状态：

$$h(0)=h_0,\ v(0)=v_0,\ m(0)=M+F(0)\tag{7.2}$$

出发，在某一终端时刻 t_f 实现软着陆，即

$$h(t_f)=0,\ v(t_f)=0 \tag{7.3}$$

控制过程中推力 $f(t)$不能超过发动机所能提供的最大推力 f_{max}，即

$$0\leqslant f(t)\leqslant f_{max} \tag{7.4}$$

满足上述约束，使飞船实现软着陆的推力 $f(t)$不止一种，其中消耗燃料最少的才是问题所要求的最好推力，即问题可归纳为求性能指标

$$J=m(t_f) \tag{7.5}$$

最大的数学问题。

最优控制任务在满足方程式(7.1)和式(7.4)的推力约束条件下，寻求发动机推力的最优变化律 $f^*(t)$，使飞船由已知初始状态转移到要求的终端状态，并使性能指标 $J=m(t_f)$ 最大，从而使飞船软着陆过程中燃料消耗量最小。

一般来讲，一个最优控制问题均应包括以下四个方面的内容。

1. 系统数学模型

受控系统的数学模型即系统的微分方程，反映了动态系统在运动过程中所应遵循的物理或化学规律。在集中总参数的情况下，被控系统的数学模型通常以定义在$[t_0, t_f]$上的状态方程来表示，即

$$\dot{\boldsymbol{x}}(t)=f[\boldsymbol{x}(t),\ \boldsymbol{u}(t),\ t],\ \boldsymbol{x}(t_0)=\boldsymbol{x}_0 \tag{7.6}$$

其中，$\boldsymbol{x}(t)$是 n 维状态向量，$\boldsymbol{u}(t)$是 r 维控制输入向量且在$[t_0, t_f]$上分段连续，$f(\cdot)$是 n 维连续向量函数，且对 $x(t)$和 t 连续可微，$\boldsymbol{x}_0$ 是 n 维初始状态。

2. 边界条件和目标集

动态方程的运动过程，是系统从状态空间的一个状态转移到另一个状态，其运动轨迹在状态空间中形成轨线 $\boldsymbol{x}(t)$。为了确定要求的轨线 $\boldsymbol{x}(t)$，需要确定轨线的两点边界值，因此要确定初始状态 $\boldsymbol{x}(t_0)$和末端状态 $\boldsymbol{x}(t_f)$，这是解状态方程(7.6)必需的边界条件。

在最优控制问题中，初始时刻 t_0 和初始状态 $\boldsymbol{x}(t_0)$通常是已知的，但末端时刻 t_f 和末端状态 $\boldsymbol{x}(t_f)$则需视具体问题而定。一般而言，末端时刻 t_f 可以固定也可以自由；末端状态 $\boldsymbol{x}(t_f)$可以固定也可以自由，或是部分固定部分自由。对于这种要求，通常用如下目标集表示

$$\boldsymbol{\Psi}[\boldsymbol{x}(t_f),\ t_f]=0 \tag{7.7}$$

其中，$\boldsymbol{\Psi}(\cdot)$是 r 维连续可微向量函数且 $r\leqslant n$。

3. 容许控制

控制输入向量 $\boldsymbol{u}(t)$的各个分量往往是具有不同物理属性的控制量。在实际控制问题中，大多数控制量受客观条件限制只能取值于一定范围。这种限制范围通常用如下不等式的约束条件来表示

$$0\leqslant u(t)\leqslant u_{max} \tag{7.8}$$

式(7.8)规定了控制空间中的一个闭集。

在属于闭集的控制中，输入向量 $\boldsymbol{u}(t)$的取值范围称为控制域 $\boldsymbol{\Omega}$。由于 $\boldsymbol{u}(t)$可在 $\boldsymbol{\Omega}$ 的边

界上取值，凡属于集合 $\boldsymbol{\Omega}$ 且分段连续的控制向量，称为容许控制。

4. 性能指标

下面的7.1.2小节专门介绍性能指标。

7.1.2 最优控制的性能指标

最优控制就是使系统的某种性能指标达到最佳，也就是说，利用控制作用可使系统选择一条达到目标的最佳途径(即最优轨线)。至于哪一条轨线为最优，对于不同的系统可能有不同的要求。例如，在机床加工问题中可以要求加工成本最低为最优；在导弹飞行控制中可以要求燃料消耗最小为最优；在追击问题中可以选择时间最短为最优。因此，最优是以选定的性能指标达到最优为依据的。

一般来说，达到一个目标的控制方式很多，但实际上经济、时间、环境、制造等方面有各种限制，一次可实行的控制方式是有限的。当需要实行具体控制时，有必要选择某种控制方式。考虑这些情况，引入控制的性能指标概念，使这种指标达到最优值(指标可以是极大值或极小值)。这样的问题就是最优控制。一般情况下不是把经济、时间等方面的要求全部表示为这种性能指标，而是把其中的一部分用这种指标表示，其余部分用系统工作范围中的约束来表示，其数学形式表达例7.1所述。

例7.1 已知控制系统的最优化性能指标为

$$J=\int_{t_0}^{t}\boldsymbol{\Phi}[\boldsymbol{x}(t),\ \boldsymbol{u}(t),\ t]\mathrm{d}t \tag{7.9}$$

附加约束方程为

$$\boldsymbol{x}(t)=f[\boldsymbol{x}(t),\ \boldsymbol{u}(t),\ t] \tag{7.10}$$

以及对应的边界条件(如给定的初始条件 $\boldsymbol{x}(t_0)=\boldsymbol{x}_0$)。

求：控制作用 $\boldsymbol{u}(t)$ 使性能指标 J 极小。

解 对这种问题应用变分法，作为其扩展的极大(极小)值原理，或用动态规划方法解决。

性能指标 J 在数学上称为泛函。通常在实际系统中，特别是在工程项目中，性能指标的确定很不容易，需要多次的反复。性能指标 J 是标量，在最优控制中代替传统的设计指标，如最大超调量、阻尼比、幅值裕度和相位裕度。适当选择性能指标，使系统设计符合物理上的标准。性能指标既要能对系统作有意义的评价，又要使数学处理简单，这正是对于给定系统很难选择一个最合适性能指标的原因，尤其是对于复杂系统更是这样。

常用的几种性能指标如下：

(1) 最短时间问题。在最优控制中，一个最常遇到的问题是设计一个系统，使该系统能在最短时间内从某初始状态过渡到最终状态。例如反导弹系统的轨道转移。最短时间问题可表示为极小值问题。最短时间控制问题的性能指标为

$$J=\int_{t_0}^{t_f}\mathrm{d}t=t_f-t_0 \tag{7.11}$$

(2) 最小燃料消耗问题。航天器携带的燃料有限，希望航天器在状态转移时所消耗的燃料尽可能的少。粗略地说，控制量 $\boldsymbol{u}(t)$ 与燃料消耗量成比例，最小燃料消耗问题的性能

指标为

$$J=\int_{t_0}^{t_f}|\boldsymbol{u}(t)|\,\mathrm{d}t \tag{7.12}$$

(3) 最小能量问题。如果一个物理系统的能量有限，例如通信卫星上的太阳能电池等，为了使系统在有限的能源条件下保证正常工作，就需要对能量的消耗进行控制。设函数 $\boldsymbol{u}^2(t)$ 与所消耗的功率成比例，则最小能量控制问题的性能指标为

$$J=\int_{t_0}^{t_f}\boldsymbol{u}^2(t)\,\mathrm{d}t \tag{7.13}$$

(4) 线性调节器问题。给定一个线性系统，设计目标保持平衡状态，而且系统能从任何初始状态恢复到平衡状态。如导弹的横滚控制回路即属于这类系统。有限时间线性调节器的性能指标通常取为

$$J=\frac{1}{2}\int_{t_0}^{t_f}\boldsymbol{x}^{\mathrm{T}}(t)\boldsymbol{Q}\boldsymbol{x}(t)\,\mathrm{d}t \tag{7.14}$$

式中，$\boldsymbol{Q}$ 为对称的正定矩阵。

或

$$J=\frac{1}{2}\int_{t_0}^{t_f}[\boldsymbol{x}^{\mathrm{T}}(t)\boldsymbol{Q}\boldsymbol{x}(t)+\boldsymbol{u}^{\mathrm{T}}(t)\boldsymbol{R}\boldsymbol{u}(t)]\,\mathrm{d}t \tag{7.15}$$

式中，$\boldsymbol{u}(t)$ 为控制作用；矩阵 $\boldsymbol{Q}$ 和 $\boldsymbol{R}$ 为正定对称加权矩阵。在最优过程中，它们将对 $\boldsymbol{x}(t)$ 和 $\boldsymbol{u}(t)$ 施加不同的影响。

(5) 线性伺服器问题。如果要求给定系统的系统状态 $\boldsymbol{x}(t)$ 跟踪或者尽可能地接近目标轨迹 $\boldsymbol{x}_d$，则问题可化为

$$J=\frac{1}{2}\int_{t_0}^{t_f}(\boldsymbol{x}(t)-\boldsymbol{x}_d)^{\mathrm{T}}\boldsymbol{Q}(\boldsymbol{x}(t)-\boldsymbol{x}_d)\,\mathrm{d}t \tag{7.16}$$

为极小。

除特殊情况外，最优控制问题的解析解都是较复杂的，需求其数值解。但线性系统具有二次型性能指标时，其解就可以用解析形式表示。

必须注意，控制作用 $\boldsymbol{u}(t)$ 不像通常在传统设计中那样被称为参考输入。当设计完成时，最优控制 $\boldsymbol{u}(t)$ 将具有依靠输出变量或状态变量的性质，所以闭环系统是自然形成的。如果系统不能控，则系统最优控制问题是不能实现的。如果提出的性能指标超出给定系统所能达到的程度，则系统最优问题同样是不能实现的。

7.1.3　二次型性能指标的最优控制

在现代控制理论中，基于二次型性能指标进行最优设计的问题成为了最优控制理论中的一个重要问题。

给定一个 n 阶线性控制对象，其状态方程是

$$\dot{\boldsymbol{x}}(t)=\boldsymbol{A}(t)\boldsymbol{x}(t)+\boldsymbol{B}(t)\boldsymbol{u}(t),\ \boldsymbol{x}(t_0)=\boldsymbol{x}_0 \tag{7.17}$$

寻求最优控制 $\boldsymbol{u}(t)$，使性能指标

$$J=\frac{1}{2}\boldsymbol{x}^{\mathrm{T}}(t_f)\boldsymbol{S}\boldsymbol{x}(t_f)+\int_{t_0}^{t_f}[\boldsymbol{x}^{\mathrm{T}}(t)\boldsymbol{Q}(t)\boldsymbol{x}(t)+\boldsymbol{u}^{\mathrm{T}}(t)\boldsymbol{R}(t)\boldsymbol{u}(t)]\,\mathrm{d}t \tag{7.18}$$

达到极小值。这是二次型指标泛函，要求矩阵 $\boldsymbol{S}$，$\boldsymbol{Q}(t)$，$\boldsymbol{R}(t)$ 为对称矩阵，并且 $\boldsymbol{S}$ 和 $\boldsymbol{Q}(t)$ 应

是正定或半正定矩阵，$\boldsymbol{R}(t)$应是正定矩阵。

式(7.18)右端第一项是未知项，实际上它是对终端状态提出一个符合需要的要求，表示在给定的控制终端时刻 t_f 到来时，系统的终态 $\boldsymbol{x}(t_f)$接近预定终态的程度。这一项对于控制大气层外导弹拦截、飞船的会合等问题是很重要的。

式(7.18)右侧的积分项是一项综合指标。积分中的第一项表示对于一切的 $t\in[t_0, t_f]$ 对状态 $\boldsymbol{x}(t)$的要求，用来衡量整个控制期间系统的实际状态与给定状态之间的综合误差，类似于经典控制理论中给定参考输入与被控制量之间误差的平方积分。这一积分项越小，说明控制的性能越好。积分的第二项是对控制总量的限制。如果仅要求控制误差尽量小，则可能造成求得的控制向量 $\boldsymbol{u}(t)$过大，控制能量消耗过大，甚至在实际中难以实现。实际上，上述两个积分项是相互制约的，要求控制状态的误差平方积分减小，必然导致控制能量的消耗增大；反之，为了节省控制能量，就不得不降低对控制性能的要求。求两者之和的极小值，实际上是求取在某种最优意义下的折中，这种折中侧重哪一方面，取决于加权矩阵 $\boldsymbol{Q}(t)$及 $\boldsymbol{R}(t)$的选取。如果重视控制的准确性，则应增大加权矩阵 $\boldsymbol{Q}(t)$的各元，反之，则应增大加权矩阵 $\boldsymbol{R}(t)$的各元。$\boldsymbol{Q}(t)$中的各元体现了对 $\boldsymbol{x}(t)$中各元分量的重视程度，这些状态分量往往对整个系统的控制性能影响较微小。由此也能说明加权矩阵 $\boldsymbol{Q}(t)$为什么可以是正定或半正定对称矩阵。因为对任一控制分量所消耗的能量都应限制，又因为计算中需要用到矩阵 $\boldsymbol{R}(t)$的逆矩阵，所以 $\boldsymbol{R}(t)$必须是正定对称矩阵。

常见的二次型性能指标最优控制分两类，即线性调节器和线性伺服器，它们已在实际中得到了广泛的应用。由于二次型性能指标最优控制的突出特点是其线性的控制规律及其反馈控制作用可以做到与系统状态的比例变化，即 $\boldsymbol{u}(t)=-\boldsymbol{K}\boldsymbol{x}(t)$（实际上，它是采用状态反馈的闭环控制系统），因此这类控制易于实现，是很引人注意的一个课题。

1. 线性调节器问题

如果施加于控制系统的参考输入不变，当被控对象的状态受到外界干扰或受到其他因素影响而偏离给定的平衡状态时，就要对它加以控制，使其恢复到平衡状态，这类问题称为调节器问题。

2. 线性伺服器问题

对被控对象施加控制，使其状态按照参考输入的变化而变化，这就是伺服器问题。

从控制性质看，以上两类问题虽然有差异，但在寻求最优控制问题上，它们有许多一致的地方。

这两类问题又可根据要求的性能指标不同，分为两种情况：

(1) 终端时间有限 $t_f\neq\infty$的最优控制。

因为所给控制时间 $t_0\sim t_f$ 是有限的，这就限制了终端状态完全进入终端稳定状态，所以终端状态 $\boldsymbol{x}(t_f)$可以是自由的，也可以是受限制的，往往不可能要求 $\boldsymbol{x}(t_f)$完全固定。此外，该问题中性能指标应该有末值项，因为积分项上限 t_f 是有限的。

(2) 终端时间无限 $t_f\to\infty$的最优控制。当终端时间 $t_f\to\infty$时，终端状态 $\boldsymbol{x}(t_f)$进入到给定的终端稳定状态 x_f，所以性能指标中不应有末值项，此时积分上限 t_f 为∞。

7.1.4　最优控制的研究方法

当系统数学模型、约束条件及性能指标确定后，求解最优控制问题的主要方法有以下几种。

(1) 解析法。解析法适用于性能指标及约束条件有明显解析表达式的情况。一般先用求导方法或变分法求出最优控制的必要条件，得到一组方程式或不等式，然后求解这组方程式或不等式，得到最优控制的解析解。解析解大致可分为两类：当控制无约束时，采用经典微分法或经典变分法；当控制有约束时，采用极小值原理或动态规划。如果系统是线性的且性能指标是二次型的，可采用状态调节器求解。

(2) 数值计算法。如性能指标比较复杂，或无法用变量显函数表示，则可以采用直接搜索法，经过若干次迭代，搜到最优点。数值计算法可分为区间内消去法、爬山法等。

(3) 梯度型法。这是一种解析与数值计算相结合的方法，包括无约束梯度法和有约束梯度法。

7.2　线性定常连续系统的二次型最优控制

假设系统二次型性能指标为

$$J=\int_0^{+\infty}[\boldsymbol{x}(t)\boldsymbol{Q}\boldsymbol{x}(t)+\boldsymbol{u}(t)\boldsymbol{R}\boldsymbol{u}(t)]\mathrm{d}t$$

其中，矩阵 $\boldsymbol{Q}$ 和 $\boldsymbol{R}$ 是加权矩阵。

对一个由线性定常系统和一个给定的二次型性能指标，设计一个控制器，使得闭环系统渐近稳定，且使得二次型性能指标 J 最小化的问题就是线性二次型最优控制问题。本节将研究基于二次型性能指标的稳定控制系统的设计。

7.2.1　线性定常连续系统的二次型最优控制问题描述

考虑线性定常连续控制系统

$$\dot{\boldsymbol{x}}(t)=\boldsymbol{A}\boldsymbol{x}(t)+\boldsymbol{B}\boldsymbol{u}(t) \tag{7.19}$$

其中，$\boldsymbol{x}(t)$是 n 维状态向量，$\boldsymbol{u}(t)$是 r 维输入向量；$\boldsymbol{A}$ 是 $n\times n$ 维系统矩阵，$\boldsymbol{B}$ 是 $n\times r$ 维输入矩阵。

在设计控制系统时，我们感兴趣的是选择控制输入向量 $\boldsymbol{u}(t)$，使得给定的性能指标达到极小。可以证明，当二次型性能指标的积分限由零变化到无穷大时，即

$$J=\int_0^{+\infty}L(\boldsymbol{x}(t),\boldsymbol{u}(t))\mathrm{d}x \tag{7.20}$$

式中，$L(\boldsymbol{x}(t),\boldsymbol{u}(t))$是 $\boldsymbol{x}(t)$和 $\boldsymbol{u}(t)$的二次型函数，将得到线性控制律。

设线性控制律为

$$\boldsymbol{u}(t)=-\boldsymbol{K}\boldsymbol{x}(t) \tag{7.21}$$

式中，矩阵 $\boldsymbol{K}$ 是 $r\times n$ 维矩阵。

因此，基于二次型性能指标的最优控制系统和最优调节器系统的设计可归结为确定矩

阵 **K**。采用二次型最优控制方法的一个优点是除了系统不能控的情况外，所设计的系统将是稳定的。在设计二次型性能指标为极小的控制系统时，需要求解黎卡提矩阵方程。在 MATLAB 中有一条指令 lqr()，给出连续时间黎卡提矩阵方程的解，并能确定最优反馈增益矩阵。

考虑由方程(7.19)描述的系统，性能指标为

$$J=\int_0^{+\infty}[\boldsymbol{x}^{\mathrm{T}}(t)\boldsymbol{Q}\boldsymbol{x}(t)+\boldsymbol{u}^{\mathrm{T}}(t)\boldsymbol{R}\boldsymbol{u}(t)]\mathrm{d}t \tag{7.22}$$

式中，$\boldsymbol{Q}$ 和 $\boldsymbol{R}$ 是正定(或半正定)的实对称矩阵；$\boldsymbol{u}(t)$是无约束向量。最优控制系统使性能指标达到极小，该系统是稳定的。解决此类问题有许多不同的方法，这里介绍一种基于李雅普诺夫第二法的解法。

从经典意义而言，首先设计出控制系统，再判断系统的稳定性；最优控制与此不同的是先用公式表示出稳定性条件，再在这些约束条件下设计系统。如果能用李雅普诺夫第二法作为最优控制器设计的基础，就能保证正常工作，也就是说，系统输出将能连续地向所希望的状态转移。因此，设计出的系统具有固有的稳定特性的结构(注意：如果系统是不能控的，不能采用二次型最佳控制)。

对于一类控制系统，在李雅普诺夫函数和用来综合最优控制系统的二次型性能指标之间可找到一个直接的关系式。用李雅普诺夫方法来解决简单情况下的最优化问题，通称为参数最优化问题。

下面讨论李雅普诺夫函数和二次型性能指标之间的直接关系，并利用这种关系求解参数最优问题。

7.2.2 线性定常连续自治系统的二次型最优控制

设线性定常连续自治系统为

$$\dot{\boldsymbol{x}}(t)=\boldsymbol{A}\boldsymbol{x}(t) \tag{7.23}$$

式中，矩阵 $\boldsymbol{A}$ 的所有特征值均具有负实部，即系统是渐近稳定的(称矩阵 $\boldsymbol{A}$ 为稳定矩阵)。假设矩阵 $\boldsymbol{A}$ 包括一个(或几个)可调函数，要求下列性能指标

$$J=\int_0^{+\infty}\boldsymbol{x}^{\mathrm{T}}(t)\boldsymbol{Q}\boldsymbol{x}(t)\mathrm{d}t \tag{7.24}$$

达到极小。式中，矩阵 $\boldsymbol{Q}$ 为正定(或半正定)实对称矩阵。因而该问题变为确定几个可调参数值，使得性能指标达到极小。在解该问题时，利用李雅普诺夫函数是很有效的。

假设

$$x^{\mathrm{T}}(t)\boldsymbol{Q}\boldsymbol{x}(t)=-\frac{\mathrm{d}}{\mathrm{d}t}(\boldsymbol{x}^{\mathrm{T}}(t)\boldsymbol{P}\boldsymbol{x}(t)) \tag{7.25}$$

式中，矩阵 $\boldsymbol{P}$ 是一个正定(或半正定)实对称矩阵，因此可得

$$\boldsymbol{x}^{\mathrm{T}}\boldsymbol{Q}\boldsymbol{x}=-\dot{\boldsymbol{x}}^{\mathrm{T}}\boldsymbol{P}\boldsymbol{x}-\boldsymbol{x}^{\mathrm{T}}\boldsymbol{P}\dot{\boldsymbol{x}}=-\boldsymbol{x}^{\mathrm{T}}\boldsymbol{A}^{\mathrm{T}}\boldsymbol{P}\boldsymbol{x}-\boldsymbol{x}^{\mathrm{T}}\boldsymbol{P}\boldsymbol{A}\boldsymbol{x}=-\boldsymbol{x}^{\mathrm{T}}(\boldsymbol{A}^{\mathrm{T}}\boldsymbol{P}+\boldsymbol{P}\boldsymbol{A})\boldsymbol{x} \tag{7.26}$$

根据李雅普诺夫第二法可知，如果 $\boldsymbol{A}$ 是稳定矩阵，则对给定的矩阵 $\boldsymbol{Q}$，必存在一个矩阵 $\boldsymbol{P}$，使得连续李雅普诺夫方程成立，即

$$\boldsymbol{A}^{\mathrm{T}}\boldsymbol{P}+\boldsymbol{P}\boldsymbol{A}=-\boldsymbol{Q} \tag{7.27}$$

因此，可由该方程确定矩阵 $\boldsymbol{P}$ 的各元素。

性能指标 J 可按照

$$J=\int_0^{+\infty}\boldsymbol{x}^{\mathrm{T}}\boldsymbol{Q}\boldsymbol{x}\,\mathrm{d}t=\boldsymbol{x}^{\mathrm{T}}\boldsymbol{P}\boldsymbol{x}\Big|_0^{\infty}=-\boldsymbol{x}^{\mathrm{T}}(\infty)\boldsymbol{P}\boldsymbol{x}(\infty)+\boldsymbol{x}^{\mathrm{T}}(0)\boldsymbol{P}\boldsymbol{x}(0) \tag{7.28}$$

计算。由于矩阵 $\boldsymbol{A}$ 的所有特征值均有负实部，可得 $\boldsymbol{x}(\infty)\to\boldsymbol{0}$，所以

$$J=\boldsymbol{x}^{\mathrm{T}}(0)\boldsymbol{P}\boldsymbol{x}(0) \tag{7.29}$$

因而性能指标 J 可根据初始条件 $\boldsymbol{x}(0)$ 和矩阵 $\boldsymbol{P}$ 求得，而矩阵 $\boldsymbol{P}$ 与 $\boldsymbol{A}$ 及 $\boldsymbol{Q}$ 的关系取决于方程(7.27)。例如拟调整系统的参数，使得性能指标 J 达到极小，则可对讨论中的参数，用 $\boldsymbol{x}^{\mathrm{T}}(0)\boldsymbol{P}\boldsymbol{x}(0)$ 取极小值来实现。由于 $\boldsymbol{x}(0)$ 是给定的初始条件，矩阵 $\boldsymbol{Q}$ 也是给定的，所以矩阵 $\boldsymbol{Q}$ 是 $\boldsymbol{A}$ 的各元素的函数。例 $\boldsymbol{x}_1(0)\neq\boldsymbol{0}$，而其余的初始分量均等于零，那么参数最优与 $\boldsymbol{x}_1(0)$ 的数值无关(见下例)。

例 7.2　研究图 7.1 所示的系统，确定阻尼比 $\xi>0$ 的值，使得系统在单位阶跃输入 $r(t)=1(t)$ 作用下，性能指标

$$J=\int_{0_+}^{+\infty}(e^2+\mu\dot{e}^2)\mathrm{d}t>0$$

达到极小。式中的 e 为误差信号，并且 $e=u-y$。

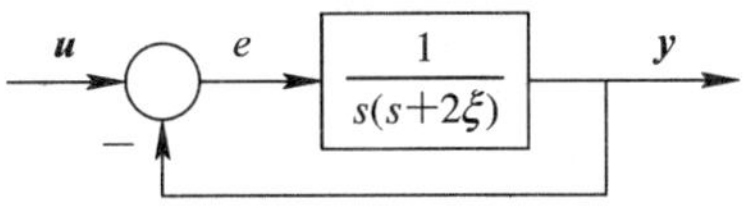

图 7.1　控制系统

解　假设系统开始是静止的，由图 7.1 可知系统的闭环传递函数为

$$W(s)=\frac{Y(s)}{U(s)}=\frac{1}{s^2+2\xi s+1}$$

则可知

$$\ddot{y}+2\xi\dot{y}+y=u$$

依据误差信号 e 的形式，可知

$$\ddot{e}+2\xi\dot{e}+e=\ddot{u}+2\xi\dot{u}$$

由于输入 $u(t)=1(t)$ 是单位阶跃函数，所以 $\dot{u}(0_+)=0$，$\ddot{u}(0_+)=0$。因此，对于 $t\geqslant0$，有

$$\ddot{e}+2\xi\dot{e}+e=0,\ e(0_+)=1,\ \dot{e}(0_+)=0$$

定义如下状态变量

$$x_1=e,\ x_2=\dot{e}$$

则状态方程为

$$\dot{\boldsymbol{x}}(t)=\boldsymbol{A}\boldsymbol{x}(t)$$

式中

$$\boldsymbol{A}=\begin{bmatrix}0 & 1\\-1 & -2\xi\end{bmatrix}$$

性能指标 J 可写为

$$J=\int_{0_+}^{\infty}(e^2+\mu\dot{e}^2)\mathrm{d}t=\int_{0_+}^{\infty}(x_1^2+\mu x_2^2)\mathrm{d}t$$

$$=\int_{0_+}^{\infty}\begin{bmatrix}x_1 & x_2\end{bmatrix}\begin{bmatrix}1 & 0\\0 & \mu\end{bmatrix}\begin{bmatrix}x_1\\x_2\end{bmatrix}\mathrm{d}t=\int_{0_+}^{\infty}x^{\mathrm{T}}\boldsymbol{Q}\boldsymbol{x}\,\mathrm{d}t$$

式中

$$\boldsymbol{x}=\begin{bmatrix}x_1\\x_2\end{bmatrix}=\begin{bmatrix}e\\\dot{e}\end{bmatrix},\ \boldsymbol{Q}=\begin{bmatrix}1 & 0\\0 & \mu\end{bmatrix}$$

由于矩阵 **A** 是稳定矩阵，所以可知

$$J=\boldsymbol{x}^{\mathrm{T}}(0_+)\boldsymbol{P}\boldsymbol{x}(0_+)$$

式中矩阵 $\boldsymbol{P}$ 由下式确定：

$$A^{\mathrm{T}}P+PA=-\boldsymbol{Q}$$

上式可写为

$$\begin{bmatrix}0 & -1\\1 & -2\xi\end{bmatrix}\begin{bmatrix}p_{11} & p_{12}\\p_{12} & p_{22}\end{bmatrix}+\begin{bmatrix}p_{11} & p_{12}\\p_{12} & p_{22}\end{bmatrix}\begin{bmatrix}0 & 1\\-1 & -2\xi\end{bmatrix}=\begin{bmatrix}-1 & 0\\0 & -\mu\end{bmatrix}$$

该方程可化为以下三个方程：

$$\begin{cases}-2p_{12}=-1\\p_{11}-2\xi p_{12}-p_{22}=0\\2p_{12}-4\xi p_{22}=-\mu\end{cases}$$

解上述三个方程，可得

$$\boldsymbol{P}=\begin{bmatrix}p_{11} & p_{12}\\p_{12} & p_{22}\end{bmatrix}=\begin{bmatrix}\xi+\dfrac{1+\mu}{4\xi} & \dfrac{1}{2}\\\dfrac{1}{2} & \dfrac{1+\mu}{4\xi}\end{bmatrix}$$

于是性能指标 J 为

$$J=\boldsymbol{x}^{\mathrm{T}}(0_+)\boldsymbol{P}\boldsymbol{x}(0_+)=\left(\xi+\frac{1+\mu}{4\xi}\right)x_1^2(0_+)+x_1(0_+)x_2(0_+)+\frac{1+\mu}{4\xi}x_2^2(0_+)$$

将初始条件 $x_1(0_+)=1$ 和 $x_2(0_+)=0$ 代入上式，可得

$$J=\xi+\frac{1+\mu}{4\xi}$$

对 ξ 要使 J 为极小，令 $\dfrac{\partial J}{\partial\xi}=0$，即

$$\frac{\partial J}{\partial\xi}=\frac{\partial}{\partial\xi}\left(\xi+\frac{1+\mu}{4\xi}\right)=1-\frac{1+\mu}{4\xi^2}=0$$

可得

$$\xi=\frac{\sqrt{1+\mu}}{2}$$

因此，ξ 的最优值是 $\dfrac{\sqrt{1+\mu}}{2}$。例如，若 $\mu=1$，则 ξ 的最优值为 $\dfrac{\sqrt{2}}{2}$。

7.2.3　线性定常连续系统二次型最优控制

已知系统方程为

$$\dot{\boldsymbol{x}}(t)=\boldsymbol{A}\boldsymbol{x}(t)+\boldsymbol{B}\boldsymbol{u}(t) \tag{7.30}$$

确定最优状态反馈控制器

$$\boldsymbol{u}(t)=-\boldsymbol{K}\boldsymbol{x}(t) \tag{7.31}$$

的矩阵 $\boldsymbol{K}$，使得性能指标

$$J=\int_0^{\infty}[\boldsymbol{x}^{\mathrm{T}}(t)\boldsymbol{Q}\boldsymbol{x}(t)+\boldsymbol{u}^{\mathrm{T}}(t)\boldsymbol{R}\boldsymbol{u}(t)]\mathrm{d}t \tag{7.32}$$

达到极小。式中，矩阵 $\boldsymbol{Q}$ 和 $\boldsymbol{R}$ 是正定(或半正定)实对称矩阵。注意方程(7.32)右边第二项是考虑控制信号的能量损耗而引进的。矩阵 $\boldsymbol{Q}$ 和 $\boldsymbol{R}$ 确定了误差和能量损耗的相对重要性。在此假设控制向量 $\boldsymbol{u}(t)$ 是不受约束的。

正如下面讲到的，由方程(7.32))给出的线性控制律是最优控制律。所以，若能确定矩阵 $\boldsymbol{K}$ 中的未知元素，使得性能指标达到极小，则 $\boldsymbol{u}(t)=-\boldsymbol{K}\boldsymbol{x}(t)$ 对任意初始状态 $\boldsymbol{x}(0)$ 而言均是最优的。

现求解最优控制问题，将式(7.31)代入式(7.30)，可得

$$\dot{\boldsymbol{x}}(t)=\boldsymbol{A}\boldsymbol{x}(t)-\boldsymbol{B}\boldsymbol{K}\boldsymbol{x}(t)=(\boldsymbol{A}-\boldsymbol{B}\boldsymbol{K})\boldsymbol{x}(t) \tag{7.33}$$

在以下推导中，假设 $(\boldsymbol{A}-\boldsymbol{B}\boldsymbol{K})$ 是稳定矩阵，即 $(\boldsymbol{A}-\boldsymbol{B}\boldsymbol{K})$ 的所有特征值均具有负实部。将式(7.31)代入式(7.32)，可得

$$J=\int_0^{\infty}(\boldsymbol{x}^{\mathrm{T}}(t)\boldsymbol{Q}\boldsymbol{x}(t)+\boldsymbol{x}^{\mathrm{T}}(t)\boldsymbol{K}^{\mathrm{T}}\boldsymbol{R}\boldsymbol{K}\boldsymbol{x}(t))\mathrm{d}t=\int_0^{\infty}\boldsymbol{x}^{\mathrm{T}}(t)(\boldsymbol{Q}+\boldsymbol{K}^{\mathrm{T}}\boldsymbol{R}\boldsymbol{K})\boldsymbol{x}(t)\mathrm{d}t \tag{7.34}$$

依照解参数最优化问题时的讨论，取

$$\boldsymbol{x}^{\mathrm{T}}(t)(\boldsymbol{Q}+\boldsymbol{K}^{\mathrm{T}}\boldsymbol{R}\boldsymbol{K})\boldsymbol{x}(t)=-\frac{\mathrm{d}}{\mathrm{d}t}(\boldsymbol{x}^{\mathrm{T}}(t)\boldsymbol{P}\boldsymbol{x}(t)) \tag{7.35}$$

式中，矩阵 $\boldsymbol{P}$ 是正定实对称矩阵。

于是

$$\boldsymbol{x}^{\mathrm{T}}(\boldsymbol{Q}+\boldsymbol{K}^{\mathrm{T}}\boldsymbol{R}\boldsymbol{K})\boldsymbol{x}=-\dot{\boldsymbol{x}}^{\mathrm{T}}\boldsymbol{P}\boldsymbol{x}-\boldsymbol{x}^{\mathrm{T}}\boldsymbol{P}\dot{\boldsymbol{x}}=-\boldsymbol{x}^{\mathrm{T}}[(\boldsymbol{A}-\boldsymbol{B}\boldsymbol{K})^{\mathrm{T}}\boldsymbol{P}+\boldsymbol{P}(\boldsymbol{A}-\boldsymbol{B}\boldsymbol{K})]\boldsymbol{x} \tag{7.36}$$

比较式(7.35)和式(7.36)，注意到方程对任意 x 均成立，则要求

$$(\boldsymbol{A}-\boldsymbol{B}\boldsymbol{K})^{\mathrm{T}}\boldsymbol{P}+\boldsymbol{P}(\boldsymbol{A}-\boldsymbol{B}\boldsymbol{K})=-(\boldsymbol{Q}+\boldsymbol{K}^{\mathrm{T}}\boldsymbol{R}\boldsymbol{K}) \tag{7.37}$$

根据李雅普诺夫第二法可知，如果 $(\boldsymbol{A}-\boldsymbol{B}\boldsymbol{K})$ 是稳定矩阵，则必然存在一个满足方程(7.37)的正定矩阵 $\boldsymbol{P}$。

因此，该方法由方程(7.37)确定矩阵 $\boldsymbol{P}$ 的各元素，并检验其是否为正定的。

注： 这里有不止一个矩阵 $\boldsymbol{P}$ 满足该方程。如果系统是稳定的，则总存在一个正定的矩阵 $\boldsymbol{P}$ 满足该方程。这就意味着，如果解此方程并能找到一个正定矩阵 $\boldsymbol{P}$，该系统是稳定的。满足该方程的其他矩阵 $\boldsymbol{P}$ 不是正定的，必须舍弃。

性能指标为

$$\begin{aligned}J&=\int_0^{\infty}\boldsymbol{x}^{\mathrm{T}}(t)(\boldsymbol{Q}+\boldsymbol{K}^{\mathrm{T}}\boldsymbol{R}\boldsymbol{K})\boldsymbol{x}(t)\mathrm{d}t=-\boldsymbol{x}^{\mathrm{T}}(t)\boldsymbol{P}\boldsymbol{x}(t)\Big|_0^{\infty}\\&=-\boldsymbol{x}^{\mathrm{T}}(\infty)\boldsymbol{P}\boldsymbol{x}(\infty)+\boldsymbol{x}^{\mathrm{T}}(0)\boldsymbol{P}\boldsymbol{x}(0)\end{aligned} \tag{7.38}$$

由于假设$(A-BK)$的所有特征值均具有负实部，所以$x(\infty)\to 0$，因此

$$J=x^{T}(0)Px(0) \tag{7.39}$$

于是，性能指标J可根据初始条件$x(0)$和矩阵P求得。

为求取二次型最佳控制问题的解，可按下列步骤操作，由于所设的矩阵R是正定实对称矩阵，可将其写为

$$R=T^{T}T$$

式中，T是非奇异矩阵。于是，方程(7.37)可写为

$$(A-BK)^{T}P+P(A-BK)+Q+K^{T}T^{T}TK=0 \tag{7.40}$$

上式也可写为

$$A^{T}P+PA+[TK-(T^{T})^{-1}B^{T}P]^{T}[TK-(T^{T})^{-1}B^{T}P]-PBR^{-1}B^{T}P+Q=0 \tag{7.41}$$

求J对矩阵K的极小值，即求下式对K的极小值

$$x^{T}[TK-(T^{T})^{-1}B^{T}P]^{T}[TK-(T^{T})^{-1}B^{T}P]x \tag{7.42}$$

由于上面的表达式不为负值，所以只有当其为零，即当

$$TK=(T^{T})^{-1}B^{T}P \tag{7.43}$$

时，才存在极小值。因此

$$K=T^{-1}(T^{T})^{-1}B^{T}P=R^{-1}B^{T}P \tag{7.44}$$

方程(7.44)给出了最优矩阵K。所以，当二次型最佳控制问题的性能指标由式(7.32)定义时，其最优控制是线性的，并由

$$u(t)=-Kx(t)=-R^{-1}B^{T}Px(t) \tag{7.45}$$

给出。方程(7.44)中的矩阵P必须满足下列矩阵方程：

$$A^{T}P+PA-PBR^{-1}B^{T}P+Q=0 \tag{7.46}$$

方程(7.46)称为连续时间的黎卡提矩阵方程。

总结以上分析，得到关于求解线性定常连续系统二次型最优控制的结论。

定理 7.1 设系统(7.30)能控，则线性二次型最优控制问题可解，最优状态反馈控制律为

$$u(t)=-Kx(t)=-R^{-1}B^{T}Px(t)$$

性能指标$J=\int_{0}^{\infty}(x^{T}(t)Qx(t)+u^{T}(t)Ru(t))\mathrm{d}t$的最小值是$J^{*}=x^{T}(0)Px(0)$，其中矩阵$P$是黎卡提方程(7.46)的一个正定对称解矩阵。

例 7.3 研究如图7.2所示的系统。假设控制信号为

$$u(t)=-Kx(t)$$

确定最佳反馈增益矩阵K，使得下列性能指标达到极小。

$$J=\int_{0}^{\infty}[x^{T}(t)Qx(t)+u^{2}(t)]\mathrm{d}t$$

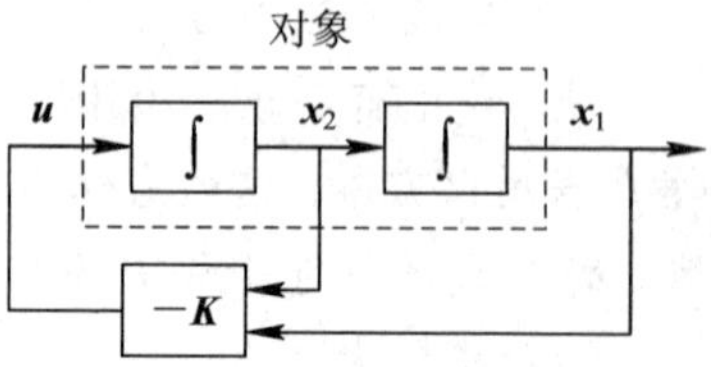

图 7.2 控制系统

式中，$Q=\begin{bmatrix}1 & 0\\0 & \mu\end{bmatrix}$，$\mu\geqslant 0$。

解　由图 7.2 可以看出，被控对象的状态方程为

$$\dot{\boldsymbol{x}}(t)=\begin{bmatrix}0 & 1\\0 & 0\end{bmatrix}\boldsymbol{x}(t)+\begin{bmatrix}0\\1\end{bmatrix}\boldsymbol{u}(t)$$

以下说明黎卡提矩阵方程如何应用于最优控制系统的设计。

解方程(7.46)

$$\boldsymbol{A}^{\mathrm{T}}\boldsymbol{P}+\boldsymbol{PA}-\boldsymbol{PBR}^{-1}\boldsymbol{B}^{\mathrm{T}}\boldsymbol{P}+\boldsymbol{Q}=0$$

注意到矩阵 $\boldsymbol{A}$ 为实数矩阵，$\boldsymbol{P}$，$\boldsymbol{Q}$ 为实对称矩阵。因此，上式可写为

$$\begin{bmatrix}0 & 0\\1 & 0\end{bmatrix}\begin{bmatrix}p_{11} & p_{12}\\p_{12} & p_{22}\end{bmatrix}+\begin{bmatrix}p_{11} & p_{12}\\p_{12} & p_{22}\end{bmatrix}\begin{bmatrix}0 & 1\\0 & 0\end{bmatrix}+$$

$$\begin{bmatrix}p_{11} & p_{12}\\p_{12} & p_{22}\end{bmatrix}\begin{bmatrix}0\\1\end{bmatrix}[1][0\quad 1]\begin{bmatrix}p_{11} & p_{12}\\p_{12} & p_{22}\end{bmatrix}+\begin{bmatrix}1 & 0\\0 & \mu\end{bmatrix}=\begin{bmatrix}0 & 0\\0 & 0\end{bmatrix}$$

由上式可得到以下三个方程

$$1-p_{12}^2=0$$

$$p_{11}-p_{12}p_{22}=0$$

$$\mu+2p_{12}-p_{22}^2=0$$

解上面方程，可得

$$\boldsymbol{P}=\begin{bmatrix}p_{11} & p_{12}\\p_{12} & p_{22}\end{bmatrix}=\begin{bmatrix}\sqrt{\mu+2} & 1\\1 & \sqrt{\mu+2}\end{bmatrix}$$

参考式(7.44)，最佳反馈增益矩阵 $\boldsymbol{K}$ 为

$$\boldsymbol{K}=\boldsymbol{R}^{-1}\boldsymbol{B}^{\mathrm{T}}\boldsymbol{P}=[1][0\quad 1]\begin{bmatrix}\sqrt{\mu+2} & 1\\1 & \sqrt{\mu+2}\end{bmatrix}=[1\quad \sqrt{\mu+2}]$$

因此，最优控制信号为

$$\boldsymbol{u}(t)=-\boldsymbol{Kx}(t)=-x_1-\sqrt{\mu+2}\,x_2$$

相应的最优闭环系统为

$$\dot{\boldsymbol{x}}(t)=\begin{bmatrix}0 & 1\\-1 & -\sqrt{\mu+2}\end{bmatrix}\boldsymbol{x}(t)$$

很容易看出，该闭环系统是稳定的。

图 7.3 是该闭环系统的方框图。

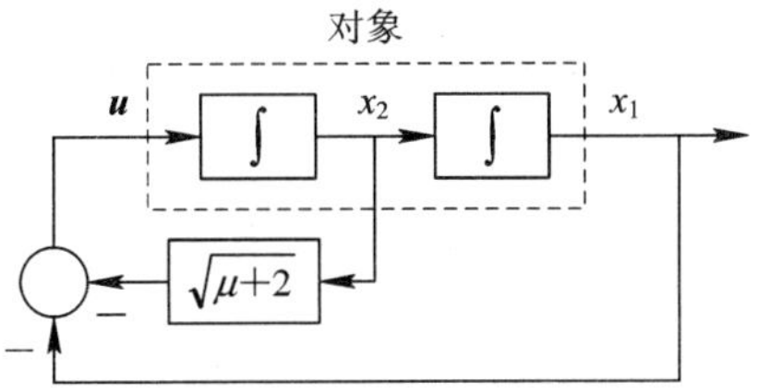

图 7.3　例 7.2 所示对象的最优控制

综上讨论，最优状态反馈控制器的设计步骤如下：

(1) 求解黎卡提矩阵方程(7.46)；

(2) 利用矩阵正定性要求，确定正定对称矩阵 $\boldsymbol{P}$；

(3) 将矩阵 $\boldsymbol{P}$ 代入式(7.45)，得到最优控制器。

如果性能指标由输出向量的形式给出，而不是由状态向量的形式给出，即

$$J=\int_0^{\infty}[\boldsymbol{y}^{\mathrm{T}}(t)\boldsymbol{Q}\boldsymbol{y}(t)+\boldsymbol{u}^{\mathrm{T}}(t)\boldsymbol{R}\boldsymbol{u}(t)]\mathrm{d}t \tag{7.47}$$

则可用输出方程

$$\boldsymbol{y}(t)=\boldsymbol{C}\boldsymbol{x}(t) \tag{7.48}$$

来修正性能指标，使得 J 为

$$J=\int_0^{\infty}[\boldsymbol{x}^{\mathrm{T}}(t)\boldsymbol{C}^{\mathrm{T}}\boldsymbol{Q}\boldsymbol{C}\boldsymbol{x}(t)+\boldsymbol{u}^{\mathrm{T}}(t)\boldsymbol{R}\boldsymbol{u}(t)]\mathrm{d}t \tag{7.49}$$

仍可以用本节介绍的设计步骤来求最优矩阵 $\boldsymbol{K}$。

7.3 线性定常离散系统二次型最优控制

7.3.1 线性定常离散自治系统的二次型最优控制

考虑线性定常离散自治系统：

$$\boldsymbol{x}(k+1)=\boldsymbol{A}\boldsymbol{x}(k) \tag{7.50}$$

其中，$\boldsymbol{x}(k)$是 n 维状态向量，$\boldsymbol{A}$ 是 $n\times n$ 维系统矩阵。

假定系统是渐近稳定的，即系统矩阵 $\boldsymbol{A}$ 的所有特征根都在单位圆内，系统初始状态 $\boldsymbol{x}(0)$已知，且系统性能指标为

$$J=\frac{1}{2}\sum_{k=0}^{\infty}(\boldsymbol{x}^{\mathrm{T}}(k)\boldsymbol{Q}\boldsymbol{x}(k)) \tag{7.51}$$

式中，$\boldsymbol{Q}$ 是 $n\times n$ 维的正定对称加权矩阵。

类似于连续系统参数优化问题的处理方法，由李雅普诺夫稳定性理论，对于给定的正定对称加权矩阵 $\boldsymbol{Q}$，由系统(7.50)的渐近稳定性，可得到离散李雅普诺夫方程：

$$\boldsymbol{A}^{\mathrm{T}}\boldsymbol{P}\boldsymbol{A}-\boldsymbol{P}=-\boldsymbol{Q} \tag{7.52}$$

则存在着一个正定对称矩阵 $\boldsymbol{P}$，满足：

$$\begin{aligned}\Delta V(k)&=V(k+1)-V(k)\\&=\boldsymbol{x}^{\mathrm{T}}(k+1)\boldsymbol{P}\boldsymbol{x}(k+1)-\boldsymbol{x}^{\mathrm{T}}(k)\boldsymbol{P}\boldsymbol{x}(k)\\&=(\boldsymbol{A}\boldsymbol{x}(k))^{\mathrm{T}}\boldsymbol{P}(\boldsymbol{A}\boldsymbol{x}(k))-\boldsymbol{x}^{\mathrm{T}}(k)\boldsymbol{P}\boldsymbol{x}(k)\\&=\boldsymbol{x}^{\mathrm{T}}(k)(\boldsymbol{A}^{\mathrm{T}}\boldsymbol{P}\boldsymbol{A}-\boldsymbol{P})\boldsymbol{x}(k)\end{aligned}$$

根据李雅普诺夫方程(7.52)，可得到

$$\boldsymbol{x}^{\mathrm{T}}(k)\boldsymbol{Q}\boldsymbol{x}(k)=V(k)-V(k+1) \tag{7.53}$$

对式(7.53)两边分别对 k 从 0 到∞求和，并利用系统的渐近稳定性，可得到

$$J=\frac{1}{2}\sum_{k=0}^{\infty}(\boldsymbol{x}^{\mathrm{T}}(k)\boldsymbol{Q}\boldsymbol{x}(k))=\frac{1}{2}\sum_{k=0}^{\infty}[(\boldsymbol{x}^{\mathrm{T}}(k)\boldsymbol{P}\boldsymbol{x}(k))-(\boldsymbol{x}^{\mathrm{T}}(k+1)\boldsymbol{P}\boldsymbol{x}(k+1)]$$

$$=\frac{1}{2}\boldsymbol{x}^{\mathrm{T}}(0)\boldsymbol{P}\boldsymbol{x}(0) \tag{7.54}$$

由上式可知，系统性能指标(7.51)可通过求解离散李雅普诺夫方程(7.52)得到，这一方法避免了求无穷级数。以上结果也可以用来解决离散时间系统的参数优化问题。

例 7.4 考虑系统

$$\boldsymbol{x}(k+1)=\begin{bmatrix}1 & 1\\ \alpha & -1\end{bmatrix}\boldsymbol{x}(k),\ \boldsymbol{x}(0)=\begin{bmatrix}1\\ 0\end{bmatrix}$$

其中，$-0.25\leqslant\alpha<0$。试确定参数 α 的值，使得性能指标

$$J=\frac{1}{2}\sum_{k=0}^{\infty}(\boldsymbol{x}^{\mathrm{T}}(k)\boldsymbol{Q}\boldsymbol{x}(k))$$

最小化，其中 $\boldsymbol{Q}=\boldsymbol{I}$。

解 系统特征多项式是 $\lambda^2-(1+\alpha)$，则系统极点为 $\pm\sqrt{1+\alpha}$。由于参数 α 满足 $-0.25\leqslant\alpha<0$，系统两个极点都在单位圆内，所以系统是渐近稳定的。

根据前面的结论，可知系统性能指标为

$$J=\frac{1}{2}\boldsymbol{x}^{\mathrm{T}}(0)\boldsymbol{P}\boldsymbol{x}(0)$$

其中矩阵 $\boldsymbol{P}$ 是满足离散李雅普诺夫方程的正定对称矩阵。

由于

$$\begin{bmatrix}1 & \alpha\\ 1 & -1\end{bmatrix}\begin{bmatrix}p_{11} & p_{12}\\ p_{12} & p_{22}\end{bmatrix}\begin{bmatrix}1 & 1\\ \alpha & -1\end{bmatrix}-\begin{bmatrix}p_{11} & p_{12}\\ p_{12} & p_{22}\end{bmatrix}=\begin{bmatrix}1 & 0\\ 0 & 1\end{bmatrix}$$

解上述矩阵方程，可得

$$\begin{cases}2\alpha p_{12}+\alpha^2 p_{22}=-1\\ p_{11}+(\alpha-2)p_{12}-\alpha p_{22}=0\\ p_{11}-2p_{12}=-1\end{cases}$$

求解线性方程组可得

$$\boldsymbol{P}=\begin{bmatrix}-\dfrac{1+0.5\alpha^2}{\alpha(1+0.5\alpha)} & \dfrac{0.5(\alpha-1)}{\alpha(1+0.5\alpha)}\\ \dfrac{0.5(\alpha-1)}{\alpha(1+0.5\alpha)} & -\dfrac{1.5}{\alpha(1+0.5\alpha)}\end{bmatrix}$$

对 $-0.25\leqslant\alpha<0$ 范围内的参数值，矩阵 $\boldsymbol{P}$ 是正定的，所以系统的性能指标为

$$J=\frac{1}{2}\boldsymbol{x}^{\mathrm{T}}(0)\boldsymbol{P}\boldsymbol{x}(0)=\frac{1}{2}[1\quad 0]\begin{bmatrix}-\dfrac{1+0.5\alpha^2}{\alpha(1+0.5\alpha)} & \dfrac{0.5(\alpha-1)}{\alpha(1+0.5\alpha)}\\ \dfrac{0.5(\alpha-1)}{\alpha(1+0.5\alpha)} & -\dfrac{1.5}{\alpha(1+0.5\alpha)}\end{bmatrix}\begin{bmatrix}1\\ 0\end{bmatrix}$$

$$=\frac{1}{2}p_{11}=-\frac{1+0.5\alpha^2}{2\alpha(1+0.5\alpha)}$$

由函数极值的求取方法，可知 J 在 $\alpha=-0.25$ 时达到最小值，且最小值为

$$J_{\min}=2.3571$$

7.3.2 线性定常离散系统的二次型最优控制

考虑线性定常离散系统

$$\boldsymbol{x}(k+1)=\boldsymbol{A}\boldsymbol{x}(k)+\boldsymbol{B}\boldsymbol{u}(k) \tag{7.55}$$

其二次型性能指标为

$$J=\frac{1}{2}\sum_{k=0}^{\infty}\left[\boldsymbol{x}^{\mathrm{T}}(k)\boldsymbol{Q}\boldsymbol{x}(k)+\boldsymbol{u}^{\mathrm{T}}(k)\boldsymbol{R}\boldsymbol{u}(k)\right] \tag{7.56}$$

式中，矩阵 $\boldsymbol{Q}$ 和 $\boldsymbol{R}$ 是给定的正定实对称加权矩阵。希望设计一个线性状态反馈控制器

$$\boldsymbol{u}(t)=-\boldsymbol{K}\boldsymbol{x}(t) \tag{7.57}$$

使得二次型性能指标(7.56)最小。这样的问题称为线性定常离散系统的二次型最优控制问题。

类似于线性定常连续系统二次型最优控制的处理方法，可以得到线性定常离散系统二次型最优控制问题的解。

定理 7.2 设系统(7.55)能控，则线性二次型最优控制问题可解，最优状态反馈控制律为

$$\boldsymbol{u}(t)=-\boldsymbol{K}\boldsymbol{x}(t)=-(\boldsymbol{R}+\boldsymbol{B}^{\mathrm{T}}\boldsymbol{P}\boldsymbol{B})^{-1}\boldsymbol{B}^{\mathrm{T}}\boldsymbol{P}\boldsymbol{A}\boldsymbol{x}(t) \tag{7.58}$$

其中矩阵 $\boldsymbol{P}$ 是离散时间的黎卡提矩阵方程

$$\boldsymbol{P}=\boldsymbol{Q}+\boldsymbol{A}^{\mathrm{T}}\boldsymbol{P}\boldsymbol{A}-\boldsymbol{A}^{\mathrm{T}}\boldsymbol{P}\boldsymbol{B}(\boldsymbol{R}+\boldsymbol{B}^{\mathrm{T}}\boldsymbol{P}\boldsymbol{B})^{-1}\boldsymbol{B}^{\mathrm{T}}\boldsymbol{P}\boldsymbol{A} \tag{7.59}$$

的一个正定对称解矩阵。

例 7.5 考虑系统

$$x(k+1)=x(k)+u(k),\ x(0)=x_0$$

其中 $x(k)$ 和 $u(k)$ 分别是 1 维的状态变量和输入变量，x_0 是 $k=0$ 时的初始状态。

系统性能指标为

$$J=\frac{1}{2}\sum_{k=0}^{\infty}\left[x^2(k)+u^2(k)\right]$$

求最优状态反馈控制器。

解 由于系统是能控的，相应的离散黎卡提方程为

$$p=1+p-p(1+p)^{-1}p$$

该系统的正定解为 $p=\frac{1}{2}(1+\sqrt{5})$。

系统的最优状态反馈控制律为

$$u(k)=-\left[1+\frac{1}{2}(1+\sqrt{5})\right]^{-1}\times\frac{1}{2}(1+\sqrt{5})x(k)=-0.618x(k)$$

相应的闭环系统为

$$x(k+1)=0.382x(k)$$

很明显，闭环系统是稳定的，且最小性能指标为 $J_{\min}=0.309x_0^2$。

7.4　基于 MATLAB 求解线性二次型最优控制问题

在 MATLAB 中，命令

```
lqr(A, B, Q, R)
```

可求解连续系统的二次型调节器问题，并可解与其有关的黎卡提矩阵方程。该命令可计算最优反馈增益矩阵 $\boldsymbol{K}$，并且产生使性能指标

$$J=\int_0^\infty(\boldsymbol{x}^{\mathrm{T}}\boldsymbol{Q}\boldsymbol{x}+\boldsymbol{u}^{\mathrm{T}}\boldsymbol{R}\boldsymbol{u})\mathrm{d}t$$

在约束方程

$$\dot{\boldsymbol{x}}(t)=\boldsymbol{A}\boldsymbol{x}(t)+\boldsymbol{B}\boldsymbol{u}(t)$$

条件下达到极小的反馈控制律

$$\boldsymbol{u}(t)=-\boldsymbol{K}\boldsymbol{x}(t)$$

使用命令

```
[K, P, E]=lqr(A, B, Q, R)
```

也可计算相关的黎卡提矩阵方程

$$\boldsymbol{A}^{\mathrm{T}}\boldsymbol{P}+\boldsymbol{P}\boldsymbol{A}-\boldsymbol{P}\boldsymbol{B}\boldsymbol{R}^{-1}\boldsymbol{B}^{\mathrm{T}}\boldsymbol{P}+\boldsymbol{Q}=\boldsymbol{0}$$

的唯一正定解 $\boldsymbol{P}$。如果($\boldsymbol{A}-\boldsymbol{B}\boldsymbol{K}$)为稳定矩阵，则总存在这样的正定矩阵。利用这个命令还能求闭环极点或($\boldsymbol{A}-\boldsymbol{B}\boldsymbol{K}$)特征值。

对于某些系统，无论选择什么样的矩阵 $\boldsymbol{K}$，都不能使($\boldsymbol{A}-\boldsymbol{B}\boldsymbol{K}$)为稳定矩阵。在此情况下，黎卡提方程不存在正定矩阵。对此情况，命令

```
K=lqr(A, B, Q, R)
```

或

```
[K, P, E]=lqr(A, B, Q, R)
```

不能求解。

例 7.6　研究由下式确定的系统。

$$\dot{\boldsymbol{x}}(t)=\begin{bmatrix}-1 & 1\\ 0 & 2\end{bmatrix}\boldsymbol{x}(t)+\begin{bmatrix}1\\0\end{bmatrix}\boldsymbol{u}(t)$$

说明：无论选择什么样的矩阵 $\boldsymbol{K}$，该系统都不能通过状态反馈控制 $\boldsymbol{u}(t)=-\boldsymbol{K}\boldsymbol{x}(t)$ 来稳定(注意，该系统是状态不能控的)。

证明　定义 $\boldsymbol{K}=[k_1\quad k_2]$，则

$$\boldsymbol{A}-\boldsymbol{B}\boldsymbol{K}=\begin{bmatrix}-1 & 1\\ 0 & 2\end{bmatrix}-\begin{bmatrix}1\\0\end{bmatrix}[k_1\quad k_2]=\begin{bmatrix}-1-k_1 & 1-k_2\\ 0 & 2\end{bmatrix}$$

特征方程为

$$|\lambda\boldsymbol{I}-(\boldsymbol{A}-\boldsymbol{B}\boldsymbol{K})|=\begin{vmatrix}\lambda+1+k_1 & -1+k_2\\ 0 & \lambda-2\end{vmatrix}=(\lambda+1+k_1)(\lambda-2)=0$$

闭环极点为

$$\lambda_1=-1-k_1,\ \lambda_2=2$$

由于极点$\lambda_2=2$在s的右半平面，所以无论选择什么样的矩阵$\boldsymbol{K}$，该系统都是不稳定的。因此，二次型最佳控制方法不能用于该系统。

假设在二次型性能指标中的矩阵$\boldsymbol{Q}$和$\boldsymbol{R}$为

$$\boldsymbol{Q}=\begin{bmatrix}1 & 0\\0 & 1\end{bmatrix},\ \boldsymbol{R}=[1]$$

用MATLAB来求解。

MATLAB程序如下：

```
%＊＊＊Enter state matrix A and control matrix B＊＊＊
A=[-1 1; 0 2];
B=[1; 0];
Q=[1 0; 0 1];
R=[1];
K=lqr(A, B, Q, R)
```

程序运行结果如下：

```
Warning: Matrix is singular to working precision.
        K =
           NaN   NaN
```

NaN表示不是一个数。当二次型的最佳控制问题的解不存在时，MATLAB将显示矩阵由NaN组成。该结果也说明了并不是任意系统的二次型最优控制问题都有解。

例7.7 研究系统

$$\dot{\boldsymbol{x}}(t)=\begin{bmatrix}0 & 1\\0 & -1\end{bmatrix}\boldsymbol{x}(t)+\begin{bmatrix}0\\1\end{bmatrix}\boldsymbol{u}(t)$$

的性能指标

$$J=\int_0^{\infty}(\boldsymbol{x}(t)\boldsymbol{Q}\boldsymbol{x}(t)+\boldsymbol{u}(t)\boldsymbol{R}\boldsymbol{u}(t))\mathrm{d}t$$

式中的矩阵$\boldsymbol{Q}$和$\boldsymbol{R}$分别为

$$\boldsymbol{Q}=\begin{bmatrix}1 & 0\\0 & 1\end{bmatrix},\ \boldsymbol{R}=[1]$$

假设采用控制律

$$\boldsymbol{u}(t)=-\boldsymbol{K}\boldsymbol{x}(t)$$

确定最优反馈增益矩阵$\boldsymbol{K}$。

解 最优反馈增益矩阵$\boldsymbol{K}$可通过求解下列黎卡提方程求得

$$\boldsymbol{A}^{\mathrm{T}}\boldsymbol{P}+\boldsymbol{P}\boldsymbol{A}-\boldsymbol{P}\boldsymbol{B}\boldsymbol{R}^{-1}\boldsymbol{B}^{\mathrm{T}}\boldsymbol{P}-\boldsymbol{P}\boldsymbol{B}\boldsymbol{R}^{-1}\boldsymbol{B}^{\mathrm{T}}\boldsymbol{P}+\boldsymbol{Q}=0$$

其结果为

$$\boldsymbol{P}=\begin{bmatrix}2 & 1\\1 & 1\end{bmatrix}$$

将该矩阵代入下列方程，即可求出最佳矩阵$\boldsymbol{K}$：

$$\boldsymbol{K}=\boldsymbol{R}^{-1}\boldsymbol{B}^{\mathrm{T}}\boldsymbol{P}$$

因此，最佳控制信号为

$$\boldsymbol{u}(t)=-\boldsymbol{K}\boldsymbol{x}(t)=-\boldsymbol{x}_1-\boldsymbol{x}_2$$

MATLAB 程序如下：

```
%***Enter state matrix A and control matrix B***
 A=[0 1;0 -1];
 B=[0;1];
 Q=[1 0;0 1];
 R=[1];
 K=lqr(A,B,Q,R)
```

程序运行结果如下：

```
K =
       1.0000 1.0000
```

例 7.8　研究系统

$$\dot{\boldsymbol{x}}(t)=\begin{bmatrix}0 & 1 & 0\\0 & 0 & 1\\-35 & -27 & -9\end{bmatrix}\boldsymbol{x}(t)+\begin{bmatrix}0\\0\\1\end{bmatrix}\boldsymbol{u}(t)$$

的性能指标

$$J=\int_0^{\infty}(\boldsymbol{x}(t)\boldsymbol{Q}\boldsymbol{x}(t)+\boldsymbol{u}(t)\boldsymbol{R}\boldsymbol{u}(t))\mathrm{d}t$$

式中的矩阵 $\boldsymbol{Q}$ 和 $\boldsymbol{R}$ 为

$$\boldsymbol{Q}=\begin{bmatrix}1 & 0 & 0\\0 & 1 & 0\\0 & 0 & 1\end{bmatrix},\ \boldsymbol{R}=[1]$$

设计最优状态反馈控制器，并检验闭环系统在初始状态 $\boldsymbol{x}(0)=[1\quad 0\quad 0]^{\mathrm{T}}$ 时的响应。

解　求解最优状态反馈控制器。

MATLAB 程序如下：

```
%***Enter state matrix A and control matrix B***
 A=[0 1 0; 0 0 1; -35 -27 -9];
 B=[0; 0; 1];
 Q=[1 0 0; 0 1 0; 0 0 1];
 R=[1];
 [K, P, E] = lqr(A, B, Q, R)
```

程序运行结果如下：

```
K =
    0.0143   0.1107   0.0676
P =
    4.2625   2.4957   0.0143
    2.4957   2.8150   0.1107
    0.0143   0.1107   0.0676
E =
    -5.0958 + 0.0000i
    -1.9859 + 1.7110i
    -1.9859 - 1.7110i
```

则系统的最优状态反馈控制器为

$$\boldsymbol{u}=-[0.0413 \quad 0.1107 \quad 0.0676]\,\boldsymbol{x}$$

求解系统在初始状态下的响应，MATLAB 源程序如下：

```
A=[0 1 0; 0 0 1; -35 -27 -9];  B=[0; 0; 1];
K=[0.0413  0.1107  0.0676];
sys=ss(A-B*K,eye(3),eye(3),eye(3));
t=0:0.01:10;
x=initial(sys,[1;0;0],t);
x1=[1 0 0]*x'; x2=[0 1 0]*x';x3=[0 0 1]*x';
subplot(2,2,1);plot(t,x1);grid
xlabel('t (sec)');ylabel('x1')
subplot(2,2,2);
plot(t,x2);grid
xlabel('t (sec)');ylabel('x2')
subplot(2,2,3);
plot(t,x3);grid
xlabel('t (sec)');ylabel('x3')
```

程序运行结果如图 7.4 所示。

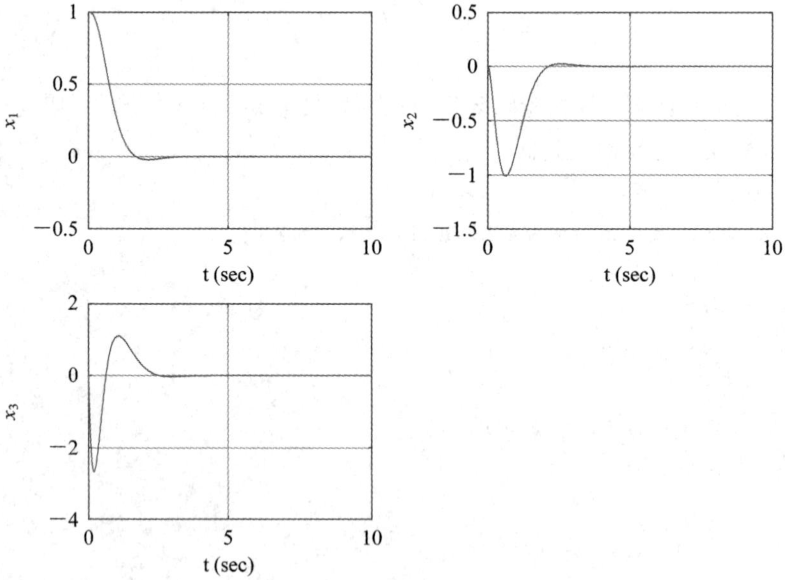

图 7.4　系统对初始状态的响应

下面总结二次型最优控制问题的 MATLAB 解法：

(1) 给定任意初始条件 $\boldsymbol{x}(t_0)$，最优控制问题就是找到一个容许的控制向量 $\boldsymbol{u}(t)$，使状态转移到所期望的状态空间区域上，使性能指标达到极小。为了使最优控制向量 $\boldsymbol{u}(t)$ 存在，系统必须是状态完全能控的。

(2) 根据定义，使所选的性能指标达到极小(或者根据情况达到极大)的系统是最优的。

在多数实际应用中，虽然对于控制器在“最优性”方面不会再提出任何要求，但是在涉及定性方面，还应特别指出，这就是基于二次型性能指标的设计，应能构成稳定的控制系统。

（3）基于二次型性能指标的最优控制规律，具有如下特性，即它是状态变量的线性函数。这意味着，必须反馈所有的状态变量。这要求所有的状态变量都能用于反馈。如果不是所有的状态变量都能用于反馈，则需要使用状态观测器来估计不可测量的状态变量，并利用这些估计值产生最优控制信号。

（4）当按照时域法设计最优控制系统时，还需要研究频率响应特性，以补偿噪声的影响。系统的频率响应特性必须具备这种特性，即在预料元件会产生噪声和谐振的频率范围内，系统应有较大的衰减效应(为了补偿噪声的影响，在某些情况下，必须改最优方案而接受次最优性能或修改性能指标)。

（5）如果在方程 $J=\int_0^{\infty}(\boldsymbol{x}^{\mathrm{T}}(t)\boldsymbol{Q}\boldsymbol{x}(t)+\boldsymbol{u}(t)^{\mathrm{T}}\boldsymbol{R}\boldsymbol{u}(t))\mathrm{d}t$ 给定的性能指标 J 中，积分上限是有限值，则可证明最优控制向量仍是状态变量的线性函数，只是系统随时间变化，因此，最优控制向量的确定包含最优时变矩阵的确定。

本章小结

本章主要针对连续时间系统介绍最优问题的一般提法和二次最优问题的求解方法。最优控制问题的一般概念是求一个控制规律，使控制系统的性能指标在某种意义上是最优的。

常用的性能指标有最小控制问题：包括最短时间问题、最小燃料消耗问题、最小能量问题等；线性调节器问题：对给定线性系统，设计目标保持平衡状态，而且系统能从任何初始状态恢复到平衡状态；线性伺服器问题(线性跟踪器问题)：要求给定系统的系统状态跟踪或者尽可能地接近目标轨迹。

二次最优问题：除特殊情况外，最优控制问题的解析解都是较复杂的。但是当线性系统具有二次型性能指标时，其解就可以用解析形式表示。常见的二次型性能指标最优控制分两类：线性调节器和线性伺服器问题。

线性二次型最优控制问题求解方法。性能指标是状态变量和控制变量的二次型：

$$J=\int_0^{\infty}(\boldsymbol{x}^{\mathrm{T}}(t)\boldsymbol{Q}\boldsymbol{x}(t)+\boldsymbol{u}^{\mathrm{T}}(t)\boldsymbol{R}\boldsymbol{u}(t))\mathrm{d}t$$

或

$$J=\frac{1}{2}\sum_{k=0}^{\infty}\left[\boldsymbol{x}^{\mathrm{T}}(k)\boldsymbol{Q}\boldsymbol{x}(k)+\boldsymbol{u}^{\mathrm{T}}(k)\boldsymbol{R}\boldsymbol{u}(k)\right]$$

式中，矩阵 $\boldsymbol{Q}$ 为正定(或半正定)实对称矩阵，$\boldsymbol{R}$ 为正定实对称矩阵，$\boldsymbol{u}(t)$是无约束的向量。最佳控制系统使性能指标达到极小，该系统是稳定的。

(1) 基于李雅普诺夫第二法的解法。由李雅普诺夫第二法知，如果 $\boldsymbol{A}$ 是稳定矩阵，则对给定的 $\boldsymbol{Q}$ 必存在一个矩阵 $\boldsymbol{P}$，使得

$$\boldsymbol{A}^{\mathrm{T}}\boldsymbol{P}+\boldsymbol{P}\boldsymbol{A}=-\boldsymbol{Q}$$

或

$$A^{T}PA-P=-Q$$

可由上述方程确定矩阵 $\boldsymbol{P}$ 的各元素。

性能指标 $J=\boldsymbol{x}^{T}(0)\boldsymbol{P}\boldsymbol{x}(0)$，可根据初始条件 $\boldsymbol{x}(0)$ 和矩阵 $\boldsymbol{P}$ 求得。系统的最优参数，可使性能标 J 达到极小，所以最优的参数，可用 $\boldsymbol{x}^{T}(0)\boldsymbol{P}\boldsymbol{x}(0)$ 对参数取极小值来确定。

(2) 基于黎卡提矩阵方程。求解黎卡提矩阵方程

$$\boldsymbol{A}^{T}\boldsymbol{P}+\boldsymbol{P}\boldsymbol{A}-\boldsymbol{P}\boldsymbol{B}\boldsymbol{R}^{-1}\boldsymbol{B}^{T}\boldsymbol{P}+\boldsymbol{Q}=0$$

或

$$\boldsymbol{P}=\boldsymbol{Q}+\boldsymbol{A}^{T}\boldsymbol{P}\boldsymbol{A}-\boldsymbol{A}^{T}\boldsymbol{P}\boldsymbol{B}(\boldsymbol{R}+\boldsymbol{B}^{T}\boldsymbol{P}\boldsymbol{B})^{-1}\boldsymbol{B}^{T}\boldsymbol{P}\boldsymbol{A}$$

得到正定矩阵 $\boldsymbol{P}$，将矩阵 $\boldsymbol{P}$ 代入方程 $\boldsymbol{K}=\boldsymbol{R}^{-1}\boldsymbol{B}^{T}\boldsymbol{P}$，或 $\boldsymbol{K}=(\boldsymbol{R}+\boldsymbol{B}^{T}\boldsymbol{P}\boldsymbol{B})^{-1}\boldsymbol{B}^{T}\boldsymbol{P}\boldsymbol{A}$ 求得最佳反馈矩阵 $\boldsymbol{K}$。

(3) 用 MATLAB 求解二次型最优控制问题。用 MATLAB 命令

K=lqr(A, B, Q, R)　或　K=dlqr(A, B, Q, R)

在计算机上可求解最佳反馈矩阵 $\boldsymbol{K}$。

本章知识点如图 7.5 所示。

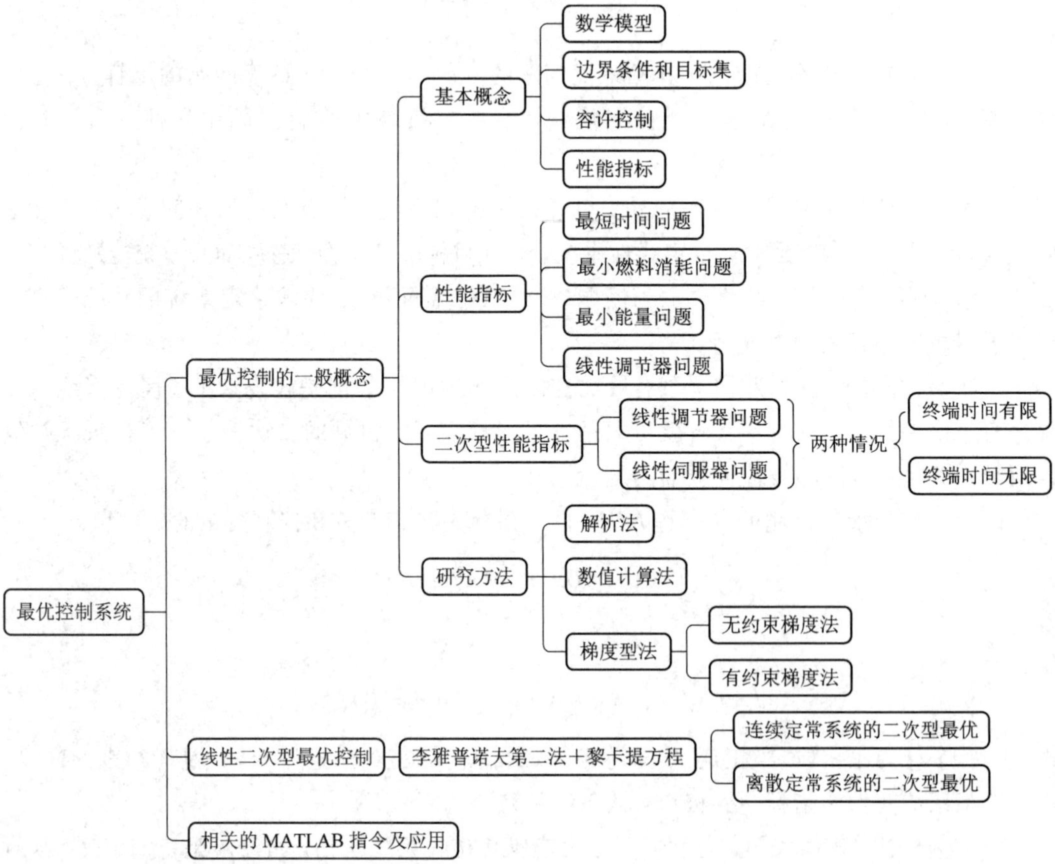

图 7.5　第 7 章知识点

习　题

7.1　设系统的状态方程为

$$\dot{\boldsymbol{x}}(t)=\begin{bmatrix}0 & 1 & 0\\0 & 0 & 1\\-1 & -2 & -a\end{bmatrix}\boldsymbol{x}(t)$$

式中，$a>0$ 是可调参数。

性能指标为

$$J=\int_0^{\infty}\boldsymbol{x}^{\mathrm{T}}(t)\boldsymbol{x}(t)\mathrm{d}t$$

设初始状态为

$$\boldsymbol{x}(0)=\begin{bmatrix}c\\0\\0\end{bmatrix}$$

试确定参数 a 的值，使得性能指标 J 为最小。

7.2　试确定由系统

$$\dot{\boldsymbol{x}}(t)=\begin{bmatrix}0 & 1\\0 & -1\end{bmatrix}\boldsymbol{x}(t)+\begin{bmatrix}0\\1\end{bmatrix}\boldsymbol{u}(t)$$

定义的系统最优控制信号，使得指标 $J=\int_0^{\infty}\boldsymbol{x}^{\mathrm{T}}(t)\boldsymbol{x}(t)\mathrm{d}t$ 为极小。

7.3　试确定由系统

$$\dot{\boldsymbol{x}}(t)=\begin{bmatrix}1 & 1\\0 & 0\end{bmatrix}\boldsymbol{x}(t)+\begin{bmatrix}0\\1\end{bmatrix}\boldsymbol{u}(t)$$

定义的系统最优控制信号，使得性能指标

$$J=\int_0^{\infty}(\boldsymbol{x}^{\mathrm{T}}(t)\boldsymbol{Q}\boldsymbol{x}(t)+\boldsymbol{u}^2(t))\mathrm{d}t,\ \boldsymbol{Q}=\begin{bmatrix}1 & 0\\0 & 3\end{bmatrix}$$

为极小。

参 考 文 献

[1] 钱学森，宋健. 工程控制论. 北京：科学出版社，1980.

[2] 绪方胜彦. 现代控制工程. 卢伯英，等译. 北京：科学出版社，1976.

[3] 须田信英. 自动控制中的矩阵理论. 曹长修，译. 北京：科学出版社，1979.

[4] 胡寿松. 自动控制原理. 6版. 北京：国防工业出版社，2004.

[5] 刘豹. 现代控制理论. 4版. 北京：机械工业出版社，2004.

[6] 郑大钟. 线性系统理论. 2版. 北京：清华大学出版社，2002.

[7] 郑大钟. 线性系统理论习题与解答. 2版. 北京：清华大学出版社，2005.

[8] KATSUHIKO O. 现代控制工程. 3版. 卢伯英，于海勋，译. 北京：电子工业出版社，2000.

[9] 刘永信. 现代控制理论. 北京：中国林业出版社，2006.

[10] 梁慧冰，孙炳达. 现代控制理论基础. 北京：机械工业出版社，2002.

[11] 常春馨. 现代控制理论基础. 北京：机械工业出版社，1988.

[12] 李友善. 自动控制原理. 北京：国防工业出版社，1981.

[13] 薛定宇. 控制系统计算机辅助设计：MATLAB语言与应用. 北京：清华大学出版社，1996.

[14] 魏新亮，王云亮，陈志敏，等. MATLAB语言与自动控制系统设计. 北京：机械工业出版社，2004.

[15] 王宏. MATLAB 6.5及其在信号处理中的应用. 北京：清华大学出版社，2004.

[16] 张静. MATLAB在控制系统中的应用. 北京：电子工业出版社，2007.

[17] 王丹力. MATLAB控制系统设计仿真应用. 北京：中国电力出版社，2008.

[18] 于长官. 现代控制理论. 哈尔滨：哈尔滨工业大学出版社，1988.

[19] 俞立. 现代控制理论. 北京：清华大学出版社，2007.

[20] 解学书. 最优控制：理论与应用. 北京：清华大学出版社，1986.

[21] 蔡宣三. 最优化与最优控制. 北京：清华大学出版社，1982.

[22] 李素玲，胡健. 自动控制原理. 西安：西安电子科技大学出版社，2007.

[23] 杨庚辰. 自动控制原理. 西安：西安电子科技大学出版社，1994.

[24] 胡寿松. 自动控制原理习题集. 北京：国防工业出版社，1990.

[25] 谢克明. 现代控制理论. 北京：清华大学出版社，2007.